期表

10	11	12	13	14	15	16	17	18
								2 He 4.003 ヘリウム
			5 B 10.81 ホウ素	6 C 12.01 炭素	7 N 14.01 窒素	8 O 16.00 酸素	9 F 19.00 フッ素	10 Ne 20.18 ネオン
			13 Al 26.98 アルミニウム	14 Si 28.09 ケイ素	15 P 30.97 リン	16 S 32.06 硫黄	17 Cl 35.45 塩素	18 Ar 39.95 アルゴン
Ni 8.69 ッケル	29 Cu 63.55 銅	30 Zn 65.38 亜鉛	31 Ga 69.72 ガリウム	32 Ge 72.63 ゲルマニウム	33 As 74.92 ヒ素	34 Se 78.96 セレン	35 Br 79.90 臭素	36 Kr 83.80 クリプトン
Pd 06.4 ジウム	47 Ag 107.9 銀	48 Cd 112.4 カドミウム	49 In 114.8 インジウム	50 Sn 118.7 スズ	51 Sb 121.8 アンチモン	52 Te 127.6 テルル	53 I 126.9 ヨウ素	54 Xe 131.3 キセノン
Pt 95.1 白金	79 Au 197.0 金	80 Hg 200.6 水銀	81 Tl 204.4 タリウム	82 Pb 207.2 鉛	83 Bi 209.0 ビスマス	84 Po ポロニウム	85 At アスタチン	86 Rn ラドン
Ds ームスタ ヂウム	111 Rg レントゲニウム	112 Cn コペルニシウム	113 Nh ニホニウム	114 Fl フレロビウム	115 Mc モスコビウム	116 Lv リバモリウム	117 Ts テネシン	118 Og オガネソン
Gd 57.3 リニウム	65 Tb 158.9 テルビウム	66 Dy 162.5 ジスプロシウム	67 Ho 164.9 ホルミウム	68 Er 167.3 エルビウム	69 Tm 168.9 ツリウム	70 Yb 173.1 イッテルビウム	71 Lu 175.0 ルテチウム	
Cm ュリウム	97 Bk バークリウム	98 Cf カリホルニウム	99 Es アインスタイニウム	100 Fm フェルミウム	101 Md メンデレビウム	102 No ノーベリウム	103 Lr ローレンシウム	

原子量が空欄になっている元素は，安定同位体のない元素である．

初級放射線

鶴田隆雄 編

通商産業研究社

編者のことば

　本書は，最初の編者故石川友清氏が，第 1 種放射線取扱主任者用テキスト「放射線概論」に引き続いて，第 2 種主任者用テキストとして編集されたのがその始まりである．

　第 2 種放射線取扱主任者試験は，限られた範囲の放射線の利用について，その監督者としての必要な知識の有無を確認するための試験なので，第 1 種試験に比べると出題の範囲はかなり限定されている．しかしながら，受験者が試験の範囲を自ら想定して，この試験にとって必要な部分のみを抽出して勉強することは至難なことである．そこで，第 2 種試験に合格するためにはこれだけを勉強すればよい，という観点から編集されたのが本書である．

　本書は，過去の試験問題を徹底的に分析・検討し，試験にあまり関係ないことは思い切って削除し，比較的短時間のうちに試験に合格するのに必要かつ十分な知識が得られるように記述してある．すなわち，第 2 種試験合格のためには，この本だけを勉強すればよいということである．もちろん，過去の出題がどのようなものであったかを知るために，試験問題集を併用して勉強することは大切であるが，受験用テキストとしては本書1冊で十分と考えている．

　本書は，初版発行以来，放射線に関する科学技術の進歩・発展とそれにともなう試験の出題傾向の変化に則して，執筆者各位の絶え間ない協力のもとに，随時内容の増補・改訂を行ってきた．その間，数次にわたる法令の改定に際しても，いち早く新法令に基づく改訂を行い，読者が不便を来たすことがないよう努めてきた．

　1998 年初代編者石川友清氏のご逝去にともない，当時物理学の担当執筆者であった飯田博美氏が編者を務められることになり，2009 年飯田博美氏のご逝去にとも

編者のことば

ない，法令の担当執筆者である私が編者を務めることになったが，上述のような編集方針は一貫して変わることがない．

2018年4月1日に施行された放射線障害防止法の関係法令の改正により，放射線障害予防規程，教育訓練，記帳，事故報告等の規定の変更が行われた．このような法令の改正と最近の第2種試験の出題傾向を勘案して，本書においては全編にわたりかなり大幅な記述の変更・充実を行ったのでここに新版として発行することにした．

これからも，第2種放射線取扱主任者試験の受験者が安心して利用できるテキストであり，かつ，試験合格後は常に座右に置いて活用される放射線の基礎知識のハンドブックであることを念頭に執筆・編集に努めてゆきたいと考えている．

2018年11月，第10版発行に際して

鶴 田 隆 雄

目　　次

〔放射線の物理学〕

1. はじめに ……………………………………………………………… 15
    1. 1　放射線とは ……………………………………………………… 15
    1. 2　予備知識 ………………………………………………………… 16
2. 原子と原子核 ………………………………………………………… 21
    2. 1　原子と原子核 …………………………………………………… 21
    2. 2　原子の構造 ……………………………………………………… 22
    2. 3　原子核の構造 …………………………………………………… 23
    2. 4　原子核の結合エネルギー ……………………………………… 24
    2. 5　原　子　量 ……………………………………………………… 26
3. 放射性壊変 …………………………………………………………… 32
    3. 1　α壊変 …………………………………………………………… 32
    3. 2　β壊変と軌道電子捕獲 ………………………………………… 32
    3. 3　γ線の放出 ……………………………………………………… 35
    3. 4　自発核分裂 ……………………………………………………… 35
    3. 5　壊変の法則 ……………………………………………………… 36
    3. 6　壊変図式 ………………………………………………………… 38
    3. 7　放射平衡 ………………………………………………………… 40
    3. 8　天然放射性核種 ………………………………………………… 42
4. 荷電粒子と物質との相互作用 ……………………………………… 58
    4. 1　阻止能と飛程 …………………………………………………… 58

目　次

  4.2　α線と物質との相互作用 ･･････････････････････････････ 59
  4.3　電子線と物質との相互作用 ･･････････････････････････････ 60
 5.　光子と物質との相互作用 ･･････････････････････････････････････ 69
  5.1　光電効果 ･･ 69
  5.2　コンプトン効果 ･･ 70
  5.3　電子対生成 ･･ 71
  5.4　光子束 ･･ 72
  5.5　光子束の減衰 ･･ 72
 6.　中性子と物質との相互作用 ････････････････････････････････････ 88
 7.　放射線の単位 ･･ 94

〔放射線の測定技術〕

 1.　はじめに ･･ 101
  1.1　どのような量を測定するのか ････････････････････････････ 101
  1.2　どのようにして測定するのか ････････････････････････････ 104
 2.　気体の検出器 ･･ 106
  2.1　電離箱 ･･ 106
  2.2　比例計数管 ･･ 111
  2.3　ガイガー・ミュラー（GM）計数管 ･･････････････････････ 115
 3.　固体・液体の検出器 ･･ 135
  3.1　NaI(Tl)シンチレーション・カウンタ ････････････････････ 135
  3.2　その他のシンチレーション・カウンタ ････････････････････ 141
  3.3　半導体検出器 ･･ 143
  3.4　イメージングプレート ･･････････････････････････････････ 152
 4.　個人被ばく線量の測定器 ･･････････････････････････････････････ 159

目　　次

  4.1　蛍光ガラス線量計 ·· 159
  4.2　OSL 線量計 ··· 160
  4.3　熱蛍光線量計（TLD, Thermoluminescent Dosimeter）·············· 162
  4.4　フィルム線量計（フィルムバッジ）··· 163
  4.5　固体飛跡検出器 ·· 165
  4.6　電子式線量計 ··· 165
 5.　その他の測定器 ··· 173
  5.1　中性子検出器 ··· 173
  5.2　化学線量計 ·· 176
  5.3　アラニン線量計 ·· 177
  5.4　ラジオクロミック線量計・PMMA 線量計 ······························· 177
 6.　放射線測定の実際 ·· 182
  6.1　計数値の統計 ··· 182
  6.2　空間線量の測定 ·· 186
  6.3　放射能の測定（密封線源の健全性検査）································· 188
  6.4　個人被ばく線量の測定 ·· 188

〔放射線の生物学〕

1.　放射線の人体に対する影響の概観 ··· 207
2.　放射線影響の分類 ··· 212
  2.1　確率的影響と確定的影響 ··· 212
  2.2　身体的影響と遺伝性影響 ··· 214
3.　分子・細胞レベルの影響 ·· 218
  3.1　DNA 損傷と修復 ··· 218
  3.2　細胞周期による放射線感受性の変化······································· 220

目　次

　　　3.3　分裂遅延と細胞死 ……………………………………………………… 221
　　　3.4　突然変異と染色体異常 …………………………………………………… 227
　4.　確定的影響 ………………………………………………………………………… 232
　　　4.1　ベルゴニー・トリボンドーの法則 ……………………………………… 232
　　　4.2　臓器・組織の確定的影響 ………………………………………………… 233
　　　4.3　個体レベルの確定的影響 ………………………………………………… 240
　5.　確率的影響 ………………………………………………………………………… 246
　　　5.1　発がん ……………………………………………………………………… 246
　　　5.2　遺伝性影響 ………………………………………………………………… 249
　6.　胎児影響 …………………………………………………………………………… 254
　7.　放射線影響の修飾要因 …………………………………………………………… 258
　　　7.1　物理学的要因 ……………………………………………………………… 258
　　　7.2　化学的要因 ………………………………………………………………… 260
　　　7.3　生物学的要因 ……………………………………………………………… 262
　　　7.4　その他の修飾要因 ………………………………………………………… 262
　8.　体内被ばく ………………………………………………………………………… 266
　　　8.1　放射性物質の体内への摂取経路 ………………………………………… 266
　　　8.2　臓器親和性 ………………………………………………………………… 267
　　　8.3　放射性物質の体内動態 …………………………………………………… 268
　　　8.4　体内放射能の測定方法 …………………………………………………… 270
　9.　医療分野における放射線の利用 ………………………………………………… 273

〔放射線の管理技術〕

はじめに

　本章で取り扱った範囲と学習の手引き ……………………………………………… 281

目　次

1. 放射線の単位とその概念 283
   1.1 吸収線量，等価線量および実効線量 283
   1.2 防護量と実用量 287
   1.3 人工放射線と自然放射線 289
2. 線量率の計算 294
   2.1 距離・遮蔽・時間 294
   2.2 γ線の線量計算及び遮蔽計算 297
3. 線源の種類と特性 307
   3.1 密封線源の安全性 307
   3.2 密封線源の種類と特徴 309
4. 密封線源の利用機器 327
   4.1 密封線源利用機器で用いている放射線の特性 327
   4.2 放射線利用機器の種類と原理 328
5. 密封放射性同位元素使用における事故時の対応 341
   5.1 被ばく者の救護と被ばく線量の把握 341
   5.2 人の安全確保と線源の安全確保 342
   5.3 事故の報告とその後の措置 342

〔放射線障害防止の法令〕

はじめに

1. 本書を用いて法令の勉強を始めるにあたって 347
2. 法令についてのあらまし 349
3. 平成13年以降の放射線障害防止法関係法規制の変更 358
4. 第2種試験に必要な事項と不必要な事項 360

1. 法の目的 362

目　　次

- 1.1　原子力基本法の精神　………………………………………… 362
- 1.2　放射線障害防止法の目的　…………………………………… 363
- 1.3　放射線障害防止法の規制の概要　…………………………… 363
- 2. 定　義　………………………………………………………………… 368
  - 2.1　放　射　線　…………………………………………………… 368
  - 2.2　放射性同位元素及び放射性同位元素装備機器　…………… 369
  - 2.3　放射性同位元素等，取扱等業務及び放射線業務従事者　… 373
  - 2.4　実効線量限度，等価線量限度及び表面密度限度　………… 373
  - 2.5　線量の計算等　………………………………………………… 374
- 3. 使用の許可及び届出並びに販売及び賃貸の業の届出　……………… 378
  - 3.1　使用の許可　…………………………………………………… 378
  - 3.2　使用の届出　…………………………………………………… 379
  - 3.3　販売及び賃貸の業の届出　…………………………………… 381
  - 3.4　欠格条項　……………………………………………………… 384
  - 3.5　許可の基準及び許可の条件　………………………………… 385
  - 3.6　許　可　証　…………………………………………………… 385
  - 3.7　事務的内容等の変更　………………………………………… 386
  - 3.8　技術的内容の変更　…………………………………………… 387
  - 3.9　許可使用者の変更の許可を要しない技術的内容の変更　… 389
- 4. 表示付認証機器等　…………………………………………………… 395
  - 4.1　放射性同位元素装備機器の設計認証等　…………………… 395
  - 4.2　認証の基準　…………………………………………………… 397
  - 4.3　設計合致義務等　……………………………………………… 400
  - 4.4　認証機器の表示等　…………………………………………… 401
  - 4.5　認証の取消し等　……………………………………………… 402
  - 4.6　みなし表示付認証機器　……………………………………… 402
- 5. 放射線施設の基準　…………………………………………………… 407

目　　次

- 5.1　管理区域等の定義 ……………………………………………… 407
- 5.2　使用施設の基準 ………………………………………………… 407
- 5.3　貯蔵施設の基準 ………………………………………………… 410
- 5.4　廃棄施設の基準 ………………………………………………… 412
- 5.5　標　識 …………………………………………………………… 413

6. 許可届出使用者，届出販売業者，届出賃貸業者等の義務等 …… 419
   - 6.1　施設検査，定期検査及び定期確認 …………………………… 419
   - 6.2　使用施設等の基準適合義務及び基準適合命令 ……………… 419
   - 6.3　使用及び保管の基準 …………………………………………… 420
   - 6.4　運搬の基準 ……………………………………………………… 423
   - 6.5　廃棄の基準等 …………………………………………………… 436
   - 6.6　測定，放射線障害予防規程，教育訓練，健康診断，記帳等 … 439
   - 6.7　許可の取消し，合併，使用の廃止等 ………………………… 452
   - 6.8　譲渡し，譲受け，所持，海洋投棄等の制限 ………………… 456
   - 6.9　取扱いの制限 …………………………………………………… 458
   - 6.10　事故及び危険時の措置 ………………………………………… 458

7. 放射線取扱主任者 ……………………………………………………… 468
   - 7.1　放射線取扱主任者の選任 ……………………………………… 468
   - 7.2　放射線取扱主任者試験 ………………………………………… 469
   - 7.3　合格証，資格講習，免状の交付等 …………………………… 471
   - 7.4　放射線取扱主任者免状 ………………………………………… 474
   - 7.5　放射線取扱主任者の義務等 …………………………………… 474
   - 7.6　定期講習 ………………………………………………………… 475
   - 7.7　研修の指示 ……………………………………………………… 476
   - 7.8　放射線取扱主任者の代理者 …………………………………… 477
   - 7.9　解任命令 ………………………………………………………… 478

8. 登録認証機関等 ………………………………………………………… 482

11

目　次

9. 報告の徴収，その他 …………………………………………………… 484
　　9.1　報告の徴収 ……………………………………………………… 484
　　9.2　その他 …………………………………………………………… 486
10. 定義，略語及び主要な数値 …………………………………………… 488
　　10.1　おもな定義及び略語 ………………………………………… 488
　　10.2　記憶すべきおもな数値 ……………………………………… 497
11. 試験における法令の重要ポイント …………………………………… 504
参　考　告示別表 …………………………………………………………… 506
演習問題の解答 ……………………………………………………………… 510

付　録

　　1. 基本定数 …………………………………………………………… 525
　　2. 粒子の質量 ………………………………………………………… 525
　　3. 時　間 ……………………………………………………………… 526
　　4. 質量とエネルギー各々の単位の関係 …………………………… 526
　　5. 接頭語とその記号 ………………………………………………… 526
　　6. 放射能（数量）に対する BSS 免除レベル …………………… 527
　　7. 放射能濃度に対する BSS 免除レベル ………………………… 528
索　引 ………………………………………………………………………… 529

放射線の物理学

上 蓑 義 朋

1. は じ め に

1.1 放射線とは

　放射線にはさまざまな種類があるが，**放射性同位体**（Radioisotope, **RI** と略する[注]）を扱う際に関係するのは**アルファ線**（α 線），**ベータ線**（β 線），**ガンマ線**（γ 線），**エックス線**（**X** 線），**中性子線**である．これらの放射線は物質を直接又は間接的に電離する性質があるため，**電離放射線**とも呼ばれる．それぞれの特徴は以下のようである．

1) α 線：光の速度の約 5％から 7％の速度で飛ぶ**ヘリウムの原子核**である．電子をともなわないため＋2 価の電荷を持ち，質量は β 線の約 7,300 倍重い．物質中で急速にエネルギーを失い停止するので，空気中で数 cm しか飛ばない．

2) β 線：光の速度の約 25％から 98％の高速で飛ぶ**電子**である（β^-線）．－1 価の電荷を持ち，質量は小さい．エネルギーの小さいものでは空気中 1cm 以下で停止するが，大きいものでは空気中を数 m 飛ぶ．電子の反粒子である正の電荷を持つ**陽電子**の場合もある（β^+線）．

3) γ 線，X 線：**エネルギーの高い光（光子）**である．電荷を持たず，質量はない．エネルギーの固まり（粒）であり，物質を深く透過する．原子核のエネルギー状態の遷移や素粒子の消滅などにともなうものを γ 線，軌道電子の遷移や荷電粒子が大きな加速度を受けたときなどに放出される

[注]「放射性同位元素」は法律で定義された特別な用語である．

ものを X 線として区別するが,単にエネルギーだけで区別し,高エネルギーの光子を γ 線,比較的低エネルギーの光子を X 線とよぶ場合もある.

4) 中性子線:陽子とともに原子核を構成する粒子であり,それが単独で飛び出したものである.質量は β 線の約 **1,800 倍**重い.電気的に中性(電荷を持たない)の粒子であるため,透過力が大きい.

これらの放射線は,原子炉や加速器で人工的に生成された RI から放出されるだけでなく,自然に存在する岩石やコンクリート,あるいは人体に含まれている RI からも放出されるし,宇宙からも降り注いでいる.

1.2 予備知識

本節は,ざっと目を通して知らない項目だけを読めばよい.なお第 2 種主任者試験に合格することだけを目的とするなら,全体を通じてゴシックで強調された語句について理解すれば十分であろう.

1.2.1 物理量の単位

物理量とその国際単位系(SI)での単位,補助的に使われる単位を以下に示す.

表 1.1 基本単位

量	SI 単位	その他の単位
時間	秒(s)	分(min),時間(h),日(d),年(y)
長さ	メートル(m)	μm*,mm,cm,km
質量	キログラム(kg)	μg,mg,g,t(トン)
電流	アンペア(A)	pA,nA,μA,mA
温度	ケルビン(K)	セルシウス温度(℃)
物質量	モル(mol)	

*マイクロ(μ:10^{-6})等の接頭語については巻末付録を参照.

1. は じ め に

表 1.2 組立単位

量	単位	他のSI単位による表記	基本単位による表記
力	ニュートン (N)		$m \cdot kg \cdot s^{-2}$
エネルギー	ジュール (J)	$N \cdot m$, $C \cdot V$	$m^2 \cdot kg \cdot s^{-2}$
仕事率, 電力	ワット (W)	$J \cdot s^{-1}$	$m^2 \cdot kg \cdot s^{-3}$
圧力	パスカル (Pa)	$N \cdot m^{-2}$	$m^{-1} \cdot kg \cdot s^{-2}$
電気量, 電荷	クーロン (C)		$s \cdot A$
電圧	ボルト (V)	$W \cdot A^{-1}$	$m^2 \cdot kg \cdot s^{-3} \cdot A^{-1}$
周波数, 振動数	ヘルツ (Hz)		s^{-1}

1.2.2 電気素量

電気量すなわち電荷は電流と時間の積で定義される．電荷の単位は基本単位では $s \cdot A$ で表されるが，通常 C（クーロン）を用いる．電子は -1.602×10^{-19} C の電荷を有し，$e = 1.602 \times 10^{-19}$ C を**電気素量（素電荷）**という．物体の有する電荷は連続の値をとることはなく，電気素量を単位としており，電気素量の正又は負の整数倍である．

1.2.3 クーロン力

電荷どうしに働く力である．2つの点電荷がもつ電気量がそれぞれ，q_1 (C) と q_2 (C) であり，2点間の距離が r (m) のとき，電荷間に働く力 F（N：ニュートン）は，

$$F = \frac{1}{4\pi \varepsilon_0} \frac{q_1 q_2}{r^2} \tag{1-1}$$

で表される．この力 F を**クーロン力**とよび，(1-1) 式をクーロンの法則という．ε_0 は真空の誘電率とよばれ，$\varepsilon_0 = 8.85 \times 10^{-12}$ $kg^{-1} \cdot m^{-3} \cdot s^2 \cdot C^2$ である．力の向きは q_1, q_2 がともに正又は負のときは斥力（反発力）であり，**符号が異なるときは引力**である．クーロン力は**距離の2乗に反比例**する．

1.2.4 電子ボルト

$-e$ の電荷を有する電子が 0 (V) の電極から $+1$ (V) の電極に引き寄せられて

移動するとき，得られる運動エネルギーを 1 **電子ボルト**（electron volt, 記号 **eV**）という．

$$1(\text{eV}) = e(\text{C}) \times 1(\text{V}) = 1.602 \times 10^{-19}(\text{C} \times \text{V}) = 1.602 \times 10^{-19}(\text{J}) \tag{1-2}$$

である．$10^3 \text{eV} = 1\,\textbf{keV}$（k は小文字），$10^6 \text{eV} = 1\,\textbf{MeV}$，$10^9 \text{eV} = 1\,\text{GeV}$ と表す．

1.2.5 質量とエネルギーの等価性

質量とエネルギーE（J）は本質的には同じであり，次式で換算できる．

$$E = mc^2 \tag{1-3}$$

ここで m は物体の質量（kg），c は光速度（$3.0 \times 10^8 \text{m·s}^{-1}$）である．

物質は運動していると運動エネルギーの分だけ質量が増加する．速度が光速度に近づくと質量の増加は無視できなくなる．ふつう質量とは静止した状態の質量をいうが，区別して静止質量という場合がある．

1.2.6 電磁波の粒子性

γ 線，X 線などの光子は，電磁波として波の性質を有するとともに，**光の速度で運動する粒子**としての性質も持つ．**光子**は，質量のないエネルギーの粒である．光子の振動数を ν（Hz）として，エネルギーは，

$$E = h\nu \text{（J）} \tag{1-4}$$

であらわされる．ここで h はプランク定数（$6.6 \times 10^{-34}\,\text{J·s}$）である．

光子に対して質量を仮定すると，(1-3) 式から，質量は $m = \dfrac{h\nu}{c^2}$ とみなすことができる．したがって運動量は $p = \dfrac{h\nu}{c^2} \times c = \dfrac{h\nu}{c}$ となる．

〔例題〕電子の静止質量は $9.109 \times 10^{-31}\,\text{kg}$ である．質量をエネルギーに換算するといくらか．ただし光速度を $2.998 \times 10^8 \text{m·s}^{-1}$ として計算せよ．

〔解〕

$$E = (9.109 \times 10^{-31}\,[\text{kg}]) \times (2.998 \times 10^8\,[\text{m·s}^{-1}])^2 = 8.187 \times 10^{-14}\,[\text{J}]$$

$$= \frac{8.187 \times 10^{-14}}{1.602 \times 10^{-19}}\,[\text{eV}] = 5.11 \times 10^5\,[\text{eV}] = 511\,[\text{keV}] = 0.511\,[\text{MeV}]$$

1. はじめに

〔演習問題〕

問1 次の記述のうち，誤っているものはどれか．
1. エネルギー E の γ 線の運動量は E を光速度で除したものである．
2. 質量 m の粒子の運動量は m に粒子の速度を乗じたものである．
3. 静止質量 m_0 の粒子の静止質量エネルギーは m_0 に光速度の二乗を乗じたものである．
4. 電荷 q の粒子が電場 E によって受ける力は $(q \times E)$ である．
5. 光子のエネルギーは光子の波長に比例する．

〔答〕 5

1. 正　γ 線の運動量 p は　$p = E/c$
2. 正　速度 v の粒子（質量 m）の運動量 p は　$p = mv$
3. 正　静止質量 m の粒子の静止エネルギー E は　$E = mc^2$
4. 正　電荷 q が電場 E によって受ける力 F は　$F = qE$
5. 誤　光子のエネルギー E は光子の振動数 ν に比例する．　$E = h\nu$

問2 1mg の物質の等価エネルギー(J)として最も近い値は，次のうちどれか．
1. 3.0×10^{10}　 2. 9.0×10^{10}　 3. 3.0×10^{12}　 4. 3.0×10^{13}　 5. 9.0×10^{13}

〔答〕 2

質量をエネルギーに換算する式から，
$$E = mc^2 = 1 \times 10^{-6} \times (3 \times 10^8)^2 = 9 \times 10^{10} \text{ (J)}$$

問3 エネルギーの大きい順に並べられているものは，次のうちどれか．
　　A　1 eV　　　　B　1 cal　　　C　1 J
1. A>B>C　 2. A>C>B　 3. B>A>C　 4. B>C>A　 5. C>B>A

〔答〕 4

A，B を J 単位に換算すると，A : 1 eV = 1.60×10^{-19} J，B : 1 cal = 4.2 J．

放射線の物理学

問 4 放射線に関する次の記述のうち，正しいものの組合せはどれか．

A α 粒子は陽子 2 個，中性子 2 個，及び電子 2 個からなる．
B 電子と陽電子は進行方向と直交する静磁場中で，互いに逆方向に曲げられる．
C γ 線の速度は X 線の速度よりも大きい．
D 熱中性子は間接電離放射線である．

1 A と B　　2 A と C　　3 B と C　　4 B と D　　5 C と D

〔答〕 4

A 誤　α 線は ^{4}He の原子核だけが放出されるのであり，軌道電子を伴わない．

B 正　陽電子は電子の反粒子である．電子の電荷は -1，陽電子の電荷は $+1$ であるから，進行方向と直交する磁場中ではローレンツ力によって反対向きに曲げられる．

C 誤　γ 線，X 線はともに光子であり，光の速度を有する．エネルギーの違いは光の振動数の違いによる．

D 正　中性子は電荷を持たないため，γ 線，X 線と同様物質を直接電離することはない．熱中性子では，主に原子核によって捕獲されたときに生成される γ 線（捕獲 γ 線）が相互作用して生じる高速の電子が電離や励起を起こす．エネルギーの大きい中性子では，原子核反応によって生じる 2 次荷電粒子（イオン）が主に電離や励起を起こす．

2. 原子と原子核

2.1 原子と原子核

　紀元前 5 世紀ころギリシャのレウキッポス，デモクリトスは，物質は分割できない究極的微粒子であるアトムが結合して構成されているという説を唱えたが，紀元前 4 世紀に活躍したアリストテレスは，物質は連続であると説き，原子説は広まらなかった．今日知られている科学的原子論の基礎を確立したのは，19 世紀初頭のイギリスの化学者ドルトンである．

　物質を化学的な方法で細かくしていくと，最後に**原子**になる．**原子の半径**はおよそ 10^{-10}m である．図 2.1 に概念を示すように，原子の中心には半径が**極めて小さな**（10^{-15}m から 10^{-14}m）正の電荷を帯びた**原子核**があり，原子核の周囲を負の

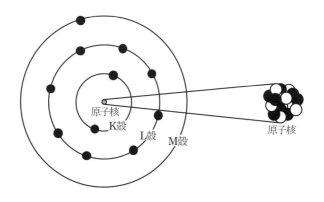

図 2.1　原子及び原子核の構造

電荷を持った電子が飛び回って原子を形成している．**原子の質量のほとんどすべて**（99.97％）は原子核が占めている．原子核はさらに，正の電荷を持つ**陽子**と，電荷を持たない**中性子**から構成されている．陽子や中性子を**核子**という．核子どうしは中間子（パイ中間子の質量は約 140MeV）をやり取りすることで生ずる**核力**（「強い力」ともいう）**によって強固に結合**している．一方電子は**クーロン力**によって原子核に束縛されている．

原子番号は陽子の数に等しい．同一の原子番号を持つ原子を集合的に**元素**とよぶ．陽子と中性子の数の合計は**質量数**と呼ばれ，**原子の質量にほぼ比例**する．

原子の化学的及び物理的性質は，陽子と中性子の数，すなわち原子番号と質量数で決まる．この 2 つによって決められる原子を**核種**といい，原子番号が等しく質量数が異なる核種を**同位体**（**同位元素**，アイソトープ）という．また中性子数が等しい核種を同中性子体（同調体），質量数が等しい核種を同重体とよぶ．

質量数 A，原子番号 Z，元素記号 X の核種は，$^A_Z X$ と表す．X によって Z は決まってしまうので，単に $^A X$ と書く場合が多い．中性子数を N とおけば，陽子数は Z であるから，$A=Z+N$ である．

2.2 原子の構造

原子では，質量が大きく非常に小さな原子核の周囲を，原子番号と等しい数の電子が衛星のように飛び回っている．電子の周回する軌道は勝手な状態をとることはできず，決まった離散的な状態しかとることはできない．電子の軌道は，半径の大きさに相当する主量子数（n）ごとに K 殻（$n=1$），L 殻（$n=2$），M 殻（$n=3$）・・・とよぶ．このうち **K 殻電子がもっとも強く原子核に束縛されている**．軌道はさらに方位量子数（l）によって分類され，$l=0,1,2,3$・・・をそれぞれ s，p，d，f・・・という．l の許される範囲は $l \leq n-1$ であるので，K 殻には s 軌道（1s）だけ，L 殻には s 軌道（2s）と p 軌道（2p）がある．s 軌道に入ることができる電子は 2 個，p 軌道には 6 個，d 軌道には 10 個なので，K 殻には 2 個，L 殻には 8 個，M 殻には 18 個までの電子が入ることができる．

軌道電子はクーロン力によって束縛されているので，束縛電子ともよばれる．束縛されていない自由電子に比べ，束縛電子は位置（ポテンシャル）エネルギーが低い．もっとも位置エネルギーが低い K 殻から順に電子が詰まっている状態を**基底状態**とよび，安定である．

軌道電子が放射線などからエネルギーを受け取ると，電子は原子核の束縛から離れ自由電子になる．これを**電離**という．電離に必要な最低エネルギーは**結合エネルギー**（**束縛エネルギー**ともよばれる）である．電子が飛び出した原子は正の電荷を帯びており，**陽イオン**となる．軌道電子が受け取るエネルギーが小さいと，電子は原子核の束縛から完全には離れることはできず，位置エネルギーが高い外側の軌道に飛び上がる．この現象を**励起**という．電離や励起によって，束縛エネルギーが大きい（位置エネルギーが低い）内側の軌道に空席ができた**励起状態**は不安定で，電子は内側の軌道に飛び下がろうとし，その際移動する軌道間の**位置エネルギーの差**は光子（**特性 X 線**）として放出されたり，外側の軌道の電子に直接エネルギーが与えられて高速の電子（**オージェ電子**）として放出される．

2.3 原子核の構造

陽子，中性子は小さな剛球のようであり，原子核の内部では，これらがぎっしり詰まったまま自由に動き回っていて，原子核を真空中に浮かんだ水滴のように考えることができる．安定な原子核の形はほぼ球形をしている．**原子核の密度は核種によらずほぼ一定**で，体積は核子数，すなわち質量数 A に比例する．原子核の半径 R は，

$$R = r_0 A^{1/3} \tag{2-1}$$

と近似的に表すことができる．ここで r_0 はおよそ 1.2 ないし 1.4×10^{-15} m である．

陽子と陽子の間，中性子と中性子の間にはたらく核力は等しいが，正の電荷を持つ陽子どうしにはクーロン力である斥力がはたらくため，わずかではあるが中性子どうしの引力に比べて弱い．一方陽子と中性子の間にはたらく核力はこれらに比べて大きい．このためクーロン力の影響の弱い**原子番号の小さい元素では陽**

子数（Z）と中性子数（N）は等しいか，少しだけ中性子数が大きい核種が安定であり，**原子番号の大きい元素では中性子数が大きい核種が安定**になる．同位体存在度を見ると，HとHeは特別であるが，$_3$Li，$_5$B，$_6$Cなどでは$N=Z$及び$N=Z+1$の核種が天然に存在し，$_4$Be，$_9$F，$_{11}$Na，$_{13}$Alなどでは$N=Z+1$だけの核種が天然に存在する．原子番号がやや大きな$_{25}$Mn，$_{27}$Coなどでは$N=Z+5$が安定であり，$_{92}$Uでは$N=Z+54$の存在比が大きく，$N/Z \fallingdotseq 1.6$にもなる．

2.4 原子核の結合エネルギー

軽水炉型の原子力発電所では，普通の水を使って中性子のエネルギーを下げて核分裂の連鎖反応を起こさせるとともに，熱を取り出している．ここでは水素^{1}Hと中性子nが多量に混在するため，ごく一部の水素^{1}Hは図2.2に示す次の核反応を起こして重水素^{2}Hに変化する．

$$^1\text{H} + \text{n} \rightarrow {}^2\text{H} + \gamma \tag{2-2}$$

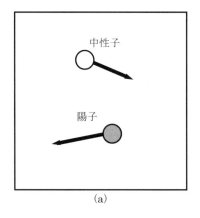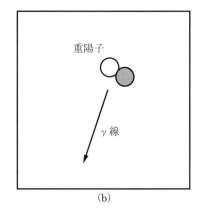

図2.2 軽水炉中では（a）に示すようにたくさんの陽子（水素）と中性子がばらばらな状態にある．中性子が陽子に吸収されると，（b）に示すように重陽子（重水素）が生成すると同時に，重陽子の結合エネルギーに相当するγ線が放出される．（a）の全質量と，γ線エネルギーを質量に換算した（b）の全質量は等しい．

2. 原子と原子核

ここで反応前の ^{1}H（原子核は陽子 p）と n の質量はそれぞれ 938.78MeV，939.56 MeV であり，合計 1878.34MeV である．反応後の ^{2}H（原子核は重陽子 d）の質量は 1876.13MeV であり，反応によって 2.21MeV 軽くなっている．これは p と n がばらばらでいるよりも，結合して d の状態になっている方が，エネルギー状態が低く，より安定であることを示している．この 2.21MeV の質量の差を重陽子の**結合エネルギー**とよび，原子核の結びつきの強さを表す．この反応で余ってくる 2.21MeV の質量は光子（γ線）のエネルギーとして結合と同時に放出される．重陽子に結合エネルギーである 2.21MeV 以上の光子を照射すると，(2-2) 式の逆反応が発生し，重陽子は中性子と陽子に分解することがある．

原子核の質量と，その原子核を構成する核子がばらばらの状態にあるときの質量の差が原子核の結合エネルギーであり，それを核子数で割った値が核子あたりの結合エネルギーである．核子あたりの結合エネルギーを，質量数の関数として示したグラフが**図**2.3 である．軽い核では ^{4}He が核子あたり 7.1 MeV と特異的に大きく，^{4}He の原子核である**α粒子は強固に結びついている**ことが分かる．質

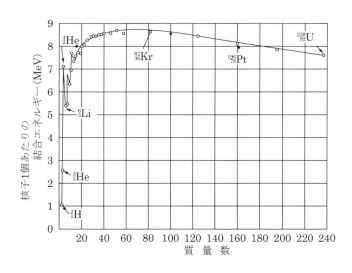

図 2.3　核子 1 個あたりの結合エネルギー

量数が 20 以上では，核子あたりの結合エネルギーは緩やかに上昇し，質量数 56，すなわち鉄付近で最大になり，鉄よりも重い核では徐々に減少する．すなわち自然界では鉄がもっとも安定な原子核である．ウランが核分裂をすると，質量が約半分の 2 つの原子核に分かれる．図 2.3 から分かるように，核分裂によって核子あたりの結合エネルギーが増加する（質量が減少する）ため，余剰のエネルギーが生じる．原子炉ではこのエネルギーを熱として取り出している．

2.5 原子量

自然界には $Z=1$ の水素から $Z=92$ のウランまで，92 種類の元素があり，約 270 種類の核種が存在する．**質量数 12 の炭素の同位体 12g 中に含まれる原子数はアボガドロ数 N_A とよばれ**，$N_A=6.022\times 10^{23}$ である．天然の炭素の同位体存在度（原子個数の存在度）は，^{12}C が 98.93%，^{13}C が 1.07%である．^{13}C 原子を N_A 個集めたときの質量は 13.0034g [注] であり，したがって天然の炭素原子を N_A 個集めたときの質量は，$12\times 0.9893+13.0034\times 0.0107=12.011$g になる．**原子量**とは ^{12}C 原子の質量を 12 としたときの元素の相対的質量と定義されるが，原子を N_A 個集めたときの質量を g 数で表した値ともいうことができる．炭素の原子量は 12.011 である．

質量数 A の核種の原子量は，ほぼ正確に A である（例えば ^{60}Co の原子量は 60 としてよい）．これは核子あたりの結合エネルギーの違いは核子の質量に比べて十分小さいためである．

質量数 12 の炭素原子の質量の 12 分の 1 を**原子質量単位**（記号 **u**）といい，原子や原子核の質量を表すときによく使用される．

$$1u=12\times 10^{-3}\ [kg]\ /\ (12\times N_A)\ =1.6605\times 10^{-27}\ [kg]\ =931.5\ [MeV]$$

$$(2-3)$$

[注] 13g より若干大きいのは，核子あたりの結合エネルギーが ^{12}C よりやや小さいためである．

2. 原子と原子核

陽子，中性子，電子の質量等の特性を，表 2.1 に一覧にして示す．陽子，中性子の質量は 1u よりも若干大きく，およそ 940MeV で，中性子の方が 1.3MeV 重い．電子の質量はそれらのおよそ 1800 分の 1 で，511keV である．

表 2.1 陽子，中性子，電子の特性

粒子	記号	電荷（単位：電気素量）	質量（単位：kg）	質量（単位：MeV）	質量（単位：原子質量単位）
陽子	p	$+1$	1.673×10^{-27}	938.3	1.0073
中性子	n	0	1.675×10^{-27}	939.6	1.0087
電子	e	-1	9.109×10^{-31}	0.5110	5.486×10^{-4}

放射線の物理学

〔演 習 問 題〕

問1 原子・原子核に関する次の記述のうち,正しいものの組合せはどれか.
 A 原子の中心には負の電荷をもった原子核が存在する.
 B 原子核は陽子と中性子から構成される.
 C 陽子の数と中性子の数はいつも同じである.
 D 原子核のまわりを質量の小さい電子が運動している.
  1 AとB   2 AとC   3 BとC   4 BとD   5 CとD
〔答〕 4
 A 誤 原子核の電荷は正である.
 B 正
 C 誤 中性子数が異なる核が同位体である.
 D 正

問2 原子・原子核に関する次の記述のうち,正しいものの組合せはどれか.
 A 原子核は陽子と電子から構成される.
 B 原子核のまわりを電子が運動している.
 C 質量数とは,陽子の数と電子の数の和である.
 D 原子の中心には正の電荷をもった原子核が存在する.
  1 AとB   2 AとC   3 BとC   4 BとD   5 CとD
〔答〕 4
 A 誤 陽子と中性子から構成される.
 B 正
 C 誤 陽子数と中性子数の和である.
 D 正

問3 原子及び原子核に関する次の記述のうち,正しいものの組合せはどれか.

2. 原子と原子核

A 陽子と電子を核子という．
B 核子どうしは，クーロン力によって結合している．
C 原子の半径は，10^{-14} m 程度である．
D 原子核の密度は，核種によらずほぼ一定である．

1 ACD のみ　　2 AB のみ　　3 BC のみ　　4 D のみ
5 ABCD すべて

〔答〕 4

A 誤　陽子と中性子を核子という．
B 誤　核力によって結合している．
C 誤　10^{-10} m 程度である．
D 正

問4 次の記述のうち，正しいものの組合せはどれか．

A 原子核を構成する中性子の数が等しく，陽子の数が異なる原子を互いに同位体という．
B 中・高原子番号の元素では原子核中の中性子の数は陽子の数より多い．
C 放射性同位元素から γ 線が放出される場合，原子核中の中性子と陽子の数は変わらない．
D 核を構成する中性子と陽子の数にそれぞれの質量を乗じて加え合わせたものが原子核の質量になる．

1 A と B　　2 A と C　　3 B と C　　4 B と D　　5 C と D

〔答〕 3

A 誤　原子核を構成する陽子の数が同じで，中性子の数が異なる原子を互いに同位体という．
B, C 正
D 誤　原子核の質量は構成する中性子と陽子の数にそれぞれの質量を乗じて加え合わせたものより質量欠損分だけ小さい．

問5 次の記述のうち，正しいものの組合せはどれか．
A 重水素の原子核は，陽子1個と中性子1個の合計より重い．
B 同重体は，原子番号が異なり質量数は互いに等しい．
C 核異性体は，原子番号及び質量数が互いに等しい．
D 同位体は，中性子数が互いに等しい．
　　1　AとB　　2　AとC　　3　BとC　　4　BとD　　5　CとD
〔答〕3

A　誤　合計より結合エネルギー分だけ軽い．
B，C　正
D　誤　同位体は原子番号（陽子数）が等しい．

問6 $^{40}_{20}$Ca の一核子当たりの平均結合エネルギー[MeV]として最も近い値は次のうちどれか．ただし，$^{40}_{20}$Ca，陽子，中性子及び電子の質量を，それぞれ39.96259 u，1.00728 u，1.00867 u，及び0.00055 uとする．また，1 u＝932 MeV とする．
　　1　7.75　　2　8.02　　3　8.29　　4　8.56　　5　8.93
〔答〕4

$^{40}_{20}$Caは，陽子20個，中性子40－20＝20個，軌道電子20個で構成されている．全結合エネルギーは，すべての粒子の質量の合計から原子の質量を引いた質量差にc^2（cは光の速度）を乗じた値である．質量差は（1.00728 u×20＋1.00867 u×20＋0.00055 u×20）－39.96259 u＝40.3300 u－39.96259 u＝0.3674 u であるから，核子当たりの結合エネルギーは 0.3674×932／40＝8.560 MeV である．

問7 K殻の軌道電子に関する次の記述のうち，正しいものの組合せはどれか．
A 主量子数は1である．
B 原子核との結合エネルギーは，他の電子殻の軌道電子よりも大きい．
C 電子数は，1原子当り1個である．
D オージェ電子として放出されることがある．
　　1　AとB　　2　AとC　　3　BとC　　4　BとD　　5　CとD

2. 原子と原子核

〔答〕 1

A　正　量子数とは，量子論で定常状態を特徴づける整数又は半整数（1/2，3/2など）をいう．K 殻は最も内側の 1 番目の軌道である．

B　正　最も内側の軌道で原子核との距離は最も小さいため，結合エネルギーは最大である．

C　誤　電子は K 殻に 2 個入ることができる．

D　誤　電子が軌道間を遷移して結合エネルギーがさらに大きい軌道に移る際，軌道間のエネルギーの差が他の軌道電子に与えられて，エネルギーを受け取った電子が自身の結合エネルギーを振り切って飛び出るのがオージェ電子である．したがって飛び出る電子の結合エネルギーは与えられるエネルギーよりも小さい必要があり，最も結合エネルギーの起きい K 殻電子がオージェ電子として放出されることはない．

3. 放射性壊変

　原子核には安定なものと不安定なものがある．不安定な核種を**放射性同位元素**という．放射性同位元素は，1章で紹介したα線，β線などの放射線を放出して，よりエネルギーレベルの低い，安定な原子核になろうとする．この原子核が変化する現象を**放射性壊変**，又は単に**壊変**という．壊変前を親核種，壊変後を**娘核種**と呼ぶ．娘核種やそのまた娘核種が壊変するとき，娘核種以降をまとめて子孫核種と呼ぶ．壊変と**崩壊**は同義である．

3.1　α壊変

　$^{241}_{95}\mathrm{Am}$ は $^{4}_{2}\mathrm{He}$ の原子核であるα線を放出して $^{237}_{93}\mathrm{Np}$ に壊変する．放出されるα線の運動エネルギーは決まっており（**線スペクトル**を有するという），頻度の高いものから順に 5.486MeV（84.5%），5.443MeV（13.0%），5.388MeV（1.4%）であり，その他のエネルギーのものは1%以下の放出率である．α線のエネルギーは核種によって異なるが，およそ4MeVから9MeVの範囲である．

　α壊変は主として重い原子核に見られる．質量と電荷は保存されるため，親核種が $^{A}_{Z}\mathrm{X}$ のとき，α壊変では次式のように表される．

$$^{A}_{Z}\mathrm{X} \rightarrow {}^{A-4}_{Z-2}\mathrm{Y} + \alpha \quad (= {}^{4}_{2}\mathrm{He}) \tag{3-1}$$

すなわち娘核は親核よりも**質量数が4小さくなり**，**原子番号が2小さくなる**．

3.2　β壊変と軌道電子捕獲

　$^{137}_{55}\mathrm{Cs}$ は安定な $^{133}_{55}\mathrm{Cs}$ 原子核よりも中性子が4個多い．このように中性子が過剰である核種は，中性子（n）を陽子（p）に変換して安定になろうとする．電荷は中

3. 放射性壊変

性子が 0, 陽子が +1 なので, 電荷が -1 の電子がその際に放出される. すなわち原子核内部では次の反応が起きる.

$$n \rightarrow p + e^- + \bar{\nu} \qquad (3-2)$$

このとき放出される電子 (e^-) が β^- 線 (あるいは単に β 線) である. また同時に放出される $\bar{\nu}$ は中性微子 (**ニュートリノ**: ν) の反粒子 (反ニュートリノ: $\bar{\nu}$) である. この壊変を **β^-壊変** (あるいは単に **β 壊変**) という. ニュートリノは電荷を持たず, 物質とほとんど相互作用しないため, 通常は検出されない.

一方 $^{22}_{11}$Na は安定な $^{23}_{11}$Na 原子核よりも中性子が 1 個少ない. このような中性子欠損核 (陽子過剰核ともいう) は, 陽子を中性子に変換して安定な核種になる. この壊変では電荷が +1 余るので, 電子の反粒子である陽電子 (β^+ 線) が放出される. すなわち,

$$p \rightarrow n + e^+ + \nu \qquad (3-3)$$

これを **β^+壊変** という.

β^- 壊変, β^+ 壊変にともなって原子核の質量が減少する分は壊変後の粒子の運動エネルギーとなるが, 電子とニュートリノが同時に放出され, これらと娘核の 3 つの粒子によってエネルギーが分配されるため, β 線のエネルギーは一意的に決まらず, 図 3.1 のように **連続スペクトル** を示す. エネルギーの平均値は最大値の約 1/3 である. β 線の最大エネルギーは核種ごとに決まっている. 最大エネルギーは核種によって大きく異なり, 小さいものとしては ^{3}H の 18 keV や ^{63}Ni の 66 keV, 大きいものでは ^{90}Y の 2.3 MeV などがある.

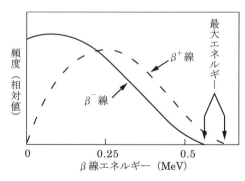

図 3.1 ^{64}Cu (EC:44%, β^+:17%, β^-:39%) から放出される β 線スペクトル

陽子過剰核では軌道を回って

いる電子を捕獲することによって原子核内の陽子が中性子と中性微子に変化することがある．この現象を**軌道電子捕獲**（EC：Electron Capture）という．軌道電子捕獲とは，β^+壊変の式で陽電子の項を右辺から左辺へ移行させたもの（別の表現をすれば（3-3）式の両辺にe^+の反粒子であるe^-を加えたもの）に相当する．

$$p + e^- \rightarrow n + \nu \tag{3-4}$$

軌道電子捕獲では主として原子核に最も近い K 殻電子が捕獲される．K 殻にできた空席を，外側の軌道の電子が移ってきて埋める．それぞれの軌道の結合エネルギーは異なるため，その差のエネルギーの**特性 X 線**あるいはオージェ電子が放出される（図 3.2）．

これらの壊変の際の核種の変化は以下のようになる．

β^-壊変： $\quad {}^A_Z X \rightarrow {}^A_{Z+1} Y + e^- + \bar{\nu}$ \hfill (3-5)

β^+壊変： $\quad {}^A_Z X \rightarrow {}^A_{Z-1} Y + e^+ + \nu$ \hfill (3-6)

軌道電子捕獲： ${}^A_Z X + e^- \rightarrow {}^A_{Z-1} Y + \nu$ \hfill (3-7)

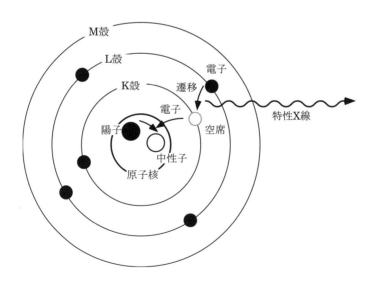

図 3.2　軌道電子捕獲

3. 放射性壊変

3.3 γ線の放出

$^{60}_{27}$Co は β^- 壊変して $^{60}_{28}$Ni になるが，100％の確率で**励起状態**の $^{60}_{28}$Ni になる．励起状態とは 1 個又は複数の核子が，基底状態よりも上のエネルギー準位に跳び上がっている状態である．このときの $^{60}_{28}$Ni 核の励起エネルギーは 2.50 MeV であるが，極めて不安定なため，すぐにエネルギーを γ 線として放出する．まず 1.17 MeV の γ 線を放出して 1.33 MeV の励起状態に移った後，すぐに 1.33 MeV の **γ 線を放出して基底状態に移る**．

$^{137}_{55}$Cs は β^- 壊変して 94.4％の確率で励起状態の $^{137}_{56}$Ba になる．このときの $^{137}_{56}$Ba の励起状態はある程度安定で，励起状態を数分間保った後エネルギーを放出して基底状態に移る．このように観測されるほどの時間安定な励起状態は**核異性体**とよばれ，質量数に m を付けて $^{137m}_{56}$Ba と書く．核異性体が基底状態等のエネルギーレベルの低い，より安定な状態に γ 線を放出して移ることを**核異性体転移**〔Isomeric Transition，**IT** と略す〕という．$^{137m}_{56}$Ba は 90％の確率で 662 keV の γ 線を放出して基底状態に移るが，10％の確率で，軌道電子に直接エネルギーを与えて転移する．この過程を**内部転換**〔Internal Conversion，**IC** と略す〕とよぶ．このとき放出される**電子は線スペクトル**を有し，エネルギーは励起エネルギー（662 keV）から軌道電子の結合エネルギー（Ba の K 殻では 37 keV）を引いた値（625 keV）である．**内部転換電子**の放出数を λ_e，γ 線放出数を λ_γ としたとき，$\lambda_e / \lambda_\gamma$ を**内部転換係数**という．

3.4 自発核分裂

$^{252}_{98}$Cf は主として α 壊変をするが，3.1％の確率で核分裂によって壊変する．このように外からエネルギーを与えなくても，自然に起きる核分裂を**自発核分裂**（Spontaneous Fission，**SF** と略す）という．核分裂によって，^{252}Cf は 2 個の原子核（核分裂片）に分かれ，同時に数個の中性子と γ 線を放出する．核分裂による中性子は**連続スペクトル**を有し，平均エネルギーは約 2 MeV である．

3.5 壊変の法則

放射性核種を観測していると，単位時間当たりに壊変する原子の個数，すなわち**壊変率** A は観測している原子の個数（N）に比例する．比例定数を λ とすれば，A は次式で表される．

$$A = -\frac{dN}{dt} = \lambda N \tag{3-8}$$

λ は**壊変定数**とよばれる．微分方程式（3-8）を積分すると，時刻 $t=0$ で $N=N_0$ として，

$$N(t) = N_0 e^{-\lambda t} \tag{3-9}$$

となる．従って A は次式で与えられる．

$$A = \lambda N = \lambda N_0 e^{-\lambda t} = A_0 e^{-\lambda t} \tag{3-10}$$

壊変率 A あるいは放射性核種の原子数 N が，始めの強度又は個数の半分に減ずる時間を**半減期** $T_{1/2}$ という．半減期と壊変定数の関係は次のようである．

$$T_{1/2} = \frac{\ln 2}{\lambda} = \frac{0.693}{\lambda} \tag{3-11}$$

これに対して $1/\lambda$ の値を平均寿命，又は単に**寿命**という．

半減期を用いると，（3-10）式は，

$$A = A_0 \left(\frac{1}{2}\right)^{\frac{t}{T_{1/2}}} \tag{3-12}$$

となり，計算しやすい．

放射性核種が壊変して放射線を出すことを**放射能**と呼び，その強度が壊変率である．壊変率の単位は SI 単位系では s^{-1} であるが，これを特別に **Bq**［**ベクレル**］とよぶ．1Bq とは毎秒 1 壊変の放射能である．

（3-8）式に（3-11）式を代入して λ を消去すると次式になる．

$$A = 0.693 \frac{N}{T_{1/2}} \tag{3-13}$$

3. 放 射 性 壊 変

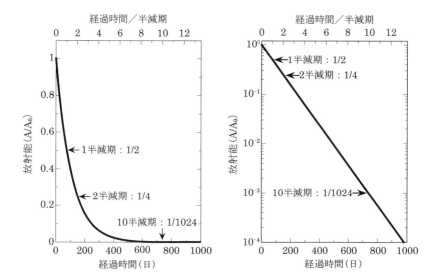

図 3.3　^{192}Ir（半減期 73.83 日）の放射能の時間変化．横軸は経過時間で下は日単位，上は半減期単位，縦軸は左図が線形，右図が対数である．1 半減期経過すると 1/2, 2 半減期経過すると（1/2）×（1/2）＝1/4, 10 半減期経経過すると（1/2）^{10}＝1/1024 に減衰する．

すなわち放射能が一定のとき，**半減期と原子数は比例**する．単位質量あたりの放射能を**比放射能**という．

放射能の時間変化を**図 3.3** に示す．例えば，半減期 74 日の ^{192}Ir 密封線源の放射能が購入時に 1GBq（ギガベクレル，10^9 ベクレル，すなわち毎秒十億壊変）であったとする．1GBq＝1000MBq（メガベクレル，10^6 ベクレル，すなわち毎秒百万壊変）であるから，1 半減期後の 74 日目では 500MBq，さらに 1 半減期後の 148 日目では 250MBq というように，**1 半減期経過するごとに半分に減衰**する．購入から 2 年余り経過した 10 半減期後の 740 日目では，1024 分の 1 である 977 kBq（キロベクレル，10^3 ベクレル，すなわち毎秒千壊変）となる．

〔例題〕^{60}Co の半減期は 5.27 年である．1MBq の原子数はいくらか．純粋（無担体という）の ^{60}Co があった場合，質量及び比放射能はいくらか．半減期 $4.47×10^9$ 年の

^{238}U ではどうか．

〔解〕^{60}Co の半減期は 1.66×10^8 秒である．したがって原子数 N_{Co} は，

$$N_{Co}=1\times 10^6\;[\text{Bq}]\times 1.66\times 10^8\;[\text{s}]\;/0.693=2.40\times 10^{14}$$

^{60}Co の原子量は 60 と近似できる．したがって質量 M_{Co} は，

$$M_{Co}=60\times \frac{2.40\times 10^{14}}{6.02\times 10^{23}}=2.39\times 10^{-8}\;[\text{g}]=2.39\times 10^{-11}\;[\text{kg}]$$

比放射能 S_{Co} は，

$$S_{Co}=\frac{1\times 10^6}{2.39\times 10^{-11}}=4.18\times 10^{16}\;[\text{Bq}\cdot\text{kg}^{-1}]$$

^{238}U の半減期は 1.41×10^{17} 秒である．したがって原子数 N_U，質量 M_U，比放射能 S_U は，

$$N_U=1\times 10^6\;[\text{Bq}]\;\times 1.41\times 10^{17}\;[\text{s}]\;/0.693=2.03\times 10^{23}$$

$$M_U=238\times \frac{2.03\times 10^{23}}{6.02\times 10^{23}}=80.3\;[\text{g}]=0.0803\;[\text{kg}]$$

$$S_U=\frac{1\times 10^6}{0.0803}=1.25\times 10^7\;[\text{Bq}\cdot\text{kg}^{-1}]$$

3.6　壊変図式

放射性壊変の状況をわかりやすく図示したものが**壊変図式**（**壊変図表**ともいう）である．いくつかの例を図 3.4 に示す．壊変図式では原子番号を X 軸に，エネルギー状態を Y 軸に描くので，原子番号が 1 増える β^- 壊変は右下に向かう矢印に，原子番号が 1 減る β^+ 壊変，軌道電子捕獲は左下に向かう矢印になる．太い横棒は基底状態の原子核又は核異性体を示し，右上に半減期，下に壊変形式が書き込まれている．左上の 4+ 等の記号はスピンとよばれる原子核の状態をあらわす値である．細い横棒は極めて半減期が短い励起状態を表し，右上の数字は keV 単位で表した励起エネルギーを示す．

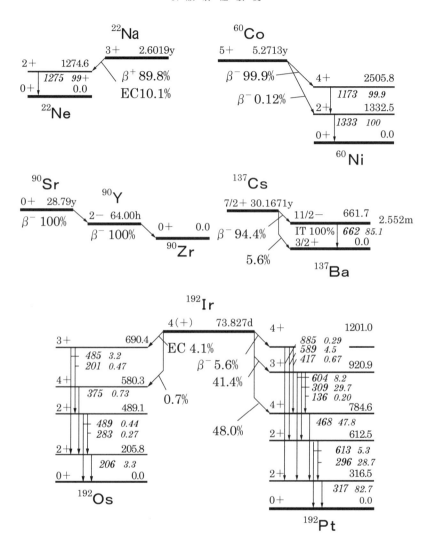

図 3.4 壊変図式の例

主な転移にともなう γ 線を示す．99＋%はほぼ 100%に近いことを示す．斜体の表示は，γ 線のエネルギー（keV）及び放出割合（%）を表す．（アイソトープ手帳 11 版　（公社）日本アイソトープ協会より）

3.7 放射平衡

^{90}Sr は半減期 28.7 年で β^- 壊変して ^{90}Y になるが，娘核種である ^{90}Y はさらに半減期 2.67 日で β^- 壊変して安定な ^{90}Zr になる（$T_{Sr} \gg T_Y$）. このように，娘核種が放射性でさらに壊変することを**逐次壊変**という.

$$^{90}_{38}\text{Sr}\ (T_{1/2}=28.8\text{y}) \xrightarrow{\beta^-} {}^{90}_{39}\text{Y}\ (T_{1/2}=2.67\text{d}) \xrightarrow{\beta^-} {}^{90}_{40}\text{Zr}\ (安定) \quad (3-14)$$

^{90}Sr を化学的に抽出し，^{90}Y を含まない線源を作成する場合を考える．^{90}Sr, ^{90}Y の壊変定数をそれぞれ λ_{Sr}, λ_Y とすると，$\lambda_{Sr} \ll \lambda_Y$ である．数十日程度の間の変化を考えた場合，^{90}Sr の放射能 A_{Sr} の減衰は小さく一定と考えることができ，^{90}Y の放射能 A_Y は時間とともに増加する．

$$A_{Sr} = A_0 \quad (3-15)$$
$$A_Y = A_0\ (1 - e^{-\lambda_Y t}) \quad (3-16)$$

ここで A_0 は抽出直後の ^{90}Sr の放射能である．A_{Sr}，A_Y 及びその和をグラフに表したものを図 3.5 に示す．十分な時間が経過すると，$A_Y = A_{Sr}$ となり，あわせた放

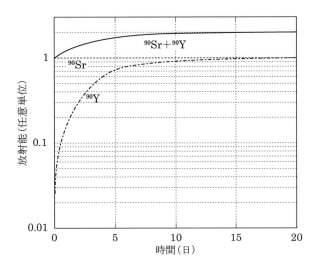

図 3.5　永続平衡の放射能の時間変化

射能は A_{Sr} の 2 倍になる．このときそれぞれの原子数 N_{Sr} 及び N_Y は，半減期 T_{Sr} 及び T_Y に比例した値になる．

$$\frac{N_{Sr}}{T_{Sr}} = \frac{N_Y}{T_Y} \tag{3-17}$$

このように壊変を繰り返す核種で，娘核種の半減期に比較して親核種の半減期が極端に長いものは，以上のように**永続平衡**を形成する．同様な核種に ^{137}Cs がある．

$$^{137}_{55}\mathrm{Cs}\ (T_{1/2}=30.0\mathrm{y}) \xrightarrow{\beta^-} {}^{137\mathrm{m}}_{56}\mathrm{Ba}\ (T_{1/2}=2.55\mathrm{m}) \xrightarrow{\mathrm{IT}} {}^{137}_{56}\mathrm{Ba}\ (安定) \tag{3-18}$$

^{140}Ba の半減期は 12.75 日，娘核種の ^{140}La の半減期は 1.678 日である（$T_{Ba}>T_{La}$，$\lambda_{Ba}<\lambda_{La}$）．

$$^{140}_{56}\mathrm{Ba}\ (T_{1/2}=12.75\mathrm{d}) \xrightarrow{\beta^-} {}^{140}_{57}\mathrm{La}\ (T_{1/2}=1.678\mathrm{d}) \xrightarrow{\beta^-} {}^{140}_{58}\mathrm{Ce}\ (安定) \tag{3-19}$$

このように，娘核種の半減期より親核種の半減期は長いが，その差が比較的小さい場合は，2 核種の放射能は図 3.6 のような経過を示す．娘核種の放射能は初め時間とともに増大し，ある時刻において親核種の放射能よりも大きくなり，その

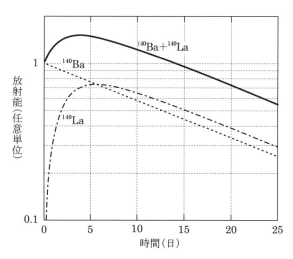

図 3.6　過渡平衡の放射能の時間変化

後親核種の減衰にともなって減衰する．その頃になると，親核種と娘核種の放射能の比は一定に近づく．このような状態を**過渡平衡**という．過渡平衡を示す核種には，この他 ^{132}Te（β^-壊変，半減期3.204日）$-^{132}$I（β^-壊変，半減期2.295時間），^{99}Mo（β^-壊変，半減期2.75日）$-^{99\mathrm{m}}$Tc（IT壊変，半減期6.015時間）などがある（$^{99\mathrm{m}}$Tcは核医学検査に多用される核種）．

逐次壊変する核種においても，親核種の半減期が娘核種の半減期より短いときは放射平衡を示さない．

3.8 天然放射性核種

自然界には半減期が140億年と極めて長い ^{232}Th が存在する．^{232}Th は図 3.7 のように α 壊変，β 壊変を繰り返して安定な ^{208}Pb になる．^{232}Th から始まる壊変系列は，質量数が4の倍数であり，$4n$ と表される．図 3.7 の壊変系列をトリウム系列，あるいは $4n$ 系列という．自然界で壊変系列を形成する核種には，この他に半減期45億年の ^{238}U，7億年の ^{235}U があり，それぞれウラン系列（$4n+2$系列）（図 3.8），アクチニウム系列（$4n+3$系列）（図 3.9）とよばれる．$4n+1$系列であるネプツニウム系列（図 3.10）は ^{237}Np の半減期が210万年と比較的短いため，消滅してしまっている．

壊変系列を形成しない長半減期の天然放射性核種として，^{40}K（半減期13億年），^{87}Rb（半減期492億年），^{147}Sm（半減期1100億年）などがある．

^{40}K は比較的高エネルギーの 1.46 MeV γ 線を放出し，トリウム系列の ^{208}Tl はさらに高エネルギーの 2.6 MeV γ 線を出す．これらの γ 線は，バックグラウンドとして，微弱な放射性試料の γ 線測定を妨害する．

^{232}Th，^{238}U，^{40}K や ^{87}Rb などのように，太陽系がつくられたときから存在し現在も残っている長寿命の核種を一次放射性核種という．

自然界にはこのほか，宇宙線との核反応によって常に生成されている ^{3}H（半減期12年），^{14}C（半減期5730年）も存在する．^{14}C の生成率はほぼ一定で，空気中の炭素に占める ^{14}C の濃度がほとんど変化しないことから，死んだ生物によって

3. 放射性壊変

固定された ^{14}C 放射能の減衰は年代の測定に利用される．

天然放射性核種からの主として γ 線による外部被ばく，それらを含む食物の摂取や空気の吸入による内部被ばくの合計は世界平均で年間約 2 mSv と見積もられている．この他宇宙線による外部被ばくを合わせ，自然放射線源からの被ばくの推定値は年間約 2.4 mSv である．

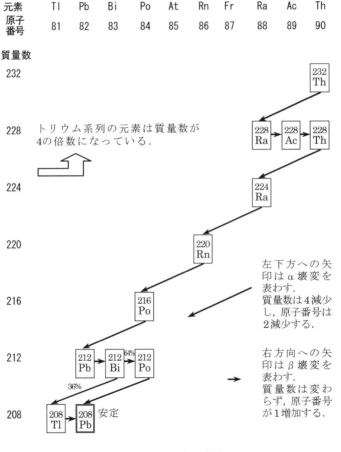

図 3.7 トリウム系列

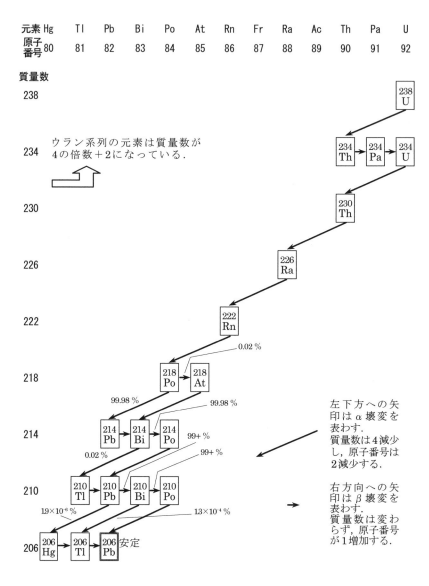

図3.8 ウラン系列

3. 放射性壊変

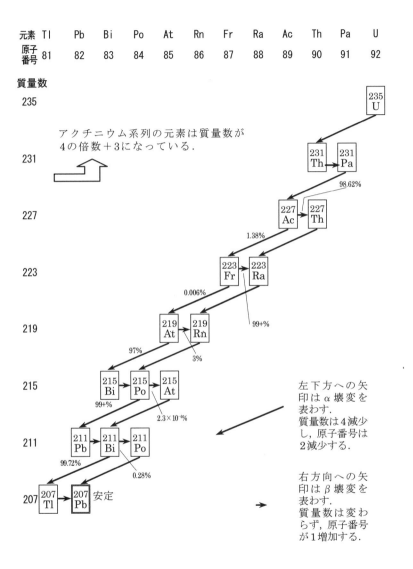

図 3.9 アクチニウム系列

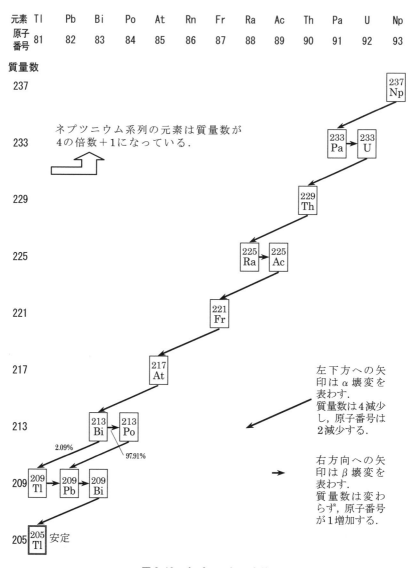

図 3.10 ネプツニウム系列

3. 放射性壊変

〔演 習 問 題〕

問1 次の記述のうち,正しいものの組合せはどれか.

A EC壊変により,原子核から特性X線が放出される.

B β^-壊変により,原子核から電子が放出される.

C 内部転換により,原子核からニュートリノが放出される.

D 自発核分裂により,原子核から中性子が放出される.

 1 AとB 2 AとC 3 BとC 4 BとD 5 CとD

〔答〕 4

 A 誤 内側の結合エネルギーの大きい軌道に空席が生じ,外側の軌道の核外電子が遷移することにともなって特性X線が放出される.

 B 正

 C 誤 軌道電子が放出される.

 D 正

問2 放射線のエネルギースペクトルに関する次の記述のうち,正しいものの組合せはどれか.

A α線は,連続スペクトルを示す.

B β線は,連続スペクトルを示す.

C 制動放射線は,線スペクトルを示す.

D 特性X線は,線スペクトルを示す.

 1 AとB 2 AとC 3 AとD 4 BとC 5 BとD

〔答〕 5

 A 誤 線スペクトルを示す.

 B 正

 C 誤 連続スペクトルを示す.

 D 正

放射線の物理学

問3 β壊変(EC壊変を含む)に関する次の記述のうち,正しいものの組合せはどれか.

A β⁻壊変は,中性子数の過剰な原子核で起こりやすい.

B β⁺壊変では,娘核種の原子番号は親核種の原子番号よりも1大きい.

C β線が連続スペクトルを示すのは,ニュートリノが壊変エネルギーの一部を持ち去るためである.

D EC壊変(電子捕獲)では,娘核種の原子番号は親核種の原子番号と同じである.

 1 AとB 2 AとC 3 AとD 4 BとD 5 CとD

〔答〕 2

 A 正

 B 誤 1小さい.

 C 正

 D 誤 β⁺壊変と同様1小さい.

問4 次の記述のうち,正しいものの組合せはどれか.

A 内部転換電子のエネルギーは,連続スペクトルを示す.

B 内部転換は,原子番号が大きいほど起こりやすい.

C オージェ電子のエネルギーは,線スペクトルを示す.

D 内部転換に伴いオージェ電子は放出されない.

 1 AとB 2 AとC 3 BとC 4 BとD 5 CとD

〔答〕 3

 A 誤 線スペクトルを示す.

 B, C 正

 D 誤 内部転換は原子核からγ線を出すかわりに,γ線として放出すべきエネルギーを内軌道の電子に与え電子を放出する現象である.空席になった内軌道へは外軌道電子が転移し特性X線又はオージェ電子を放出する.

問5 次の記述のうち,正しいものの組合せはどれか.

A β⁻壊変では原子核より電子が放出され,娘核種の原子番号は1減少するが質量数は変わらない.

B EC壊変は軌道電子を取り込むもので，娘核種の原子番号は1減少し質量数は1増加する．

C α壊変で放射されるα粒子は ^{4}He の原子核であり，娘核種の原子番号は2減少，質量数は4減少する．

D γ線は原子核がより低いエネルギーレベルに移るときに放射されるもので原子番号及び質量数ともに変化しない．

 1 AとB 2 AとC 3 AとD 4 BとC 5 CとD

〔答〕 5

 A 誤 β$^-$壊変では原子番号が1増加，質量数は変わらない．

 B 誤 EC壊変では原子番号が1減少，質量数は変わらない．

 C，D 正

問6 100MBq の ^{137}Cs 密封線源から放出されるγ線の個数は，1秒間当たり何個か．最も近い数値を選べ．ただし，^{137}Cs の94.4%がβ壊変し ^{137m}Ba となる．^{137m}Ba は IT により ^{137}Ba となる．IT の90%はγ線を放出するものとする．また，密封カプセルによるγ線の吸収はないものとする．

 1 8.5×10^7 2 9.0×10^7 3 9.4×10^7 4 3.2×10^8 5 3.4×10^8

〔答〕 1

 総壊変数に，β壊変の割合，γ線放出割合を乗ずる．
$$100 \times 10^6 \times 0.944 \times 0.9 = 8.5 \times 10^7 \text{（個/s）}$$

問7 次図は ^{137}Cs の壊変図である．次の記述のうち，正しいものの組合せはどれか．ただし，内部転換の起こる割合を10%とする．

A ^{137}Cs の壊変により ^{137}Ba が生ずる．

B ^{137}Cs の壊変当たり 0.662MeV のγ線の放出率は94%である．

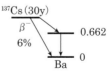

C 内部転換電子のエネルギーはおおよそ 0.63MeV である．

D 内部転換に伴って Cs の KX 線（31keV）が放出される．

 1 AとB 2 AとC 3 BとC 4 BとD 5 CとD

〔答〕 2

A ○ ^{137}Cs は β^- 壊変をするので，原子番号が 1 だけ増加するが質量数は変わらない．したがって ^{137}Cs は壊変によって（94％は ^{137m}Ba を経由して）^{137}Ba になる．

B × ^{137}Cs が壊変して ^{137m}Ba の励起準位（0.662MeV）に転移する割合は 94％（100％－6％）である．この準位から ^{137}Ba の基底準位に転移するとき γ 線の 10％が内部転換により内部転換電子放出のエネルギーに変わる．したがって ^{137}Cs の γ 線の放出率 P は

$P = 0.94 \times 0.90 = 0.85$（＝85％）

C ○ 内部転換は K 殻電子とのあいだで起こる確率が一番大きい．Ba の K 殻電子の結合エネルギーは 37.4keV（選択肢 D の Cs の KX 線のエネルギーの値に近い）なので，内部転換電子のエネルギー T は

$T = 0.662 - 0.037 = 0.625$MeV（$0.662 - 0.031 \fallingdotseq 0.63$）

D × 内部転換は ^{137}Ba の励起準位で起こるので，それに引き続いて起こる外軌道電子の内軌道への転移による KX 線は <u>Ba の KX 線</u>である．

問 8 次の記述のうち，正しいものの組合せはどれか．

A 放射性核種の壊変定数 λ と平均寿命 τ の間には，$\lambda \tau = 1$ の関係がある．

B 分岐壊変をする核種の，部分壊変定数 λ_1，λ_2 と，この核種の全壊変定数 λ の間には $\lambda = \lambda_1 + \lambda_2$ の関係がある．

C 壊変定数 λ の放射性核種の，ある時点での放射能を A とすると，その時点より時間 t だけ前の放射能 A_0 は，$A_0 = A e^{\lambda t}$ で表される．

D 壊変定数 λ と半減期 T の間には，$\lambda T = \dfrac{1}{\ln 2}$ の関係がある．

1 ABC のみ　　2 ABD のみ　　3 ACD のみ　　4 BCD のみ
5 ABCD すべて

〔答〕 1

A 正　平均寿命 τ は壊変定数の逆数に等しい．

B 正　壊変定数は単位時間に崩壊する確率を表し，部分の和は全体に等しい．

3. 放 射 性 壊 変

C 正 「時間 t だけ前」は $-t$ と表されるので，問題文の式が得られる．
D 誤 壊変定数 λ と半減期 T の関係は，$\lambda T = \ln 2$ である．

問 9 放射性核種の壊変に関する次の記述のうち，正しいものの組合せはどれか．
A 半減期は化合物の種類により変化する．
B 放射能が同じとき，原子核の数は半減期に比例する．
C 放射性核種を容器に密封したとき，時間と共に容器内の放射能が増加する場合がある．
D 半減期の 10 倍が経過したとき，放射能は 10 のマイナス 2 乗，すなわち 100 分の 1 に減衰する．

1 AとB　　2 AとC　　3 BとC　　4 BとD　　5 CとD

〔答〕 3

A 誤 変化しない．
B 正
C 正 ^{90}Sr を精製した場合，^{90}Y の蓄積により放射能はほぼ 2 倍に増加する．
D 誤 放射能は $\left(\dfrac{1}{2}\right)^{10} = 2^{-10} = \dfrac{1}{1024}$ に減衰する．

問 10 無担体の放射性核種 1.0 nmol の放射能を測定したところ，5.0 MBq であった．この核種の半減期［年］として，最も近い値は，次のうちどれか．

1 0.7　　　2 2.6　　　3 4.4　　　4 6.3　　　5 9.1

〔答〕 2

無担体とは他の同位体が存在せず，同じ元素としては注目している放射性核種だけが存在するものをいう．1 mol には 6.0×10^{23} 個（アボガドロ数）の原子が含まれるから，1.0 nmol = 1.0×10^{-9} mol では $6.0 \times 10^{23} \times 1.0 \times 10^{-9} = 6.0 \times 10^{14}$ 個の放射性核種が存在する．原子数を N，壊変定数を λ [s^{-1}] とすれば，放射能 A [Bq] とは $A = \lambda N$ の関係がある．すなわち $5.0 \times 10^{6} = \lambda \times 6.0 \times 10^{14}$，したがって

$$\lambda = \frac{5.0 \times 10^{6}}{6.0 \times 10^{14}} = 8.3 \times 10^{-9}\,\text{s}^{-1}$$

である．半減期 T は，

放射線の物理学

$$T = \frac{\ln 2}{\lambda} = \frac{0.693}{8.3 \times 10^{-9}} = 8.3 \times 10^7 \text{ s} = \frac{8.3 \times 10^7}{365 \times 24 \times 60 \times 60} = 2.6 \text{ 年となる}.$$

問 11　10 年前に 800 MBq であった線源が 200 MBq に減衰した. 今から 5 年後の放射能 (MBq) として最も近い値は, 次のうちどれか.

1　20　　　2　50　　　3　70　　　4　100　　　5　150

〔答〕　4

半減期を T (年) とすると, $200 = 800 \times \left(\frac{1}{2}\right)^{\frac{10}{T}}$ より,

$$\frac{1}{4} = \left(\frac{1}{2}\right)^{\frac{10}{T}}$$

$$\left(\frac{1}{2}\right)^2 = \left(\frac{1}{2}\right)^{\frac{10}{T}}$$

$$\frac{10}{T} = 2$$

$$T = 5 \text{ (年)}$$

したがって半減期は 5 年である. 今から 5 年 (1 半減期) 後の放射能は,

$$200 \times \left(\frac{1}{2}\right)^{\frac{5}{5}} = 100 \text{ (MBq)}$$

問 12　100 GBq の ^{192}Ir を購入してから 1 年が経過した. ^{192}Ir の半減期を 74 日とすると, この線源の現在の放射能に最も近い値 (GBq) は, 次のうちどれか.

1　1　　　2　2　　　3　3　　　4　4　　　5　5

〔答〕　3

1 年を 370 日と考えると, 5 (＝370/74) 半減期が経過したこととなる.

$$100 \times (1/2)^5 = 3.125 \text{ (GBq)}$$

問 13　現在, 4 MBq の核種 A (半減期: 5 年) と 1 MBq の核種 B (半減期: 30 年) の線源がある. 両方の線源の放射能は何年後に等しくなるか. 最も近い値は, 次のうちどれか.

3. 放 射 性 壊 変

1　6年　　2　10年　　3　12年　　4　20年　　5　30年

〔答〕　3

等しくなるのに要する年数を t とおくと，$4\times\left(\dfrac{1}{2}\right)^{t/5}=1\times\left(\dfrac{1}{2}\right)^{t/30}$ が成立する．

$4\times\left(\dfrac{1}{2}\right)^{t/5}=\left(\dfrac{1}{2}\right)^{-2}\times\left(\dfrac{1}{2}\right)^{t/5}=\left(\dfrac{1}{2}\right)^{-2+(t/5)}$ であるから，$-2+\dfrac{t}{5}=\dfrac{t}{30}$ が得られる．

これを解くと，$t=12$ 年となる．

問 14　3 種の線源，4MBq の ^{60}Co，3MBq の ^{137}Cs，500MBq の ^{192}Ir について，5 年後の放射能が大きいものから並べてあるものは，次のうちどれか．

1　^{60}Co　＞　^{137}Cs　＞　^{192}Ir　　　　2　^{137}Cs　＞　^{60}Co　＞　^{192}Ir
3　^{137}Cs　＞　^{192}Ir　＞　^{60}Co　　　　4　^{192}Ir　＞　^{137}Cs　＞　^{60}Co
5　^{60}Co　＞　^{192}Ir　＞　^{137}Cs

〔答〕　2

3 核種の半減期の値は，^{60}Co：5.27 年，^{137}Cs：30.0 年，^{192}Ir：73.8 日である．したがって 5 年後の放射能はそれぞれおよそ，^{60}Co：2 MBq，^{137}Cs：3 MBq，

^{192}Ir：$500\times\left(\dfrac{1}{2}\right)^{\frac{365\times 5}{73.8}}\cong 500\times\left(\dfrac{1}{2}\right)^{25}=\dfrac{500}{2^{25}}\cong 1.5\times 10^{-5}$ MBq　である．

問 15　370 GBq の ^{192}Ir（半減期：73.83 日≒6.4×10^6 s）の質量（g）に最も近い値は，次のうちどれか．

1　0.0001　　2　0.001　　3　0.01　　4　0.1　　5　1

〔答〕　2

放射能を A（Bq），崩壊定数を λ（s^{-1}），原子数を N，イリジウムの質量を M（g）とすると，

$$A=\lambda N=\lambda\times 6.02\times 10^{23}\times M/192$$

半減期を T（s）とすると $\lambda=\ln 2/T$ と変形でき，与えられた数値を代入すると，

$$370\times 10^9=0.693/(6.4\times 10^6)\times 6.02\times 10^{23}\times M/192$$

$M = 1.1 \times 10^{-3}$ (g)

問16 半減期 T_1 の親核種と半減期 T_2 の娘核種の関係に関する次の記述のうち，正しいものの組合せはどれか．

A　$T_1 \gg T_2$ の場合，ある時間経過すると親核種と娘核種の原子数はほぼ等しくなる．

B　$T_1 > T_2$ の場合，ある時間経過すると親核種と娘核種の原子数の比はほぼ一定になる．

C　$T_1 > T_2$ の場合，ある時間経過すると親核種と娘核種の壊変率の比はほぼ一定になる．

D　$T_1 < T_2$ の場合，親核種と娘核種の原子数の比は一定になることはない．

　1　ABCのみ　　2　ABDのみ　　3　ACDのみ　　4　BCDのみ

　5　ABCDすべて

〔答〕4

　A　誤　両者の放射能が等しくなる．

　B, C, D　正

問17　永続平衡が成立する親核種－娘核種の組として，正しいものの組合せはどれか．

A　^{90}Sr　　　　－　　^{90}Y

B　^{137}Cs　　　－　　^{137m}Ba

C　^{140}Ba　　　－　　^{140}La

D　^{210}Bi　　　－　　^{210}Po

　1　ACDのみ　　2　ABのみ　　3　BCのみ　　4　Dのみ

　5　ABCDすべて

〔答〕2

永続平衡が成立するためには親核種の半減期が娘核種の半減期よりも極端に長い必要がある．それぞれの核種の半減期は以下の通りである．

A　^{90}Sr（28.8年）［β^-壊変］→ ^{90}Y（2.67日）［β^-壊変］→ ^{90}Zr（安定）

B　^{137}Cs（30.0年）［β^-壊変］→ ^{137m}Ba（2.55分）［核異性体転移］→ ^{137}Ba（安定）

3. 放 射 性 壊 変

C ^{140}Ba（12.8 日）［β^- 壊変］→ ^{140}La（1.68 日）［β^- 壊変］→ ^{140}Ce（安定）
D ^{210}Bi（5.01 日）［β^- 壊変］→ ^{210}Po（138 日）［α 壊変］→ ^{206}Pb（安定）

すなわち，永続平衡が成立するのはAとBであり，Cは過渡平衡を示す．Dは娘核種の半減期の方が長いため，放射平衡を示さない．

問18 次の核種と壊変系列のうち，正しいものの組合せはどれか．

A ^{234}Th － ウラン系列
B ^{230}Th － ネプツニウム系列
C ^{232}Th － トリウム系列
D ^{231}Th － アクチニウム系列

1 ACDのみ　　2 ABのみ　　3 BCのみ　　4 Dのみ
5 ABCDすべて

〔答〕　1

A 正　^{238}Uから始まり，質量数は4n+2で表される．
B 誤　^{237}Npから始まり，質量数は4n+1で表される．^{230}Thはウラン系列である．
C 正　^{232}Thから始まり，質量数は4nで表される．
D 正　^{235}Uから始まり，質量数は4n+3で表される．

問19 天然の放射性核種に関する次の記述のうち，誤っているものはどれか．

1 ウラン系列，トリウム系列，アクチニウム系列は天然の壊変系列である．
2 壊変系列をつくらないで単独に存在するものがある．
3 宇宙放射線による核反応でつくられるものがある．
4 地殻のα放射体による核反応でつくられるものがある．
5 地球生成時に存在したものは現在もすべて存在する．

〔答〕　5

1 正　この3つの系列壊変系列は天然の放射性核種である．
2 正　^{40}K, ^{87}Rbなどは単独に存在する．
3 正　^{3}H, ^{7}Be, ^{14}Cなどがつくられる．

4 正 ^{3}H, ^{14}C, ^{36}Cl などがつくられる.
5 誤 地球ができてから既に46億年が経過している.地球生成時に存在した放射性核種,例えば^{26}Al(半減期7×10^5年)や^{129}I(1.6×10^7年)は,減衰して現在は存在しない.

問20 次のⅠ～Ⅲの文章の( )の部分に入る最も適切な語句,記号又は数値を,それぞれの解答群から1つだけ選べ.ただし,各選択肢は必要に応じて2回以上使ってもよい.

Ⅰ 放射性壊変の形式は,α壊変,β$^-$壊変などがあるが,これらの壊変に伴って,核種の原子番号や質量数に変化が生ずる場合がある.β$^+$壊変の場合を参考にして下表を完成せよ.

壊変形式	原子番号の変化	質量数の変化
α壊変	(A)	(B)
β$^-$壊変	(C)	(D)
β$^+$壊変	−1	0
軌道電子捕獲	(E)	(F)
核異性体転移	(G)	(H)

＜Ⅰの解答群＞
1　−5　　　2　−4　　　3　−3　　　4　−2　　　5　−1
6　0　　　 7　+1　　　8　+2　　　9　+3　　　10　+4
11　+5

Ⅱ ^{90}Sr及び^{137}Csの主要な壊変を下記に示す.

^{90}Sr → (A) → ^{90}Zr

^{137}Cs → (B) → ^{137}Ba

^{90}Sr密封線源は,永続平衡の関係にある(A)から放出される(C)(最大2.28MeV)を主として利用し,^{137}Cs密封線源は,永続平衡の関係にある(B)から放出される(D)(0.662MeV)を利用する.

3. 放 射 性 壊 変

＜Ⅱの解答群＞

1 ^{89}Sr	2 ^{89}Y	3 ^{90}Y	4 ^{134}Cs
5 ^{138}Cs	6 ^{137m}Ba	7 α線	8 $β^-$線
9 $β^+$線	10 γ線	11 中性子	12 特性Ｘ線

Ⅲ　よく知られている放射性壊変系列に，ウラン系列，トリウム系列，（ Ａ ）と呼ばれている天然放射性核種の3系列がある．これらの系列の親核種は，それぞれ ^{238}U，^{232}Th，（ Ｂ ）であり，各系列に属する核種の質量数をヘリウム核の質量数4で割った余りの数から，ウラン系列を（4n＋2）系列，トリウム系列を4n系列，（ Ａ ）を（4n＋3）系列と呼ぶこともある．

＜Ⅲの解答群＞

1　ラジウム系列　　　2　アクチニウム系列　　　3　ネプツニウム系列
4　プルトニウム系列　5　^{235}U　　6　^{231}Ac　　7　^{239}Np　　8　^{239}Pu

〔答〕

Ⅰ　A——4（−2）　　B——2（−4）　　C——7（＋1）　　D——6（0）
　　E——5（−1）　　F——6（0）　　G——6（0）　　H——6（0）
Ⅱ　A——3（^{90}Y）　B——6（^{137m}Ba）　C——8（$β^-$線）　D——10（γ線）
Ⅲ　A——2（アクチニウム系列）　　B——5（^{235}U）

4. 荷電粒子と物質との相互作用

4.1 阻止能と飛程

　電荷を持った放射線は，遠方まで到達するクーロン力によって，物質中に無数にある軌道電子を非弾性散乱によって跳ね飛ばしながら進む．このとき周囲の物質を構成する原子や分子は**電離**や**励起**される．電子の質量は小さく，また束縛エネルギーも比較的小さいことから，1回の衝突（跳ね飛ばすこと）あたりに放射線が電子に与えるエネルギーは小さく，放射線は多数の衝突を繰り返しながら，徐々にエネルギーを失っていく．そのため，放射線は**連続的にエネルギーを失う**と考えることができ，最初の運動エネルギーが同一であれば，全てのエネルギーを失って停止するまでに飛ぶ距離はほとんど同じであり，その距離を**飛程**とよぶ．

　荷電粒子が物質中を長さ dx 通過するときに失う平均エネルギーを dE とすると，単位長さあたりに失うエネルギーである**線阻止能** S は次式で定義される．

$$S = -\frac{dE}{dx} \tag{4-1}$$

線阻止能のSI単位は $[\mathrm{J \cdot m^{-1}}]$ であるが，通常は $[\mathrm{MeV \cdot mm^{-1}}]$ や $[\mathrm{keV \cdot \mu m^{-1}}]$ などがよく使われる．線阻止能を物質の密度 ρ で除した値は**質量阻止能** S_m とよばれる．

$$S_m = \frac{S}{\rho} \tag{4-2}$$

質量阻止能の単位は $[\mathrm{MeV \cdot g^{-1} \cdot cm^2}]$ がよく用いられる．単位質量あたりに含まれる電子数は物質にあまり依存しないため，**質量阻止能の物質に対する変化は小**

さい.

線阻止能は放射線が失うエネルギーで定義されているのに対し，放射線から物質が受けるエネルギーで定義されているのが**線エネルギー付与** L_∞（Linear Energy Transfer，**LET** と略す）である[注]．L_∞ は線阻止能に等しい．

$$L_\infty = -\frac{dE}{dx} \qquad (4-3)$$

線エネルギー付与の単位は通常 [keV·μm^{-1}] が使われる．

4.2　α線と物質との相互作用

放射性核種から放出されるα線のエネルギーは 4MeV から 9MeV 程度で，速度は光の5%から7%程度である．α線は電荷が+2で速度が比較的遅いため，後述の電子線に比較して非常に密に**電子－イオン対を生成**し，急速にエネルギーを失う．すなわちα線は**比電離**［単位長さあたり生成される電子－イオン対数］が大きい．例えば ^{241}Am から放出される 5.5MeV のα線の空気に対する線阻止能は 0.85MeV·cm^{-1} である．

α線は質量が大きいため散乱を受けることが少なく，**進路はほとんど直線**である．運動エネルギーを失って停止するまでに飛ぶ距離である飛程 R は，空気の場合近似的に次式で表される．

$$R = 0.318 E^{3/2} \ [\text{cm}] \qquad (4-4)$$

ここで E は MeV 単位のα線のエネルギーである．

^{241}Am の 5.5MeV α線の空気中の飛程は 4.1cm であり，これに密度を乗じた値，すなわち単位面積あたりの質量で表した飛程は 5.0×10^{-3} g·cm^{-2} である．α線が止まるまでに変化する阻止能の値と，模式的な粒子数の変化を**図 4.1** に示

[注] 正確には線エネルギー付与は $L_\triangle$ で表す．すなわち，荷電粒子との衝突によってたたき出された2次電子が得たエネルギーが△以下である場合に限った線エネルギー付与が $L_\triangle$ である．線エネルギー付与が線阻止能（正確には線衝突阻止能［4.3節参照］）に等しいのは△=∞のときである．

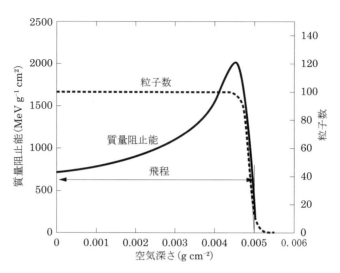

図 4.1 ²⁴¹Am の 5.5MeV α 線が空気中を進む際の質量阻止能と,始めを 100 とした粒子数の変化.

す.α線が空気中を進んでエネルギーを失うのにともない,阻止能は大きくなり極大値を示すが,止まる直前では減少する.この阻止能すなわち比電離の変化を**ブラッグ曲線**,極大値をブラッグピークとよぶ.

放射性核種から放出されるα線の空気中での飛程はおよそ 3cm から 8cm 程度である.飛程は物質の密度に反比例するが,物質を構成する元素の質量数には平方根に比例する(ブラッグ・クレーマン則)程度であり,物質が異なっても密度の補正をした飛程,すなわち密度を乗じた[g·cm⁻²]単位で表した飛程の変化は小さい.水中や人体の軟組織での飛程は数十μm程度である.

4.3 電子線と物質との相互作用

光の速度の約 25% から 98% の高速で飛ぶ電子である β^- 線,β^+ 線は,物質と次のような相互作用を起こす.
1) クーロン力によって軌道電子にエネルギーを与え,原子や分子を励起したり,

あるいは電離して**電子-イオン対を生成**する.
2) 軌道電子や原子核とのクーロン相互作用によって散乱され,**進行方向がしばしば大きく変化**する.物質に入射した面から再び出ていく場合（後方散乱）も少なくない.
3) 電子線のエネルギーが高い場合,原子核のつくる電場（クーロン場）によって大きく散乱されると,**X線（制動放射線）**を放出する.

電子線は速度が速く電荷が 1 しかないため,単位長さあたりに生ずる**電離や励起の密度は α 線に比較して小さい**. ^{3}H のようにエネルギーの小さい β 線（最大 18keV）では空気中の最大飛程（散乱されずに直進した場合の飛程）は約 7mm と極めて小さいが,エネルギーの大きい ^{90}Y の β 線（最大 2.3 MeV）では約 9 m も飛ぶ（水やプラスチックでは約 1.0cm）.最大飛程に密度を乗じた [g·cm^{-2}] 単位で表した値は物質にあまり依存しない.アルミニウム中の飛程 R [mg·cm^{-2}] は,β 線の最大エネルギー E [MeV] に関しておよそ次式で表される.

$$R = \begin{cases} 542E - 133 & (E > 0.8\text{MeV}) \\ 407E^{1.38} & (0.8\text{MeV} > E > 0.15\text{MeV}) \end{cases} \quad (4-5)$$

エネルギーの高い β 線に関しては,$R = 500E$ [mg·cm^{-2}] と近似できる.

高速の電子が原子核とのクーロン力によって大きく方向を変えられると,制動放射線（X線）が発生する.制動放射線は連続スペクトルを有し,最大エネルギーは電子のエネルギーと同じである.制動放射にともなうエネルギー損失に起因する阻止能を放射阻止能 S_{rad} といい,電子との衝突による電離や励起に関する阻止能である衝突阻止能 S_{col} と区別する.電子のエネルギーを E [MeV],物質の原子番号を Z と置けば,両者の比はおよそ,

$$\frac{S_{\text{rad}}}{S_{\text{col}}} = \frac{EZ}{800} \quad (4-6)$$

である.制動放射線は物質の原子番号が大きいほど,電子のエネルギーが高いほど発生する確率が大きい.しかし ^{90}Y のように比較的エネルギーの高い β 線が鉛に入射する場合でも（4-6）式の比は 0.24 であり,**放射阻止能の寄与は小さい**.

ただし制動放射線はβ線に比較して透過力が大きいため,放射線遮蔽にはX線の発生が無視できない場合がある.

図4.2に炭素,アルミニウム,鉄,鉛に対する質量阻止能の変化を示す.約1 MeVまでは原子番号が高い鉛でも放射阻止能は無視でき,**エネルギーが低くなるにつれ衝突阻止能すなわち比電離は増加**する.1MeV以上では衝突阻止能の変化は小さいが,放射阻止能が増加してくる.

陽電子であるβ^+線は通常の電子の反粒子であるため,運動エネルギーを失って停止した際には付近の電子と結合して消滅する.その際両方の静止質量の和に相当するエネルギーは,**2個の光子(消滅放射線**,エネルギーはそれぞれ511keV)となって,互いに正反対の方向に放出される.

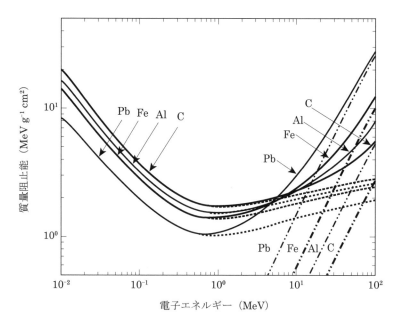

図4.2 炭素,アルミニウム,鉄,鉛に対する電子の質量衝突阻止能(破線),質量放射阻止能(2点鎖線),全質量阻止能(実線).

4. 荷電粒子と物質との相互作用

〔演 習 問 題〕

問1 α線に関する次の記述のうち，正しいものの組合せはどれか．
A エネルギーを失う過程では，放射損失の方が衝突損失よりも大きい．
B 空気中での比電離は，その飛程中の全行程において一定である．
C β線に比べて，比電離が大きい．
D 物質中を通過する際，進路はほとんど直線である．
 1 AとB 2 AとC 3 BとC 4 BとD 5 CとD

〔答〕 5

 A 誤 放射損失は無視できる．
 B 誤 飛程の終端近くで急に大きくなり，ブラッグピークを示す．
 C 正
 D 正

問2 α粒子の飛程と比電離（単位距離当たりの電離量）の関係を示す．下図のうち，正しいものはどれか．ただし，横軸は飛程，縦軸は比電離でいずれも直線目盛りである．

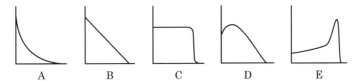

  A   B   C   D   E

〔答〕 E

α粒子の阻止能（$-dE/dx$）はエネルギーが低くなると大きくなり，停止直前に最大になる．比電離は阻止能に比例する．したがって物質内の通過距離が大きくなるにつれて比電離が増し，飛程の近くで比電離は急激に大きくなってピークをつくる．この曲線をブラッグ曲線という．正解図はこの傾向を示すEである．

問3 β線と物質との相互作用に関する次の記述のうち，正しいものの組合せはどれ

か.
A エネルギー損失は，主に軌道電子との相互作用により起きる．
B β線は物質中を直進する．
C 制動放射は，原子核のクーロン場との相互作用により起きる．
D β線には，空気中の飛程が2mを超えるものがある．
  1 ACDのみ   2 ABのみ   3 BCのみ   4 Dのみ
  5 ABCDすべて

〔答〕 1

A, C, D 正
B 誤 頻繁に進行方向を変える．

問4 次の放射線のうち，物質との相互作用において，制動放射線を最も発生させやすいものはどれか．
  1 α線   2 β線   3 γ線   4 X線   5 中性子線

〔答〕 2

β線が最も発生させやすい．エネルギーE（MeV）の電子線が原子番号Zの物質に衝突するとき，制動放射のエネルギー割合Wは，$W=1.1\times10^{-3}EZ$であり，最大エネルギーE_0のβ線の場合，Wは$3.5\times10^{-4}E_0Z$である．

問5 β線と物質との相互作用で発生する制動放射線の強度の大きい順に並べられているものは，次のうちどれか．
  1 鉛＞ホウケイ酸ガラス＞アクリル樹脂
  2 ホウケイ酸ガラス＞鉛＞アクリル樹脂
  3 ホウケイ酸ガラス＞アクリル樹脂＞鉛
  4 アクリル樹脂＞鉛＞ホウケイ酸ガラス
  5 アクリル樹脂＞ホウケイ酸ガラス＞鉛

〔答〕 1

原子番号の大きい物質のほうが制動放射線の強度は大きい

4. 荷電粒子と物質との相互作用

問6 β線による制動放射線に関する次の記述のうち，正しいものの組合せはどれか．
A 制動放射は，原子核のクーロン場との相互作用により起きる．
B 制動放射線は，β線によって励起された原子核から発生した光子である．
C 制動放射線のエネルギーは，連続スペクトルを示す．
D 制動放射線は，エネルギーの高いβ線の方が発生しやすい．

1 ACDのみ　　2 ABのみ　　3 BCのみ　　4 Dのみ　　5 ABCDすべて

〔答〕　1

A 正
B 誤　β線が原子核のクーロン場によって進行方向が曲げられる（加速度を受ける）ことによって発生する．
C 正
D 正

問7 1MeVのβ線の水中での最大飛程は何センチメートルか．次のうちから最も近いものを選べ．ただし，最大飛程は次式で表わされるものとする．

$R = 542E - 133$

ここで，R はアルミニウム中での最大飛程（mg·cm^{-2}），E はβ線のエネルギー（MeV）である．

1 0.2　　2 0.4　　3 0.6　　4 0.8　　5 1.0

〔答〕　2

β線エネルギーと最大飛程のアルミニウムについての関係式であるが，飛程の単位を質量単位の厚さ（mg·cm^{-2}）で表わすと，この式は他の物質に対しても適用できる．

与式の E に1を代入して

$R = 542 \times 1 - 133 = 409 \, \text{mg·cm}^{-2} = 0.409 \, \text{g·cm}^{-2}$

水の密度は 1g·cm^{-3} であるから，飛程を長さの単位に換算すると

$R = (0.409 \, \text{g·cm}^{-2}) / (1 \, \text{g·cm}^{-3}) = 0.409 \, \text{cm}$

放射線の物理学

問8　種々の放射線について，水中における LET が大きい順に並んでいるものは，次のうちどれか．

1　5 MeV α粒子　＞　10 MeV 陽子　＞　1 MeV 電子
2　5 MeV α粒子　＞　1 MeV 電子　＞　10 MeV 陽子
3　10 MeV 陽子　＞　1 MeV 電子　＞　5 MeV α粒子
4　10 MeV 陽子　＞　5 MeV α粒子　＞　1 MeV 電子
5　1 MeV 電子　＞　5 MeV α粒子　＞　10 MeV 陽子

〔答〕　1

　　　LET（線阻止能に等しい）は，荷電粒子の速度が遅く，電荷が大きいほど大きい．
　　　　速度：1MeV 電子＞10MeV 陽子＞5MeV α粒子
　　　　電荷：α粒子（2）＞陽子（1）＝電子（1）

問9　次の記述のうち，正しいものの組合せはどれか．

A　^{241}Am から放出されるα線の軟組織中の飛程は，70μm を超えない．
B　α線のアルミニウム中の飛程はパラフィン中の飛程よりも短い．
C　^{137}Cs から放出されるβ線は，家庭用アルミニウムフォイル1枚で止まる．
D　β線の飛程は，最大エネルギーのほぼ2乗に比例する．

　1　AとB　　　2　AとC　　　3　BとC　　　4　BとD　　　5　CとD

〔答〕　1

　A　正　^{241}Am からのα線のエネルギーは 5.486MeV，空気中の飛程は 4.1cm である．空気の密度を 1.29mg/cm^3 とすれば，飛程は 5.27mg/cm^2 である．軟組織の密度を1とすれば，52.7μm に相当する．

　B　正　mg/cm^2 で表した飛程は物質にあまり依存しない．アルミニウムの密度（2.7g/cm^3）はパラフィンの密度（約 0.9g/cm^3）の約3倍なので，飛程は約 1/3 になる．

　C　誤　β線の最大エネルギーは 1.17MeV であり，最大飛程は 542×1.17－133＝501mg/cm^2 である．密度を 2.7g/cm^3 とすると，0.185cm となり，アルミニウムフォイルよりもはるかに厚い．

　D　誤　最大飛程は $542E_\beta - 133$（mg/cm^2）で近似される．

4．荷電粒子と物質との相互作用

問 10　荷電粒子によるエネルギー付与に関する次の記述のうち，正しいものの組合せはどれか．

A　エネルギー付与は飛跡に沿ってランダムに起きる．
B　エネルギー付与が起きる確率は粒子のエネルギーに比例する．
C　イオン対生成に必要なエネルギーの平均値を Q 値と呼ぶ．
D　飛跡の単位長さあたりに物質へ与えるエネルギーを LET と呼ぶ．
E　荷電粒子と物質との相互作用によって，光子が生成することがある．

1　ABE のみ　　2　ACD のみ　　3　ADE のみ　　4　BCD のみ
5　BCE のみ

〔答〕　3

A　正　エネルギー付与は主に電子との衝突により生じ，ランダムに発生する．ただし発生する回数が多いため，荷電粒子は連続的にエネルギーを失うと近似的に考えることが可能であり，阻止能が定義されている．

B　誤　α 線が物質中を進むにつれて速度，すなわちエネルギーは低下し，それとともに阻止能，すなわちエネルギー付与が起きる確率は増加する．これによってブラッグカーブが形成される．電子の場合でも，数 100 keV 以下のエネルギーでは衝突阻止能はエネルギーの増加によって減少する．一般に非相対論的なエネルギー範囲では，荷電粒子の阻止能はエネルギーにほぼ反比例する．

C　誤　ガス中で電子-イオン対を 1 個生成するのに必要なエネルギーの平均値は W 値である．Q 値とは，核反応や放射性壊変の前のすべての粒子の静止質量の和から，反応や壊変後のすべての粒子の静止質量の和を引いた質量差をエネルギーに換算した値である．

D　正　線阻止能（$-dE/dx$）と線エネルギー付与（LET，正確には L_∞）の値は同じである．

E　正　β^- 線あるいは β^+ 線は，原子核の電場によって制動放射線（光子）を放出してエネルギーを失うことがある．

放射線の物理学

問11　荷電粒子線の LET に関する次の記述のうち，正しいものの組合せはどれか．

A　粒子の質量とエネルギーが同じ場合，電荷が大きい方が高い．
B　粒子の質量と電荷が同じ場合，エネルギーが高い方が高い．
C　粒子の電荷とエネルギーが同じ場合，質量が大きい方が高い．
D　標的の物質には依存しない．

　1　ACDのみ　　2　ABのみ　　3　ACのみ　　4　BDのみ　　5　BCDのみ

〔答〕　3

A　正　粒子の質量とエネルギーが同じであれば，速度は同じである．その場合，電荷（z）が大きい方が軌道電子とのクーロン力による相互作用が大きくなるため，LET すなわち線阻止能は大きくなる（z^2 に比例する）．

B　誤　質量が同じであれば，エネルギーの高い方が速度は大きい．電荷が等しければ，速度が大きいと相互作用する時間が短くなるため，線阻止能は低くなる（エネルギーに反比例する）．

C　正　エネルギーが同じであれば，質量が大きい方が速度は小さい．電荷が等しければ，速度が小さいと相互作用する時間が長くなるため，線阻止能は高くなる（質量に比例する）．

D　誤　粒子は物質内の軌道電子とのクーロン力による相互作用でエネルギーを失うのであるから，線阻止能は物質の電子密度，すなわち物質の原子密度（単位体積当たりの原子数）と原子番号の積に比例する．

5. 光子と物質との相互作用

放射性同位元素から放出される光子（γ 線，X 線）は，電波や可視光に比較してエネルギーが高いため，波としての性質はほとんどあらわさず，粒子としての性質を持つ．すなわち運動量（$h\nu/c$）は有するが，質量をもたないエネルギー（$h\nu$）の粒であると考えてよい．以下に述べる相互作用では，**粒子としての光子が 2 次電子をたたき出す**．たたき出された 2 次電子は，β^- 線と全く同じ相互作用をする．

5.1 光電効果

光電効果では光子の**エネルギーはすべて軌道電子に与えられる**．図 5.1 に示すように，**放出される 2 次電子の運動エネルギー**E_e は，光子のエネルギーを E_γ，

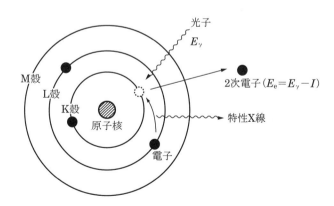

図 5.1　光電効果の模式図．光子エネルギー E_γ が K 殻の電子の結合エネルギーよりも大きい場合，約 80% の確率で K 殻電子がたたき出される．

軌道電子の結合エネルギーを I として，$E_e = E_\gamma - I$ である．放出された電子の軌道に生じた空席は，上のエネルギーレベルの軌道電子が移ってきて埋められる．この軌道の転移にともなって，前後のエネルギーレベルの差が**特性 X 線**として放出されるか，場合によってはオージェ電子が放出される．結合エネルギーの大きな軌道電子ほど光電効果によって放出される確率が高く，E_γ が K 殻の結合エネルギーよりも大きい場合，約80％の確率で K 殻の電子が放出される．

5.2 コンプトン効果

コンプトン散乱ともよばれる．**コンプトン効果**では電子は原子核に束縛されている必要はなく，**自由電子と光子との散乱**と考えることができる．図 5.2 に示すように入射光子のエネルギーを E_γ，散乱後の光子エネルギーを E_γ'，散乱角度を θ とすれば，E_γ' は次式で表される．

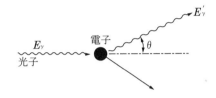

図 5.2 コンプトン効果の模式図

$$E_\gamma' = \frac{E_\gamma}{1 + \frac{E_\gamma}{m_e c^2}(1 - \cos\theta)} \tag{5-1}$$

ここで $m_e c^2$ は電子の静止質量に相当するエネルギー（0.511MeV）である．$\theta = 0$ の場合は光子のエネルギーに変化はなく，180 度方向でもっともエネルギーが低くなる．しかし入射光子エネルギーが $m_e c^2$ に比較して小さい場合，散乱によるエネルギーの低下は小さい．図 5.3 に示すように，散乱角度分布は入射光子エネルギーが低い場合は比較的等方的であるのに対し，エネルギーが高くなるに従い前方性が強くなる．(5-1)式とあわせて考えると，入射光子エネルギーが低い場合，コンプトン効果によって光子の進行方向は大きく変化することがあるが，エネルギーはあまり低下しない．入射光子エネルギーが高い場合，進行方向の変化は比較的小さいが，大角度の散乱によって顕著にエネルギーが低下する場合がある．

5. 光子と物質との相互作用

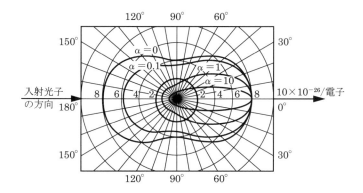

図 5.3　コンプトン散乱光子の角度分布. α は, m_ec^2 を単位とした入射光子エネルギー, $\alpha=0$ はトムソン散乱を示す.

エネルギーの低い光子では軌道電子の原子核による束縛の影響で, 散乱によって光子エネルギーが変化しないことがあり, これをレイリー散乱という. さらにエネルギーが低い場合は自由電子による散乱でもエネルギーが変化しない場合があり, トムソン散乱とよばれる.

5.3　電子対生成

1.02MeV 以上の光子が図 5.4 に示すように原子核の近傍を通過する際, 光子は消滅して, 電子とその反粒子である陽電子の対を生成することがある. これを**電子対生成**という. 入射光子エネルギーの一部は電子（陰電子）と陽電子の生成に使われるため, 電子と陽電子の運動エネルギーの和は, $E_\gamma-2m_ec^2$ ($m_ec^2=0.511\text{MeV}$) である. それぞれの電子への運動エネルギーの配分は一律ではない.

生成した電子, 陽電子は, β 線と同一の相互作用を起こす. 陽電子

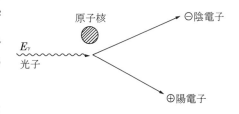

図 5.4　電子対生成の模式図

は停止すると同時に近くの電子と結びついて消滅し，2個の0.511MeVの光子（消滅放射線）を互いに正反対の方向に放出する．

5.4 光 子 束

図5.5に示すように，光子の進行方向がそろっているとき，進行方向に垂直な単位面積（$1m^2$）の面を通過する光子数を**光子束（フルエンス）**ϕという．ϕの単位はm^{-2}であるが，実用的にはcm^{-2}を用いることもある．光子の進行方向がばらばらでも，それぞれの進行方向の光子に対して垂直な単位面積を考え，全ての方向で積分すればフルエンスを求めることができる．

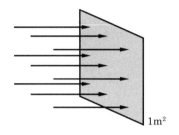

図5.5　光子束ϕの定義．正確には$1m^2$の面ではなく，微小な面（面積ds）を考え，それを通過する光子数dNから，$\phi = dN/ds$を求める．

単位時間（1秒）あたりのフルエンスを**フルエンス率**とよび，単位は$m^{-2}\cdot s^{-1}$又は$cm^{-2}\cdot s^{-1}$である．なおこれらの定義は光子だけでなく，あらゆる粒子の流れに用いられる．フルエンスに光子エネルギーを乗じると，単位面積あたりに通過するエネルギーが得られ，これをエネルギーフルエンスϕ_Eという．単位は$MeV\cdot m^{-2}$や$J\cdot m^{-2}$が用いられる．エネルギーフルエンスを時間で除した値はエネルギーフルエンス率である．

5.5 光子束の減衰

同じ向きに進む多数の光子が厚い平板に入射すると，光子は物質と光電効果を起こして吸収されたり，コンプトン効果によって散乱されたりする．これらの様子を模式的に図5.6に示す．

平板の厚さが十分薄い場合は，光子は物質中で2回以上の散乱，吸収などの相

5. 光子と物質との相互作用

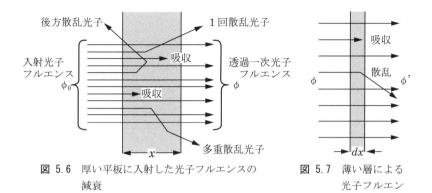

図 5.6 厚い平板に入射した光子フルエンスの減衰

図 5.7 薄い層による光子フルエンスの減衰

互作用を起こさないと考えることができる（**図5.7**）．入射前の光子フルエンスをϕ，厚さdxの薄い層を通過した後で相互作用を経験していない光子のフルエンスをϕ'とする．相互作用を生じた光子数$-d\phi$（$=\phi-\phi'$）は，層の厚さdxと入射した光子数ϕに比例する．

$$-d\phi = \mu \phi dx \tag{5-2}$$

ここでμは相互作用の起こりやすさを表す比例定数であり，**線減弱係数**又は**線減衰係数**とよばれる．はじめに平板に入射したフルエンスをϕ_0とすると，（5-2）式は次のようになる．

$$\phi = \phi_0 e^{-\mu x} \tag{5-3}$$

すなわち相互作用を経験しない光子フルエンスは，物質中で**指数関数にしたがって減衰**する．

線減弱係数μの単位はm^{-1}又はcm^{-1}である．μは物質と光子のエネルギーによって変化する．μを物質の密度ρで割った値μ_m（$=\mu/\rho$）は，**質量減弱係数**又は**質量減衰係数**とよばれる．μ_mの単位は$kg^{-1} \cdot m^2$又は$g^{-1} \cdot cm^2$である．μ_mは，光子のエネルギーと物質の種類が決まっていれば，物質の密度が変化しても不変である．

エネルギーフルエンスϕ_Eに対応して，線エネルギー吸収係数μ_Eが定義される．光子が物質との相互作用で，すべてのエネルギーを物質に与える場合は線エネル

ギー吸収係数は線減弱係数に等しいが,実際には光電効果の場合は特性X線の漏洩があり,コンプトン効果の場合は散乱光子が逃げるため,線エネルギー吸収係数は線減弱係数に比べて小さい.エネルギーフルエンスと線エネルギー吸収係数の積 $\mu_E \phi_E$ は単位体積あたりのエネルギー吸収になる.線エネルギー吸収係数を物質の密度で割った値は質量エネルギー吸収係数である.エネルギーフルエンスと質量エネルギー吸収係数の積 $\mu_{mE} \phi_E$ は単位質量あたりのエネルギー吸収である.

線減弱係数 μ の逆数 $1/\mu$ は**平均自由行程**(あるいは**平均自由行路**,mean free path,mfp と略されることが多い)とよばれ,光子が物質に入射してから最初に相互作用を起こすまでに通過する距離の平均値である.1 mfp の厚さの遮蔽体によって,相互作用を経験していない光子束は $1/e$ に減衰する.

放射線の強度(光子束や線量率など)が始めの半分になる遮蔽体の厚さを**半価層**という.半価層は散乱線の寄与も含んだ概念である.もし光子のエネルギーが1種類で散乱線が無視できる場合は,半価層を $t_{1/2}$ として(5-3)式より次の関係が得られる.

$$\frac{1}{2}\phi_0 = \phi_0 e^{-\mu t_{1/2}} \qquad \text{すなわち} \qquad t_{1/2} = \frac{\ln 2}{\mu}$$

同様に強度が10分の1になる1/10価層 $t_{1/10}$ も使われる.散乱線が無視できる場合は $t_{1/10} = \ln 10/\mu$ である.

鉄と鉛の質量減弱係数をエネルギーの関数として,各成分に分けて**図 5.8, 5.9**に示す.**図 5.10**にはさまざまな物質の全質量減弱係数を示してある.

図 5.8, 5.9 に見られるように,減弱係数は**低エネルギー領域で光電効果**が,**数百 keV から数 MeV の範囲でコンプトン効果**が,**高エネルギー領域では電子対生成**がそれぞれ優勢である.この傾向を光子エネルギーと原子番号の関数として示したものが**図 5.11** である.図中の μ_m (Photo),μ_m (Compton),μ_m (Pair) は,質量減弱係数の内のそれぞれ光電効果,コンプトン効果,電子対生成による成分である.低原子番号ではコンプトン効果が優勢なエネルギー範囲が広いが,約1 MeV から 3 MeV の光子ではあらゆる物質においてコンプトン効果が優勢である.

5. 光子と物質との相互作用

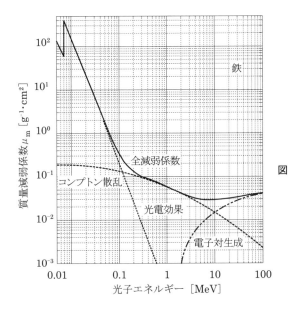

図 5.8 鉄の質量減弱係数. 8MeV から 10MeV にかけて最小値を示す. 7.1keV に見られる不連続点は K 吸収端と呼ばれ, K 殻電子の結合エネルギーに等しい.

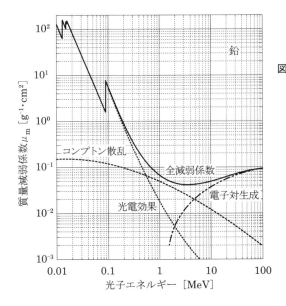

図 5.9 鉛の質量減弱係数. 約 4MeV において最小値を示す. 88keV に見られる不連続点は K 吸収端と呼ばれ, K 殻電子の結合エネルギーに等しい. このエネルギー以下では K 殻電子との光電効果が生じないためである. 同様に 13keV から 16keV にかけて L 吸収端が見られる.

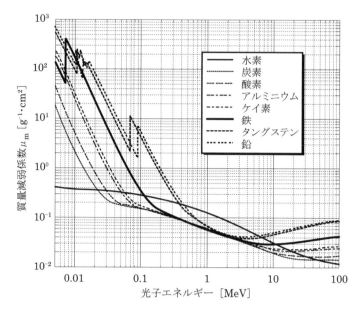

図5.10 さまざまな物質の質量減弱係数

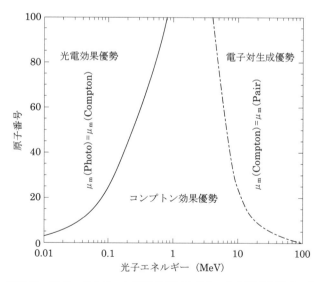

図5.11 光子エネルギーと原子番号によるもっとも優勢な反応の分布

5. 光子と物質との相互作用

　質量減弱係数 μ_m の Z（原子番号）依存性は，**光電効果ではおよそ Z^4** ときわめて大きい．すなわち**低エネルギー光子に対しては，鉛のように Z の大きな物質が遮蔽に有効**である．一方**コンプトン効果では Z^0**，すなわち Z に依存せず，**物質にほとんど依存しない**．したがってエネルギーが約 1 MeV から 3 MeV の光子に対しては，単位面積あたり同じ質量の遮蔽体はほぼ同一の遮蔽効果を有する．電子対生成では，μ_m は Z^1 にほぼ比例する．

　線減弱係数を単位体積あたりに含まれる原子数で割った値は m^2 又は cm^2 の単位を持ち，これを**原子断面積**あるいは単に**断面積**という．原子断面積の値は極めて小さいため，単位は b（バーン，$1\,\mathrm{b}=10^{-28}\,\mathrm{m}^2=10^{-24}\,\mathrm{cm}^2$）を用いることが多い．原子断面積の Z 依存性は，光電効果ではおよそ Z^5，コンプトン効果では Z^1（軌道電子数に比例），電子対生成では Z^2 にほぼ比例する．

放射線の物理学

〔演 習 問 題〕

問1　γ線と物質との相互作用に関する次の記述のうち，正しいものはどれか．
A　電子対生成のしきい値は 0.511MeV である．
B　コンプトン効果に対する原子散乱断面積は，物質の原子番号に比例する．
C　光電効果では，入射γ線と同じエネルギーの光電子が放出される．
D　光電効果はエネルギーの低いγ線ほど起こりやすい．

〔答〕　BとD
A　誤　しきい値は 0.511×2＝1.022MeV である．
B　正
C　誤　束縛エネルギーだけ小さい．
D　正　ただし吸収端の前後では逆転する．

問2　γ線と物質との相互作用に関する次の記述のうち，正しいものの組合せはどれか．
A　光電効果は，γ線と物質中の自由電子との相互作用である．
B　光電効果を起こしたγ線が，さらに光電効果を起こすことがある．
C　電子対生成は，物質中でγ線が一対の陽電子と電子を発生させる現象である．
D　コンプトン散乱後に生じたγ線が，さらにコンプトン散乱を起こすことがある．
E　コンプトン散乱後に生じた反跳電子とγ線は，互いに180度方向に進行する．
　1　ABのみ　　　2　AEのみ　　　3　BCのみ　　　4　CDのみ
　5　DEのみ

〔答〕　4
A　誤　電子は束縛された軌道電子であることが必要である．
B　誤　光電効果ではγ線は吸収され，消滅する．
C　正
D　正
E　誤　反跳電子は前方にしか放出されないが，γ線はあらゆる方向に散乱される．
　　　互いに180度方向に放出されるのは，電子対生成にともなう陽電子の消滅

5. 光子と物質との相互作用

放射線である．

問3 γ線と物質との相互作用に関する次の記述のうち，正しいものの組合せはどれか．
A 光電吸収では，K殻電子を光電子として放出する確率が最も高い．
B コンプトン散乱では，反跳電子の最大エネルギーは入射γ線のエネルギーから束縛電子の電離エネルギーを差し引いたものに等しい．
C 電子対生成は，γ線のエネルギーが1.022MeV以上でないと起こらない．
D レイリー散乱では，入射γ線のエネルギーと散乱γ線のエネルギーは等しい．
1 ACDのみ　　2 ABのみ　　3 BCのみ　　4 Dのみ
5 ABCDすべて

〔答〕　1

A 正
B 誤　反跳電子のエネルギーが最大になるのは光子が180°方向に散乱されるときである．E_γを入射光子エネルギー，$m_e c^2$を電子の静止質量に相当するエネルギー（0.511MeV）とすると，そのときの反跳電子のエネルギーは$E_\gamma/\{1+ m_e c^2/(2E_\gamma)\}$である．最大エネルギーが入射γ線のエネルギーから束縛電子の電離エネルギーを差し引いたものに等しいのは，光電吸収による光電子である．
C 正
D 正　レイリー散乱はエネルギーが極めて小さい光子に対して顕著になる相互作用であり，遮蔽を考える場合は無視することができる．

問4 コンプトン効果に関する次の記述のうち，正しいものの組合せはどれか．
A 反跳電子が発生する．
B 主としてK殻電子によって起こる．
C 原子断面積は，光子エネルギーの増加と共に増加する．
D 原子断面積は，物質の原子番号にほぼ比例する．
　　1 AとB　　2 AとC　　3 AとD　　4 BとD　　5 CとD

〔答〕 3

A 正

B 誤 コンプトン効果は自由電子と光子との散乱であり,どの軌道電子も同様に相互作用する.

C 誤 減少する.

D 正

問5 光子と物質との相互作用に関する次の記述のうち,正しいものの組合せはどれか.

A 光電効果は,光子と軌道電子との相互作用である.

B 光電効果は,光子エネルギーの減少とともに単調に増加する.

C コンプトン効果は,光子と軌道電子との非弾性散乱である.

D 電子対生成のしきい値は,1.022 MeV である.

1 AとB　2 AとC　3 AとD　4 BとC　5 BとD

〔答〕 3

A 正

B 誤 吸収端のエネルギーで不連続に減少する.

C 誤 光子と電子との弾性散乱である.

D 正

問6 γ 線と物質との相互作用に関する次の記述のうち,正しいものの組合せはどれか.

A 光電効果は,γ線が原子の最外殻軌道電子に全エネルギーを与え,γ線自身は消滅する現象である.

B コンプトン電子が散乱される方向は,γ線の入射方向に対して90度〜180度の範囲内である.

C コンプトン散乱の結果,散乱γ線の波長は散乱前の波長より長くなる.

D 電子対生成は,γ線のエネルギーが 1.02MeV よりも大きい場合に起こる現象であり,γ線のエネルギーが大きくなるにつれて起こる確率は大きくなる.

1 AとB　2 AとC　3 BとC　4 BとD　5 CとD

5. 光子と物質との相互作用

〔答〕 5

A 誤 光電効果では通常最内殻（K殻）軌道電子にエネルギーを与える．

B 誤 運動量保存から90度を超える角度では散乱されない．0度から90度である．

C 正

D 正

問7 コンプトン効果に関する次の記述のうち，正しいものの組合せはどれか．

A γ線の波長は，散乱前より長くなる．

B 原子断面積は，光子エネルギーの増加とともに増加する．

C コンプトン散乱後のγ線が，さらにコンプトン散乱を起こすことがある．

D 原子断面積は，物質の原子番号にほぼ比例する．

1 ACDのみ　　2 ABのみ　　3 BCのみ　　4 Dのみ

5 ABCDすべて

〔答〕 1

A 正

B 誤 光子エネルギーの増加にともなって減少する．

C 正

D 正 通常コンプトン散乱では，軌道電子の束縛エネルギーに比べて光子エネルギーは十分大きく，電子の束縛は無視できる．したがってコンプトン効果の生じやすさは，物質に含まれる電子数に比例し，原子断面積は，軌道電子数，すなわち原子番号に比例する．

問8 γ線と物質との相互作用に関する次の記述のうち，正しいものの組合せはどれか．

A 光電効果の原子断面積は，原子番号をZとすると，$Z(Z+1)$に比例する．

B コンプトン効果では，γ線の波長は散乱により短くなる．

C 電子対生成は，γ線のエネルギーが1.02 MeVよりも大きい場合に起こり，γ線のエネルギーが大きくなるにつれて起こる確率は大きくなる．

D ^{241}Am から放出される γ 線の鉛による減弱は，主に光電効果に起因する．

1 AとB　　2 AとC　　3 BとC　　4 BとD　　5 CとD

〔答〕5

A　誤　Z^5 に比例する．

B　誤　散乱により長くなる．

C　正

D　正　γ 線エネルギーは 59.5keV である．

問9　^{60}Co の γ 線と鉛との相互作用において，原子断面積の大きい順に並べられているものは，次のうちどれか．ただし，A は光電効果，B はコンプトン効果，C は電子対生成である．

1 A>B>C　　2 A>C>B　　3 B>A>C　　4 B>C>A
5 C>B>A

〔答〕3

問10　鉄の質量減弱係数が 0.060cm^2·g^{-1} のとき，線減弱係数（cm^{-1}）として最も近い値は，次のうちどれか．

1 0.0052　　2 0.0076　　3 0.060　　4 0.47　　5 0.68

〔答〕4

$\mu_m = \mu / \rho$

μ_m：質量減弱係数

μ　：線減弱係数

ρ　：密度

$0.06 = \mu / 7.9$

$\mu = 7.9 \times 0.06 = 0.474$（cm^{-1}）

問11　ある γ 線に対する鉛の半価層が 0.5cm であった．このときの鉛の質量減弱係数（cm^2·g^{-1}）として最も近い値は，次のうちどれか．ただし，鉛の密度を 11.4g·cm^{-3}

5. 光子と物質との相互作用

とする.

1　0.044　　2　0.12　　3　0.35　　4　1.4　　5　5.7

〔答〕　2

半価層と線減弱係数の関係は，$x_{1/2}=\ln 2/\mu$ である.

$$\mu=\ln 2/x_{1/2}=0.69/0.5=1.38 \text{ cm}^{-1}$$

μ を物質の密度 ρ で割った値 $\mu_m(=\mu/\rho)$ は，質量減弱係数とよばれる.

$$\mu_m=1.38/11.4=0.12 \text{ cm}^2 \cdot \text{g}^{-1}$$

問 12 ある単一エネルギーの細い光子束に対する遮蔽板の半価層が 2.0 mm であるとき，同じ材質の遮蔽板の 1/10 価層[mm]として，最も近い値は次のうちどれか．ただし，$\ln 2=0.693$，$\ln 10=2.30$ とする．

1　6.2　　2　6.6　　3　7.0　　4　7.4　　5　7.8

〔答〕　2

線源から1種類のエネルギーの光子が放出されるとき，線減弱係数を μ として散乱線を無視すれば，半価層 $x_{1/2}$，10分の1価層 $x_{1/10}$ は，それぞれ次のように表される．

$$\frac{1}{2}=e^{-\mu x_{1/2}}, \quad \frac{1}{10}=e^{-\mu x_{1/10}}$$

それぞれの対数をとる（ln は底が e の対数を表す）．

$$\ln\frac{1}{2}=-\mu x_{1/2}, \quad \ln\frac{1}{10}=-\mu x_{1/10}$$

これらを次のように変形する．

$$\mu=\frac{\ln 2}{x_{1/2}}, \quad x_{1/10}=\frac{\ln 10}{\mu}$$

$x_{1/2}=2.0$ mm であるから，$\mu=\dfrac{\ln 2}{2.0}$ mm^{-1}，したがって $x_{1/10}=\dfrac{\ln 10}{\ln 2}\times 2.0=\dfrac{2.30\times 2.0}{0.693}=6.64$ mm である．

問 13 次のⅠ～Ⅲの文章の ☐ の部分に入る最も適切な語句，数値又は数式を，それぞれの解答群から1つだけ選べ．

放射線の物理学

I ある微小な球体に入射した光子の数を、その球の大円の断面積で除したものをフルエンスという。また、光子の A の平均値とフルエンスの積をエネルギーフルエンスという。

よくコリメートされた単色の光子束（フルエンス ϕ）が、遮蔽板へ垂直に入射する場合を考える。ここで、遮蔽板が十分に薄い（厚さ dx [m]）とき、光子と物質の相互作用によるフルエンスの減少は、

$$-d\phi = \mu \phi dx \tag{1}$$

と表わされる。ここで、μ は相互作用の起こりやすさを表す係数で B と呼ばれる。つまり、遮蔽板を μ^{-1} の距離（ C と呼ばれる）だけ通過するごとに、通過光子数は ア となる。また、μ を物質の密度で割った値は D μ_m と呼ばれ、物質に固有の値である。

一方、エネルギーフルエンス ϕ_E の減少も、同様に、

$$-d\phi_E = \mu_E \phi_E dx \tag{2}$$

と表わされ、係数 μ_E は E と呼ばれる。光子と物質の相互作用により、光子の全エネルギーが物質に与えられれば $\mu = \mu_E$ となるが、実際には光電効果に付随して発生する F やコンプトン散乱による散乱光子、あるいは電子対生成に引き続き発生する G が物質外にエネルギーを持ち去るため、$\mu > \mu_E$ となる。

<A～Eの解答群>

1 幾何学的効率　　　　　2 エネルギー　　　　　3 空気カーマ
4 質量エネルギー吸収係数　5 質量減弱係数　　　　6 衝突阻止能
7 線エネルギー吸収係数　　8 線エネルギー付与（LET）
9 線減弱係数　　　　　　10 線質係数　　　　　　11 線阻止能
12 線量当量　　　　　　　13 半価層　　　　　　　14 飛程
15 平均自由行程

<アの解答群>

1　$\dfrac{1}{10}$　　　　2　$\dfrac{1}{\pi}$　　　　3　$\dfrac{1}{e}$　　　　4　$\dfrac{1}{2}$

<F、Gの解答群>

1　オージェ電子　　　2　コンプトン電子　　　3　質量

5. 光子と物質との相互作用

4　消滅放射線　　　　　5　シンチレーション光子
6　チェレンコフ光子　　7　特性X線　　　　　　　8　内部転換電子
9　熱中性子　　　　　　10　陽子

II　D　μ_m と光子エネルギーの関係を見てみると，中間的なエネルギー領域（約1〜3 MeV）の光子と物質の相互作用では，ほとんどの物質において，μ_m への寄与が最も大きいのは　H　である．また，これよりも高いエネルギー領域では次第に μ_m に対する　I　の寄与が増大し，逆に，これよりも低いエネルギー領域では次第に　J　の寄与が増大する．

次に，μ_m と原子番号 Z の関係を見てみると，H では Z のおおよそ　イ　乗に，I では Z のおおよそ　ウ　乗に，及び J では Z のおおよそ　エ　乗に，それぞれ比例することが知られている．

<H〜Jの解答群>

1　核異性体転移　　　　2　軌道電子捕獲　　　　3　後方散乱
4　光電効果　　　　　　5　コンプトン散乱　　　6　質量欠損
7　電子対生成　　　　　8　トンネル効果　　　　9　放射化
10　ラザフォード散乱　　11　ラマン散乱　　　　12　レイリー散乱

<イ，ウの解答群>

1　0　　　2　0.5　　　3　1　　　4　2　　　5　3　　　6　4

<エの解答群>

1　0　　　2　0.5〜1　　　3　1.5〜2.5　　　4　3〜4　　　5　5〜7

〔答〕2

I　　A——2（エネルギー）　　　　　B——9（線減弱係数）
　　　C——15（平均自由行程）　　　D——5（質量減弱係数）
　　　E——7（線エネルギー吸収係数）　F——7（特性X線）
　　　G——4（消滅放射線）
　　　ア——3（$\frac{1}{e}$）

[A]

光子の進行方向が1つのときは，進行方向に垂直な微小な面（面積 ds）を通

過する光子数（dN）から，光子フルエンスは dN/ds で定義されるが，光子の進行方向が一律でないときは，dN は大円の面積が ds の微小な球を通過する光子数で定義される．すなわち光子の向きに合わせて円形の ds が垂直になるように回転させると考えればよい．

[B]

μ は線減弱係数であり，単位は長さ[m]の逆数[m^{-1}]である．

[C]

光子が物質中ではじめて相互作用をするまでに通過する距離の平均値が平均自由行程（mfp : mean free path）である．mfp＝$\int_0^\infty x\mu e^{-\mu x}dx$ で計算され，mfp＝$\frac{1}{\mu}$ である．

[ア]

N 個の光子が 1 mfp の厚さの遮蔽体を通過すると，相互作用を経験していない光子数 N' は，

$$N' = Ne^{-\mu \times \text{mfp}} = Ne^{-\mu \times \frac{1}{\mu}} = N \times \frac{1}{e}$$

である．

[D]

物質の密度を ρ として，$\frac{\mu}{\rho}$ は質量減弱係数 μ_m である．

[E]〜[G]

光子が単位長さ当たり物質にエネルギーを与える割合を線エネルギー吸収係数 μ_E とよぶ．光子が物質と相互作用をした際に光子のエネルギーをすべて物質が吸収する場合は，$\mu_E = \mu$ である．しかし光電効果に引き続いて放出される特性 X 線，コンプトン効果の場合の散乱光子，電子対生成の場合の消滅放射線は，電荷を持たないため相互作用を生じた場所の物質にエネルギーを与えることなく逃れてしまう．その割合だけ物質のエネルギー吸収が減るため，一般に $\mu_E < \mu$ である．

Ⅱ　　H——5（コンプトン散乱）　　　　　I——7（電子対生成）
　　　J——4（光電効果）

5. 光子と物質との相互作用

　　　　イ——1（0）　　　　ウ——3（1）　　　　エ——4（3〜4）

[H]〜[J]

鉛では約 0.6 MeV から約 4 MeV の範囲でコンプトン散乱が最も優勢であり，酸素ではその範囲はおよそ 0.03 MeV から 20 MeV である．1〜3 MeV では，あらゆる物質においてコンプトン散乱が最も優勢な相互作用である．これより高エネルギー側では電子対生成が，低エネルギー側では光電効果が最も優勢になる．

[イ]〜[エ]

原子断面積の原子番号 z に対する依存性は，光電効果ではおよそ z^5，コンプトン散乱では z^1，電子対生成では z^2 に比例する．多くの物質では質量数 $A \cong 2z$ であるから，質量当たりの相互作用の大きさ，すなわち質量減弱係数は，光電効果ではおよそ z^4，コンプトン散乱では z^0（原子番号に依存しない），電子対生成では z^1 に比例する．

6. 中性子と物質との相互作用

中性子は電荷を持たないため,光子と同様,中性子自身が電離や励起を生ずることはない.中性子は電子と相互作用することはなく,**原子核とだけ相互作用**し,**原子核反応**(又は**核反応**)とよばれる.α線も核反応を起こすことがあるが,+2価の電荷が相手の原子核の持つ電荷とクーロン力で反発しあう(クーロン障壁)ため,エネルギーが比較的高い場合だけ核反応を生ずる可能性があるのに対し,中性子は電荷を有しないため,あらゆるエネルギーで核反応を生じる.核反応の性質は,相手の原子核を構成する陽子数だけでなく中性子数にも依存するため,**原子番号と質量数に依存**する.また**中性子のエネルギーにも依存**する.

^{252}Cf 自発核分裂中性子線源や,^{241}Am からの α 線と ^{9}Be との核反応を利用した ^{241}Am–Be 中性子線源から放出される中性子のエネルギーは数 keV から十数 MeV の範囲であり,大きな速度を有するため**高速中性子**とよばれる.高速中性子は,以下で述べる弾性散乱や非弾性散乱によって相手の原子核にエネルギーを与えて速度を落とす.最終的には相手の原子核の熱運動と平衡に達し,**熱中性子**とよばれる低速の中性子になる.常温では熱中性子のエネルギーは 0.025 eV,速度は 2200 m·s^{-1} 程度である.

原子核にとり込まれていない単独で存在する中性子は安定ではなく,半減期約 10 分で β$^-$ 壊変して陽子に変化する.ただし 10 分の半減期は核反応を生じるまでの時間に比べて極めて長いため,ほぼすべての中性子は β$^-$ 壊変前に核反応によって消滅する.

中性子による核反応には主として次の 3 種類がある.

1) 弾性散乱

6. 中性子と物質との相互作用

衝突の前後で運動エネルギーは保存される．相手の原子核が水素の場合は，中性子と陽子の衝突であり，両方の質量はほぼ等しいため，ビリヤード球どうしの衝突に似ている．正面衝突を起こせば中性子の運動エネルギーは全て陽子に与えられる．そのため**水素を多量に含む水やポリエチレン，パラフィンは高速中性子を減速させる能力が高いため，減速材**としてよく用いられる．一方相手の原子核の質量数が大きい場合は，ビリヤード球が壁に衝突したときに似て，中性子の進行方向は大きく変化するが，速度の低下は少ない．弾性散乱によって相手の原子核は程度の差はあるが跳ね飛ばされる．飛ばされた原子核を**反跳核と呼び，α線と類似の相互作用**を生じ，停止するまでの間に**周囲を電離や励起する．**

2) 非弾性散乱

中性子のエネルギーが高いと，衝突の際に相手の原子核を励起させることがある．原子核が重い場合，弾性散乱よりも非弾性散乱による減速効果が大きい．励起された原子核はγ線によってエネルギーを放出する場合が多いが，原子核内の荷電粒子や中性子を放出することもある．

3) 捕獲反応

主として熱中性子によって生じる核反応であり，中性子は相手の**原子核に吸収**される．このとき中性子の結合エネルギーに相当する**γ線が放出される**ことが多い．水素原子による捕獲反応の場合，重水素が生成されるとともに，2.2 MeV γ線が放出される．このように中性子線源がある場合，線源自体から放出されるγ線もあるが，中性子が減速され消滅するまでには非弾性散乱や捕獲反応によって必ずγ線が発生し，中性子とγ線の混在場になる．

^{6}Liによる捕獲反応ではγ線は放出されず，α線が放出される．

$$^6_3\text{Li} + ^1_0\text{n} \rightarrow ^7_3\text{Li} \rightarrow \alpha\ (= ^4_2\text{He}) + ^3_1\text{H} \tag{6-1}$$

上式では中性子をnと略記した．捕獲反応によって^{7}Liが生成されるが，この場合の寿命はきわめて短いため，捕獲と同時にα線の放出が観測される．核反応の前後では，電荷（原子番号），質量数の総和は保存される．核反応（6-1）は，^{6}Li(n,α)^{3}Hのように記述される．同様に**^{10}B，^{3}Heによる捕獲反応**によっても，

^{10}B(n, α)^{7}Li, ^{3}He(n, p)^{3}H のように**荷電粒子が放出**される.

6. 中性子と物質との相互作用

〔演 習 問 題〕

問1 α線, β線, γ線, 中性子と物質との相互作用に関する次の記述のうち, 正しいものはどれか.
 A α線は, 主として軌道電子との非弾性散乱によってエネルギーを失う.
 B β線の吸収係数は, 吸収物質の原子番号とβ線の平均エネルギーに比例する.
 C γ線のコンプトン効果に対する質量減弱係数は, 物質の電子密度に比例する.
 D 中性子の飛程は, 物質の原子番号と中性子のエネルギーに比例する.

〔答〕 AとC
  A 正
  B 誤 β線の吸収係数 (μ) は, エネルギー (E [MeV]) の 1.43 乗に反比例する.
    $$\mu = 0.017 E^{-1.43}$$
  C 正 コンプトン効果に対する質量減弱係数は, 単位質量当たりに含まれる電子数に比例する.
  D 誤 中性子に対する断面積は, 核種毎に異なっており, 原子番号と飛程について単純な相関はない.

問2 中性子と原子核との相互作用に関する次の記述のうち, 正しいものはどれか.
 A 中性子のエネルギーによらず, 非弾性散乱が弾性散乱よりも多く起こる.
 B 中性子は相手物質の原子核の電荷による反発を受ける.
 C 中性子と原子核との衝突で反跳された原子核がまわりの原子を電離する.
 D 中性子捕獲反応だけでなく荷電粒子生成反応も起こる.

〔答〕 CとD
  A 誤 それぞれ核種とエネルギーに大きく依存するので, 一概には言えない.
  B 誤 中性子は電荷を持たないため, 原子核の電荷とは相互作用しない.
  C 正 反跳原子核は高速のイオンであり, α粒子と同様な作用をする.
  D 正 例: ^{10}B (n, α) ^{7}Li 反応

放射線の物理学

問 3 中性子と物質との相互作用に関する次の記述のうち，正しいものはどれか．
1 中性子は，原子のクーロン力によって散乱される．
2 弾性散乱では，衝突した原子核は励起状態になる．
3 非弾性散乱では，入射した中性子と散乱された中性子のエネルギーがほぼ等しい．
4 中性子が原子核に捕獲されると，γ線が放出されることがある．
5 捕獲断面積は，物質の原子番号のみに依存する．

〔答〕 4

    1 誤 中性子は電荷を有しないためクーロン力は働かない．
    2 誤 弾性散乱では原子核内部の状態は変化せず，基底状態のままである．励起状態になるのは非弾性散乱である．
    3 誤 原子核が励起される分，全運動エネルギーは減少するため，散乱後の中性子エネルギーは減少する．
    4 正
    5 誤 質量数にも依存する．

問 4 0.025eVの中性子の速度($m \cdot s^{-1}$)として最も近い値は，次のうちどれか．ただし，中性子の質量は1.67×10^{-27}kg，1eV=1.6×10^{-19}Jである．
1 2.2×10^3　　2 2.2×10^5　　3 2.2×10^7　　4 2.2×10^9　　5 2.2×10^{11}

〔答〕 1

速度をvとすると，

$$0.025 \times 1.6 \times 10^{-19} = \frac{1}{2} \times 1.67 \times 10^{-27} v^2$$

$$v^2 = 4.79 \times 10^6$$

$$v = 2.19 \times 10^3 [m \cdot s^{-1}]$$

問 5 次の原子核のうち，速中性子との弾性散乱による反跳エネルギーの高いものから並べられているものはどれか．
1　^{23}Na　　>　　^{1}H　　>　　^{10}B　　>　　^{235}U

6. 中性子と物質との相互作用

2	^{235}U	>	^{23}Na	>	^{10}B	>	^{1}H
3	^{10}B	>	^{235}U	>	^{1}H	>	^{23}Na
4	^{1}H	>	^{10}B	>	^{23}Na	>	^{235}U
5	^{235}U	>	^{10}B	>	^{23}Na	>	^{1}H

〔答〕 4

簡単のため，正面衝突の弾性散乱の場合，すなわち中性子は180度散乱されて，もと来た方向に跳ね返され，原子核（反跳核）は中性子が来たのと同じ方向に飛ばされる場合を考える．中性子と原子核の質量をそれぞれ m と M，中性子の衝突前の速度を v_0，衝突後の速度を v，反跳核の速度を V とすると，エネルギー保存則と運動量保存則（衝突前の中性子の進行方向を正とする）から次の2式が成り立つ．

$$\frac{1}{2}mv_0^2 = \frac{1}{2}mv^2 + \frac{1}{2}MV^2 \tag{1}$$

$$mv_0 = MV - mv \tag{2}$$

(1)式の両辺に m を乗じて整理する．

$$m^2v_0^2 = (mv)^2 + mMV^2 \tag{3}$$

(2)式を変形した $mv = MV - mv_0$ を(3)式に代入して整理すると次式が得られる．

$$V = \frac{2m}{m+M}v_0 \tag{4}$$

衝突前の中性子エネルギーを E_0 $\left(= \frac{1}{2}mv_0^2\right)$ として，(4)式を用いて反跳核のエネルギー E を求めると，

$$E = \frac{1}{2}MV^2 = \frac{4mM}{(m+M)^2}\left(\frac{1}{2}mv_0^2\right) = \frac{4mM}{(m+M)^2}E_0 \tag{5}$$

u を原子質量単位とすると $m \cong u$，$M \cong uA$（A は原子核の質量数）であり，反跳核のエネルギーは衝突前の中性子エネルギーの $4A/(1+A)^2$ である．

水素との正面衝突では反跳陽子はすべてのエネルギーを受け取る．A が大きくなるほど反跳核のエネルギーは小さくなる．

7. 放射線の単位

　放射線，放射能に関する単位を表 7.1 にまとめて示す．表には物理学以外の章で説明されている単位も載せてある．SI 単位の欄の下段は基本単位の組合せで表したものである．

表 7.1　放射線に関する単位

数値	常用される単位	SI 単位	備考
エネルギー	eV, keV, MeV	J $kg \cdot m^2 \cdot s^{-2}$	1 eV = 1.602× 10^{-19} J
放射能	Bq, kBq, MBq, GBq, TBq	s^{-1}	
壊変定数	s^{-1}	s^{-1}	
比放射能	$Bq \cdot g^{-1}$, $Bq \cdot kg^{-1}$	$s^{-1} \cdot kg^{-1}$	
線阻止能	$MeV \cdot cm^{-1}$, $MeV \cdot mm^{-1}$, $keV \cdot \mu m^{-1}$	$J \cdot m^{-1}$ $kg \cdot m \cdot s^{-2}$	
質量阻止能	$MeV \cdot g^{-1} \cdot cm^2$	$J \cdot kg^{-1} \cdot m^2$ $m^4 \cdot s^{-2}$	
線エネルギー付与，LET	$keV \cdot \mu m^{-1}$	$J \cdot m^{-1}$ $kg \cdot m \cdot s^{-2}$	
粒子束，粒子フルエンス，光子束，中性子束	cm^{-2}, m^{-2}	m^{-2}	
粒子フルエンス率	$cm^{-2} \cdot s^{-1}$, $m^{-2} \cdot s^{-1}$	$m^{-2} \cdot s^{-1}$	
エネルギーフルエンス	$J \cdot cm^{-2}$, $J \cdot m^{-2}$	$J \cdot m^{-2}$ $kg \cdot s^{-2}$	

7. 放射線の単位

数値	常用される単位	SI 単位	備考
エネルギーフルエンス率	$J \cdot cm^{-2} \cdot s^{-1}$, $J \cdot m^{-2} \cdot s^{-1}$	$J \cdot m^{-2} \cdot s^{-1}$ $kg \cdot s^{-3}$	
線減弱係数	cm^{-1}, m^{-1}	m^{-1}	
質量減弱係数	$g^{-1} \cdot cm^2$, $kg^{-1} \cdot m^2$	$kg^{-1} \cdot m^2$	
線エネルギー吸収係数	cm^{-1}, m^{-1}	m^{-1}	
質量エネルギー吸収係数	$g^{-1} \cdot cm^2$, $kg^{-1} \cdot m^2$	$kg^{-1} \cdot m^2$	
吸収線量	Gy	$J \cdot kg^{-1}$ $m^2 \cdot s^{-2}$	測定技術参照
線量当量	Sv	$J \cdot kg^{-1}$	測定技術参照
等価線量	Sv	$J \cdot kg^{-1}$	管理技術参照
実効線量	Sv	$J \cdot kg^{-1}$	管理技術参照
カーマ	Gy	$J \cdot kg^{-1}$	測定技術参照
照射線量	$C \cdot kg^{-1}$	$C \cdot kg^{-1}$	測定技術参照
W 値	eV	J	測定技術参照
実効線量率定数	$\mu Sv \cdot m^2 \cdot MBq^{-1} \cdot h^{-1}$	—	管理技術参照

放射線の物理学

〔演 習 問 題〕

問1 次の量と単位の関係のうち，正しいものの組合せはどれか．
 A 放射能　　　　― s^{-1}　　　B 壊変定数　　　― s^{-1}
 C 粒子フルエンス ― m^{-2}　　D 吸収線量　　　― $J \cdot kg^{-1}$
 1 ACDのみ　　2 ABのみ　　3 BCのみ　　4 Dのみ
 5 ABCDすべて

〔答〕 5

問2 次の量と単位の関係のうち，正しいものの組合せはどれか．
 A カーマ　　　　― $J \cdot m^{-2}$
 B LET　　　　　 ― $\mu m \cdot keV^{-1}$
 C 吸収線量　　　― $J \cdot kg$
 D 粒子フルエンス ― m^{-2}
 1 ACDのみ　　2 ABのみ　　3 BCのみ　　4 Dのみ
 5 ABCDすべて

〔答〕 4
 A 誤　$J \cdot kg^{-1}$が正しい．
 B 誤　$keV \cdot \mu m^{-1}$が通常使われる．
 C 誤　$J \cdot kg^{-1}$が正しい．
 D 正

問3 次の量と単位の関係のうち，正しいものの組合せはどれか．
 A 線エネルギー吸収係数　　　―　　$MeV \cdot m^{-1}$
 B 散乱断面積　　　　　　　　―　　m^2
 C 質量阻止能　　　　　　　　―　　$MeV \cdot kg^{-1} \cdot m^2$
 D 飛程　　　　　　　　　　　―　　$m^2 \cdot kg^{-1}$

7. 放射線の単位

1 AとB 2 AとC 3 BとC 4 BとD 5 CとD

〔答〕 3

A 誤 線エネルギー吸収係数の単位は，線減弱係数と同じ m^{-1} である．$MeV\cdot m^{-1}$ は線阻止能の単位である．

B 正 断面積の単位には，実用的には b（バーン，$10^{-28}\,m^2$）が使われる．

C 正 線阻止能（単位は $MeV\cdot m^{-1}$ あるいは $MeV\cdot mm^{-1}$ や $J\cdot m^{-1}$ が使われる）を物質の密度（単位は $kg\cdot m^{-3}$）で割った値が質量阻止能であり，単位は $MeV\cdot m^{-1}/(kg\cdot m^{-3})=MeV\cdot kg^{-1}\cdot m^2$ である．

D 誤 飛程の単位は m，あるいは mm や μm などが使われる．

問4 次の単位換算のうち，正しいものの組合せはどれか．

A 粒子束密度 $1\times 10^6\,m^{-2}\cdot s^{-1}$ → $1\times 10^2\,cm^{-2}\cdot s^{-1}$

B 放射能 $6\times 10^6\,MBq$ → $1\times 10^5\,dpm$（壊変/分）

C 線減弱係数 $0.06\,cm^{-1}$ → $6\,m^{-1}$

D 吸収線量 $0.1\,Gy$ → $1\times 10^{-4}\,J\cdot kg^{-1}$

1 AとB 2 AとC 3 BとC 4 BとD 5 CとD

〔答〕 2

A 正 m^{-2} から cm^{-2} へと，単位が 10^{-4} の面積になるので，数値も 10^{-4} 倍になる．

B 誤 $6\times 10^6\,MBq \to 6\times 10^6\times 10^6\times 60=3.6\times 10^{14}\,dpm$

C 正

D 誤 $[Gy]=[J\cdot kg^{-1}]$ であるから数値は変わらない．$0.1\,Gy\to 0.1\,J\cdot kg^{-1}$

放射線の測定技術

上 蓑 義 朋

1. はじめに

1.1 どのような量を測定するのか

測定しようとする量はさまざまであるが，大きく2種類に分類できる．1つは個々の放射線を識別し，放射線の種類，エネルギー，何個の放射線がやって来るかを測定する．これによって測定した場所での放射線の物理的な様子がわかるし，あるいは放射線を出している原子核の種類，壊変率（放射能）などがわかる．他の1つは放射線を個々には識別せずに，平均値として測定する量である．例えば放射線場に置かれたある物質が吸収するエネルギーとか，生成する電気量，あるいは生物が受ける損傷などの量である．これらはふつう線量と呼ばれるが，ここで少し説明をしておく．

以下にあげた5種類の線量のうち，法律上放射線防護のための測定で重要なのは(3)の1cm，70μmの2種の線量当量である．被ばく限度等を決めるための線量である等価線量，実効線量については，管理技術の章を見ること．

(1) **吸収線量**

α線，β線などの電荷を持った放射線は，物質を直接電離・励起してエネルギーを与えるし，γ線や中性子線は2次的な荷電粒子（γ線では光電子，コンプトン電子など，中性子線では核反応によって生成される高速のイオン）を介してエネルギーを与える．ある物質が放射線から与えられるエネルギーを表わすのが**吸収線量**（D）である．単位は［J/kg］で，**Gy**（グレイ）と呼ばれる．少し数学的に表現すれば，$D = d\varepsilon/dm$となる．$d\varepsilon$は質量dm［kg］の微小な物質が放射線から受けたエネルギー［J］である．**吸収線量は放射線，物質の種類によらず使用できる．**

吸収線量の物質表面からの深さによる変化を考えてみる．例えば γ 線では，2次電子の生成は物質の表面で最も大きく，深くなるに従い γ 線の減弱とともに減少する．一方物質中の2次電子のフルエンスは，2次電子が物質中をある程度の距離を飛ぶため，物質の表面では小さく，2次電子の飛程（最大飛程ではなく平均的な到達距離）程度深くなった位置で最大値を示す．これは以下の理由による．2次電子の飛程を R，物質の表面からの深さを z として，2次電子の生成があらゆる方向に均一であると仮定すると，物質の表面（$z=0$）における 2 次電子フルエンスに寄与するのは $0 \leq z \leq R$ の領域で生成された2次電子であるのに対し，$z=R$ の位置におけるフルエンスに寄与するのは $0 \leq z \leq 2R$ の領域で生成された2次電子である．γ 線の減衰は $2R$ 程度の深さでは無視できるので，$z=R$ におけるフルエンスは表面のフルエンスの 2 倍，すなわち吸収線量は 2 倍になる．γ 線のエネルギーが高い場合はほとんどの 2 次電子は前方に放出される．もしすべての 2 次電子が前方に放出され，電子の後方散乱が無視できる場合は，物質の表面における 2 次電子のフルエンスは 0 であり，$z=R$ の位置におけるフルエンスに寄与するのは $0 \leq z \leq R$ の領域で生成された2次電子である．すなわち吸収線量は物質の表面では 0 であり，$z=R$ の位置において最大になる．この様子を図 1.1 に模式的に表わした．

(2) **線量当量**

生物が γ 線によって被ばくした場合と中性子線によって被ばくした場合とでは，吸収線量が同じでも中性子線による方が強い損傷を受ける．放射線の種類による生物に対する影響の違いを加味して，同じ数値なら同じ生物学的影響を与えるようにしたものが**線量当量**である．線量当量 H は，生物の組織の吸収線量 D から次式で計算される．

$$H = DQ \tag{1-1}$$

ここで Q は**線質係数**と呼ばれる値で，放射線の性質による生物学的な影響の強さを表わす．Q は放射線（γ 線や中性子線の場合は 2 次荷電粒子線）の水中における線エネルギー付与［LET］（線衝突阻止能と同じ）の関数で，図 1.2 のようである．

1. は じ め に

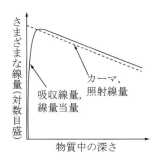

図 1.1 空気等価物質に一方向からγ線が入射したときの吸収線量，線量当量，カーマ，照射線量の関係．照射線量には適当な定数を乗じてある．

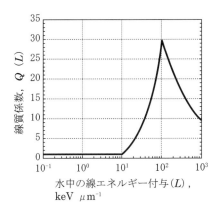

図 1.2 水中の線エネルギー付与と線質係数の関係（ICRP 1990）

D の単位がGyであるとき，線量当量Hの単位はSv（シーベルト）である．

(3) 1 cm線量当量(H_{1cm})，3 mm線量当量(H_{3mm})，70 μm線量当量($H_{70\mu m}$)

測定のための実用的な量として，1 cm線量当量(H_{1cm})，3 mm線量当量(H_{3mm})，70 μm線量当量($H_{70\mu m}$)と呼ばれる値が導入されている．H_{1cm}は，実効線量及び目と皮膚以外の臓器及び組織に対する等価線量，H_{3mm}は目の水晶体に対する等価線量，$H_{70\mu m}$は皮膚に対する等価線量に対応する．単位はSvである．H^*_{1cm}，H^*_{3mm}，$H^*_{70\mu m}$は，放射線場を測定するための量であり，人の軟(筋肉)組織に等価な物質で作られた直径30 cmの球（ICRU球）に平行で一様に入射する放射線を照射したときに，その球の表面からそれぞれ1 cm，3 mm，70 μmの深さにおける線量当量として定義されている．個人被ばくを測定するための量である$H_{p,1cm}$，$H_{p,3mm}$，$H_{p,70\mu m}$は軟組織等価物質で作られた縦30 cm，横30 cm，厚さ15 cmの板の表面から，それぞれ1 cm，3 mm，70 μmの深さにおける線量として別に定義されている．H^*_{1cm}等と$H_{p,1cm}$等との差は大きくはないが，数十keVの光子に対して後者のほうが若干大きな線量を示す．これらについては管理技術1.2節に解説されている．

体外照射の場合，エネルギーの高いα線では70 μm線量当量だけが問題にな

り，比較的エネルギーの高い β 線と低エネルギーの X（γ）線では 3 mm 線量当量も必要になる．おおかたの γ 線や中性子線では 1 cm 線量当量だけを考えればよい．

（4）カーマ（kerma）

これは電荷を持たない放射線，すなわち γ 線，X 線，中性子線に対して定義される物理的な数値であり，kinetic energy released per unit mass の略である．カーマ K は次式によって定義される．

$$K = \mathrm{d}E_{\mathrm{tr}}/\mathrm{d}m \tag{1-2}$$

ここで $\mathrm{d}E_{\mathrm{tr}}$ は，微小な質量 $\mathrm{d}m$ の物質中で放射線によってたたきだされたすべての荷電粒子の持つ運動エネルギーの合計である．単位は Gy を用いる．図1.1に示すように，カーマは物質の表面でもっとも大きな値になる．光子による線量として空気カーマは頻繁に使用される．

（5）照射線量

カーマはどのような物質に対しても使うことができるのに比べ，**照射線量 X は光子が空気と相互作用**する場合に対してだけ定義できる．X は，

$$X = \mathrm{d}Q/\mathrm{d}m \tag{1-3}$$

で与えられる．ここで $\mathrm{d}Q$ は，微小な質量 $\mathrm{d}m$ の空気中で光子によってたたきだされたすべての電子が，空気中で完全に止まるまでに生成する電子-イオン対の（正負いずれかの）全電荷量である．単位は C/kg（C はクーロン）である．図1.1に示すように，照射線量もカーマと同様，物質の表面でもっとも大きな値になる．

1.2 どのようにして測定するのか

宇宙からは広いエネルギー範囲のさまざまな放射線が降り注いでいるし，岩石，コンクリート中にはたくさんのウラン，トリウムの壊変生成物が存在して放射線を出している．私達の体の中にも放射性核種である ^{40}K がたくさん含まれている．そのため地上では毎秒 1 cm^2 あたりおよそ 1 個の γ 線が飛びかっているし，中性子でも毎秒 100 cm^2 あたり 1 個やって来ている．しかし私達はなにも感じない．

このような放射線を感度よく測定する方法は電気信号に変換することである．α

1. はじめに

線，β線などの荷電粒子は物質中を通過するだけでまわりを電離して，電子とイオンの対を生成するので，それを集めれば電気信号になる．γ線や中性子線のように電荷を持たない放射線は，物質と相互作用することによって高速の荷電粒子を生成して信号を発生させる．荷電粒子による相互作用は電離だけに限らず励起にともなう発光現象や化学反応を利用することもできる．光の場合はそれをさらに電子に変換して電気信号として検出する場合が多い．

2章では放射線の気体に対する電離作用を利用し，直接電荷を集める電離箱，ガスによる増幅を行う比例計数管，ガイガー・ミュラー計数管について解説する．3章では固体，液体の発光現象を利用するシンチレーション・カウンタ，固体中での電離を集める半導体検出器を扱う．4章では蛍光ガラス線量計，OSL線量計などの個人被ばく線量計を，5章では中性子検出器や大線量を測定する方法について述べる．6章では実際の測定を想定してどのような測定器が使用可能か，得られた数値を評価するための統計的な考え方を紹介する．

2. 気体の検出器

2.1 電離箱

2.1.1 構造と原理

図 2.1 に**電離箱**の概念を示した．2枚の平行に向かい合った電極に電圧が印加されている．荷電粒子が気体中を走ると，気体分子を電離し，**電子とイオンの対**を多数生成する．負の電荷を持つ電子は正の電極に引き寄せられ，正の電荷を持つイオンは負の電極に引き寄せられる．その結果回路に電流が流れ，放射線が検出される．個々の放射線による電流は極めて小さいため，ふつう電離箱では多数の放射線によって平均的に流れる**電流**を測定する．

入ってくる荷電粒子は α 線，β 線でも，γ 線によって電極などからたたきだされた2次電子でもよいが，電離箱は γ 線（又はX線）による放射線場の強さを測定するのによく使われる．

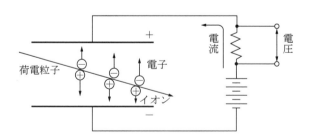

図2.1 電離箱の基本的原理

2. 気体の検出器

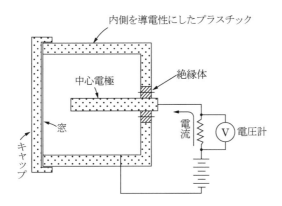

図2.2 電離箱サーベイメータの構造

実用的な電離箱の構造を**図2.2**に示す．内面に炭素などをコーティングして導電性を持たせたアクリルなどのプラスチック製の筒に，絶縁体をはさんで中心電極が挿入してあるものが多い．

電極に印加する電圧が低いと，電子とイオンが電極に集められる前に再び結合（**再結合**）してしまう．すなわち印加電圧を0から上げていくと，電流も0から次第に上昇してついには飽和し，電子-イオン対の全部が電極に集められる．したがって電離箱には十分な電圧（通常数十から数百ボルト）を印加し，**飽和した電流値**を得る必要がある．線量率が高いと電子とイオンの密度が大きいため再結合の確率が増す．そのため必要な印加電圧は高くなる．

γ線による線量を測定する場合，ほとんどの2次電子は，γ線と電離箱の壁との相互作用によって発生する．これは内部の気体に比べて壁の質量がはるかに大きいためである．

2.1.2 空気カーマの測定

電離箱をある時間γ線で照射したとき，Q［C（クーロン）］の電気量が流れたとすると，そのとき電離箱内に生成した電子-イオン対の数Nは，

$$N = \frac{Q}{q} \tag{2-1}$$

で与えられる．ここで q は電子1個の持つ電荷（素電荷）である．

1つの電子-イオン対を生成するのに要する平均エネルギーは**W値**と呼ばれる．気体の種類によってW値は異なるが，電子，2次電子に対して大部分の気体では25 eVから40 eV程度で，Heでは41 eV，Arでは26 eV，空気では34 eVである．

電子-イオン対数 N と，W値［単位はJ（ジュール）］を用いて，空気の吸収線量 D ［Gy］は次式で与えられる．

$$D = \frac{WN}{m} = \frac{WQ}{mq} \tag{2-2}$$

ここで m は電離箱内の気体の質量［kg］である．

内部に空気が充填され，充分な厚さの壁が**空気等価**，すなわち実効的な原子番号が空気とほぼ同じ材質で作られた電離箱（空気等価電離箱）が一様に γ 線に照射されたとき，電離箱内部の空気を通過する2次電子の状態は，あたかも周囲が一様に照射された無限に広がった空気で囲まれているのと同様になる．電離箱の壁の厚さが2次電子の飛程よりも厚く，しかも壁による γ 線の遮蔽が無視できるほど小さい場合，図1.1（1.1節）に示すように吸収線量は最大になり，近似的に空気カーマと等しくなる．このような条件を満足するとき，**2次電子平衡**が成立しているという．数十 keVから2 MeV程度の一般的な γ 線場では，プラスチックのような空気等価物質の壁厚は5 mmから1 cm程度で2次電子平衡が成立する．

2.1.3 電離箱の校正

γ 線による1 cm線量当量を測定するためには，理想的には組織等価物質で作られた直径30 cmの球の表面に，1 cmの厚さの壁で作られた電離箱を置けばよい．しかしこれでは重すぎて不便なので，現実には壁の厚さ，材質を適当に選択して γ 線に対する感度曲線が1 cm線量当量への変換係数に近くなるように設計された電離箱を用いる．それでもあらゆるエネルギー範囲で正しく1 cm線量当量を表示す

2. 気体の検出器

るのは不可能である．そのため場合によってはエネルギーの関数である校正定数をあらかじめ求めておき，表示の値に乗じて補正することが必要である．

測定器を校正するには，独立行政法人産業技術総合研究所に設けられた国家標準である一次標準と関連付けられた放射線場が必要である．この関連付けはトレーサビリティーと呼ばれ，一次標準で校正された測定器や線源などを用いて2次標準を作り，という作業を繰り返して行う．トレーサビリティーを保って照射線量率が値付けされた ^{137}Cs などの標準線源が市販されており，これを用いて校正することができる．

線源から1mの距離における照射線量率 X 〔μC·kg^{-1}·h^{-1}〕が与えられている線源を用いたとき，線源からの距離 r m における1cm線量当量率 H_{1cm} 〔μSv·h^{-1}〕は次式で計算される．

$$H_{1cm} = X \times \frac{1 \times 10^{-6}}{e} \times W \times f \times \frac{1}{r^2} \times 1 \times 10^6 \tag{2-5}$$

ここで e は素電荷〔1.602×10^{-19}C〕，W は電子の空気に対するW値〔$33.97 \times 1.602 \times 10^{-19}$ J〕，f は空気カーマから1cm線量当量率への変換係数であり，γ 線のエネルギーに依存する．例えば ^{137}Cs では1.20，^{60}Co では1.16 である．

この場に電離箱を置いたときの読み値が H'_{1cm} とすれば，**校正定数 R** は次式で定義される．

$$R = \frac{H_{1cm}}{H'_{1cm}} \tag{2-6}$$

線源と電離箱との距離 r は，線源の中心と電離箱の実効中心（市販品では機器に表示されていることが多い）の値としなければならない．測定室の床や壁によって散乱された γ 線も測定器に到達するため，これらの影響を少なくする目的で，床や壁から線源と測定器をできるだけ離す必要がある．

放射線管理の現場では，^{137}Cs など1種類の線源を用いて校正を行い，電子回路の経年変化などに対するずれを補正することがよく行われる．測定器のメーカーではさまざまなエネルギーの γ 線，X線を用いて校正定数 R をエネルギーの関数と

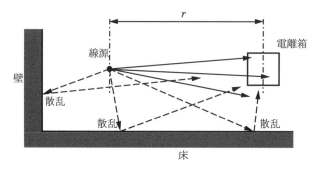

図2.3 電離後の校正.床や壁による散乱線(破線で示す)の影響をできるだけ小さくする必要がある.

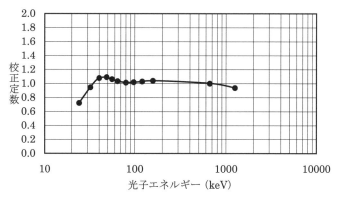

図2.4 1cm線量当量測定用電離箱サーベイメータの1cm線量当量に対する校正定数.662 keV γ線(^{137}Cs)に対して1.0となるよう規格化してある.
(日立アロカメディカル(株)ICS-331のカタログより)

して求めており,購入時にふつう添付されている.これは電離箱の材質や形状などに固有であり,経年変化はしないと考えられる.

1cm線量当量測定用の電離箱サーベイメータの校正定数の例を図2.4に示す.30 keVから2MeVのγ(X)線に対し,±10%以内の精度で1cm線量当量を示すことがわかる.電離箱は後で述べるガイガー・ミュラー計数管やNaIシンチレーション検出器に比べ,校正定数の1からの開きは小さい.このことを**エネルギー特性**(「エ

ネルギー依存性」ともいう）**がよい**という．

2.1.4 使用上の注意点

電離箱では通常 10^{-12} アンペア (A) 程度の極めて微弱な電流を測定する必要があり，電子回路は高精度のものが使われる．そのため湿度には弱く，注意が必要である．また使用にあたって指示値が安定するまでに時間を要するので，使用する10分以上前には電源を入れる必要がある．

持ち運び可能なサーベイメータでは感度が比較的低く，およそ $1\,\mu\mathrm{Sv/h}$ が測定限界である．したがって自然放射線レベル（約 $0.05\,\mu\mathrm{Sv/h}$）の測定はできない．

2.2 比例計数管

2.2.1 ガス増幅

放射線が検出器に1個入るごとに集まる電荷を測定するのをパルスモードで測定するという．**パルス**（単発的な電圧の脈動）の高さは集められる電荷に比例する．ガス入り検出器の電極に印加する電圧を変化させたときのパルスの高さはおよそ**図2.5**のようになる．図には$1\,\mathrm{MeV}$のβ線と$4\,\mathrm{MeV}$のα線がエネルギーを全て計数ガスに与えた仮想的な場合が示してある．電離箱として十分な電圧を印加すると，パルスの高さは飽和し（**電離箱領域**），$4\,\mathrm{MeV}$のα線では$1\,\mathrm{MeV}$のβ線に対し約4倍の高さになる．印加電圧が十分でないと，再結合のために高さは低くなる．

気体中に発生した電子，イオンは，途中でガス分子と衝突しながら正又は負の電極に引き寄せられる．電離箱領域より高い電圧を印加すると，電子は衝突の合間に強く加速され，次の衝突の際にガス分子を電離して新たに電子-イオン対を生成する．この現象は電子の移動の方向になだれのように拡大していくので，**電子なだれ**といわれる．このように電子-イオン対数が増幅され，パルスの高さが大きくなることを**ガス増幅**と呼ぶ．イオンは衝突の密度が大きいため加速されにくく，イオンによるガス増幅を起こさせることは困難である．

比例領域では，パルスの高さは最初に発生した電子-イオン対数に比例する．こ

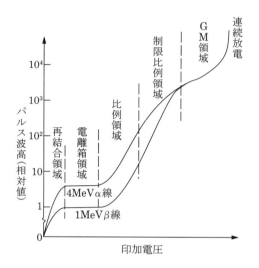

図2.5 ガス入検出器のパルス波高値と印加電圧の例.
電圧によって動作領域が分かれる.

の領域で使用するのが本節で述べる**比例計数管**である.

比例計数管ではガス増幅を利用することによって十分な電荷が集まるため,個々の荷電粒子によるパルスを計数することができる.比例計数管では安定したガス増幅が得られるように特殊な計数ガスが使われることが多い.1気圧で使用するときはアルゴン90%にメタン10%を加えた**PRガス**(又はP−10ガス)がよく使われる.

2.2.2 検出器の構成

2πガスフロー型比例計数管の概略を図2.6に示す.上から下がっているリングが正電極である.この型では測定試料を試料皿に入れ,計数管内に直接挿入するようになっている.そのため飛程の短いα線放出核種や,極低エネルギーのβ線放出核種である ^{3}H の放射能測定が可能である.2πとは計数管が半球形をしており,放出された荷電粒子数の半分(2πの立体角内に放出される数)が計数されることを意味している.試料を挿入するときに混入してしまう空気を追い出すために,計数管内に常時PRガスを流す**ガスフロー型**になっている.

2. 気体の検出器

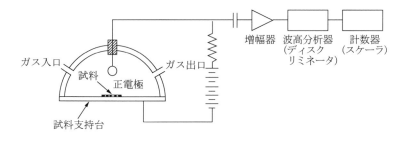

図2.6　ガスフロー型比例計数管の構造

図 2.6 の右に示すように，パルスは**増幅器（アンプ）**を通った後，**波高分析器（ディスクリミネータ）**に入る．波高分析器とは，ある決められた高さ（**ディスクリミネーション・レベル**）を超えるパルスが入ったとき信号を出す回路で，ここでは雑音と放射線によるパルスとを区別するために使われている．波高分析器の出力は**計数器（スケーラ）**によって計数される．

2.2.3　プラトー

電極に印加する電圧 (V) が低いとガス増幅が小さく，放射線によるパルスが発生しても波高分析器のディスクリミネーション・レベルを超えることができず，計数されない．図 2.7 に示すように，Vを上げていくと計数が始まり（**開始電圧**，数管内に入ってくる荷電粒子数にほぼ等しい．さらに電圧を上げると連続放電が始まってしまい，計数率は放射線の放出とは無関係に増加し検出器として働かな

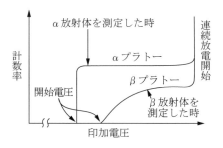

図2.7　ガスフロー型比例計数管の印加電圧対計数率曲線

くなる.

　測定試料が α 放出核種の場合，計数率は開始電圧から速やかに上昇しプラトーに達する．一方 β 線ではエネルギーが分布しており，パルスの高さもエネルギーに比例した分布を示すために開始電圧からの立ち上がりは緩やかで，プラトーの長さは短い.

　α 線の飛程は数cmと短いため，そのエネルギーはほとんどすべて計数ガスに与えられ，電子-イオン対に変換される．しかしガス中での β 線の飛程は一般に長い（最大 10m 程度）ので，すぐに壁にぶつかってしまいエネルギーの一部しか電子-イオン対に変換されない．したがって β 線の方が同じVではパルスの高さは低く，計数開始電圧は高い．また同じ理由から，β 線のエネルギー測定は比例計数管ではふつうできない．

　α 線，β 線を混合して放出するRa-DEF線源（^{210}Pb, ^{210}Bi, ^{210}Poが放射平衡に達した線源．α 線1個につき2個の β 線が放出される）を 2π ガスフロー型比例計数管で測定したときの印加電圧と計数率の関係を図2.8に示す．α 線による計数がまず始まり，次に β 線による計数が始まり，ゆっくり立ち上がる．β プラトーでは α 線と β 線の両方が計数され，この場合 β プラトーの高さは α プラトーの3倍を少し超える値になる．少し超えるのは，試料を載せる台によって β 線が後方散乱されることによる．このように比例計数管では α 線，β 線を分離して測定す

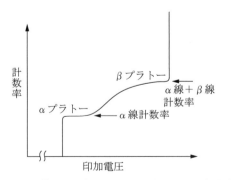

図2.8　Ra-DEF線源を測定したときの印加電圧対計数率曲線

ることができる.ガイガー・ミュラー計数管では不可能である.2πガスフロー型比例計数管の検出効率はα線に対しては約 0.5,β線に対しては後方散乱のために 0.5 より大きい.

2.2.4 ガスフロー型サーベイメータ

ガスフロー型計数管では計数気体の圧力が 1 気圧なので,非常に薄い膜で検出器の窓を作ることができる.このような計数管と電子回路,ガスボンベが一体となった装置がガスフロー型サーベイメータとして販売されている.低エネルギーβ線放出核種の^{3}Hや^{63}Niによる表面汚染は,このようなサーベイメータを用いて測定することができる.

2.3 ガイガー・ミュラー(GM)計数管

2.3.1 構造と原理

比例計数管より印加電圧をさらに上げると,α線に対するガス増幅の上昇はβ線に対して低下し始め,パルスの高さは最初に発生した電子-イオン対数に比例しなくなる(図2.5,制限比例領域).

さらに印加電圧を上げると,しまいにはパルスの高さは最初に発生した電子-イオン対数とは全く無関係に一様になってしまう.この領域を**ガイガー・ミュラー(GM)領域**と呼ぶ.

図2.9に示すように,中心に細い芯線を張った筒に計数ガスを0.1気圧程度充

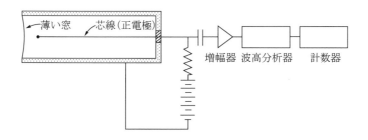

図2.9 端窓型GM計数管の構造

填したものや，ガスフロー型の装置（図 2.6）に計数ガスを 1 気圧で流したものは**ガイガー・ミュラー計数管（GM計数管）**と呼ばれる．計数ガスにはアルゴンなどの不活性ガスを主体に，ガス増幅作用を適度に押さえる**クエンチングガス**（内部消滅ガス）として，有機ガスやハロゲンガスを小量混入したものが多い．ガスフロー型によく用いられる**Qガス**は，ヘリウムと小量のイソブタンの混合ガスである．端窓型 GM 計数管によって検出される荷電粒子は，PET 樹脂や雲母で作られた厚さ 1.5 から 5 mg/cm^2 の薄い窓を通して入ってくる β 線や，γ 線と管壁との相互作用によってガス中にたたきだされた電子である．ガスフロー型では，検出器内部に入れられた試料から放出された α 線や β 線である．

GM 計数管では 2.2.1 節で述べたガス増幅は極めて大きく，電子なだれは芯線の表面全体を覆うまでに発達する．そのとき電子に比べて移動速度が遅い**陽イオンによって芯線全体がさやのように覆われる**ため，電場の強度が下がり，有機ガスやハロゲンガスのクエンチング作用とあいまって増幅は止まる．

クエンチングガスは分解されることによって作用する．このため有機ガスを用いた計数管には寿命がある．印加電圧が高すぎたり，連続放電させると大量にガスが分解されるため，寿命を極端に短くする．ハロゲンガスではクエンチング作用の後再結合するので寿命は長い．

GM 計数管では初めに入射した荷電粒子のエネルギーに無関係に大きな信号が得られるため，電子回路は比較的簡単なものですむ利点があるが，単独では放射線のエネルギーの測定はできない．

2.3.2 プラトー

図 2.10 に示すように，芯線に印加する電圧（V）が低いとガイガー・ミュラー領域（図 2.5）に達しないため，パルスの高さはディスクリミネーションレベルより低く，全く計数されない．**開始電圧**（通常千ボルト程度）を越えると急激に計数率が立ち上がり，数百ボルトの幅がある**プラトー**になる．β 線に対しても立ち上がりが急なのは，GM 計数管では最初に発生した電子-イオン対数とは無関係に一様な大きなパルスが発生するためである．電圧をさらに上げると連続放電が始

2. 気体の検出器

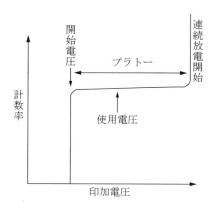

図2.10　GM計数管の印加電圧対計数率曲線

まり急激に計数率が高くなる．プラトーは傾斜が小さく，長いほど計数管としての性能はよい．長時間使用すると劣化し，傾きが大きくなることがある．プラトーの高さは計数ガス内に入射する全荷電粒子数に等しい．

印加電圧が高いとクエンチングガスの消費が大きく，寿命を短くする．一方電圧が低すぎると安定に作動しない．したがって開始電圧からプラトーの長さの1/3程度高い値で使用することが多い（**使用電圧**）．

2.3.3　分解時間

GM計数管では最初に入射した荷電粒子によって電子なだれが起こると，芯線の周りを覆ったイオンのさやによって芯線周囲の電場の強度が下げられてしまうため，イオンが負電極（管壁）に運ばれて行くまで次の放射線が入射しても波高分析器を通過できる高さのパルスは発生しない．この時間を**不感時間**とよぶ．非常に短い時間間隔でパルスが発生しても，計数回路で識別不能となる不感時間もあるが，GM計数管では前者に比べておよそ百分の1以下で無視できる．装置全体では**分解時間**（これも不感時間と呼ぶこともある）と呼ばれ，1×10^{-4}秒 (100 μ秒)程度である．

ある1秒間に検出器（分解時間 τ 秒）に入射した放射線の数を n_0 とする．その

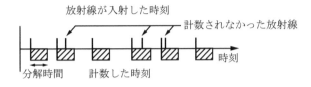

図2.11 分解時間による数え落とし

時の計数 (n) によって，図 2.11 に斜線で示した時間 ($n\tau$) だけこの検出器は死んでおり，生きていた時間 ($1-n\tau$) に入ってきた放射線だけが数えられる．すなわち，

$$n = n_0 (1-n\tau) \qquad (2-3)$$

(2-3) 式より，求める入射放射線数として，

$$n_0 = n / (1-n\tau) \qquad (2-4)$$

が得られる．分解時間のために計数されないことを「**数え落とし**」という．

分解時間 (τ) が 1×10^{-4} 秒とすると，100 cps (カウント毎秒) では約 1%，1000 cps では 10% の補正が必要になる．正しく計数できる限界は，補正を行っても数百 cps である．

GM計数管がおかれた放射線場の強度を強くしていくと，初め計数率は強度に比例して高くなるが，ある程度で分解時間のために比例しなくなる．さらに強度を上げると，イオンのさやが取り除かれる暇が無くなり，逆に計数率は下がっていってしまう．これを**窒息現象**といい，放射線管理上危険な性質である．

2.3.4 使用上の注意点

GM計数管は汚染検査用のサーベイメータによく使われる．ガスフロー型でない，密閉式の端窓 (ハシマド) 型とよばれる図 2.9 に示した型が一般的である．エネルギーの低い ^{3}H の β 線は窓を通過できないため検出されない．同様にエネルギーの低い ^{63}Ni や ^{14}C に対しても感度は低いが，多くの β 線放出核種に対しては高い感度を有する．

GM計数管式サーベイメータでは，検出器の窓に取り付けるアルミニウムな

どで作られたキャップが付属しているものが多い．汚染の検査など β 線を測定するときは，キャップをはずして直接 β 線が入射するようにして用いる．一方空間線量率など γ 線を測定するときは，線源からの β 線が直接入射するのを防ぐために取り付ける必要がある． γ 線によるサーベイメータの校正はキャップをつけて行われている．

　サーベイメータを汚染検査に用いる際に，GM計数管の窓を直射日光にあてると誤った計数をすることがある．GM計数管は本来光にも感度があり，黒色の窓を使うことによって感度をなくしているのであるが，強い光を防ぎきれないためである．また殺菌灯の紫外線にも反応するため，クリーンベンチ（生物実験などに用いる清浄作業台）などの汚染検査では注意が必要である．

　γ 線に対する**エネルギー特性**は電離箱に比べて悪い．^{60}Coや^{137}Csの γ 線に対して正しい線量当量（又は照射線量）を示すように調整された器械では，数十 keV で感度が高くなり，逆に約 30 keV 以下で極端に下がる．

2.3.5　β 線源の放射能測定

　図 2.12 のようにGM計数管を用いて線源から放出される β 線を計数し，線源の放射能 S [Bq] を測定することができる．このときの計数率を n [cps]，線源核子1崩壊あたり放出される β 線の数を ε ，計数管の線源に対する**幾何学的効率**を G，分解時間の補正係数を f_τ，空気と窓による吸収を補正する係数を f_a，試料皿による**後方散乱係数**を f_b，線源自身による**自己吸収係数**を f_s とすると，

$$n = S \varepsilon G f_\tau f_a f_b f_s \qquad (2-5)$$

が成り立つ．線源の窓を臨む立体角から，G は次式で与えられる．

$$G = \frac{1}{2}\left\{1 - \frac{h}{\sqrt{h^2 + (d/2)^2}}\right\} \qquad (2-6)$$

また

$$f_\tau = 1 - n\tau \qquad (2-7)$$

計数管とは異なった方向に放出された β 線が支持台による後方散乱のために計数

放射線の測定技術

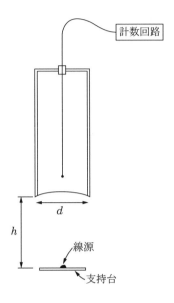

図2.12 GM計数管による放射線測定

管へ向い,計数が増加する割合が f_b である.支持台の厚さが増すほど f_b は大きくなるが,β線の最大飛程の20%程度で飽和する.飽和 f_b の値は支持台の物質の原子番号が高いほど,また一般にβ線のエネルギーが高いほど大きくなり,最大1.8程度にもなる.自己吸収係数 f_s は線源が薄い場合はほとんど無視できて1に近く,厚くなるに従い小さくなる.

2. 気体の検出器

〔演 習 問 題〕

問 1 電離箱式サーベイメータに関する次の記述のうち，正しいものの組合せはどれか．
A 充填気体としてヘリウムが用いられている．
B ガス増幅作用を利用している．
C 電離電流を測定している．
D 線量当量率の測定においては，GM 管式サーベイメータよりエネルギー特性がよい．

1 ABCのみ　　2 ABのみ　　3 ADのみ　　4 CDのみ
5 BCDのみ

〔答〕 4

A 誤 内部に空気が充填され，充分な厚さの壁が空気等価，すなわち実効的な原子番号が空気とほぼ同じ材質で作られている．

B 誤 ガス増幅作用は比例計数管で利用される．

C 正 荷電粒子が電離箱の気体中を走ると，気体分子を電離し，電子とイオンの対を多数生成する．負の電荷を持つ電子は正の電極に引き寄せられ，正の電荷を持つイオンは負の電極に引き寄せられる．その結果回路に電流が流れ，放射線が検出される．

D 正 電離箱はガイガーミュラー計数管やNaI シンチレーション検出器に比べ，校正定数の1 からの開きは小さく，エネルギー特性が良い．空間線量の測定は，持ち運びの容易なサーベイメータでは，電離箱式，GM 管式，NaI シンチレーション式が一般的である．

エネルギー特性：
（良）電離箱式 ＞ GM 管式 ＞ NaI シンチレーション式（不良）
感度：（高）NaI シンチレーション式 ＞ GM 管式 ＞ 電離箱式（低）

問 2 比例計数管に関する次の記述のうち，正しいものの組合せはどれか．

A　ハロゲンガスが用いられる．
B　ガス増幅は，主にイオンとガス分子との衝突により引き起こされる．
C　得られるパルスの波高は，パルス電離箱よりも大きい．
D　中性子計測にBF₃比例計数管が用いられる．

　　1　AとB　　2　AとC　　3　BとC　　4　BとD　　5　CとD

〔答〕　5

A　誤　フッ素，塩素などのハロゲンガスは，電子を吸着しやすいため，計数ガスの主成分としては適さない．GM計数管のクエンチのために少量混ぜられることがある．

B　誤　電子とガス分子との衝突によって引き起こされる．

C　正　ガス増幅のために波高は大きくなる．

D　正　$^{10}B(n, \alpha)^{7}Li$ 反応を利用して熱中性子を検出する．

問3　GM管式サーベイメータに関する次の記述のうち，正しいものの組合せはどれか．

A　空間線量率などγ線を測定するときは検出器の窓にアルミニウムキャップを付けて測定する．

B　γ線に対するエネルギー特性は電離箱に比較して悪い．

C　分解時間は1ms以上である．

D　汚染検査などでβ線を測定するときは，アルミニウムキャップをはずして用いる．

　　1　AとB　　2　AとC　　3　AとD　　4　BとC　　5　BとD

〔答〕　3

A, D　正

B　誤　NaI(Tl)型より小さいが，電離箱に比較すると大きい．

C　誤　普通100μsから数100μsである．

問4　GM計数管式サーベイメータに関する次の記述のうち，正しいものの組み合わせはどれか．

A　γ線エネルギーによって感度が異なる．

B　毎秒1000カウント程度では，数え落としの影響はない．

2. 気体の検出器

C γ線を測定する場合，入射窓のキャップを取り外す必要はない．
D ³Hのβ線を測定することはできない．
1 ABCのみ　　2 ABDのみ　　3 ACDのみ　　4 BCDのみ
5 ABCDすべて

〔答〕 3

A, C, D 正

B 誤 分解時間は通常10^{-4}秒以上あるので，10%以上数え落としをする．

問5 GM計数管の使用電圧の設定に関する次の記述のうち，最も適切なものはどれか．
1 プラトー領域に入る手前の，電圧変動に対して計数率が急激に変化する立ち上がりの領域に設定する．
2 電離ガスの消耗を防ぐために，プラトー領域の中の最も低電圧側に設定する．
3 印加電圧の変動が計数率に与える影響を少なくするために，プラトー領域の中間あたりかそれより少し低めに設定する．
4 計数効率を上げるために，プラトー領域の中の最も高電圧側に設定する．
5 プラトー領域を超えたところの放電の起こりやすい電圧に設定する．

〔答〕 3

　3の他は計数率が印可電圧の変動の影響を受けやすいので誤りである．4はプラトー領域では計数効率にほとんど変化がないこと，高電圧側で使用するとクエンチングガスの消耗が大きいので誤りである．

問6 GM管式サーベイメータで計数率を測定したところ，12000 cpm であった．このサーベイメータの分解時間を $200\mu s$ とすると，数え落としの値(cpm)として最も近いものは，次のうちどれか．
1 250　　　2 500　　　3 750　　　4 1000　　　5 1250

〔答〕 2

　不感時間：GM計数管では最初に入射した荷電粒子によって電子なだれが起こると，芯線の周りを覆ったイオンのさやによって芯線周囲の電場の強度が下げられてしまうため，イオンが負電極（管壁）に運ばれて行くま

で次の放射線が入射しても波高分析器を通過できる高さのパルスは発生しない．

ある1秒間に検出器に入射した放射線の数を n_0，計数率を $n=12000\,\mathrm{cpm}=200\,\mathrm{cps}$，分解時間を $\tau=200\,\mu\mathrm{s}=200\times10^{-6}\,\mathrm{s}$ として，

$$n_0 = \frac{200}{1-200\times200\times10^{-6}} \fallingdotseq 208\,[\mathrm{cps}] = 12480\,[\mathrm{cpm}]$$

これより数え落としは $12480-12000=480\fallingdotseq500$

問7 GM計数管による数え落しについての次の記述のうち，正しいものの組合せはどれか．ただし，n を実際の計数率(cpm)，n_0 を真の計数率(cpm)，τ を分解時間(s)とする．

A n_0 に対する数え落としの割合は，$(n\tau/60)\times100\%$ である．

B n が1000 cpm以下の場合は，数え落としは生じない．

C GM計数管への入射放射線のうち，計数されない数は1秒間当たり $n\tau/60$ である．

D n が充分小さく，従って $n\tau$ が1に比べて充分小さい場合は，数え落としは1分間当たり $n^2\tau/60$ で近似してもよい．

1 AとB　　2 AとC　　3 AとD　　4 BとC　　5 CとD

〔答〕 3

A 正

B 誤　τ はおよそ 10^{-4} 秒であり，1000 cpmのときの数え落としの割合は約0.16%である．

C 誤　$(n_0/60)\times(n/60)\times\tau$ である．

D 正　$n_0\fallingdotseq n$ であるため，1分間あたりの数え落としは $(n_0/60)\times(n/60)\times\tau\times60$ $\fallingdotseq n^2\tau/60$ と近似できる．

問8 次のI～IVの文章の（　）の部分に入る最も適切な語句又は数値を，それぞれの解答群から1つだけ選べ．

I GM管式サーベイメータは，電離箱式サーベイメータとは異なり，放射線による空気の（　A　）量が測定されるわけではないので，直接（　B　）を測定することは

2. 気体の検出器

できない．そこで，例えば線量校正用^{137}Cs線源を用いてあらかじめ（ B ）と計数率との関係を求めておくことにより，（ B ）の測定を可能としている．しかし，この関係はγ線の（ C ）により変わるので，^{137}Cs以外のγ線に対しては補正が必要となる．

<Ⅰの解答群>

1	電離	2	発熱	3	発光	4	放射化
5	W値	6	原子番号	7	エネルギー	8	放射能
9	飛程	10	時定数	11	線量率	12	ビルドアップ係数
13	強度	14	放出割合	15	フルエンス		

Ⅱ　Ⅰで校正されたGM管式サーベイメータを用いて，半価層の2倍の厚さの鉛で遮蔽されている^{137}Cs密封線源を測定した．その結果，線源から3mの距離で正味の1cm線量当量率10μSv・h^{-1}を得た．この線源の放射能はおよそ（ A ）GBqと推定される．ただし，^{137}Csの1cm線量当量率定数を0.093μSv・m^2・MBq^{-1}・h^{-1}とし，ビルドアップ及び空気による吸収・散乱は考えないものとする．

　また，このサーベイメータに入射したγ線のうち0.8%が計数されるとすると，この状態で，正味の計数率はおよそ（ B ）cpsとなる．ただし，γ線のGM計数管への入射面積を5cm^2，^{137}Csの一壊変当たりのγ線放出割合を85%とする．

<Ⅱの解答群>

1	0.13	2	0.52	3	1.7	4	3.9	5	5.6
6	11	7	29	8	41	9	79	10	120
11	260	12	510	13	710	14	1000	15	2100

Ⅲ　GM計数管は一度（ A ）すると，中心電極を包むように（ B ）の鞘が残され，中心付近の（ C ）が弱くなり，次に入射した放射線による（ A ）が起こらない時間が存在する．（ B ）が中心電極から十分遠ざかり，中心付近の（ C ）が回復して，次の計数が可能になるまでの時間を分解時間という．

<Ⅲの解答群>

1	発光	2	励起	3	クエンチング	4	緩和
5	再結合	6	放電	7	陽イオン	8	紫外線
9	消滅ガス	10	陰イオン	11	2次電子	12	正孔

13　電場　　　14　電気抵抗　　15　磁場

Ⅳ　こうした分解時間が存在するため，計数率が高い場合には，計数の数え落としが問題となる．前述Ⅱの設問において，サーベイメータを60 cmの距離まで近づけると，サーベイメータの真の計数率はおよそ（　A　）cpsとなるはずである．一方，このサーベイメータの分解時間が200 μsのときには，計数の数え落としにより計数率の指示値はおよそ（　B　）cpsとなり，1 cm線量当量率の指示値はおよそ（　C　）μSv・h^{-1}となることが予測される．ただし，Ⅱの設問と同じく，γ線のGM計数管への入射面積を5 cm^{2}とし，入射したγ線のうち0.8%が計数されるとする．

＜Ⅳの解答群＞

1	25	2	53	3	88	4	120
5	150	6	180	7	220	8	290
9	360	10	450	11	550	12	640
13	730	14	850	15	960		

〔答〕

Ⅰ　A──1（電離）　　B──11（線量率）　　C──7（エネルギー）

Ⅱ　A──4（3.9）　　B──7（29）

A：Fを線量透過率とおけば $F=\left(\dfrac{1}{2}\right)^2=\dfrac{1}{4}$，放射能を s（MBq）とおくと，$10=0.093\times\dfrac{s}{3^2}\times\dfrac{1}{4}$ が成立する．したがって $s=3.87\times10^3$ MBq＝3.87 GBqとなる．

B：鉛遮蔽によるビルドアップは考えないので，鉛からの散乱線は無視することになる．正味の計数率は，

$$\dfrac{3.9\times10^9\times0.85\times5\times0.008}{4\pi\times300^2}\times\dfrac{1}{4}=29.3\text{（cps）}$$

Ⅲ　A──6（放電）　　B──7（陽イオン）　　C──13（電場）

Ⅳ　A──13（730）　　B──12（640）　　C──7（220）

A：60 cmでの数え落としのない真の計数率は，$29\times\dfrac{300^2}{60^2}=725$（cps）となる．

B：分解時間を τ，真の計数率を n_0，実際の計数率を n とおくと，$n=n_0(1-n\tau)$

2. 気体の検出器

である．したがって $n=\dfrac{n_0}{1+n_0\tau}$，すなわち $n=\dfrac{730}{1+730\times200\times10^{-6}}=637$（cps）

となる．

C：指示値は $10\times\dfrac{300^2}{60^2}\times\dfrac{640}{730}=219$（$\mu$ Sv/h）となる．

問9　気体の電離を利用した放射線検出器に関する次のⅠ～Ⅲの文章の　　　　の部分に入る，最も適切な語句，記号，数値又は数式を，それぞれ解答群から1つだけ選べ．なお，解答群の選択肢は必要に応じて2回以上使ってもよい．

Ⅰ　電離放射線が気体中を通過すると，気体分子が電離されて，多数の電子－イオン対を生じる．また，この空間に電場があると，電子と陽イオンがそれぞれ電極へ向かって移動し，回路に電流が流れる．印加電圧を上げると次第に，電子と陽イオンが　A　をする割合の低下により電流は増大するが，ある電圧以上では飽和して電流がほぼ一定となる領域が現れる．この領域で作動する放射線検出器を　B　という．個々の放射線により生じる電流は微少であるが，多数の放射線による電流を測定することで，空間の放射線場の強度を知ることができる．

　電極間の電位差がある値以上になると，電極に向けて加速された電子が気体分子に衝突した際に，これを電離するようになる．電離で生じた二次電子もまた加速されるため，電子数は指数関数的に増大し（電子なだれ），入射イベント毎に大きなパルス信号が生成される．このパルスの高さは，入射した放射線により最初に生成された電子－イオン対の数に比例する．この領域で作動する放射線検出器を　C　という．パルス波高分析により，低エネルギーX線等のスペクトルが得られる．

　これよりも更に高い電圧では，更に大きな信号が得られるが，パルスの高さと最初に生成した電子－イオン対の数との比例関係が崩れ始め，やがて無関係となる．この領域で作動する放射線検出器を　D　という．この検出器では，電子なだれに付随して発生する　E　が引き金となって，検出器内の他の部分に新たな電子なだれが引き起こされる．この電子なだれの連鎖を制御し，短時間で放電を収束させるために，一般的に，アルコール等の有機分子や塩素等のハロゲンを成分とする　F　が添加されている．この検出器はサーベイメータなどとして，広く用いられている．

放射線の測定技術

<A～Dの解答群>

1 再結合　　　2 反発　　　3 ブラウン運動　　　4 分離
5 GM計数管　　6 OSL線量計　　7 霧箱　　　8 光電子増倍管
9 スパークチェンバー　　　10 マルチチャネル波高分析器（MCA）
11 電離箱　　　12 比例計数管

<E，Fの解答群>

1 空孔　　　　　　　　2 紫外線　　　　　　　3 チェレンコフ光
4 ドブロイ波　　　　　5 フリーラジカル　　　6 陽電子
7 クエンチングガス　　8 減速材　　　　　　　9 スカベンジャー
10 ドーパント

Ⅱ　$\boxed{D}$　の使用には，印加電圧の適切な選択が必要である．印加電圧を徐々に上げてゆき，1,000 V程度にある開始電圧を超えると，計数率が急激に増大する．その後，数百ボルト程度の幅がある　$\boxed{G}$　領域があり，この領域内では計数率の電圧依存性が小さい．ここから更に電圧を上げると，連続放電が発生して使用に適さなくなる．この検出器は　$\boxed{G}$　領域で用いるが，領域内でも，印加電圧が比較的高いとアルコール等の　$\boxed{F}$　の消費が激しく，検出器の製品寿命が縮まる．一方で，電圧が低すぎると動作が安定しない．このため，$\boxed{G}$　領域のうち，低い方から概ね1/3程度の電圧での使用が適切である．

次の注意点は，他の放射線検出器に比べても長い　$\boxed{H}$　の存在である．電子なだれが発生すると，移動速度の遅い陽イオンが芯線を包み込む鞘（さや）のような形で取り残され，これが解消されるまで芯線付近の電場強度が低下する．このため，パルスを発生してから0.1 ms程度の間，検出器は感度を失う．

ここで，ある1秒間に検出器に入射した放射線の数をn_0とし，このときの計数率をn ($n_0 \geq n$) cpsとする．装置の　$\boxed{H}$　がτ秒ならば，検出器が感度を失っていた時間は1秒のうち　$\boxed{ア}$　秒であるから，n_0とnの関係は，$n_0=$　$\boxed{イ}$　である．なお，感度が回復した後に入射した放射線は，確実に検出されるものとしている．

ただし，この補正式で妥当なn_0を推定できるのは，検出器が感度を失っていた時間が全体の20～30%となる程度の計数率までである．また，これよりも更に強い放射線場においては，逆に計数率が低下することがある．これを　$\boxed{I}$　現象といい，放

2. 気体の検出器

射線管理上，注意が必要である．このため，線源から十分に離れた位置から測定を始め，計数率を確認しながら，少しずつ検出器を線源に近づけるようにする．

<G～Iの解答群>

1 アンダーシュート	2 インピーダンス	3 ウィンドウ幅
4 ガス増幅	5 逆バイアス	6 空乏
7 弾道欠損	8 窒息	9 プラトー
10 分解時間	11 ベースライン	12 臨界
13 RC回路時定数		

<ア，イの解答群>

1 $n\tau$ 2 $\dfrac{n}{\tau}$ 3 $1-n\tau$ 4 $1+n$ 5 $\dfrac{1}{n\tau}$

6 $\dfrac{1}{1-n\tau}$ 7 $\dfrac{1}{1+n\tau}$ 8 $\dfrac{n}{1-n\tau}$ 9 $\dfrac{n}{1+n\tau}$ 10 $\dfrac{n\tau}{1+n\tau}$

III   D   を用いた検出器の入射窓を，点状の純 β 線源に向けて一定の距離に設置し，線源の放射能 S [Bq] を求めたい．ここで，立体角で決まる幾何学的効率を G，   H   の補正係数を f_τ，空気と計数管の窓による吸収を補正する係数を f_a，後方散乱係数を f_b，線源自身による自己吸収係数を f_s とすると，計数率 n [cps] は近似的に，

$$n = SGf_\tau f_a f_b f_s$$

と表される．なお，検出器とは異なる方向に放出された β 線が後方散乱して検出器に入射する影響は，散乱体の原子番号が高いほど   J ，また β 線のエネルギーが高いほど   K   なる．

線源を計測したところ，計数率 n は 650 cps であった．このとき，$\tau = 1.0 \times 10^{-4}$ 秒とすると，数え落としの割合は 6.5 % であり，数え落としを補正した計数率 n_0 は 700 cps である（表1）．また，この計測において $Gf_af_bf_s = 0.017$ とすると，線源の放射能 S は   ウ   kBq と推定される．

次に，線源と検出器の間に，薄いアルミ板を挿入すると，計数率は 480 cps となった．このとき，数え落としの割合は   エ   %であり，数え落としを補正した計数率は   オ   cps である．また，このアルミ板を取り出してから，このアルミ板の 3.7 倍の厚さがある別のアルミ板を挿入した場合には，数え落としを補正した計数率 n_0 の期待値は   カ   cps である．

表1

アルミ板の厚さ（任意単位）	0（なし）	1.0	3.7
計数率 [cps]	650	480	
数え落としの割合 [%]	6.5	エ	
数え落としを補正した計数率 [cps]	700	オ	カ
S の推定値 [kBq]	ウ		

なお，この β 線が遮蔽体を透過する際に，その強度はアルミ板の厚さに対して指数関数的に減少するものとする．つまり，横軸（線形）にアルミ板の厚さを，縦軸（対数）に n_0 をとり片対数プロットをすると，両者の関係は L となる．また，バックグラウンドの計数率は十分に低く，無視できるものとする．

なお，必要に応じて，下記に印刷された片対数グラフを利用せよ．

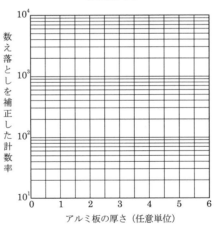

片対数グラフ

<J～Lの解答群>

1　大きく　　　　2　小さく　　　　3　上に凸の曲線　　　　4　直線

5　下に凸の曲線

2. 気体の検出器

<ウ，エの解答群>

| 1 | 0.48 | 2 | 4.1 | 3 | 4.8 | 4 | 5.0 | 5 | 6.5 |
| 6 | 7.0 | 7 | 12 | 8 | 41 | 9 | 120 | 10 | 500 |

<オ，カの解答群>

1	100	2	150	3	200	4	250	5	300
6	350	7	400	8	450	9	500	10	550
11	600	12	650	13	700	14	750	15	800

〔答〕

I A——1（再結合）   B——11（電離箱）
   C——12（比例計数管）   D——5（GM 計数管）
   E——2（紫外線）   F——7（クエンチングガス）

[A], [B]

 電離箱の電極に印加する電圧が低いと内部の電場が弱いため，放射線によって生成した電子－イオン対は電極に集められる前に互いの負と正の電荷によって引き寄せられて再結合してしまい，電流にならない．印加電圧を十分に高くして再結合が無視できるほど少なくなり，電流が飽和した状態を電離箱領域とよび，電離箱はこの領域で使用する．

[C]

 この領域を比例領域とよび，比例計数管として利用されている．

[D], [E]

 GM 計数管では電子なだれは芯線全体を覆うまで広がる．それには電子なだれ生成の際に，電離・励起されたイオンが基底状態のイオンに戻るときに放出される紫外線が，離れた場所のガス分子に吸収され，そこでさらに電離を生じることによって電子なだれが拡大する現象が寄与している．

[F]

 電子なだれによって生成された多数のイオンは陰極に移動し，そこで電子を受け取って中性化される．そのときガス分子の電離エネルギー（イオン化ポテンシャル）から，電子を陰極から引き離すのに必要なエネルギー（仕事関数）を引いたエネルギーが放出されるが，このエネルギーが仕事関数よりも大きいと陰極

から余分な電子が放出されてしまうことがある．これによってさらに電子なだれが発生し，放電が止まらなくなる．これを防ぐために，イオン化ポテンシャルの低いエチルアルコールやハロゲンガスなどをクエンチングガスとして5～10%程度混入させる．電子なだれによって生じたイオンはクエンチングガスと衝突することにより，電子をクエンチングガスから受け取り中性化し，クエンチングガスがイオンとなって陰極に到達する．クエンチングガスのイオン化ポテンシャルは小さいため，陰極における中性化の際に余分な電子を放出させず，放電は止まる．

Ⅱ　　G——9（プラトー）　　H——10（分解時間）　　I——8（窒息）
　　　ア——1（$n\tau$）　　　　　イ——8（$\dfrac{n}{1-n\tau}$）

[G]

　GM計数管ではパルスの高さは最初に生成された電子－イオン対数と無関係に一定となるため，印加電圧がGM領域に達すると，いきなりすべての放射線が検出され始める．これによって計数率は急激に上昇しプラトー領域に入る．

[H]

　比例計数管やシンチレーション検出器では，測定器が次の放射線を検出可能になるまでに必要な時間（分解時間）は通常 $1\mu s$（10^{-6}秒）以下であるが，GM計数管ではイオンのさやを生じるため，約 $100\mu s$ 以上の分解時間を有する．なお印加電圧が低いと分解時間は長くなる傾向がある．

[ア]，[イ]

　1回放射線を検出するごとに検出器は τ 秒間感度を失うのであるから，n 回の検出によって $n\tau$ 秒間感度を失う．1秒間のうち感度がある時間は（$1-n\tau$）秒

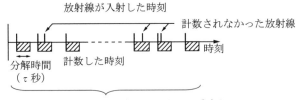

放射線を1秒間に n 回計数したとすると感度を失っていた時間（斜線部分）は $n\times\tau$ 秒であり、感度がある時間は $1-n\tau$ 秒である。

であり，その間に入ってきた放射線が検出されるのであるから，$n=n_0(1-n\tau)$ となる．すなわち $n_0=n/(1-n\tau)$ である．

[I]

　放射線の強度が極めて高く，GM 放電によって生じたイオンのさやが取り除かれる前に次々と放射線が入って電子－イオン対を生成すると，イオンのさやが消滅することがなくなり，GM 計数管はパルスを出さなくなる．この現象を窒息という．

Ⅲ　　J――1（大きく）　　　K――1（大きく）　　　L――4（直線）
　　　ウ――8（41）　　　　エ――3（4.8）　　　　オ――9（500）
　　　カ――3（200）

[J], [K]

　計数管とは異なった方向に放出された β 線が線源の支持台によって後方散乱され，検出器の方向に出てくることによる検出効率の増加が f_b であり，$f_b>1$ である．後方散乱は主に原子核の強い電場によって生じるため，原子番号の大きな物質ほど f_b は大きくなる．また β 線のエネルギーが高いほど飛程が長くなり，多数の原子と衝突するため，やはり f_b は大きくなる．

[ウ]

　線源核種は 1 壊変当たり 1 個の β 線を放出すると仮定すると，放射能 S は次式で求められる．

$$S = \frac{n}{Gf_\tau f_a f_b f_s} = \frac{n}{f_\tau} \times \frac{1}{Gf_a f_b f_s} = 700 \times \frac{1}{0.017} = 4.11 \times 10^4 \, \text{Bq}$$

$$= 41.1 \, \text{kBq}$$

[エ]

　数え落としの割合は，Ⅱアの設問より，

$$n\tau = 480 \times 1.0 \times 10^{-4} = 4.8 \times 10^{-2} = 4.8\%$$

[オ]

$$n_0 = \frac{n}{1-n\tau} = \frac{480}{1-4.8\times 10^{-2}} = \frac{480}{0.952} = 504 \, \text{cps}$$

[カ]

　片対数グラフにプロットし，アルミニウムの厚さ 0 と 1.0 から 3.7 のときの値

を外挿して求める．片対数グラフでは，桁の間は図のように等間隔ではないことに注意してプロットする．設問Lの解説の通り減衰は直線になるので，$(x, y) = (0, 700)$，$(1, 500)$の2点を通る直線を引き，$x = 3.7$の位置の値を読むと，ほぼ200となることが分かる．

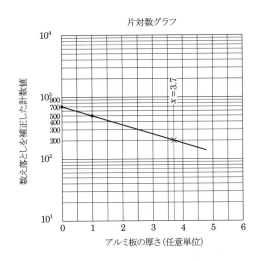

[L]

指数関数$y = y_0 e^{-\mu x}$を考える．yを底が10の自然対数に変換して$Y = \log y$とおけば，$Y = \log(y_0 e^{-\mu x}) = \log y_0 - (\mu \log e)x$となり，傾き$-(\mu \log e)$，切片$\log y_0$という$x$の1次関数になり，片対数グラフでは直線で表される．

3. 固体・液体の検出器

3.1 NaI(Tl)シンチレーション・カウンタ

3.1.1 構造と原理

NaI(Tl)シンチレータは，タリウム(Tl)を小量添加したヨウ化ナトリウム(NaI)の結晶を，ガラス窓がついた金属のケースに封入したものである．シンチレータに入射するγ(X)線によってたたき出された電子は，結晶中で電離や励起を起こす．これらがもとに戻る過程で，シンチレータは吸収したエネルギーに比例した強度の光（**シンチレーション**）を発する．添加されたタリウムは活性化物質と呼ばれ，吸収したエネルギーが光として放出されやすいように，また次に述べる光電子増倍管が受けやすい波長の可視光が放出されるようにする働きがある．

光電子増倍管はシンチレータからの微弱な光を電子に変換し，増幅する真空管である．光電陰極に光が当たると電子が放出され，ダイノードと呼ばれる電極に集められる．ダイノードには入ってきた電子より多くの電子を放出する性質があり，電子が第2段目，第3段目のダイノードへと進むうちに等比級数的に数が増える．図3.1の例では12段のダイノードがあり，最終段から出た電子は陽極に集められ，電気信号（パルス）として取り出される．光電子増倍管の増幅率は極めて高く，10^6程度である．パルスは増幅器で増幅された後，波高分析器でパルスの高さ，すなわちシンチレーションの強さ（シンチレータが吸収したエネルギーの大きさ）の分布が測定される．

放射線の測定技術

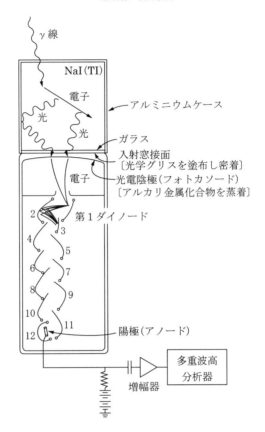

図 3.1　NaI(Tl)シンチレーション検出器

3.1.2　多重波高分析器（マルチチャンネル・アナライザ）

　シンチレーション・カウンタではパルスの波高分布を測定することが多く，そのためには図 3.2 に示したような**多重波高分析器（マルチチャンネル・アナライザ）**を使用する．通常の装置では高さが 0 から約 8V までのパルスを受け付ける．例えばメモリー数が 1024 チャンネルの装置に 8V のパルスが来れば，1024 番目のチャンネルの計数が 1 増え，4V のパルスなら 512 チャンネルの計数が 1 増える．図 3.2 の装置では，パルス波高（アナログ値）をチャンネル番号（デジタル

3. 固体・液体の検出器

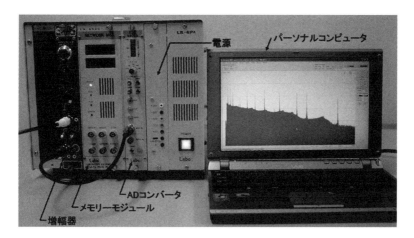

図 3.2 多重波高分析器の例

値) に変換するモジュール (AD コンバータ), メモリーモジュール, メモリーの内容を表示するパーソナルコンピュータで構成されている. パーソナルコンピュータの画面では, 横軸がメモリーの番地, 縦軸が計数であるグラフがリアルタイムで見えるようになっている.

3.1.3 単色エネルギー光子の測定

エネルギーE_Pのγ線がシンチレータに入ると次のような相互作用を起こす.

1) 光電効果

E_P-E_B (E_Bは電子の束縛エネルギー) のエネルギーの電子がたたきだされ, そのほとんどはシンチレータ中ですべてのエネルギーを失って止まる. E_Bに相当するエネルギーは特性 X 線などの形で放出されるが, エネルギーが低いのでこれらもほぼ吸収される. すなわちE_Pに比例したパルスが得られるため, 多重波高分析器では図 3.3a の A の分布が得られる.

2) コンプトン効果

光子の散乱角度 θ によって, たたきだされる電子のエネルギーE_eは次式で決まる. E_Pの単位は MeV である.

137

$$E_e = E_P \frac{(1-\cos\theta)(E_P/0.511)}{1+(1-\cos\theta)(E_P/0.511)} \qquad (3-1)$$

E_e は θ が 180 度の時最大となるが，E_P より小さい．パルス波高は B の分布を示す．しかし散乱された光子が再びシンチレータ内で光電効果などの相互作用を起こし，エネルギーをすべて失えば，A のパルスが発生する．

3）電子対生成

E_P が 1.02 MeV より大きいと電子対生成を起こすことがある．生成された電子，陽電子対の持つ運動エネルギーの合計は $E_P-1.02$ (MeV) であり，これらはほとんどシンチレータ内で止まる．陽電子は停止するとすぐ付近の電子と結合し，消滅する．このとき正反対の方向に放出される 2 個の 0.511 MeV の消滅放射線が 2 個ともシンチレータから逃れれば，A より 1.02 MeV 低い D のパルスになるし，1 個が逃れ他の 1 個がシンチレータに吸収されれば A より 0.511 MeV 低い C のパルスになる．2 個とも吸収されたときは A になる．

実際の測定では，シンチレータから出てくる光の個数は統計的に揺らぐし，光電子増倍管の増幅率も揺らぐので，図 3.3a の分布は図 3.3b に示す広がった分布を示す．図 3.3a の A, C, D に相当するピークは，その由来からそれぞれ**全吸収ピーク（又は光電吸収ピーク），シングル・エスケープ・ピーク，ダブル・エス**

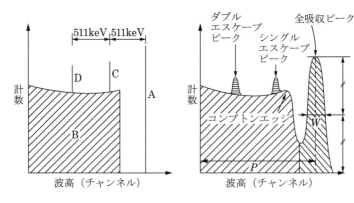

図 3.3a　理想的な波高分布　　図 3.3b　実際の波高分布

ケープ・ピークと呼ばれる．全吸収ピークの高さの半分の高さにおける幅を**半値幅**といい，測定器系全体のエネルギー分解能を表わす指標である．相対的な値 (W/P) は ^{60}Co の 1.33 MeV の γ 線に対して 7%程度である．W の値は γ 線のエネルギーが高いほど大きくなるが，相対的な分解能，W/P は逆に小さくなる．これはエネルギーが高いほどシンチレータから出てくる光の個数が増え，統計的揺らぎの割合が小さくなることによる．コンプトン電子によるスペクトルの肩の部分を**コンプトンエッジ**（コンプトン端）と呼ぶ．

3.1.4 放射性核種の定性，定量測定

全吸収ピークは放出される γ 線のエネルギーに比例したチャンネル番号に現われるので，いくつかの標準線源を用いて γ 線のエネルギーとチャンネル番号の関係を求めておけば，未知の線源を測定したとき，その全吸収ピークの位置から放出されている γ 線のエネルギーを知ることができる．適当な間隔をおいて測定を繰り返せば，全吸収ピークの面積（ピーク内のチャンネルの計数の総和）の減衰からその核種の半減期もわかるので，より正確な核種の推定が可能になる．

γ 線放出強度が既知のいくつかの標準線源を用いて，全吸収ピークでの検出効率（ピーク面積/放出率）を γ 線エネルギーの関数として求めておけば，測定した核種からの γ 線放出率が求められるので，その核種の放射能も計算できる．

3.1.5 NaI(Tl)シンチレーション・カウンタの検出効率

高さ d の円筒形の NaI(Tl) シンチレーション・カウンタに，図 3.4 のように軸と平行に γ 線が入射する場合を考えてみる．入射した γ 線がシンチレータによって検出される効率（**全検出効率**）ε は

$$\varepsilon = 1 - e^{-\mu d} \tag{3-2}$$

で表わされる．ここで μ は γ 線に対する NaI(Tl) の線減衰係数で，図 3.5 に示すように，ヨウ素の K 吸収端 (33 keV) 以上では約 5 MeV まで γ 線エネルギーが上がるにつれて単調に減少する．したがって ε の値は，通常の γ 線源に対してはエネルギーが高いほど小さくなる．

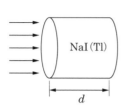

図 3.4 軸と平行に入射する γ 線

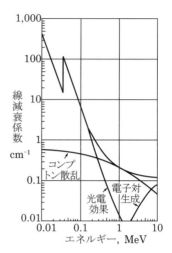

図 3.5 NaI に対する γ 線の線減衰係数

3.1.6 使用上の注意点

NaI は**潮解性**(吸湿して溶けること)があるため,ガラス窓が付いたアルミニウムなどのケースに密封されている.そのため 10 keV 以下では検出効率は小さくなる.さらに NaI(Tl) シンチレーション式サーベイメータでは,ディスクリミネーション・レベルを 50〜100 keV に設定してあることが多く,それ以下の γ 線,X 線に対しては感度が無い.

ケースがあるため,α 線を NaI(Tl) シンチレータで検出することはできない.β 線もケースの影響を受けるが,それ以上に,NaI が高原子番号なため後方散乱の影響が強く,入射した β 線が再びシンチレータから逃れてしまう確率が高いため β 線の測定にも適さない.

光電子増倍管の増幅率は供給電圧に影響されるので,安定性の高い高圧電源が必要である.

原子番号が大きく比重も高い NaI(Tl) シンチレータでは,電離箱,GM 計数管に比較して,非常に高い検出効率を持つ γ 線用サーベイメータを作ることが可能で,自然放射線レベル(約 $0.05\,\mu\text{Sv/h}$)を測定できる.しかし原子番号が軟組織

に比べて高いため，エネルギー特性は悪い．

3.1.7 最近の動向

シンチレーション検出器は光電子増倍管を使用するため検出器部分が比較的大きい．磁場の影響を受けやすく，実際地磁気に対する対策が施されている．また高圧電源が必要で回路が複雑になる．しかし小型でも高感度のγ線サーベイメータや，スペクトルが得られるサーベイメータも市販されている．

NaI(Tl)シンチレータはγ線，X線の空間線量測定に用いると，高感度ではあるがエネルギー特性が悪い．しかしパルス波高分布はエネルギー情報を持つため，電子回路でこの特性を補正し（エネルギー補償型），電離箱サーベイメータに比較して遜色のないエネルギー特性を持つものが市販されている．

3.2 その他のシンチレーション・カウンタ

γ線測定用シンチレータには，NaI(Tl)のほかに **CsI(Tl)**，**BGO**（正確には$Bi_4Ge_3O_{12}$）などがある．これらはNaI(Tl)に比べて機械的強度が高く，潮解性が無いなど利点が大きいが，光電子増倍管に取り付けて使用する状態では，NaI(Tl)に比べたパルス波高値がそれぞれ約50%，13%しかないため，エネルギー分解能が劣る．しかしBGOは実効的な原子番号が高く，比重が大きいので小型でも高い検出効率を持つため，最近はγカメラやX線断層撮影装置（CT）など医療機器用の検出器としてよく利用される．近年開発された$LaBr_3(Ce)$は，NaI(Tl)に比較してエネルギー分解能が約2倍と優れており（662 keV γ線に対し半値幅が約3%），核種の分析に有利である．

光電子増倍管のかわりにフォトダイオードを用いて，小型で低消費電力，磁場の影響を受けない検出器を構成することができる．フォトダイオードは光電子増倍管に比較して長波長側で高い電子変換効率を有するため，最大発光波長が415 nmのNaI(Tl)よりも，540 nmのCsI(Tl)と組み合わせた方がよい分解能を得ることができる．通常のフォトダイオードは電子数を増幅しないが，増幅作用のあるアバランシェ（なだれ）フォトダイオードも使われる．

ZnS(Ag)は多結晶の粉末としてしか利用できないため,透明度が低い.このため薄い膜に使用が限定され,飛程の長いβ線やγ線には不向きである.α線サーベイメータに利用され,高い検出効率,バックグラウンド計数のほとんど無い高性能なものが市販されている.

LiI(Eu)シンチレータは ^{6}Li (n, α) 反応を利用した熱中性子検出器として使われる (5.1参照).

有機シンチレータにはアントラセンやスチルベンなどの結晶,さまざまな**プラスチック**,**液体**など多くの種類がある.NaI(Tl),CsI(Tl),BGO など多くの無機シンチレータでは発光の減衰が μs (10^{-6}秒) 程度であるのに対し,有機シンチレータでは一般に数 ns (10^{-9}秒) と短く,極めて短時間に光を放出するので,高い計数率で使用できる.有機シンチレータでは実効的な原子番号が小さいためγ線を測定しても**光電ピークは観測されず**,コンプトン効果による連続スペクトルだけが得られる.そのためγ線のエネルギー測定はできない.これは原子あたりの光電効果の起こりやすさが原子番号の約 5 乗に比例するため,原子番号の小さな有機シンチレータでは光電効果がほとんど起こらないためである.しかしプラスチック,液体シンチレータでは自由な形状の大きなものを作ることができるため,γ線,β線に対して高い検出効率を持った検出器を比較的安価に作ることができる.薄いプラスチックシンチレータを用いたβ線汚染検査用サーベイメータや,ZnS(Ag)と組み合わせ,α線,β線を同時に汚染検査できるサーベイメータも市販されている.

有機シンチレータには水素が多量に含まれているため,高速中性子に対して高い検出効率を持っている.反跳陽子スペクトルを測定することによって,高速中性子のエネルギー・スペクトルを得ることもできる (5.1参照).

有機液体シンチレータには放射性物質をじかに溶かし込んで測定することが可能で,低エネルギーβ線放出核種を高感度で測定できるほぼ唯一の方法である.

3.3 半導体検出器

3.3.1 原理

結晶性の固体中にある電子は自由なエネルギーを持つことができない(図3.6). **価電子帯**のエネルギーの電子は，結晶格子に束縛されて自由に動くことができない．**バンド・ギャップ**（**禁止帯**とも呼ばれる）とは電子が存在できないエネルギー領域であり，それを越えることができた電子は**伝導帯**にあって自由に固体内を移動することができ，電気伝導に寄与する．バンド・ギャップの幅（E_g）が大きいと，伝導帯に上がれる電子の数が少なく，ガラスのように絶縁性を示す．逆にE_gが極めて小さいか，バンド・ギャップが存在しないときは金属のように導電体になる．E_gが1eV程度のものが**半導体**と呼ばれる．

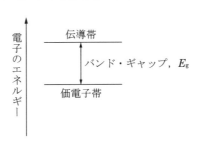

図3.6 結晶中の電子のエネルギー

整流作用を持つ半導体接合に電気が流れない方向に電圧をかけると，伝導帯にほとんど電子が存在しない，非常に電気抵抗値の大きな領域が作られる．この領域を**空乏層**又は**空乏領域**とよぶ．

ここを速い荷電粒子が通過すると，価電子帯の電子にエネルギーを与えて伝導帯に持ち上げ，**自由電子**を生成する．

それまで規則正しく電子が配置されていた価電子帯に生じた空席は**正孔**と呼ばれる．

これは気体中で電離によって生成される電子-イオン対とそのイメージ，性質

が極めて似ており，**電子-正孔対**と呼ばれる．

　自由電子は半導体に印加された電場によって正の電極に移動し，正孔は隣り合う電子によってつぎつぎと埋められていくので，あたかも正の電荷を持った粒子のように負の電極に移動する．このようにして半導体検出器中を荷電粒子が走ると電離電流が流れ，パルスとして電気信号が得られる．

　電子-正孔対を1個生成するのに要する平均エネルギーは ε 値とよばれ，ゲルマニウム(Ge)で3.0 eV，シリコン(Si)で3.6 eVである．これはガスの場合のW値，27から38 eVに比較しておよそ10分の1である．したがって同じエネルギーの放射線ではガスに比較して約10倍の数の一次電離が発生することになり，統計的なばらつきの少ない大きな信号が得られる．またガス増幅を行わないため，そこで生ずる統計的な変動も受けない．半導体検出器では電離箱と同様増幅作用がないにもかかわらず，個々の放射線を識別するパルス検出器として通常使用し，**エネルギー分解能は非常に良い．**

　半導体検出器では印加電圧が再結合を防ぐのに十分高ければ，印加電圧の変動によってパルスの高さにほとんど影響を受けない．

3.3.2　高純度 Ge 検出器

(1) 構造と特性

　γ 線用の検出器で，極めて純度の高い数十 cm^3 から百数十 cm^3 程度の大きさを持つ円筒形の Ge 結晶がよく使用される．

　高純度 Ge 検出器（**HP-Ge 検出器**，High Purityの意），**真性 Ge 検出器**，あるいは単に **Ge 検出器**と呼ばれる．使用するときは冷却する必要があるが，長期間使わないときは**常温で保管できる．**

　Geはバンド・ギャップの幅が小さく，常温では熱エネルギーによってたくさんの電子がバンド・ギャップを越えて伝導帯に存在するため，電気抵抗値が低く検出器としては働かない．**液体窒素**温度（$-196°C$，77 K）に冷却するとバンド・ギャップを越える電子はほとんど無くなり，抵抗値は十分に大きな値になる．電極の両端に500から5000 Vの電圧をかけて，γ 線によるパルスを検出する．

3. 固体・液体の検出器

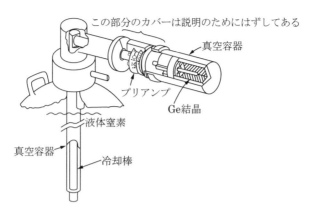

図 3.7　HP-Ge 検出器の構造

検出器は図 3.7 に示すような，内部を真空にして十分に断熱されたクライオスタットと呼ばれる低温槽中に封入されている．

冷却棒の下の端は直接液体窒素に浸されて検出器を冷やしている．検出器部分の真空容器はγ線の吸収が少ないように，アルミニウムなどの原子番号の小さな材料で，特に先端が薄く作られている．

液体窒素をためる真空魔法瓶はデュワーと呼ばれ，$30l$ 程度の容量があり，1〜2週間に1度液体窒素を補給すればよいものが多く使われている．数 l の容量の持ち運びに便利なタイプもある．

最近では液体窒素を使用せず電気で冷却するタイプも売られており，液体窒素の補給が困難な場合でも使用できるようになってきている．図 3.8 に典型的な Ge 検出器システムの例を示す．

通常の Ge 検出器では結晶表面の不感層による吸収のために測定できるγ線のエネルギーの下限はせいぜい 50 keV である．広領域型では数 keV 程度の低エネルギーX 線まで測定可能である．この型では真空容器による吸収をできる限り小さくするため，有感部に面する容器の先端がベリリウムの薄い窓で作られている．

145

放射線の測定技術

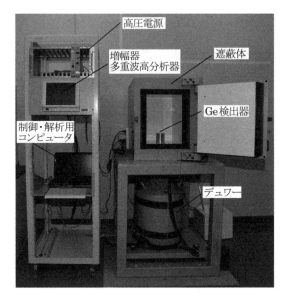

図 3.8　Ge 検出器システムの例

(2) Ge 検出器による測定

　測定に用いる電子回路は NaI(Tl) 検出器の場合と同様で,検出器からの電気パルスを前置増幅器 (preamplifier,プリアンプ),主増幅器 (比例増幅器) で拡大し,多重波高分析器で解析する.検出器の性能を十分に発揮させるために,NaI(Tl) 検出器の場合と比較して,より安定性の高い増幅器とチャンネル数の多い多重波高分析器 (通常は 4096 チャンネル) が必要である.前置増幅器の機能は,検出器内で生じた電荷に比例する高さのパルスを発生するとともに,主増幅器とある程度長い信号線 (ケーブルとよび,大きな静電容量を有する) でつないでも,パルスの高さが大きく減衰しないよう,小さな出力インピーダンスにすることである.前置増幅器は良好な信号対雑音比を得るために検出器の直近に置き,信号線による静電容量を小さくする.主増幅器はパルスの高さを数百倍に増幅し,多重波高分析器 (通常は 10 V までのパルスを受け付ける) に適した高さにする.増幅の際に前置増幅器からのパルスを整形するが,そのときの時定数を適切に設定するこ

3. 固体・液体の検出器

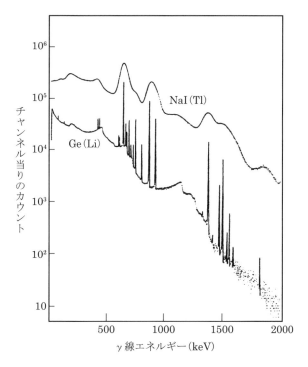

図 3.9　^{108m}Ag と ^{110m}Ag の混合線源を NaI(Tl) シンチレーション検出器と Ge 検出器で測定したときの比較．図は古い論文のため，当時開発された Li をドープした型である Ge(Li) 検出器が用いられている．
[J.Philippot, IEEE NS17, 446 (1970) より]

とよって高いエネルギー分解能が得られる．これはパルスの立ち上がり時間のばらつき，雑音，漏れ電流の影響などを最小限にするためである．最適な時定数は計数率に依存するが，約 4 から 8μ 秒である（高計数率では短い方が適する）．

Ge 検出器では NaI(Tl) 検出器に比較してエネルギー分解能が約 50 倍も優れているため，全吸収ピークは極めて鋭く，ほとんど線のように見える．図 3.9 に，^{108m}Ag と ^{110m}Ag の混合線源からのγ線を NaI(Tl) シンチレーション検出器と Ge 検出器によって測定したときの比較を示す．Ge 検出器による測定では非常に

多くの異なったエネルギーのγ線が放出されていることがわかるが，NaI(Tl)による測定ではせいぜい 7 個のピークが観測されるにすぎない．なお Ge 検出器のスペクトルでは全吸収ピークの測定点をわかりやすいように線で結んである（以下の例でも同様）．^{60}Co 線源からの 1.33 MeV γ 線を測定したときの全吸収ピークにおける半値幅は 2 keV 程度である[注]．すなわち Ge 検出器では γ 線のエネルギーが約 2 keV 異なれば分離できる．したがって今日核種同定にはほとんど Ge 検出器が用いられる．

Ge 検出器で得られる全吸収ピークは鋭いため，測定試料に含まれる放射能が小さくてもはっきりとしたピークを形成する．通常の大きさの Ge 検出器は，NaI(Tl)検出器に比べて検出効率は低いが，放射能レベルに対する検出限界は Ge 検出

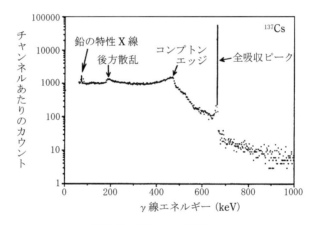

図 3.10　^{137}Cs のスペクトル

[注] γ 線のエネルギーを E (eV)，ε 値を ε (eV) とすれば，Ge 検出器内で生成する電子－正孔対数 N は，$N=E/\varepsilon$ である．6.1.1 節で述べる計数値の統計と同様に，N は正規分布に従ってばらつき，標準偏差 σ は $\sigma=\sqrt{FN}$ である．ここで F はファノ因子とよばれ，半導体検出器中では電子－正孔対の生成が互いに独立した現象でないことを示すものであり，0.1 程度の値である．相対的な標準偏差は $\sigma/N=\sqrt{FN}/N=\sqrt{F\varepsilon/E}$ であり，相対的なエネルギー分解能は γ 線のエネルギーが高いほど小さい．

器の方がふつう優れている.

^{137}Cs 線源を測定したときに多重波高分析器で得られるスペクトルを図 3.10 に示す.なお図 3.10 から図 3.12 で用いているのはすべて通常の型の Ge 検出器で,測定下限が約 50 keV のものである.娘核種である ^{137m}Ba からの 662 keV γ 線の**全吸収ピーク**,その左にコンプトン効果による連続スペクトルが見られる.コンプトン反跳電子の最大エネルギーに相当する肩を**コンプトンエッジ**と呼ぶ.検出器が鉛の遮蔽体の中に置かれているため,鉛からの X 線,後方散乱 γ 線による山も見える.

図 3.11 に ^{60}Co 線源を測定した例を示す.1.17,1.33 MeV の γ 線に相当する 2 個の全吸収ピークが見られる.2 個の γ 線は極めて短い時間内に放出されるので,γ 線を両方とも検出した場合は,両方の γ 線のエネルギーの合計に相当する高さのパルスが得られる.従って両方とも全吸収されれば 2.5 MeV に相当する波高になり,**サムピーク**となって現われる.

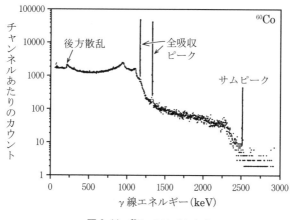

図 3.11　^{60}Co のスペクトル

図 3.12 に ^{24}Na 線源を測定した例を示す.1.37 MeV と 2.75 MeV γ 線の全吸収ピークが見られる.2.75 MeV では多くの γ 線は電子対生成反応を起こすので,消滅光子の逃避に伴う**シングル・エスケープ・ピーク**,**ダブル・エスケープ・ピー**

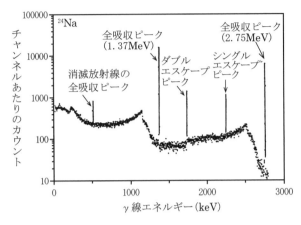

図 3.12 ^{24}Na のスペクトル

ク(3.1.3 参照)が観測される.0.511 MeV 光子の全吸収ピークは,検出器外で起こった電子対生成,陽電子消滅反応による消滅光子が検出されたものである.

(3) 全吸収ピーク検出効率

全吸収ピーク検出効率の例を図 3.13 に示す.100 keV 以上の領域で,エネルギーが高くなるにつれて検出効率が低下するのは γ 線に対する Ge の減衰係数が

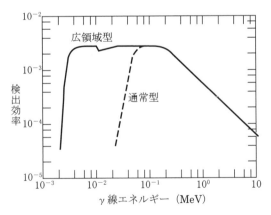

図 3.13 Ge 検出器のピーク検出効率

エネルギーとともに低下するためである．通常型ではおよそ 100 keV 以下で，Ge 結晶表面の不感層や真空容器による吸収で急速に検出効率が低下する．広領域型では 20 keV 程度までは平坦である．

3.3.3 Si(Li) 検出器

Si の結晶に Li をドリフトして作られる検出器で，**低エネルギー X 線用**の高分解能検出器である．入射してくる数 keV から約 20 keV の X 線に対してほとんど 100％の検出効率がある．Ge に比べて Si は原子番号が小さいので，高エネルギー光子に対する検出効率は低く，50 keV 程度が実用上の上限である．

高分解能であるため，Ge 検出器の場合と同じ理由で，核種の同定に非常な威力を発揮すると同時に，低い放射能レベルの試料に対する測定限界も低い．

液体窒素で冷却して使用する．以前は温度を上昇させるとドープしておいた Li が移動して損傷を受ける可能性があったが，近年は改善され市販されている多くのものは室温保存が可能である．全体の構造は Ge 検出器とほとんど同じである．検出器の有感部分が面している部分の真空容器には，X 線の吸収が小さいように**薄いベリリウムの窓**が付いている．

3.3.4 Si 表面障壁型検出器（SSB），イオン注入型検出器

これらは表面の不感層が極めて薄い荷電粒子用の半導体検出器である．α 線のスペクトル測定によく用いられ，核種同定に威力を発揮する．空気によるエネルギー吸収を防ぐために，小型の**真空容器**に試料と検出器を入れ，排気してから測定する．電着等の方法で，薄い試料を調整して自己吸収を防ぐ必要がある．

高いエネルギー分解能を利用して，α 線と β 線の汚染を同時に弁別して測定できるサーベイメータも市販されている．ただし空気中で測定するため，エネルギー分析はできない．

3.3.5 最近の動向

近年の半導体技術の進歩に伴なって，放射線測定の分野での半導体化は著しい．半導体は気体検出器に比べて密度が大きいため，**小型でも検出効率が高い**こと，ガス増幅を行う検出器に比べ**動作電圧が低く消費電力が小さい**など極めて利

点が多い．そのため直読式の個人被ばく線量計（ポケット線量計，アラームメータなど）では，最近販売されているものはほとんど Si 半導体検出器を使用している．CdTe，$Cd_{1-x}Zn_xTe$（CZT と略す），HgI_2，GaAs など－40℃程度から室温で動作する γ(X) 線用化合物半導体検出器も普及してきており，NaI(Tl) 検出器に比べて 10 倍以上高い分解能を有する．

3.4 イメージングプレート

3.4.1 原理

放射線によってエネルギーを与えられた物質が，その後赤外線などを照射された時に可視光を放出する現象は光輝尽発光とよばれ，古くから知られていた．$BaFBr:Eu^{2+}$ や $BaFI:Eu^{2+}$ などの輝尽性蛍光体をプラスチックフィルムに塗布したイメージングプレート（IP）は，1981 年に富士フィルムによって医療用の X 線フィルムにかわる X 線検出・記憶媒体として実用化された．

輝尽発光の機構は以下のようである．少量添加されている Eu^{2+} イオンの電子が放射線によって伝導帯へ励起され，Eu^{3+} が作られる．電子は結晶中にもともと存在している陰イオン空格子点に捕獲されて準安定な状態になる．そこに光を照射すると，捕獲されていた電子は再び伝導帯に解放され，さらに Eu^{3+} に取り込まれて再び Eu イオンは 2 価になる．その時放射線強度に比例した輝尽性発光が放出される．IP では He-Ne レーザーを読取り照射に用い，輝尽性発光は光電子増倍管によって検出される．

レーザーで IP 面上をスキャンし，光電子増倍管の信号強度をデジタル化することによって，2 次元放射線強度分布は直接コンピュータに取り込まれる．

3.4.2 特性

写真フィルムが約 2 桁の放射線強度の違いしか測定できないのに対し，IP は 4 から 5 桁のダイナミックレンジを有する．また検出感度も数十倍から千倍高い．

IP は最大数十 cm 四方の大きさが販売されており，広い面積の 2 次元放射線分布を直接コンピュータに取り込むことが可能である．そのため特定の情報を得る

3. 固体・液体の検出器

ための画像処理や，ある領域で積分した放射線強度を求めるなど，さまざまなデータ処理を容易に行うことができる．

読取り操作が行われた後のIPは，消去器で可視光を均一に照射することによって全ての情報が消去され，再度使用可能になる．

IPはX線に感度があるだけでなく，^{3}H，^{14}C，^{32}Pなどのβ線源，^{125}I，^{99m}Tcなどのγ線源やα線源に対しても高い感度を有する．

このようにIPは極めてよい特性を有するため，医療用画像のデジタル化だけでなく，X線結晶解析，オートラジオグラフィー，電子顕微鏡などの放射線画像解析に広く使われている．

使用上の注意点としては，IPの露光から読取り操作までの時間が長いと輝尽性発光強度が低下することである．この現象をフェーディングという．フェーディングは温度が高いと著しいが，室温では24時間で約6割に低下する．そのため放射線強度の絶対測定を行う場合は，既知の放射線量で同時に露光された標準データとの比較が必要である．

放射線の測定技術

〔演 習 問 題〕

問1 次の放射線検出器と測定原理の関係のうち，正しいものの組合せはどれか．
A GM 計数管－電子なだれに伴うパルスの発生
B ガスフロー型比例計数管－ガス中の電子・イオン対の数に比例したパルスの発生
C シンチレーション検出器－電子・正孔対の数に比例した電流の発生
D 半導体検出器－空乏層に生じた電子・イオン対の数に比例した電流の発生
　1　AとB　　2　AとC　　3　AとD　　4　BとC　　5　BとD
〔答〕 1
　A 正
　B 正
　C 誤　吸収エネルギーに比例した蛍光の発生
　D 誤　空乏層に生じた電子・正孔対の数に比例した電流の発生

問2 光電子増倍管を用いたシンチレーション検出器に関する次の記述のうち，正しいものの組合せはどれか．
A シンチレータ結晶と光電子増倍管の入射窓の間を真空にする．
B 結晶から光電子増倍管へ入射した光子は，ダイノードで光電子に変換される．
C 光電子増倍管へ入射した光子から光電子への変換効率は，光子の波長に依存する．
D 作動させるためには，500～2,500 V 程度を印加する高電圧電源が必要である．
E カソード（陰極）から外部回路へ電子が流れ出る．
　1　AとB　　2　AとE　　3　BとD　　4　CとD　　5　CとE
〔答〕 4
　A 誤　シンチレータからの光子が光電子増倍管の窓から通過すれば良く，真空にする必要はない．通常は，シンチレータ結晶表面又はシンチレータ容器のガラス窓表面における全反射を防ぐため，透明度の高い光学グリスを塗布して光電子増倍管の入射窓と密着させる．電子を増幅する光電子増倍管の中は真空である．

B 誤 入射した光子が光電子に変換されるのは光電面である．

C 正 光電子への変換効率は光（シンチレーション）の波長に依存するため，シンチレーションに適した光電面を有する光電子増倍管を使用する．

D 正 光電子増倍管に高電圧をかけて増幅させるため必要である．

E 誤 電子は光電子増倍管のダイノードで増幅され，陽極（アノード）に集められて外部回路へ流れる．

問3 NaI(Tl)検出器に関する次の記述のうち，正しいものの組合せはどれか．

A NaI(Tl)結晶は有機シンチレータである．
B 冷却は不要である．
C 光電効果のほとんどは，ヨウ素原子との間で起きる．
D エネルギー分解能の絶対値は，入射光子のエネルギーにほぼ比例する．
E 100 V 前後の印加電圧で使用される場合が多い．

　　1　ABのみ　　2　AEのみ　　3　BCのみ　　4　CDのみ　　5　DEのみ

〔答〕　3

A 誤 無機シンチレータである．
B 正
C 正 光電効果の断面積は原子番号の約5乗に比例する．
D 誤 入射光子のエネルギーの平方根にほぼ比例する．
E 誤 光電子増倍管は数百Vから千数百Vで作動するものが多い．

問4 高純度 Ge 検出器に関する次の記述のうち，正しいものの組合せはどれか．

A Ge 結晶には潮解性がある．
B 空乏層の厚さは印加電圧に依存しない．
C 室温では検出器として使用できない．
D 数 keV の特性 X 線を測定できる検出器がある．

　　1　AとB　　2　AとC　　3　BとC　　4　BとD　　5　CとD

〔答〕　5

A 誤 Ge 結晶には潮解性（吸湿して溶けること）はない．潮解性を有するのは

NaI である.

B　誤　空乏層は半導体に逆印加電圧をかけたとき,伝導体にほとんど電子が存在しない領域である.空乏層の厚さは印加電圧により変化し,固体（結晶）によっても異なる.

C　正　高純度 Ge 検出器は使用するときに冷却する必要がある.

D　正　広領域型では数 keV 程度の低エネルギーX線まで測定可能である.

問5　Ge 検出器による測定において,^{60}Co の γ 線（1.333 MeV）に対する多重波高分析器のピーク位置が 5000 チャネル,その半値幅が 8.0 チャネルであったとき,この測定系のエネルギー分解能（keV）として,最も近い値は次のうちどれか.

1　0.16　　2　0.21　　3　2.1　　4　8.0　　5　11

〔答〕　3

　　　　チャンネルあたりのエネルギーは,1333/5000＝0.267 keV・ch^{-1} である.したがって分解能は,0.267×8.0＝2.14 keV となる.

問6　Ge検出器を用いて^{24}Na線源のエネルギースペクトルを測定したところ,下図のような結果が得られた.次の記述のうち,正しいものの組合せはどれか.

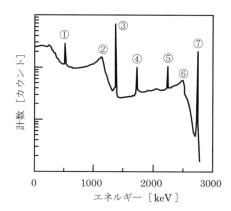

A　①は,消滅放射線の全吸収ピークである.
B　②と⑥は,コンプトンエッジである.

C ③と⑦は，γ線の全吸収ピークである．
D ④は，シングルエスケープピークである．
E ⑤は，ダブルエスケープピークである．

1 ABCのみ　　　2 ABEのみ　　　3 ADEのみ　　　4 BCDのみ
5 CDEのみ

〔答〕 1

A 正 0.511 MeV 光子の全吸収ピークは検出器の外で起こった電子対生成，陽電子消滅反応による消滅光子が検出されたものである．

B 正 コンプトン反跳電子の最大エネルギーに相当する肩をコンプトンエッジと呼ぶ．

C 正 1.37 MeV と 2.75 MeV γ 線の全吸収ピークが見られる．

D 誤 2.75 MeV では多くの γ 線は電子対生成反応を起こすので，消滅光子の逃避に伴なうシングル・エスケープ・ピーク，ダブル・エスケープ・ピークが観測される．④の 1.73 MeV（＝2.75－0.511×2）はダブル・エスケープ・ピークである．

E 誤 ⑤の 2.24 MeV（＝2.75－0.511）はシングル・エスケープ・ピークである．

問7 次のうち，γ線検出器のエネルギー分解能が高いものから並べられているものはどれか．

1 NaI(Tl) 検出器　＞　BGO 検出器　＞　CdTe 検出器
2 CdTe 検出器　＞　NaI(Tl) 検出器　＞　BGO 検出器
3 BGO 検出器　＞　NaI(Tl) 検出器　＞　CdTe 検出器
4 NaI(Tl) 検出器　＞　CdTe 検出器　＞　BGO 検出器
5 CdTe 検出器　＞　BGO 検出器　＞　NaI(Tl) 検出器

〔答〕 2

CdTe 検出器は室温で動作する半導体検出器で，NaI(Tl) 検出器に比べて 10 倍以上高い分解能を有する．

問8 イメージングプレートに関する次の記述のうち，正しいものの組合せはどれか．

A　X線フィルムと比べ，感度は数十倍から数千倍高い．
B　β線に対しても，高い感度を有する．
C　ダイナミックレンジは，X線フィルムと同程度である．
D　フェーディングは，無視できる．
E　リアルタイムイメージング（動画撮影）に利用されている．
　1　ABCのみ　　　2　ABのみ　　　3　ADのみ　　　4　CDEのみ
　5　BCDEのみ

〔答〕　2

　A　正
　B　正
　C　誤　ダイナミックレンジはX線フィルムが約2桁であるのに対し，4桁から5桁のレンジを有する．
　D　誤　フェーディングによって読み取り時の発光量は24時間で約6割に低下する．
　E　誤　読み取りには分単位の時間を要するため，動画撮影には向かない．

4. 個人被ばく線量の測定器

4.1 蛍光ガラス線量計

4.1.1 原理, 特性

ガラス線量計は, 放射線を被ばくした銀活性リン酸塩ガラスを紫外線で刺激することによって, オレンジ色の蛍光を発する現象 (ラジオフォトルミネセンス) を利用した固体線量計である. 放射線被ばくによって生じた蛍光中心は, 読み取り操作によって消滅することがなく, 何回でも繰返して読取ることが可能で, 積算線量計として使用できるという特徴がある. またガラスは溶融して製作するため均質性に優れており, ガラス素子間の特性のバラツキが少ない. また照射から時間が経過すると蛍光が減少してしまう, フェーディング (退行) とよばれる現象が無視できるほど小さいという利点がある. さらに, 素子とそれを覆うフィルタの組を数種類用いることによって, $1\,\mathrm{cm}$ 線量当量に対するエネルギー特性が $10\,\mathrm{keV}$ から $1.3\,\mathrm{MeV}$ の範囲で $\pm 10\%$ 以内であることなど優れた特徴を持っている.

放射線を照射しなくても生ずる蛍光 (プレドーズ) や素子表面の汚れによる蛍光は測定を妨害するが, これらの減衰の時定数は約 $0.3\,\mu$ 秒であるのに対し, ラジオフォトルミネセンスの蛍光は約 $3\,\mu$ 秒である. パルス発振をする窒素ガスレーザを紫外線源とし, 紫外線照射から遅らせて蛍光を読み取ることにより, $10\,\mu\mathrm{Sv}$ の低線量まで測定が可能である.

4.1.2 個人被ばく線量計としての特徴

1) 読み取り操作によって蛍光中心が消滅しないため, 何度でも読める. 1月ごとに線量を読みながら1年間の積算線量を直接測定することなどが可能である.

2) 10μSv から 10 Sv までの広い範囲の積算線量が測定可能である．
3) 卓上に置ける装置で，短時間に簡便に読み取り操作ができる．
4) フェーディングが年間約 1% と小さく，測定値に対する信頼性が高い．
5) 小型で個人被ばく線量計として持ち歩くのにかさ張らない．
6) 複数の素子とフィルタを組合わせることにより，γ・X 線，β 線などによる 1 cm 線量当量，3 mm 線量当量，70μm 線量当量の値が一つのバッジで測定できる．
7) 手指の被ばく線量を測定するために，エネルギー特性補償フィルタとともにプラスチックの指輪にはめ込んだガラスリングも提供されている．
8) 素子による感度のバラツキが小さい．
9) ガラスに蓄積された蛍光中心は，400℃，1 時間の加熱処理によって消滅し，再生できる．
10) 照射から蛍光中心が飽和(ビルドアップ)するまでに時間を要するため，通常測定は 24 時間放置後に行う．急ぐ場合は，70℃ 30 分間程度の熱処理を行ってから測定する．

4.2 OSL 線量計

OSL (Optically Stimulated Luminescence) 線量計は，イメージングプレートと同じ光輝尽性発光を利用している．結晶内で放射線によって伝導帯に持ち上げられた電子の一部は，F センター(色中心)と呼ばれる格子欠陥に捕獲され，準安定状態になる．これに強い光を当てると，捕獲されていた電子が価電子帯に戻ると同時に発光するのが輝尽発光と呼ばれる現象である．線量計として実用化されているのは，酸化アルミニウム(α-Al_2O_3:C)をシート状にしたものである．これには緑色の LED 又はレーザー光を照射し，紫色の発光を読み取る．

酸化アルミニウムは，後述するフィルム線量計に比べて実効的な原子番号が軟組織に近いので，エネルギー特性は比較的良好であるが，それでも 662 keV で規格化した場合，50 keV 付近で 3 倍程度の大きな感度を示す．そのため図 4.1 に示すように，銅及びアルミニウムのフィルタを用いて異なったエネルギー特性を

4. 個人被ばく線量の測定器

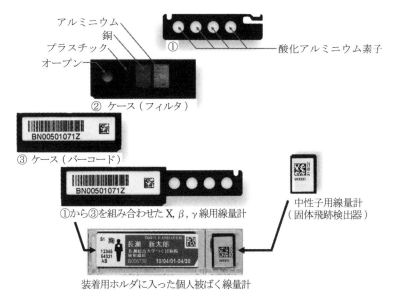

図4.1 OSL線量計（長瀬ランダウア製クイクセルバッジ）

持たせ，それらを組み合わせて評価することによって，10 keVから1.25 MeVの範囲で±10%という良好なエネルギー特性を得ている．またこれによって，一つのバッジで1 cm線量当量，3 mm線量当量，70 μm線量当量の値を得ることができる．線量直線性も良好で，50 μSvから1 Svの範囲では±5%以内，30 μSvにおいても10%以内である．

特徴をまとめると以下のようになる．
1) 高感度で，広い線量範囲が測定できる．
2) エネルギー特性が良い．
3) 繰り返し測定ができる．(ただし測定するごとに指示値はわずかに減少する．)
4) 温度，湿度の影響を受けない．
5) フェーディングが極めて小さい．
6) 機械的に堅牢で，小型，軽量，安価である．
7) 卓上の装置を用いて読み取りが可能である．

8) 可視光や青色光をやや強く照射することによって簡便に素子の被ばく履歴を消去（アニール）することができ，再使用が可能である．

4.3 熱蛍光線量計（TLD, Thermoluminescent Dosimeter）

ある種の結晶に放射線を照射した後，数100℃に加熱すると，吸収線量に比例した蛍光を発する．この蛍光を光電子増倍管を用いて測定することによって，物質の受けた線量を知る．このような性質のある物質を熱蛍光物質とよび，**熱蛍光線量計**として利用している．3.1節で述べたシンチレータが放射線入射後即時に光を放出するのに対し，蛍光ガラス線量計やOSL線量計，熱蛍光線量計ではエネルギーを一時色中心や捕獲中心に蓄えておき，前2者は光によって，後者は加熱によって刺激することで発光するのである．

焼結した結晶の場合，熱蛍光物質は一辺が数mm程度の小さな立方体や棒状にしてそのまま用いることが多いが，粉末の場合は通常小さなガラスのカプセルに封入して用いる．測定するときはこれらをタングステン・ヒータにのせるか，赤外線や熱風で加熱する．例えばLiFでは約100℃から発光が始まり200℃でピークになり，250℃で終了する．このような発光曲線のことを**グローカーブ**と呼ぶ．

熱蛍光線量計はふつうγ(X)線，β線による吸収線量の測定に用いられるが，**熱中性子**の測定に利用される場合もある．天然のLiには^{6}Liが7.5%，^{7}Liが92.5%含まれるが，同位体濃縮をしたLiを用いて，それぞれ^{6}LiF，^{7}LiFの素子を作る．これらはγ(X)線，β線に対しては同じ感度を有するが，熱中性子に対しては全く異なった感度を持つ．すなわち^{7}LiFはほとんど感度はないが，熱中性子に対する^{6}Li (n, α)反応の断面積が940b（バーン）と大きく，α線による発光があるため，^{6}LiFは熱中性子に対して有感である．したがって^{6}LiF，^{7}LiFを組にして用い，両者の発光量の差をとれば，熱中性子に対する線量がわかる．^{10}B (n, α)反応も利用した^{6}Li$_2^{10}$B$_4$O$_7$: Cu，^{7}Li$_2^{11}$B$_4$O$_7$: Cuの素子の組もよく使われる．

熱蛍光線量計の特徴は以下のようである．

1) 測定可能**線量範囲が広く**，通常10μSv以下の微小な線量から数Svの高

線量まで測定できる．

2）LiF，BeO，$Li_2B_4O_7$ などの TLD は人体の**軟組織に近い実効原子番号**を持つので，線量当量の測定に適している．

3）方向特性（放射線の入射方向による感度の依存性）が良い．

4）線量率依存性が小さい．

5）卓上に置ける大きさの装置で，短時間に簡便に読み取り操作ができる．

6）室温ではフェーディングは比較的少なく，湿度に対する影響も小さい．ただし蛍光ガラス線量計や OSL 線量計に比較すると大きく，特に 50℃以上の高温ではフェーディングは顕著になる．

7）素子に蓄積されたエネルギーは，読み取り操作による加熱で光となって放出される（アニールされる）ので繰り返し使用可能である．

8）小さな素子で十分な感度があるため，個人被ばく線量計として持ち歩くのにかさ張らない．手指の被ばく線量を測定するために，プラスチックの指輪にはめ込んで（**リングバッジ**）使用することもできる．

短所としては次のような点がある．

1）$CaSO_4$: Tm，Mg_2SiO_4 : Tb の TLD では実効原子番号が高いので，エネルギー特性が悪く，$^{60}Co \gamma$ 線で校正した素子では 100 keV 以下の光子に対して 10 倍以上の過大な値を与える．

2）線量の読み取りに一度失敗すると，2 度と読むことはできない．

人が高速中性子に被ばくすると，体に入射した高速中性子は体内の水素によって熱中性子に減速された後，一部が再び体外に出てくる．この熱中性子を，^6Li (n, α) 反応などを利用した熱蛍光線量計を用いて測定することにより，高速中性子による被ばくを評価することができる．このような方法で線量測定をするシステムをアルベド線量計という（アルベドとは英語で反射係数の意味）．

4.4　フィルム線量計（フィルムバッジ）

写真用フィルムは可視光と同様，γ線，β線にも感ずる．これらの放射線に暴

露したフィルムを現像すると**黒化**し，被ばく線量を黒化度から評価することができる．放射線用の高感度のフィルムをプラスチックやアルミニウム箔で作られた遮光用シートで密封してケースに納めたものは，**フィルムバッジ**と呼ばれ，安価でかさ張らず，積算線量を評価できるので個人被ばく線量測定に広く用いられてきた．

フィルムは広いエネルギー範囲に感度がある．しかし**エネルギー特性が悪く**，特に数十 keV の γ(X)線に対して過大であり，線量当量を直接測定することはできない．そこでケースに組み込んだ**フィルタ**で挟むことによって，エネルギー特性を補正して測定する．

γ 線に対してカドミウム（あるいはガドリニウム）と同程度の吸収効果を持つスズ・鉛フィルタの部分と比較することによって，**熱中性子**による被ばくが評価できる．これはカドミウム（ガドリニウム）が熱中性子に対して非常に大きな捕獲断面積を持つため，フィルタの下のフィルムに熱中性子捕獲の際に放出される β 線や γ 線による黒化が生ずるからである．

高速中性子によって写真乳剤中に生成する反跳陽子の飛跡を個々に顕微鏡で数えることによって，**高速中性子**による被ばく線量を測定することもできる．この方法の測定可能なエネルギー範囲は，およそ 0.5 MeV から 10 MeV である．

個人被ばく線量計として次のような長所があげられる．

1) 機械的に堅牢で，小型，軽量，安価である．
2) 大量処理ができる．
3) β 線，γ 線の弁別ができ，1 cm，3 mm，70 μm 線量当量の値が 1 つのフィルムバッジである程度評価できる．中性子の測定も可能である．
4) 現像済みのフィルムは保存ができ，記録として残すことが可能である．

下記の短所がある．

1) 暗室における現像操作が必要で，短時間に結果を得ることができない．
2) γ 線に対する検出限界は 100 μSv と比較的高い．
3) フェーディングの影響が大きい．

4) バッジケースの性質上，**方向特性が悪い**．

5) 同一条件で製造され，保管，現像処理された**コントロールフィルム**を用意する必要がある．（コントロールフィルムとの黒化度の差を読む．）

4.5 固体飛跡検出器

検出器本体は単なるプラスチック板で，中性子による個人被ばく線量の測定に使用される．

ポリカーボネートやADC（Allyl Diglycol Carbonate，通称名CR39）プラスチック表面に水素を多量に含むポリエチレンなどの**コンバータ**を密着させて高速中性子場に置くと，コンバータにおいて生成された反跳陽子によってプラスチック表面に傷ができる．生じた傷はKOHやNaOH溶液を用いて化学的（あるいは電場を加えて電気化学的）にエッチング処理をすることによって拡大され，**エッチピット**として顕微鏡観察によって検出される．およそ$50\,\mathrm{keV}$から$10\,\mathrm{MeV}$の中性子に感度があり，検出限界は$100\,\mu\mathrm{Sv}$である．フィルムと異なりフェーディングはほとんど無視できる．コンバータとして窒化ほう素など^{10}Bを含む物質を用いれば，（n, α）反応によって熱中性子を検出することも可能である．2種類のコンバータを組にして使うことによって，熱中性子から約$10\,\mathrm{MeV}$までの中性子による被ばく評価が行われている．

4.6 電子式線量計

電子式線量計はSi半導体検出器や小型のGM計数管を用いており，胸ポケットに着用できる程度の小型の機器（腕時計型もある）で，γ線，X線による積算線量を常時デジタル表示するタイプが多い．β線による被ばくも測定できるもの，熱中性子だけ，あるいは熱中性子と高速中性子の両方も測定できるものなど，メーカーによってさまざまな種類が販売されている．機能面においても，積算線量が決められた値に達すると警報音が鳴るもの（**アラームメータ**という），線量率表示ができサーベイメータとしても使用できるもの，積算線量の上昇を時系列で記録

し被ばくのトレンドを読めるもの，個人の識別番号を記憶し管理区域への入退室管理にも利用できるものなどがある．一般に多機能なものほどやや大型になる傾向がある．トレンドの読み出しや入退室管理に利用可能なものは通信機能を有し，リーダーとなるパソコンなどでデータを解析，記録する．

以下の特徴があげられる．
1) **作業中にいつでも被ばく線量を知ることができる**．
2) アラームメータでは一回の作業の被ばく限度を決めて管理することができる．
3) **高感度**（検出限界は1μSv以下）なため，きめ細かな被ばく管理ができる．
4) 電源を必要とし，蛍光ガラス線量計やOSL線量計などと比べると大型で重い．
5) 機械的衝撃に比較的弱い．
6) 電気的ノイズに比較的弱く，携帯電話の電波などに影響される機器もある．
7) 加速器の強いパルス状の放射線場では著しい過小評価を示すことがある．

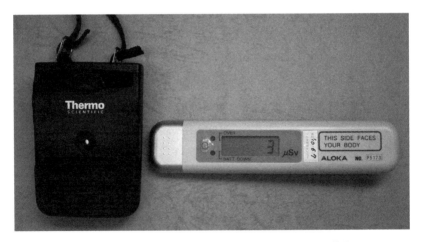

図4.2 電子式線量計の例．右の機器はγ・X線被ばくの積算線量を表示する．左の機器はγ・X線及び中性子による被ばくを測定し，上面（吊下げ用の紐のある面）の窓に積算線量，線量率を表示するとともに，アラームメータの機能を持つ．

4. 個人被ばく線量の測定器

 上記の線量計と異なり，電離箱の原理を利用した個人被ばく線量計もある．古くはポケット線量計と呼ばれる，小型の電離箱とローリッツェン検電器（充電した電荷を直読できる装置）を組み合わせたものがある．万年筆程度の小型で，γ線，X線による被ばくを直読できるが，機械的衝撃に弱く，電荷の漏洩が無視できないため，電子式線量計に取って代わられた．

 同じく電離箱式線量計の一種であるが，電荷をMOSFETトランジスタに蓄積し，それを囲む小型の電離箱に生成する電離にともなう蓄積電荷の減少を読み取る，DIS（Direct Ion Storage）線量計が市販されている．蛍光ガラス線量計やOSL線量計などと同程度の大きさと質量であり，卓上型のリーダーで簡便に読み取ることができる．良好なエネルギー特性を有し，衝撃や電荷の漏洩も問題とならない．蛍光ガラス線量計やOSL線量計などと同様，パルス放射線場でも使用可能である．携帯型の読取装置を本体に接続して携行することで，通常の電子式線量計と同様な機能を持たせることも可能である．

放射線の測定技術

〔演 習 問 題〕

問1 個人被ばく線量計とその測定原理の関係として正しいものの組合せは，次のうちどれか．

　A　蛍光ガラス線量計　　　－　赤外線刺激による素子の発光
　B　熱ルミネセンス線量計　－　加熱による素子の発光
　C　OSL線量計　　　　　　－　光刺激による発光
　D　電子式ポケット線量計　－　空乏層に生じた電子-イオン対による発光

　　1　AとB　　　2　AとC　　　3　BとC　　　4　BとD　　　5　CとD

〔答〕　3

　A　誤　紫外線刺激による素子の発光を利用する．
　B　正　100～250℃の範囲で発光する．
　C　正　光としては緑色のレーザーが用いられる．
　D　誤　Si半導体検出器が用いられているが，発光ではなく，空乏層に生じた電子-正孔対からの電気信号を直接読む．

問2 個人被ばく線量計に関する次の記述のうち，正しいものの組合せはどれか．

　A　熱ルミネセンス線量計は，読み取り後に記録が消失し，再読み取りができない．
　B　蛍光ガラス線量計では，β線の測定はできない．
　C　OSL線量計は，温度，湿度の影響が小さい．
　D　OSL線量計は，フィルムバッジに比べてフェーディング効果が小さい．

　　1　ACDのみ　　　2　ABのみ　　　3　BCのみ　　　4　Dのみ
　　5　ABCDすべて

〔答〕　1

　A　正　蓄積されたエネルギーは加熱によりすべて解放されるので，再度読み取りはできない．
　B　誤　複数の素子とフィルタを組み合わせることにより，γ・X，β線，熱中性子

4. 個人被ばく線量の測定器

の測定が一つのバッジで分離して行える.
C 正 温度,湿度の影響を受けない.
D 正 フェーディングが極めて小さい.

問3 個人被ばく線量計に関する次の記述のうち,正しいものの組合せはどれか.
A TLD素子を一定の速度で昇温させて得られる温度-蛍光強度曲線を,グローカーブという.
B OSL線量計において,素子を光照射したとき現れる発光を,ラジオフォトルミネセンスという.
C 蛍光ガラス線量計の発光量が,放射線照射後しばらく経って安定する現象を,ビルドアップ現象という.
D 固体飛跡検出器を強アルカリ水溶液などで処理することを,エッチングという.
1 ACDのみ　　2 ABのみ　　3 BCのみ　　4 Dのみ
5 ABCDすべて

〔答〕 1

A 正 LiFでは100℃から発光が始まり,250℃で終了する.
B 誤 OSL線量計の発光は,輝尽発光である.ラジオフォトルミネセンスは,蛍光ガラス線量計からの発光である.
C 正 発光量が24時間程度で飽和する現象をビルドアップという.
D 正 反跳陽子によってできた傷をKOHやNaOH溶液で拡大することをエッチングという.

問4 蛍光ガラス線量計に関する次の文章の(A)と(B)に該当する語句について,正しいものの組合せは,下記の選択肢のうちどれか.
「蛍光ガラス線量計は(A)を素子の主材料とし,その素子に放射線が照射されると蛍光中心が形成され,(B)による刺激によって蛍光を発し,これを測定することで線量を評価できる.」

　　　　(A)　　　　　(B)
1　銀活性リン酸塩　　　紫外線

169

放射線の測定技術

  2 酸化アルミニウム　　　可視光
  3 硫酸カルシウム　　　　熱
  4 銀活性リン酸塩　　　　熱
  5 酸化アルミニウム　　　紫外線

〔答〕 1

  A 銀活性リン酸塩：蛍光ガラス線量計，酸化アルミニウム：OSL線量計，硫酸カルシウム：熱ルミネセンス線量計
  B 紫外線：蛍光ガラス線量計，可視光（緑色）：OSL線量計，熱：熱ルミネセンス線量計

問5　OSL線量計に関する次の記述のうち，正しいものの組合せはどれか．
  A　β線の測定には適さない．
  B　光輝尽性発光を利用している．
  C　0.1 mSv程度の測定はできない．
  D　フェーディングは小さい．
      1 AとB   2 AとC   3 BとC   4 BとD   5 CとD

〔答〕 4

  A　誤　β線の測定も可能である．
  B　正　光輝尽性発光はイメージングプレートでも用いられている．
  C　誤　数10μSvから測定可能である．
  D　正　フェーディングは極めて小さい．

問6　個人被ばく線量計に関する次のⅠ～Ⅲの文章の（　　）の部分に入る最も適切な語句，記号又は数値を，それぞれの解答群から1つだけ選べ．

Ⅰ　ごく最近まで，わが国の個人線量測定で中心的な役割を果たしてきた歴史ある（　A　）に代わって，新たに選択されたのが，銀活性リン酸塩（　B　）と，もう一方は，炭素添加のα酸化アルミニウムを素材にした（　C　）である．いずれも（　A　）より検出感度は（　D　）桁向上している．しかし，線量測定報告書には，例えば，従来どおり，1月間当たり（　E　）未満の場合には，ND, M あるいは X

4. 個人被ばく線量の測定器

などの記号と（ F ）を記録している．低線量の測定では，自然放射線による影響を精度良く評価するために（ G ）の役割は重要になる．

＜Ⅰの解答群＞

1　1　　　2　2　　　3　3　　　4　0.1 mSv　　5　1 mSv　　6　2 mSv
7　フィルムバッジ　　　　8　熱ルミネセンス線量計　　　9　蛍光ガラス線量計
10　OSL 線量計　　　11　累積回数　　　　　　　12　放射線のエネルギー
13　コントロールバッジ　　　14　サーベイメーター

Ⅱ　ある物質は放射線に照射されてから熱すると蛍光を発する．この現象を応用したのが（ A ）である．他方，ある物質が放射線に照射されたあとに（ B ）を当てるとそれ自身が蛍光を発する現象がある．これを（ B ）刺激ルミネセンスといい，発光の機構は（ A ）とよく似ているが，通常の熱刺激では発光しないより深いエネルギー準位の捕獲中心に捕らえられた電子を利用するのが特徴である．これが OSL 線量計である．

　　（ B ）刺激によって発光するという現象面では OSL 線量計と同じであるが，捕獲された電子のエネルギー準位がより安定な場合，（ B ）刺激によって蛍光を発した後，もとに戻る場合がある．この現象はラジオフォトルミネセンス（RPL）とよばれ，この現象を利用したものが（ C ）である．

　　（ D ）処理を経て黒化度の測定から線量評価をする（ E ）も，熱や（ B ）で刺激する検出素子も，いずれも検出素子それのみでは個人被ばく線量計とは言い難い．検出素子用の容器が放射線の種類，（ F ）などの補正を行える数種類の（ G ）を備え，検出素子と容器との一体構造でもって個人被ばく線量計としての働きをなしている．

＜Ⅱの解答群＞

1　赤外線　　　2　光　　　3　X　　　4　熱　　　5　現像
6　フェーディング　　　7　エネルギー　　　8　フィルムバッジ
9　熱ルミネセンス線量計　　　10　フィルタ　　　11　ポケット線量計
12　蛍光ガラス線量計

Ⅲ　前述の個人被ばく線量計は，いずれも，検出素子から発する蛍光を測定する加熱源や刺激用光源などを備えた（ A ）と称する装置でもって線量測定が行われる．し

放射線の測定技術

たがって放射線業務従事者は作業現場で刻々と累積される線量をリアルタイムで知ることはできない．そこで（ B ）の検出器とローリッツェン検電器の小型化で直読できる（ C ）の活躍する場がある．しかしこれも半導体検出器などの検出素子とICの組合せ，アラームメーター機能もある（ D ）になりつつある．

<Ⅲの解答群>

1 フィルムバッジ	2 ポケット線量計	3 OSL 線量計
4 熱ルミネセンス線量計	5 蛍光ガラス線量計	6 電子式線量計
7 フリッケ線量計	8 オーダー	9 リーダー
10 BF$_3$ 計数管	11 電離箱型	12 GM 計数管

〔答〕

Ⅰ A—7（フィルムバッジ）　　B—9（蛍光ガラス線量計）
　C—10（OSL 線量計）　　D—1（1）　　E—4（0.1 mSv）
　F—11（累積回数）　　G—13（コントロールバッジ）

　　ND，M，X 等は検出限界以下あるいは記録レベル以下を示す．測定サービス会社によって表現は異なる．

Ⅱ A—9（熱ルミネセンス線量計）　　B—2（光）
　C—12（蛍光ガラス線量計）　　D—5（現像）
　E—8（フィルムバッジ）　　F—7（エネルギー）
　G—10（フィルタ）

Ⅲ A—9（リーダー）　　B—11（電離箱型）
　C—2（ポケット線量計）　　D—6（電子式線量計）

　　半導体検出器（主としてSi半導体を使用）は，小型でも感度が高く，GM計数管式などに比較して印可電圧が低く，消費電力を低く抑えられるなど利点が多い．電子式の線量計では，積算線量の表示だけでなく，アラーム機能を持たせたり，線量率表示をしてサーベイメータとしての機能を持たせるなど多機能にすることができ，近年さまざまな種類のものが市販されている．

5. その他の測定器

5.1 中性子検出器

5.1.1 概　要

核分裂に伴って放出される中性子のエネルギースペクトルは，図 5.1 に示すように keV 領域から最大十数 MeV に分布し，数 MeV にピークがある．

一方遮蔽の外側では中性子は減速されるため，熱中性子から線源中性子の最大エネルギーまで，9桁以上のダイナミックレンジのある広いエネルギー範囲に分布する（図 5.1）．放射線安全管理の目的にはこの広いエネルギー範囲を網羅して測定する必要があり，その点で γ 線，X 線，β 線の測定とは違った困難がある．

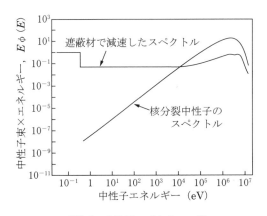

図5.1　中性子スペクトルの例

5.1.2 さまざまな測定法

中性子の測定には大きく分類して次の3種類があげられる.

1) 熱中性子に対して大きな断面積を持つ核反応を利用する方法

$^{10}BF_3$ ガスや ^3He ガスを充填した**比例計数管**に**熱中性子**を照射すると,それぞれ内部で ^{10}B (n, α) ^7Li 反応, ^3He (n, p) ^3H 反応が起きる.これらは発熱反応であるため,熱中性子による反応でも高速の荷電粒子が放出され,十分大きな信号が得られる.ここで ^{10}B は天然のホウ素に原子数で 20%含まれており,それを同位体濃縮したものである. ^3He は ^3H の壊変生成物として生産されることがある. ^{10}B (n, α) ^7Li 反応では天然のホウ素を用いることもできるが,感度は低下する.計数管の管壁に ^{10}B をコーティングしたものも使用される.**LiI (Eu) シンチレータ**中で発生する ^6Li (n, α) ^3H 反応によるシンチレーションを観測する方法もある.

2) 高速中性子と水素との弾性散乱による反跳陽子を利用する方法

プラスチックシンチレータや**有機液体シンチレータ**には多量の水素が含まれており,**反跳陽子**によるシンチレーションを観測することによって**高速中性子**を検出することができる.水素ガスやメタンガスを充填した比例計数管を用いることもある.

3) 中性子による放射化反応を利用する方法

^{115}In, ^{165}Dy, ^{197}Au などの**中性子捕獲反応**〔(n, γ)反応〕は熱中性子に対し比較的大きな断面積を持つことと,生成核種の半減期が数十分から数日と扱いやすい長さであること,放出 γ 線のエネルギーが Ge 検出器や NaI シンチレーション検出器で測定しやすいことの理由で熱中性子の測定によく用いられる.高速中性子の測定には適当な**しきいエネルギーを持った放射化反応**,例えば ^{32}S(n, p)^{32}P, ^{27}Al(n, α)^{24}Na 反応などさまざまな反応が利用される.

上記3種の方法では,熱中性子だけ,あるいは高速中性子だけしか測定することはできない.特に 3) の放射化による検出は,強い中性子場に対してしか適用できない.いずれの場合でも keV 領域の中性子を検出することはできないなど,

1)から3)の手法は放射線防護向きではなく,研究目的以外に適さない.

熱中性子検出器をポリエチレンやパラフィンなどの水素を多量に含む**減速材**で囲んだいわゆる**減速型検出器**がある.これは熱中性子から高速中性子まであらゆるエネルギー範囲に感度があるが,中性子のスペクトルが不明な限りその計数値から線量当量を算出することはできず,やはり放射線防護の実用に耐えるものではない.

5.1.3 中性子線量当量計

減速型中性子線量当量計(以前はレムカウンタともよばれた)は,熱中性子検出器を厚さ 10 cm 程度の**ポリエチレン製減速材**で覆ったものである(図 5.2).減速材内部に特殊な形状の熱中性子吸収体を入れることで図 5.3 に示すように検出器の感度を 1 cm 線量当量換算係数に合わせてある.したがって中性子のスペクトルにかかわらず検出器の計数は 1 cm 線量当量の値にほぼ比例するので,**線量当量値が直読**できる.

熱中性子検出器には $^{10}BF_3$ 比例計数管,又は ^3He 比例計数管,LiI シンチレーション検出器などが用いられる.中性子によるパルスは γ 線によるパルスに比べ

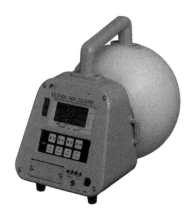

図5.2 減速型中性子線量当量計
(富士電機のカタログより)

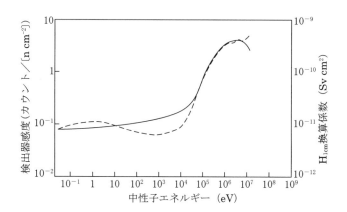

図5.3 レムカウンタの応答関数

て大きく, 波高分析器によってγ線パルスを計数しないようになっているので, 実用的には減速型線量当量計は中性子だけに感度があると考えてよい. 中性子に対する感度は十分高い.

減速型線量当量計は減速材のために比較的重く, 数kgから十数kgあること, やや高価であるなどの欠点があるが, 中性子による線量当量を簡便に測定可能な機器である.

複数のシンチレーション検出器などを組み合わせ, 1cm線量当量換算係数に比例する感度を有する中性子線量当量計も市販されている. この場合は減速型に比較して軽量であるという利点がある.

5.2 化学線量計

水溶液中の鉄やセリウムが放射線照射によって化学変化を起こすのを利用するもので, **γ線, X線, 電子線による大きな吸収線量**を測定するのに利用される.

放射線照射によって水がエネルギーを吸収し, ラジカルを介してエネルギーが溶質に伝えられて次式の化学変化を起こす. 変化量は主に吸光度測定によって知る.

$Fe^{2+} \to Fe^{3+}$ (鉄線量計)

$Ce^{4+} \to Ce^{3+}$ (セリウム線量計)

鉄線量計は特に**フリッケ線量計**と呼ばれ,放射線による**酸化反応**である.**セリウム線量計**は逆に**還元反応**である.溶液が 100 eV のエネルギーを吸収したときに変化する原子数を **G 値**と呼び,酸素を飽和した鉄線量計では 15.5,セリウム線量計では 2.45 である.

G 値はイオン濃度や線量率の変化に対する影響が小さい.しかし α 線などの線エネルギー付与(LET)の大きい粒子では顕著に G 値は小さくなる.^{3}H から放出される低エネルギー β 線では LET が大きく,やはり G 値は小さくなる.

5.3 アラニン線量計

アミノ酸の 1 種であるアラニンの粉末をパラフィンやフィルム中に分散させた固体線量計である.放射線照射によって生じるフリーラジカルの数を電子スピン共鳴(ESR)により測定する.γ 線をはじめとするさまざまな放射線による吸収線量を,約 1 から 10^5 Gy の広い範囲で測定可能であり,高い精度と安定性を有する.放射線滅菌,食品照射,高分子材料照射などの工程管理や基準線量計に広く利用されている.

5.4 ラジオクロミック線量計・PMMA 線量計

ラジオクロミック線量計は,放射線によって炭素鎖に重合反応が生じて着色する現象を利用したフィルム状の線量計であり,種類によって約 0.001 Gy から 1 MGy の範囲に適用できる.医療や食品照射,工業利用の線量管理に利用されている.線量測定には基準照射によって校正曲線を得ておくことが必要である.現像処理が不要であり,着色分布の測定には通常のスキャナーも利用できる.読み取りに光学顕微鏡を用いることによって μm の精度で線量分布を得ることも可能である.

PMMA(ポリメチルメタクリレート)線量計も吸収線量に応じた変色を利用するプラスチック線量計の一種である.専用のリーダーを使うものもある.約 100 Gy

から150 kGyの範囲を測定可能であり，放射線滅菌など工業利用の品質管理などに用いられている．

5. その他の測定器

〔演習問題〕

問1 次の文章の（　）の部分に入る最も適切な語句又は記号を，解答群から1つだけ選べ．

中性子線源の利用に際して必要な中性子線用サーベイメーターは，（ A ）から速中性子までの広いエネルギー範囲にわたって測定しなければならない．また，中性子による電離作用は直接作用ではなく，原子核との相互作用，すなわち（ B ）や（ C ）を利用している．（ B ）の代表的なものとして，^{3}He (n, p) ^{3}H，^{10}B（ D ）^{7}Liがある．

一般に，中性子線源からは（ E ）も放出されているので，（ E ）を分離して，中性子を選択的に測定する必要があり，（ F ）や^{3}Heを用いた比例計数管の周囲を（ G ）などで覆って，速中性子の一部を減速させて（ A ）として測定する工夫がなされている．

<解答群>

1　α線　　　2　β線　　　3　γ線　　　4　BF$_3$　　　5　熱中性子
6　中速中性子　　7　反跳　　8　核融合　　9　原子核反応
10　(n, γ)　　11　(n, p)　　12　(n, α)　　13　^{4}He　　14　鉛
15　ポリエチレン

〔答〕

A──5（熱中性子）　　B──9（原子核反応）　　C──7（反跳）
D──12 (n, α)　　E──3（γ線）　　F──4（BF$_3$）
G──15（ポリエチレン）

問2 次の検出器のうち，速中性子の計測によく使用されるものはどれか．

1　NaI(Tl)検出器
2　Ge検出器
3　プラスチック・シンチレーション検出器
4　BGO検出器

5　GM計数管

〔答〕　3

1　主にγ線スペクトル測定に使用される．
2　主に高分解能のγ線スペクトル測定に使用される．
3　プラスチック中の水素との弾性散乱を利用する．
4　主にγ線を高い検出効率で測定する．
5　β線やγ線の検出に使用される．

問3　次の記述のうち，正しいものの組合せはどれか．

A　物質が100 eVのエネルギーを吸収したときに変化を受ける原子又は分子の数をG値という．
B　放射線化学反応で，ラジカルを捕捉し反応に加わらないようにするために添加する物質を，ラジカルスカベンジャーという．
C　放射線照射によって，水溶液中の3価の鉄イオンが2価に還元される反応を利用している線量計がフリッケ線量計である．
D　放射線照射によって，水溶液中の3価のセリウムイオンが4価に酸化される反応を利用している線量計がセリウム線量計である．

　　1　AとB　　2　AとC　　3　AとD　　4　BとC　　5　BとD

〔答〕　1

A　正
B　正
C　誤　フリッケ線量計は2価の鉄イオンが3価に変化する酸化反応を利用する．
D　誤　セリウム線量計は4価のセリウムイオンが3価に変化する還元反応を利用する．

問4　化学線量計による放射線量測定に関する記述のうち，正しいものの組合せはどれか．

A　フリッケ線量計のG値は約34 eVである．
B　フリッケ線量計はFe^{2+}イオンの酸化反応を利用する．

5. その他の測定器

C　セリウム線量計は Ce^{4+} イオンの還元反応を利用する．
D　アラニン線量計は放射線重合反応を利用する．

1　AとB　　　2　AとC　　　3　BとC　　　4　BとD　　　5　CとD

〔答〕　3

A　誤　G 値とは，溶液が 100 eV のエネルギーを吸収したときに変化する原子数のことであり，単位は個である．フリッケ線量計（鉄線量計）の G 値は，およそ 15.5 である．なお，空気の W 値（物質を電離してイオン対を作るのに必要な平均エネルギー）は約 34 eV である．

B　正　フリッケ線量計（鉄線量計）は，放射線の照射により Fe^{2+} が Fe^{3+} に酸化されることを利用した線量計である．大線量の測定に用いられ，個人線量計としては適さない．

C　正　セリウム線量計は，放射線の照射により Ce^{4+} が Ce^{3+} に還元されることを利用した線量計である．低線量の測定は不可能であり，10〜50 kGy の大線量の測定に用いられる．

D　誤　アラニン線量計は，放射線の照射によりアラニン分子中のアミノ基が切断され，ラジカルが生成することを利用した線量計である．放射線照射により，吸収線量に比例して生じるラジカルの相対濃度を電子スピン共鳴（ESR）によって測定する．

6. 放射線測定の実際

6.1 計数値の統計

6.1.1 誤差の性質

1個の放射性の原子核が,ある1秒間の間に壊変する確率は,その放射性同位元素の壊変定数 λ (秒$^{-1}$) である.実際にこの原子核がいつ壊変するかは確率的な問題であり,全くわからない.

このような原子核が N 個あり,壊変にともなって放出される放射線をある検出器で計数する場合を考える.検出器の検出効率を ε,計数時間を t(秒)とする.放射線の放出率を100%,t が半減期に比べて十分短いとすれば,予想される計数 x_0 は,

$$x_0 = \varepsilon \lambda N t \qquad (6-1)$$

である.実際の計数値 x は,普通 x_0 と異なり,x_0 を中心にしてばらついた値にな

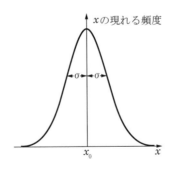

図6.1 正規分布曲線

6. 放射線測定の実際

る．

理論的に考察すると，N が大きいので，x の分布は**正規分布**[注]になることがわかる．そのとき正規分布の持つ標準偏差の値 σ は $\sqrt{x_0}$ である．分布の形を図示すると，図 6.1 のようである．x が $x_0 \pm \sigma$ の範囲の値になる確率は 68％，$x_0 \pm 2\sigma$ の範囲では 95％に，$x_0 \pm 3\sigma$ の範囲では 99.7％になる．

ふつう x は x_0 に近い値なので，$\sigma = \sqrt{x}$ としてもよい．すなわち，ある検出器で放射線を測定したときの計数値が x であったとすると，真の値 x_0 は 68％の確率で $x \pm \sqrt{x}$ の範囲にあり，95％の確率で $x \pm 2\sqrt{x}$ の範囲にあることになる．例えば計数値が 100 のとき，真の値は 68％の確率で 90 から 110 の間に，95％の確率

注）**ガウス分布**ともよぶ．σ を標準偏差，m を平均値（真の値である x_0 に相当）として，関数 $P(x) = \dfrac{1}{\sqrt{2\pi}\sigma} e^{-\dfrac{(x-m)^2}{2\sigma^2}}$ に従う確率分布である．$P(x)$ の最大値は $x = m$ のときであり，その時の高さは $P(m) = \dfrac{1}{\sqrt{2\pi}\sigma}$ である．$-\infty$ から m までの区間の積分値 $\int_{-\infty}^{m} P(x)\,dx$ は 0.5，同じく $\int_{m}^{-\infty} P(x)\,dx = 0.5$ である．また $\int_{m-\sigma}^{m+\sigma} P(x)\,dx = 0.68$，$\int_{m-2\sigma}^{m+2\sigma} P(x)\,dx = 0.95$，$\int_{m-3\sigma}^{m+3\sigma} P(x)\,dx = 0.997$ である．

計数値 x の分布が正規分布になるのは，x がある程度大きいときである．放射性核種の数が少ないときにも適用できるもっとも一般的な分布は，次の式 (i) であらわされる 2 項分布である．例えば，放射性核種の数が n，個々の核種が測定時間内に壊変してその放射線が検出される確率が p のとき，計数値が x となる確率分布 $P(x)$ は次式となる．

$$P(x) = \frac{n!}{(n-x)!\,x!}\,p^x (1-p)^{n-x} \qquad \text{(i)}$$

n が極めて大きく p が極めてゼロに近いときは，式 (i) は次のように変形できる．

$$P(x) = \frac{(\bar{x})^x e^{-\bar{x}}}{x!} \qquad \text{(ii)}$$

ここで $\bar{x}$ は x の平均値であり，$\bar{x} = pn$ である．式 (ii) をポアソン分布といい，$\bar{x}$ が数カウントと小さいときや，極端な場合はほぼゼロのときにも適用できる．ポアソン分布においても，標準偏差は $\sigma = \sqrt{\bar{x}}$ である．$\bar{x}$ が 20 ないし 30 以上のときは，式 (ii) はさらに簡略化されて正規分布となる．

で80から120の間にあるはずである．

σの値は測定値の誤差と考えてもよい．計数値の相対誤差（σ/x）は$\sqrt{x}/x$，すなわち$1/\sqrt{x}$で与えられる．計数値が100のときの測定誤差は10%，1000では3%，10000では1%ということになる．小さな相対誤差で測定するためには計数値を大きくする必要がある．したがって計数率が低いときは長時間の測定が必要になる．

6.1.2 誤差の伝播

放射線検出器で測定すると，測定試料を置かなくても必ず自然放射線による計数がある．この計数を**バックグラウンド**計数という．したがって正味の計数を求めるためには，試料があるときと無いときの両方を測定し，その差を求める必要がある．このときの正味の計数の持つ誤差を考えてみよう．試料を置いたときの計数をx，測定時間をt，置かないときの計数をx_b，測定時間をt_bとする．それぞれの誤差や計数率の誤差などを表にすると，

	計数時間	計数値とその誤差	計数率とその誤差
試料	t	$x \pm \sqrt{x}$	$\dfrac{x}{t} \pm \dfrac{\sqrt{x}}{t}$
バックグラウンド	t_b	$x_b \pm \sqrt{x_b}$	$\dfrac{x_b}{t_b} \pm \dfrac{\sqrt{x_b}}{t_b}$

正味の計数率（$x/t - x_b/t_b$）**の持つ誤差**σ_nは，一般的な誤差伝播の法則から次のように求められる．

$$\sigma_n = \sqrt{(\sqrt{x}/t)^2 + (\sqrt{x_b}/t_b)^2} = \sqrt{x/t^2 + x_b/t_b^2} \tag{6-2}$$

となる．

次に計算が割り算の場合を考えてみる．放射能が未知の，ある線源を測定したとき，正味の計数率がx_n（s^{-1}），その誤差がσ_nであったとする．測定器の検出効率がεで，その誤差がσ_εとわかっているとき，線源の放射能s（Bq）と，その誤差σ_sは，

$$s = x_n / \varepsilon \tag{6-3}$$

6. 放射線測定の実際

$$\sigma_s = \frac{x_n}{\varepsilon} \sqrt{\left(\frac{\sigma_n}{x_n}\right)^2 + \left(\frac{\sigma_\varepsilon}{\varepsilon}\right)^2} \tag{6-4}$$

となる.（線源は1壊変当たり1個の放射線を放出するとして計算している.）

　計算式が掛け算の場合も含めて，誤差の伝播に関する式をまとめてみる．測定値 x_1 と x_2 から y を求めるとき，μ_1, μ_2 をそれぞれ x_1, x_2 の持つ誤差，σ を y の持つ誤差とすると，次のようになる.

$$y = x_1 \pm x_2 : \sigma = \sqrt{\mu_1^2 + \mu_2^2} \tag{6-5}$$

$$y = x_1 \times x_2 : \sigma = (x_1 \times x_2)\sqrt{(\mu_1/x_1)^2 + (\mu_2/x_2)^2} \tag{6-6}$$

$$y = x_1 / x_2 : \sigma = (x_1 / x_2)\sqrt{(\mu_1/x_1)^2 + (\mu_2/x_2)^2} \tag{6-7}$$

　バックグラウンドと試料の測定時間の合計が限られるとき（すなわち t と t_b の和が一定のとき），正味の計数率の誤差を最小にするには t と t_b の配分を適切にする必要がある．(6-2)式を微分することによって，

$$t : t_b = \sqrt{(試料を置いたときの計数率)} : \sqrt{(バックグラウンド計数率)}$$

とすればよいことがわかる．たとえば試料を置いたときの計数率がバックグラウンド計数率の100倍高ければ，バックグラウンドの測定時間は試料の測定時間の10分の1にするのがよい．試料の放射能が弱くバックグラウンド計数率との差が小さいときは，両者の計数時間をほぼ同じにするとよい．

6.1.3 時定数

　サーベイメータなどでは計数率をメータの針の振れで表示するものが多い．メータの表示は計数値の統計的ゆらぎから常に揺れる．この揺れの大きさは抵抗（R [Ω]）とコンデンサ（C [F]）で作られている計数率計の**時定数**（$\tau = R \cdot C$）［秒］に依存する．メータは 2τ の測定時間の計数値［計数率×2τ]（$= x$）を表わしていると考えることができ，x が大きければ相対誤差（$1/\sqrt{x}$）は小さくなるのでメータの揺れは小さくなる．したがって計数率が小さく揺れが大きい時は，スイッチを切り替えて τ の値を大きくすれば揺れは小さくなる．τ が大きいと計数率を正確に読むことはできるが，計数率の変化に対する追随は遅くなる．すなわち，

無限時間経過した後の指示値をM_0とすると，測定を開始してからt秒後の指示値Mは，$M=M_0(1-e^{-t/\tau})$にしたがって増加する．すなわち時定数の2倍ではMはM_0の86%にしか達しない．最低3倍経過した95%以上を示すようになってから読み取る必要がある．

6.2 空間線量の測定

6.2.1 γ線，X線測定

測定する量は主として1cm線量当量率である．持ち運びの容易な**サーベイメータ**では，**電離箱式，GM管式，NaIシンチレーション式**が一般的である．これらをエネルギー特性，感度の点から優劣をつけると次のようになる．

エネルギー特性：

電離箱式―良　GM管式―普通　NaIシンチレーション式―不良

感度：NaIシンチレーション式―高　GM管式―中　電離箱式―低

電離箱式，GM管式では普通μSv/h単位で表示されるが，NaIシンチレーション式ではcps（カウント/秒）単位が普通で，線量当量率の測定には用いられない．

電離箱式でβ線測定用の窓のあるものではそれを閉じ，GM管式ではキャップをかぶせて使用する（図6.2, 6.3）．

NaI（あるいはCsI）検出器では，光電子増倍管（あるいはフォトダイオード）の出力パルスの高さは入射γ線のエネルギーに依存している．このことを利用して，パルスの高さを数値データに変換し，値に応じた係数を乗じて加算，表示することで電離箱式と同程度の良好なエネルギー特性を有するNaIシンチレーション式サーベイメータが市販されている．この型では表示はμSv/h単位である．エネルギー特性の補償の方法には，この他に波高分析器のディスクリミネーションレベルを適当な関数に従って時間的に変化させる方法もある．

NaIシンチレーション式サーベイメータは，ふつう50keV以下のγ，X線には感度がないため，X線装置や低エネルギーγ，X線放出核種には用いることはできない．

サーベイメータは検出器と電子回路が一体化しているものが多いが，この場合

6. 放射線測定の実際

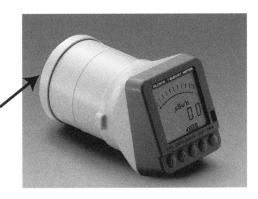

β線, 極低エネルギーX線測定のときはこのキャップをはずす

図6.2 電離箱式サーベイメータ
（日立アロカメディカル(株) ICS-331のカタログより）

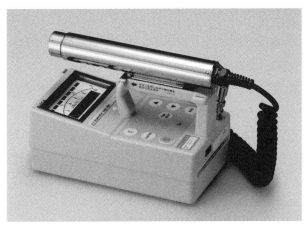

β線測定の時はこのキャップをはずす

図6.3 GM管式サーベイメータ
（日立アロカメディカル(株) TGS-131のカタログより）

187

放射線が回路部分によって遮蔽されるため，方向によって感度が低下する．これを感度の**方向特性**（「方向依存性」ともいう）という．

一ヶ所に固定して，その場所での空間線量率を連続して測定する**エリアモニタ**にも同様に 3 種類ある．エネルギー特性も同様である．エリアモニタでは大きさに厳しい制限が無いため，電離箱式でも大型で高い気圧にすることで高感度にできる．NaI シンチレーション式のエリアモニタにも，サーベイメータと同様にエネルギー特性を補償した型がある．

6.2.2 中性子線測定

減速型線量当量計（レムカウンタとも呼ばれる）など，1 cm 線量当量を直読できる測定器を用いる．エリアモニタでも同様である．

6.3 放射能の測定（密封線源の健全性検査）

密封線源の取扱においては，線源の密封性が損なわれて**線源表面が汚染**されていないかを検査することが大切である．

一般に表面汚染検査では，サーベイメータを近付けて直接測定する方法と，ろ紙などでふき取りそれを測定する**ふき取り法**（**スミア法**とも呼ぶ）の 2 種類ある．しかしこの場合では，前者はバックグラウンドが高く適用できない．ふき取り法でふき取ったろ紙は，β線放出核種（ほとんどのγ線放出核種も含まれる）では **GM 管式**（広窓式がよい），^{63}Ni などの低エネルギーβ線放出核種ではガスフロー薄窓型比例計数管式，α線放出核種（ほとんどの中性子線源も含まれる）では **ZnS シンチレーション式**や半導体式のサーベイメータで測定できる．核種の同定が必要な場合は，γ線放出核種では Ge 半導体検出器，低エネルギーの X 線放出核種では Si(Li) 半導体検出器，α線放出核種では Si 表面障壁型半導体検出器又はイオン注入型検出器が有効である．

6.4 個人被ばく線量の測定

積算線量を測定するためには，**蛍光ガラス線量計**，**OSL 線量計**等がγ線，X

6. 放射線測定の実際

線，β線用に広く利用されている．**固体飛跡検出器**は中性子の測定に利用できる．**電子式線量計**は作業中いつでも被ばく線量を知ることが可能であるし，高い線量率の場で一回の作業による被ばくの上限を管理する必要があるときは**アラームメータ**を利用するとよい．

線量計を1個装着するときは，男では胸部，妊娠可能な女では腹部に付けることが，法令で決められている．

放射線作業では手，指など体の一部が大きく被ばくする場合がある．このような局所被ばくは，小さな熱蛍光線量計をプラスチック製の指輪の内部に納めたものなどを用いて測定する．この指輪は**リングバッジ**と呼ばれる．

表 6.1 主な放射線検出器のまとめ

検出器	相	測定対象	測定モード	サーベイメータとしての利用(空間線量測定/汚染検査)	備 考	本文ページ
電離箱	気体	$\gamma, X, (\beta)$	平均値	○ 空*	良好なエネルギー特性	106
比例計数管	気体	β, α	パルス	○ 汚	$^3H, ^{63}Ni$用サーベイメータあり	111
	気体 ($BF_3, ^3He$)	熱中性子	パルス	○ 空	減速材を付けてレムカウンタとして使用	175
GM計数管	気体	β, γ, X	パルス	○ 空,汚	比較的安価,広く普及	115
シンチレーション検出器						
NaI(Tl)	固体(結晶)	γ, X	パルス	○ 空	高感度,潮解性	135
CsI(Tl)	固体(結晶)	γ, X	パルス	○ 空		141
BGO	固体(結晶)	γ, X	パルス	△ 空	高感度,高い比重,高い原子番号	141
ZnS(Ag)	固体(多結晶)	α	パルス	○ 汚		142
LiI(Eu)	固体(結晶)	熱中性子	パルス	○ 空		174
プラスチック	固体	β	パルス	○ 汚		142
		γ, X	パルス	△ 空	大型で自由な形状を作成可能	142
		速中性子	パルス	×	研究用**	174
アントラセン スチルベン	固体(有機結晶)	γ, α, β 速中性子	パルス	×	研究用.最近ではあまり使われない	142
有機液体	液体	β, α	パルス	×	内部線源計測	142
		速中性子	パルス	×	研究用	174

放射線の測定技術

検出器	相	測定対象	測定モード	サーベイメータとしての利用(空間線量測定/汚染検査)	備考	本文ページ
半導体検出器						
Ge	固体(結晶)	γ, X	パルス	△	使用時のみ冷却,高いエネルギー分解能	144
Si(Li)	固体(結晶)	γ, X(低エネルギー)	パルス	×	液体窒素で冷却,高いエネルギー分解能	151
Si表面障壁型		α, β	パルス	○ 汚		151
イオン注入型	固体(結晶)	α	パルス	×	常温で使用,試料とも真空箱内に入れて測定	151
		α, β	パルス	○ 汚	αとβを弁別して測定	151
Si	固体(結晶)	γ, X, β	パルス	○ 空	個人被ばく線量計などに急速に利用拡大	152
イメージングプレート	固体	X, β	平均値	×	吸収線量の2次元分布を測定	152
蛍光ガラス線量計	固体	γ, X, β	平均値	×	個人被ばく線量測定,高感度,積算測定が可能	159
OSL線量計	固体	γ, X, β	平均値	×	個人被ばく線量測定,高感度	160
熱蛍光線量計	固体	γ, X, β 熱中性子	平均値	×	個人被ばく線量測定,高感度	162
フィルムバッジ	固体	γ, X, β 熱中性子 速中性子	平均値	×	個人被ばく線量測定	163
固体飛跡検出器	固体	速中性子,熱中性子	平均値	×	個人被ばく線量測定	165
電子式個人線量計	固体	γ, X, β 熱中性子 速中性子	パルス	○ 空	様々な機能の機器があり,サーベイメータ兼用もあり	165
化学線量計	液体	γ, X, β	平均値	×	大線量測定の標準的な線量計	176
アラニン線量計	固体	γ, X, β	平均値	×	大線量高精度測定の標準的な線量計	177
ラジオクロミック線量計	固体	γ, X, β	平均値	×	大線量測定,2次元分布測定も可	177
PMMA線量計	固体	γ, X, β	平均値	×	大線量測定	177

*○はすでにサーベイメータとして販売されているもの,△は著者の知る範囲では販売されていないが開発可能と思われるもの,×は原理的に不可能なものを示す。「空」と「汚」の別はサーベイメータが空間線量測定のためのものか,表面汚染測定のためのものかを示す。
**研究用とあるのは,実務的な放射線安全管理で使われることはほとんどないことを示す。

6. 放射線測定の実際

〔演 習 問 題〕

問 1 120 秒で 2500 カウントの計数が得られたとき,計数率(cps)の誤差として,最も近いものは次のうちどれか.

1 0.04   2 0.2   3 0.4   4 2   5 20

〔答〕 3

計数値とその誤差は $2500 \pm \sqrt{2500} = 2500 \pm 50$

計数時間は 120 秒なので,求める計数率とその誤差は

$$\frac{2500}{120} \pm \frac{50}{120} \fallingdotseq 20.8 \pm 0.4$$

問 2 ある試料を 5 分間測定したとき,計数率は毎分 500 カウントであった.計数率に対する相対標準偏差(%)として最も近い値は,次のうちどれか.

1 0.5   2 1   3 2   4 5   5 7

〔答〕 3

得られた計数値は,500 カウント/分×5 分＝2500 カウント

標準偏差 $\sigma = \sqrt{2500} = 50$ カウント

相対標準偏差は$(50/2500) \times 100 = 2\%$

問 3 計数値の統計誤差(相対標準偏差)を 5%以下にするために必要な最小の計数値として最も近い値は,次のうちどれか.

1 100   2 200   3 400   4 1000   5 2500

〔答〕 3

計数値を x とすると,通常の場合,x の分布は正規分布になる.

その正規分布を持つ標準偏差の値 σ は予測される計数値を x_0 とすると,$\sqrt{x_0}$ となる.

普通 x は x_0 に近い値なので,　　$\sigma = \sqrt{x}$

ここで, σ の値を測定値の誤差と考えると,計数値の相対標準偏差(σ/x)は $\sqrt{x}/x$, すなわち, $1/\sqrt{x}$ で与えられる.

計数値の統計誤差を5％以下にする計数値を x とすると,
$$1/\sqrt{x} \leq 0.05$$
$x \geq 0$ より, $\sqrt{x} \geq 20$ ∴ $\underline{x \geq 400}$

問4 試料の全計数率が 300 ± 15 cpm, バックグラウンド計数率は 20 ± 5 cpm であった. 正味の計数率とその誤差の表示(cpm)として正しいものは,次のうちどれか.

1　280 ± 6　　2　280 ± 10　　3　280 ± 12　　4　280 ± 16
5　280 ± 20

〔答〕　4

正味の計数率と標準偏差は, $(300-20) \pm \sqrt{15^2+5^2} = 280 \pm 15.8$ である.

問5 時定数20秒の計数率計で放射線を測定し,計数率 600 cpm を得たとする. この計数率の統計誤差（標準偏差）[cpm] として最も近い値は,次のうちどれか.

1　1　　2　3　　3　10　　4　30　　5　100

〔答〕　4

計数率を測定する機器では,時定数 τ の2倍の時間の計数に基づいて表示されると考えることができる. 600 cpm＝10 cps であるから, $\tau = 20$ s の機器では $10 \times 20 \times 2 = 400$ カウントの計数に相当するため,相対的な標準偏差は $1/\sqrt{400} = 1/20 = 0.05$ である. したがって統計誤差は, $600 \times 0.05 = 30$ cpm である.

問6 GM管式サーベイメータの指示が1200 cpmを示している. 時定数は10秒に設定していた. このときの相対標準偏差（％）は,次のうちどれか.

1　1　　2　5　　3　10　　4　15　　5　20

〔答〕　2

指示値を換算すると20 cpsである. 相対標準偏差は,時定数の2倍の測定時間の計数に相当するから, $\dfrac{\sqrt{20 \times 2 \times 10}}{20 \times 2 \times 10} = \dfrac{1}{20} = 0.05 = 5\%$ である.

6. 放射線測定の実際

問7 物理量 X の測定値が A でその不確かさ（標準偏差）が a であり，物理量 Y の測定値が B でその不確かさが b であるとき，次の文章のうち正しいものの組合せはどれか．ただし，X と Y は独立である．

A　$X+Y$ の期待値は $A+B$ であり，その不確かさは $\sqrt{a^2+b^2}$ である．

B　$X-Y$ の期待値は $A-B$ であり，その不確かさは $\sqrt{a^2-b^2}$ である．

C　XY の期待値は AB であり，その不確かさは $AB\sqrt{\left(\dfrac{a}{A}\right)^2+\left(\dfrac{b}{B}\right)^2}$ である．

D　$\dfrac{X}{Y}$ の期待値は $\dfrac{A}{B}$ であり，その不確かさは $\dfrac{A}{B}\sqrt{\left(\dfrac{a}{A}\right)^2-\left(\dfrac{b}{B}\right)^2}$ である．

　　1　AとB　　2　AとC　　3　BとC　　4　BとD　　5　CとD

〔答〕　2

　　誤差の伝搬に関連した数学の知識を問われている．$X=A\pm a$，$Y=B\pm b$ の場合における加減乗除の正しい数式を以下に示す．

$$X+Y = A+B \pm \sqrt{a^2+b^2}$$
$$X-Y = A-B \pm \sqrt{a^2+b^2}$$
$$X\times Y = AB \pm AB\sqrt{\left(\dfrac{a}{A}\right)^2+\left(\dfrac{b}{B}\right)^2}$$
$$X\div Y = \dfrac{A}{B} \pm \dfrac{A}{B}\sqrt{\left(\dfrac{a}{A}\right)^2+\left(\dfrac{b}{B}\right)^2}$$

加減乗除の全てにおいて平方根の中は二乗同士の和（プラス）になる．よって，選択肢中で平方根の中が差（マイナス）になっている B と D が誤りである．

問8　サーベイメータによる γ 線の線量率測定に関する次の記述のうち，正しいものの組合せはどれか．

A　少なくとも，時定数の2〜3倍の時間を待って後指示値を読み取る必要がある．

B　NaI(Tl)シンチレーション式は，電離箱式より感度は高い．

C　数種類のエネルギーの γ 線が混在する場所で，数 $10\,\mu\mathrm{Sv\cdot h^{-1}}$ 程度の線量率が予想されるので，電離箱式を使った．

D　GM管式を使用する場合，エネルギー特性が悪いことに留意すべきである．

1　ACDのみ　　2　ABのみ　　3　BCのみ　　4　Dのみ
5　ABCDすべて

〔答〕　5

A　正　線量率をH_0，指示値をH，時定数をτ，スイッチを入れてからの時間をtとすれば，$H=H_0[1-\exp(-\dfrac{t}{\tau})]$となる．待ち時間$\tau$では$H$は$H_0$の63％，2$\tau$では86％，3$\tau$では95％になる．

B，C，D　正

問9　サーベイメータに関する次の記述のうち，<u>適切でない</u>ものはどれか．
1　電離箱式サーベイメータにより，γ線の1cm線量当量率を測定する．
2　GM管式サーベイメータにより，γ線の1cm線量当量率を測定する．
3　GM管式サーベイメータにより，β線の計数率を測定する．
4　NaI(Tl)シンチレーション式サーベイメータにより，β線の計数率を測定する．
5　レムカウンタにより，高速中性子線を測定する．

〔答〕　4

1，2，3，5　正
4　誤　NaI(Tl)は高原子番号のため，後方散乱が顕著でβ線測定には適さない．

問10　次の放射線検出器と放射線の関係のうち，正しいものの組合せはどれか．
A　NaI(Tl)シンチレーション検出器　　－　α線
B　GM計数管　　　　　　　　　　　　　－　β線
C　電離箱　　　　　　　　　　　　　　－　γ線
D　ZnS(Ag)シンチレーション検出器　　－　中性子線
1　AとB　　2　AとC　　3　BとC　　4　BとD　　5　CとD

〔答〕　3

A　誤　NaI(Tl)シンチレーション検出器はγ，X線の測定用．
B　正　β，γ，X線を測定できる．
C　正　γ，X，(β)線を測定できる．

6. 放射線測定の実際

D　誤　ZnS(Ag)シンチレーション検出器は α 線測定用.

問 11　サーベイメータのバックグラウンド測定に関する次の記述のうち，正しいものの組合せはどれか.

A　GM 管式の場合，時定数を短く設定する方が適切である.

B　空間線量率用の GM 管式の方が，同体積の NaI(Tl)シンチレーション式よりも高い計数率を示す.

C　GM 管式表面汚染検査用サーベイメータでは，検査窓面積の大きい方が計数率は低い.

D　α 線も検出できる端窓型 GM 管式の方が，同じ窓面積の ZnS(Ag)シンチレーション式よりも高い計数率を示す.

1　ACD のみ　　2　AB のみ　　3　BC のみ　　4　D のみ

5　ABCD すべて

〔答〕　4

A　誤　計数率が低いため，精度を上げるためには時定数を長くする方が適切である.

B　誤　GM 管式の方が検出効率は小さいため，低い計数率を示す.

C　誤　検査窓面積の大きい方がバックグラウンドに対する検出効率も高いため，計数率は高い.

D　正　ZnS(Ag)シンチレーション式サーベイメータはほぼ α 線だけを検出するため，バックグラウンド計数率は GM 管式に比較してはるかに小さい.

問 12　放射線のエネルギー分布測定において，放射線検出器と放射線の組合せとして，適切なものは次のうちどれか.

A　Si 半導体検出器　　　　　　　　　－　　α 線

B　GM 計数管　　　　　　　　　　　－　　β 線

C　NaI(Tl)シンチレーション検出器　－　　γ 線

D　比例計数管　　　　　　　　　　　－　　特性 X 線

1　ACD のみ　　2　AB のみ　　3　AC のみ　　4　BD のみ

5 BCD のみ

〔答〕 1

A ○ 表面障壁型の Si 半導体検出器は α 線の測定器であり、スペクトル測定に用いられる．

B × GM 計数管では，高電圧により増幅を掛けるため，全ての入射放射線が一定のパルス波高を示すようになる．そのため，エネルギーの情報が消え分布を測定することができない．

C ○ NaI(Tl) シンチレーション検出器では，入射した γ 線のエネルギーに比例した可視光が放出され光電子増倍管によって増幅することで，γ 線のエネルギーに比例したパルスが出力される．

D ○ 比例領域では，出力パルスの高さが最初に発生した電子—イオン対の数に比例することから入射放射線のエネルギー情報が残る．ベリリウムやアルミニウム窓付きの比例計数管で特性 X 線のスペクトル測定ができる．

問 13 バックグラウンド計数値の標準偏差の 3 倍を検出下限値としたとき，表面汚染サーベイメータの検出下限値 $[\text{Bq}\cdot\text{cm}^{-2}]$ として最も近い値は，次のうちどれか．なお，測定時間は 60 秒，バックグラウンド計数値は 100 カウント，機器効率は 40％，線源効率は 50％，入射窓面積は $20\,\text{cm}^2$ とする．

1　2.0×10^{-2}　　2　3.1×10^{-2}　　3　4.2×10^{-2}　　4　1.3×10^{-1}
5　5.0×10^{1}

〔答〕 4

バックグラウンド計数値の標準偏差はカウント数の平方根である．標準偏差は $\sqrt{100}=10$ となるので，検出下限値はその 3 倍の 30 カウントとなる．測定時間 60 秒で 30 カウントは，$30／60=0.5[\text{cps}]$ である．機器効率 40％，線源効率 50％ から，放射能は $0.5／(0.4\times0.5)=2.5[\text{Bq}]$ となる．窓面積の $20\,\text{cm}^2$ で割ることにより，表面汚染の検出下限値は $2.5／20=1.25\times10^{-1}[\text{Bq}/\text{cm}^2]$ となる．

問 14 電離箱による照射線量（率）測定及び電離箱式サーベイメータに関する次の I，

6. 放射線測定の実際

IIの文章の　　　　の部分に入る最も適切な語句，記号，数値又は数式を，それぞれの解答群から1つだけ選べ．

I　空気中（湿度0%）のある点に，微小領域を想定する．この点における照射線量とは，　A　の照射により，その微小領域内部で発生する全ての二次電子（陽電子を含む）が，空気中で止まるまでに生成する正負いずれか一方の電荷（以下，単に電荷という．）の全てを，その微小領域の空気の　B　で除した値である．空気を検出気体として用いた電離箱では，照射線量の良い近似値を測定することができる．

電離箱の有感領域で発生した二次電子の一部は，有感領域の外へ飛び出し，有感領域の外で　C　を作る．このようにして有感領域の外に生じた電荷が，領域外で発生する二次電子により領域内で作られる　C　の電荷で補償されるとき，照射線量の測定が可能となる．照射線量の測定を目的とした電離箱（以下，単に電離箱線量計という．）では，壁の主材に，　D　などの　E　の物質を用いることにより，壁の中で発生する二次電子により電荷の補償が行われるように工夫されている．

容積 $1,000\ \mathrm{cm}^3$ の電離箱線量計に放射線を照射したところ $10\ \mathrm{pA}$ の電流が得られたとする．このとき，単位時間当たりに発生している電荷は，　ア　$\mathrm{C \cdot h^{-1}}$ と計算されるので，電離箱線量計の置かれている場所の照射線量率は，空気の密度を $0.0012\ \mathrm{g \cdot cm^{-3}}$ とすると，　イ　$\mathrm{C \cdot kg^{-1} \cdot h^{-1}}$ と算出される．

電離箱線量計により，照射線量率 $X\ [\mathrm{C \cdot kg^{-1} \cdot h^{-1}}]$ が得られたとき，その場所における空気吸収線量率 $D\ [\mathrm{Gy \cdot h^{-1}}]$ は，次のようにして計算することができる．

$$D = \frac{\text{単位時間当たりの}\ \boxed{C}\ \text{生成数} \times \text{空気の}\ \boxed{F} \times 1.602 \times 10^{-19}}{\text{電離箱内の空気の}\ \boxed{G}} \tag{1}$$

$$X = \frac{\text{単位時間当たりの}\ \boxed{C}\ \text{生成数} \times \boxed{H}}{\text{電離箱内の空気の}\ \boxed{G}} \tag{2}$$

(1)，(2)式より，D と X を関係付ける(3)式が導出される．

$$D = X \times \frac{\text{空気の}\ \boxed{F} \times 1.602 \times 10^{-19}}{\boxed{H}} \tag{3}$$

(1)及び(3)式の中の 1.602×10^{-19} は，エネルギーの単位を換算するための定数［　ウ　］である．(3)式から分かるように，D の数値は，X の数値におおよそ［　エ　］を乗じた値となる．

<A，Bの解答群>
1　全ての種類の荷電粒子　　　2　光子　　　　　　　3　中性子
4　全ての種類の放射線　　　　5　圧力　　　　　　　6　質量
7　体積　　　　　　　　　　　8　密度　　　　　　　9　質量阻止能

<Cの解答群>
1　制動放射線　　　　　　　　2　δ線　　　　　　　3　フリーラジカル
4　電子 - 陽電子対　　　　　　5　電子 - イオン対　　6　電子 - 正孔対

<D，Eの解答群>
1　アクリル樹脂　　2　タングステン　　3　黄銅　　　　　4　鉛
5　空気等価　　　　6　高原子番号　　　7　高密度　　　　8　絶縁性

<ア，イの解答群>
1　7.2×10^{-9}　　2　3.6×10^{-8}　　3　6.0×10^{-7}　　4　1.2×10^{-6}
5　3.0×10^{-5}　　6　7.2×10^{-4}　　7　3.6×10^{-3}　　8　6.0×10^{-2}
9　1.2×10^{-1}　　10　3.0

<F〜Hの解答群>
1　質量　　　　　2　体積　　　　　　3　密度　　　　　　4　圧力
5　W値　　　　　6　実効原子番号　　7　質量減弱係数　　8　質量阻止能
9　電気素量　　　10　線量係数　　　11　移動度　　　　　12　平均分子量

<ウの解答群>
1　$eV \cdot Gy^{-1}$　　2　$eV \cdot J^{-1}$　　3　$Gy \cdot eV^{-1}$　　4　$J \cdot eV^{-1}$　　5　$J \cdot Gy^{-1}$

<エの解答群>
1　1.3×10^{-5}　　2　6.0×10^{-3}　　3　0.16　　4　34　　5　980

II　放射線施設の管理に用いられるサーベイメータの一つに，電離箱式サーベイメータがある．このサーベイメータは，方向特性と［　I　］に優れており，散乱線の多い場所での使用に適している．また，通常，線量率に加え，［　J　］を測定する機能が備わっており，X線撮影のように，放射線が瞬間的にしか出ない場合にも使用できる．

6. 放射線測定の実際

電離箱式サーベイメータの多くは，| K |（率）の値が表示されるように校正されている．| K |（率）は，同じ場所の空気吸収線量（率）よりも一般的に大きく，線源が ^{137}Cs の場合，その比は約 | オ | である．

電離箱式サーベイメータには，検出部の先端に着脱できるカバー（キャップ）が付属している機種が多い．通常はキャップを付けたまま使用するが，| L | を検知するときにはキャップをはずす．また，線量率が変化した場合，しばらく待ってから数値を読み取る必要があるが，その時間は，アナログ表示の機器の場合，出力回路の静電容量と並列抵抗の | M | で与えられる | N | に関係している．サーベイメータを | N | τ 秒で使用しているとき，線量率が 0 からある値に変化したとする．線量率が変化してから t 秒後の指示値は，飽和指示値の | O | 倍となる．

<I，J の解答群>

1 エネルギー特性　　2 感度　　　　　3 分解能　　　　4 SN 比
5 計数率　　　　　　6 ピーク線量率　7 積算線量　　　8 パルス波高分布

<K の解答群>

1 空気カーマ　　2 実効線量　　3 1cm 線量当量　4 方向性線量当量

<オの解答群>

1 1.2　　　　2 2.2　　　　3 3.2　　　　4 4.2　　　　5 5.2

<L〜N の解答群>

1 α線　　　　2 β線　　　　3 α線とβ線　　4 熱中性子
5 和　　　　　6 差　　　　　7 積　　　　　　8 商
9 回復時間　　10 時定数　　　11 遅延時間　　　12 分解時間

<O の解答群>

1 $1-\exp(-t/\tau)$　　2 $\exp(-t/\tau)$　　3 $1-\exp(-0.693t/\tau)$
4 $\exp(-0.693t/\tau)$　5 $1-\exp(0.693\tau/t)$　6 $\exp(\tau/t)$

〔答〕

I　A——2（光子）　　　　　B——6（質量）
　　C——5（電子・イオン対）　D——1（アクリル樹脂）　E——5（空気等価）
　　F——5（W 値）　　　　　G——1（質量）　　　　H——9（電気素量）
　　ア——2（3.6×10^{-8}）　イ——5（3.0×10^{-5}）　ウ——4（$J\cdot eV^{-1}$）

エ──4（34）

[A]

照射線量は光子が空気と相互作用する場合に定義される量である．

[B]

照射線量 X の定義は，電荷を q [C]，有感領域の空気の質量を m [kg] として，$X = \dfrac{q}{m}$ で定義される．

[C]

有感領域の内部で発生した2次電子が，有感領域から逃れて領域の外で生成する電子‐イオン対の数と，有感領域の外で発生した2次電子が領域に入り込み，領域内部で生成する電子‐イオン対数とが釣り合うことを2次電子平衡が成立しているという．

[D]，[E]

照射線量測定用の電離箱の壁（外側の電極）は，実効的な原子番号が小さく，空気と等価な物質であるアクリル樹脂などのプラスチックの内面に導電性を持たせて作られることが多い．

[ア]

毎時生成する電荷 Q は，$1\,\text{pA} = 1 \times 10^{-12}\,\text{A}$ であるから，
$$Q = 10 \times 10^{-12} \times 60 \times 60 = 3.6 \times 10^{-8}\,\text{C} \cdot \text{h}^{-1}$$

[イ]

照射線量率 X は，
$$X = \frac{3.6 \times 10^{-8}}{0.0012 \times 10^{-3} \times 1000} = 3.0 \times 10^{-5}\,\text{C} \cdot \text{kg}^{-1} \cdot \text{h}^{-1}$$

[F]，[G]

吸収線量 D [Gy] は，ある領域の物質が吸収したエネルギー ε [J] を，その領域の物質の質量 m [kg] で割った値，$D = \dfrac{\varepsilon}{m}$ である．電子‐イオン対を1つ生成するのに要する平均エネルギーはW値（単位は通常 eV）であるから，
$$\varepsilon = [\text{単位時間当たりの電子‐イオン対生成数}] \times [\text{空気のW値}] \times 1.602 \times 10^{-19}$$

ここで 1.602×10^{-19} は，eV単位のエネルギーをJ単位に変換する係数である．

6. 放射線測定の実際

また，電離箱の内部は空気が満たされているため，

$$m = [\text{電離箱内の空気の質量}]$$

[H]

生成する電荷は，生成する電子‐イオン対数に電気素量（1.602×10^{-19} C）を乗じて得られる．

[ウ]

eV 単位の値 x を J 単位の値 y に換算する定数 C は，換算の式が $y\,[\text{J}] = x\,[\text{eV}] \times C$ であるから，$C = \dfrac{y\,[\text{J}]}{x\,[\text{eV}]}$ であり，単位は $\text{J} \cdot \text{eV}^{-1}$ である．

[エ]

電子に対する空気の W 値は 34.0 eV である．したがって，

$$D = X \times \frac{34.0 \times 1.602 \times 10^{-19}}{1.602 \times 10^{-19}} = X \times 34.0$$

II　I——1（エネルギー特性）　　J——7（積算線量）　　K——3（1 cm 線量当量）
　　L——2（β 線）　　　　　　M——7（積）　　　　　N——10（時定数）
　　O——1（$1 - \exp(-t/\tau)$）
　　オ——1（1.2）

[I]

電離箱サーベイメータの壁は人体の軟組織と実効的な原子番号が近いプラスチックなどで作られているため，あるエネルギー（通常は ^{137}Cs の 662 keV γ 線）で校正しておけば，広いエネルギー範囲にわたって軟組織に近い応答を示す．このことをエネルギー特性が良い（エネルギー依存性が小さい）という．

[J]

機種によっては電離箱に流れる電流値ではなく，積算した電気量を測定できるものもある．この場合はパルス状に放射線が発生するような場での積算線量を測定することができる．

[K]

法令では 1 cm 線量当量を測定するように求められているため，測定器は 1 cm 線量当量を示すように設計され，校正されている．

[オ]

201

告示別表第5より，0.6 MeVの光子では，実効線量／空気カーマ（2次電子平衡が成立している場合は空気吸収線量に等しい）＝1.024である．一方，初級放射線，管理技術2.2，表2.1（あるいはアイソトープ手帳など）より，^{137}Cs（γ線エネルギーは662 keV）の1 cm線量当量率定数は0.0927 μSv・m^2・MBq^{-1}・h^{-1}，実効線量率定数は0.0779（単位は同じ）である．したがって1 cm線量当量率と空気吸収線量率の比は，

$$\frac{0.0927}{0.0779} \times 1.024 = 1.22$$

この違いは，主に1 cm線量当量の定義に使われるICRU球（組織等価物質で作られた直径30 cmの球）からのγ線の後方散乱の影響による．

[L]

γ線を測定する際は2次電子平衡を成立させるため，適度な厚さの壁（先端の場合はキャップ）が必要である．しかしβ線のような荷電粒子の場合はその必要はなく，逆に壁によって減衰してしまうため，できるだけ薄いことが望ましく，キャップを外し，薄い電極膜をむき出しにして荷電粒子を入射させ，皮膚線量に相当する70 μm線量当量を測定する．

[M]～[O]

静電容量 C [F：ファラド]と抵抗 R [Ω]の積 RC は時間[s]の単位を持ち，時定数 τ とよばれる．時刻 $t=0$ で回路の出力（電圧 V [V]）が0（$V=0$）であり，$t>0$ で線量率がある一定の値に保たれた（すなわち電離電流 I [A]が一定）とすると，電圧の変化は次式で表される．

$$V = RI(1-e^{-t/\tau})$$

ここで RI は時間が無限に経過したときの回路の出力値である．

問15 直径が10 cm，長さ10 cm程度の円筒型電離箱のサーベイメータを用いて，図1に示すような^{137}Cs点状線源から20 cmの位置で直径が約2 cmにコリメートされたγ線を，線束の中心線上に沿って距離をとりながら測定した．その結果，図2に示すような距離と指示値との関係を得た．この図から次のイ～ハの各問いに答えよ．

なお，γ線束は，きわめて理想的にコリメートされたものとし，コリメータから

6. 放射線測定の実際

の散乱線及び漏えい線はないものとする．

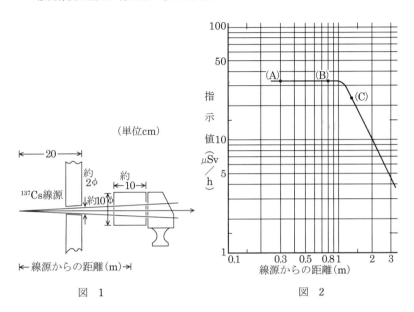

図　1　　　　　　　　　　　図　2

- イ　A点からB点までの指示値にほとんど変化がない理由を述べよ．
- ロ　C点以上の距離では，両対数グラフ上でほぼ直線的に下降している理由を述べよ．
- ハ　A点の1cm 線量当量率（μSv/h）及び線源の放射能（MBq）を，計算の過程を示して求めよ．
    ただし，この電離箱式サーベイメータの ^{137}Cs γ 線に対する校正定数は1.2，^{137}Cs の1cm 線量当量率定数は 0.0927 μSv・m^2・MBq^{-1}・h^{-1} とする．

〔答〕
- イ．A点及びB点における線束の拡がりが電離箱の直径に比べて小さいので，線束のすべてが電離箱に入射することになる．したがって，この間では距離の変化による入射線束の変化はない．また，線源と測定器の間の空気の吸収は無視できるので指示値はほとんど変化しないことになる．
- ロ．C点以上の距離では線束の拡がりが電離箱の直径より大きくなるので，距離が大

203

きくなると電離箱に入射する線束は距離の逆二乗に比例して減少する．したがって指示値も入射線束と同様に減少する．

ハ．A点における線量率は電離箱が正常な状態で使用されている距離（C点より大きい距離）の指示値より算出しなければならない．図より2 m の距離での指示値 $10\,\mu\mathrm{Sv\cdot h^{-1}}$ より求めると，校正定数が 1.2 であるからA点の線量率を H_A とすると，

$$H_\mathrm{A} \times (0.3[\mathrm{m}])^2 = 10[\,\mu\mathrm{Sv\cdot h^{-1}}] \times 1.2 \times (2[\mathrm{m}])^2$$

$$\therefore H_\mathrm{A} = 10 \times 1.2 \times (2/0.3)^2$$

$$\fallingdotseq 533[\,\mu\mathrm{Sv\cdot h^{-1}}]$$

また，線源の放射能を S [MBq] とすると，

$$10[\,\mu\mathrm{Sv\cdot h^{-1}}] \times 1.2 = 0.0927[\,\mu\mathrm{Sv\cdot m^2\cdot MBq^{-1}\cdot h^{-1}}] \times S/(2[\mathrm{m}])^2$$

$$\therefore S = 10 \times 1.2 \times 2^2/0.0927$$

$$= 518[\mathrm{MBq}]$$

放射線の生物学

杉 浦 紳 之

鈴 木 崇 彦

1. 放射線の人体に対する影響の概観

　放射線の人体に対する影響を考える際の基本的な視点として重要なのは，以下の 3 点である．
①放射線影響は，原子・分子への影響に始まり，細胞，組織・臓器及び個体の各レベルを経て進展し，その総体として現れること．
②放射線の生物影響の標的は DNA であること．
③放射線防護の視点から，放射線影響は，細胞死に基づく確定的影響と，突然変異に基づく確率的影響の 2 種類に分類されること．
　人体が放射線を被ばくした場合，原子レベルから個体レベルまで影響がどのように進展するか，概要は以下のとおりである．
(1) **物理的過程**（10^{-15} 秒程度）
　人体を構成する原子が放射線により電離・励起を受ける過程である．
(2) **化学的過程**（分子レベル：10^{-6} 秒程度）
　生体内で放射線により電離・励起を受けた原子が活性化し，化学的な結合が切れる，あるは他の分子と化学反応を起こすなどの過程である．放射線の人体影響の開始点となる DNA 損傷についてみてみると，DNA 損傷の起こり方には次の 2 通りがある．
①**直接作用**：DNA を構成する原子が放射線により電離・励起を起こし，DNA の結合が切断される，DNA を構成する塩基が遊離するなど，放射線が直接 DNA を損傷する．
②**間接作用**：放射線が細胞内の水分子を電離・励起することで水分子から**フリーラジカル**（不対電子を持つ活性分子）が生じ，フリーラジカルが DNA を損傷す

る．

　放射線は直接作用及び間接作用によってDNA損傷を引き起こすが，どちらの作用が主になるかは放射線の線質によって変わる．電離密度の大きい高LET放射線ではその60～80％が直接作用によってDNA損傷を生じ，低LET放射線では逆にその作用の大半が間接作用によって引き起こされる．

(3) **生化学的過程**（数秒～数分）

　DNAが損傷を受けることにより，細胞内で損傷の修復に向けて修復タンパク質や各種の修復酵素が動員され，DNAの修復が行われる過程である．

(4) **生物学的過程**（拡大過程，数時間～数十年）

　この過程には，細胞レベル，臓器・組織レベル，及び個体レベルの影響があり，時間単位から年単位で影響が進展する．

①細胞レベル：DNA損傷の修復により，細胞には3つの現象がおこる．1つは細胞周期の遅延（**分裂遅延**）である．DNA損傷がおきると，細胞周期が止まり，DNA損傷の修復時間を確保しようとする．2つ目は，**細胞死**である．DNA損傷が修復できない，あるいは修復しきれない場合に細胞は細胞死を起こす．3つ目は，DNA損傷に修復ミスが生じることによる**突然変異**の発生である．

②臓器・組織レベル：細胞に生じる細胞死や突然変異の影響が進展すると，臓器・組織レベルの影響に発展する．ある臓器・組織を構成する多数の細胞が死ねば機能不全をもたらし，放射線障害が発生する（**確定的影響**）．このとき，どれくらいの細胞が死ねば放射線障害につながるか（感受性），細胞死の影響がどのくらいの時間経過によって現れる（影響発現時期）のかは臓器・組織によって異なる．一方，体細胞に生じた突然変異はがん細胞に変化する可能性が，生殖細胞に生じれば遺伝性影響が発生する可能性が出てくる（**確率的影響**）．

③個体レベル：臓器・組織に生じた放射線の影響は，個体への影響として現れる．個体への影響は，被ばく局所の影響に留まる場合もあるが，重要臓器の機能不全により個体死に至る場合もある．

　化学的過程，生化学的過程，生物学的過程において，生体には，放射線の影響

1. 放射線の人体に対する影響の概観

の進展を抑制したり，あるいは影響から回復する機能が備わっていることにも留意しておく必要がある．たとえば，化学的過程では，SOD やカタラーゼという酵素や，グルタチオンなどの分子がフリーラジカルや活性酸素を消去することで放射線の間接作用を抑制する．細胞レベルでは，アポトーシスのシステムが突然変異を持った細胞の除去を介してがん化を未然に防いでおり，また，がん化した細胞は免疫機能によって排除される場合もある．

放射線の生物学

〔演 習 問 題〕

問1 放射線の生物作用の過程を示す次の図の（ ）の部分に入る適当な語句を，下記のイ～レのうちから選び番号と共に記せ．
ただし，同じ語句を2回以上用いる場合もある．

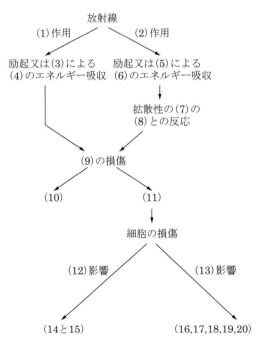

〔答〕　1―レ　　2―ト　　3―ニ　　4―ハ　　5―ニ　　6―ホ　　7―リ
　　　　8―ハ　　9―ハ　　10―ワ　　11―タ　　12―イ　　13―ヘ　　14―ヲ
　　　　15―ヌ　　16―ロ　　17―チ　　18―ル　　19―カ　　20―ヨ

1. 放射線の人体に対する影響の概観

問2 ヒトがX線に被ばくしたときに生体に最も早期に起こる現象として正しいのはどれか．
1 DNA損傷
2 コンプトン散乱
3 スーパーオキシドラジカルの発生
4 細胞周期の停止
5 突然変異

〔答〕 2

問3 次の文章の（　）の部分に入る適当な語句を記せ．
　放射線の生体への作用の仕方には2通りがある．その1つは，放射線が生体におよそ70％含まれている（　A　）に作用して，これを電離・励起し（　B　）とよばれる不対電子をもつ活性分子を生成し，これが生体高分子DNAに影響を与えるものである．これを放射線の（　C　）作用という．

〔答〕 A－水（分子）　　　B－（フリー）ラジカル　　　C－間接

2. 放射線影響の分類

2.1 確率的影響と確定的影響

　被ばく線量と影響の発生頻度の関係から，放射線影響は①**確率的影響**と②**確定的影響**の 2 つに分類することができる．確率的影響及び確定的影響の発生原因は，1 章に述べたように，確率的影響は放射線による DNA 損傷の修復ミスによる突然変異の発生，確定的影響は多数の細胞死による臓器・組織の機能障害である．確率的影響と確定的影響の特徴を，**図 2.1** 及び**表 2.1** に示す．この 2 つの影響の主な違いは，①**しきい線量**の有無と②線量と**重篤度**（症状の重さ）の関係である．

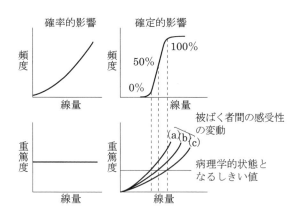

図 2.1　確率的影響と確定的影響の分類と特徴

2. 放射線影響の分類

表 2.1 確率的影響と確定的影響の分類と特徴

種類	しきい線量	線量の増加により変化するもの	例
確率的影響	存在しない	発生頻度	がん，遺伝的影響
確定的影響	存在する	症状の重篤度	白内障，脱毛，不妊など 確率的影響以外のすべての影響

確率的影響には**しきい線量**は無いと仮定されている（しきい線量とは影響が現れる最低線量を表すが，ICRPによれば，約1%の影響出現頻度をもたらす線量に対応するとされている.）．被ばく線量が上がると確率的影響の発生頻度は上昇するが，高線量域になると発生頻度は逆に低下することが多い．これは，高線量域ではDNA損傷が増えることにより，突然変異（確率的影響）よりも細胞死（確定的影響）が多くなるためと考えられる．したがって，確率的影響の発生頻度が100%に達することは無い．また，放射線被ばくが無くとも確率的影響の発生には自然発生があるため，発生頻度は0にはならない．一方，重篤度は線量の増加に依存せず一定である．これは，小線量の被ばくによるたった1つの細胞の突然変異が原因でがんが発生しても，大線量の被ばくにより多数の細胞に突然変異が生じてがんが発生しても，がんという疾病が死という同じ結果（重篤度）をもたらすことに変わりが無いという例から理解することができよう．

これに対し，**確定的影響**では影響の発生にしきい線量がある．これは，1章に述べたように，臓器・組織が機能不全に陥るためにはどれだけの細胞死が必要になるかによって決まり，臓器・組織を構成する細胞の放射線感受性が関係する．そのため，しきい線量は臓器・組織ごとに異なり，発生・成長の時期によっても大きく変化する．重篤度も線量とともに大きくなる．これは，線量によって死に至る細胞が増加し，臓器・組織の障害の程度が大きくなるためである．

確率的影響には**発がん**と**遺伝性影響**があり，その他のすべての放射線影響は確定的影響に分類される．がんには（悪性）腫瘍や悪性新生物という呼び方や，がんの種類として肉腫や骨肉腫など，がんという言葉を使わないものもあるので注

意する必要がある．さらに，血液のがんとも言われる白血病も確率的影響に分類される．

2.2 身体的影響と遺伝性影響

もう 1 つ重要な放射線影響の分類として，放射線影響には①**身体的影響**と②**遺伝性影響**がある．（図 2.2 参照）

放射線影響が被ばくした本人に現れるものが**身体的影響**である．身体的影響は，被ばくしてから影響が現れるまでの期間（潜伏期間）により，さらに**早期影響（急性影響）**と**晩発影響**に分けられる．基本的に，被ばく後数週間以内に現れる影響を早期影響，被ばく後数か月あるいは何年も経過した後に初めて影響が現れるものを晩発影響という．早期影響には多くの炎症性の障害や，幹細胞（後述）の障害が原因となる影響などがあり，晩発影響に分類されるのは，白内障，再生不良性貧血，肺線維症，骨折（骨壊死）などである．

確率的影響である発がんと遺伝性影響は晩発影響に分類される．発がんは被ばくした本人に発症する身体的影響であるが，影響が被ばくした人の子孫に現れる

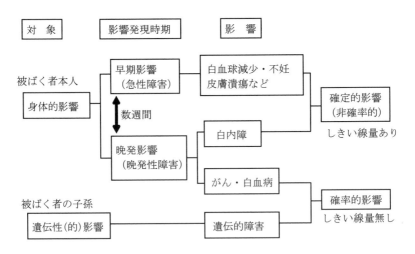

図 2.1　個体への影響から見た放射線影響の分類

2. 放射線影響の分類

のが**遺伝性影響**である．遺伝性影響は被ばくした人の生殖細胞の遺伝子に起こった突然変異が子孫に伝えられて引き起こされる．したがって，将来子供をつくる可能性のある人が生殖腺に放射線を被ばくし，生殖細胞が突然変異を起こした場合にのみ遺伝性影響が発生する可能性が生じる．逆に加齢によって子供をつくる可能性が低下すれば遺伝性リスクは小さくなる．

ヒトでは放射線被ばくによる遺伝性影響の発生は広島・長崎の原爆被ばく者の疫学調査においても明らかになっていない．しかし，マウスなどの哺乳動物を用いた実験では遺伝性影響の発生が認められているためヒトにも発生し得ると考え，放射線防護上対策を講じるべき重要課題の1つとして扱われる．

生殖腺の被ばくにより，生殖細胞の死が原因で不妊が生じた場合には，被ばくした本人の身体的影響である．また，女性が，受精以降の妊娠期間に被ばくを受け，受精卵，胚又は胎児に放射線の影響が認められた場合は遺伝性影響では無く，（受精卵以降の）胎児自身の身体的影響である．

変化が起こった遺伝子を受け継いだら必ず遺伝性影響が現れる訳ではなく，子の代では影響が現れず，孫の代に影響が現れることもある．ICRP 2007年勧告では，放射線による遺伝性リスクの大きさは被ばく者から第2世代までに発生する影響として推定されている．

放射線の生物学

〔演 習 問 題〕

問1　次の放射線障害のうち，Ⅰ欄に確率的影響を，Ⅱ欄に確定的影響を記載してあるものの組合せはどれか．

　　　　　　＜Ⅰ＞　　　　＜Ⅱ＞
　　A　白血病　　　　　甲状腺がん
　　B　皮膚がん　　　　皮膚潰瘍
　　C　間質性肺炎　　　脱毛
　　D　骨肉腫　　　　　永久不妊
　1　AとB　　2　AとC　　3　BとC　　4　BとD　　5　CとD
〔答〕　4

問2　次の放射線障害のうち，放射線防護上，しきい線量がないとされているものの組合せはどれか．

　　A　骨肉腫
　　B　甲状腺がん
　　C　不妊
　　D　白内障
　　E　肝がん
　1　ABC のみ　　2　ABE のみ　　3　ADE のみ　　4　BCD のみ
　5　CDE のみ
〔答〕　2

問3　放射線の人体への影響に関する次の記述のうち，正しいものの組合せはどれか．

　　A　身体的影響はすべて被ばく直後の急性障害として現れる．
　　B　悪性腫瘍の発生は身体的影響である．
　　C　放射線により誘発される悪性腫瘍の悪性度は線量によらない．
　　D　被ばく線量に応じて重篤度の増す障害は確率的影響とみなされる．

2. 放射線影響の分類

1　AとB　　2　AとC　　3　BとC　　4　BとD　　5　CとD

〔答〕　3

問4　次の放射線影響のうち，放射線の線量とともに重篤度が増す影響の組み合わせはどれか．

 A　白血病
 B　皮膚障害
 C　骨肉腫
 D　再生不良性貧血

1　AとB　　2　AとC　　3　AとD　　4　BとD　　5　CとD

〔答〕　4

問5　放射線の人体への影響に関する次の記述のうち，正しいものの組み合わせはどれか．

 A　生殖腺以外の被ばくでは遺伝性影響は起こらない．
 B　胎児が被ばくして起こる奇形は遺伝性影響である．
 C　生殖腺の被ばくで起こるのは遺伝性影響のみである．
 D　悪性腫瘍の発生は身体的影響である．

1　AとB　　2　AとC　　3　AとD　　4　BとC　　5　CとD

〔答〕　3

3. 分子・細胞レベルの影響

3.1 DNA損傷と修復

3.1.1 DNAの構造

　DNAは塩基，糖（デオキシリボース），及びリン酸が1分子ずつ結合したヌクレオチドが多数連なったものが2本，らせん状につながった巨大分子である．DNAの鎖にあたる部分はリン酸とデオキシリボースの水酸基の間でホスホジエステル結合でつながっている．また，デオキシリボースの1'位の炭素は，塩基とN－グリコシド結合でつながり，塩基は向かい合うもう1本のDNA鎖の塩基と水素結合することにより2本の鎖を形成している．

　DNAの塩基は，基本構造がプリン骨格を持つ**アデニン**（A）と**グアニン**（G），基本構造がピリミジン骨格を有する**チミン**（T）と**シトシン**（C）の4種類である．それぞれ，基本骨格名から，**プリン塩基**（AとG），**ピリミジン塩基**（TとC）とよぶこともある．向かい合う塩基同士は**水素結合**を形成し，AとTは2箇所で，またGとCは3箇所で結合し2本の鎖をつないでいる．

3.1.2 DNA損傷

　放射線によって引き起こされるDNA損傷には，頻度の高い順に，**塩基損傷**，**1本鎖切断**，**2本鎖切断**があり，このほかに，DNA－DNA間，あるいはDNA－タンパク質間の**架橋形成**がある．X線を用いた実験では，1 Gyの吸収線量で細胞1個あたり，塩基損傷は約2,500箇所，1本鎖切断は約1,000箇所，2本鎖切断は40箇所生じるとされている．また，架橋は1 Gyあたり150箇所生じるという報告がある．DNA損傷は，化学物質など，他の変異原物質などによっても生じ，放射線

に特異的にみられる DNA 損傷はない．また，生体内の代謝活動によっても日々 DNA 損傷が生じている．

　塩基損傷は，主に水の電離・励起によって生じる水ラジカルの一種 OH（ヒドロキシル）ラジカルによる（他に水ラジカルには水素ラジカル（H^*）と水和電子（e^-_{aq}）がある.）．たとえば，シトシンは OH ラジカルによってウラシルに変化し，グアニンは 8－オキソグアニンに変化する．このような DNA の塩基の変化は突然変異の原因となる．**脱塩基（塩基遊離）**は，デオキシリボースと塩基間の N－グリコシド結合が切れることによって生じる．N－グリコシド結合は，実験的にはアルカリ処理などによって容易に切断される比較的弱い結合である．脱塩基はピリミジン塩基よりも，より分子が大きいプリン塩基に生じやすい．DNA の脱塩基が生じた部位は，ピリミジン，あるいはプリンが無い部位（apyrimidinic/aprinic site: AP site）という意味で AP 部位と呼ばれ，突然変異の原因となり得る．

　紫外線は非電離放射線であり，電離は起こさず，励起のみが起きる．DNA を構成する塩基はいずれも 260 nm 程度の波長の紫外線をよく吸収し，塩基分子の励起が起こり，ピリミジン塩基が隣接した部位ではピリミジン塩基間に共有結合が生じピリミジン 2 量体（ダイマー）が形成され損傷となる．

3.1.3　DNA損傷の修復

　DNA 損傷が修復されるためには，まず，損傷が認識されなければならない．

　DNA に損傷が生じると，リン酸化タンパク質である ATM と呼ばれる分子が活性化する．ATM は p53 タンパク質をリン酸化し活性化する．活性化を受けた p53 タンパク質は細胞周期を停止させ，この間に DNA の損傷の修復が促されることになる．細胞周期停止の起点となる ATM は放射線高感受性遺伝子疾患である毛細血管拡張性運動失調症の患者から発見された．この患者では DNA 損傷が検知されないため細胞周期の停止が起こらず，DNA 損傷が修復されないまま細胞周期を進んでしまう．そのため，放射線により高頻度にがんが発生する．

　紫外線によって生じたピリミジンダイマーは，**光回復酵素**（フォトリアーゼ）と可視光のエネルギーを利用して元に戻る．これを**光回復**とよぶ．しかし，光回

復酵素はウィルスとヒトを含む哺乳動物には存在しない．そのため，ヒトに生じたピリミジンダイマーは，ヌクレオチド除去修復によって修復される．

除去修復には**塩基除去修復**と**ヌクレオチド除去修復**がある．脱塩基などによって生じた AP 部位の修復では，塩基が抜けたヌクレオチド（塩基が無いので正確にはヌクレオチドではない）が切り出され（このとき DNA は 1 本鎖切断を受けることになる），その部位に適切なヌクレオチドが挿入され修復される．また，複数のヌクレオチドに及ぶ損傷や，DNA 鎖の切断などが生じた場合には，ヌクレオチド除去修復によって修復される．しかし，遺伝性の疾患である**色素性乾皮症**の患者では，除去修復機能が働かないため，紫外線により皮膚細胞に生じるピリミジンダイマーを修復できず，紫外線に高感受性を示し，皮膚がんが高率に発症する．

DNA に 2 本鎖切断が生じた場合には，修復は，**相同組換え修復**と**非相同末端結合修復**の 2 つの方法によって修復される．DNA の 2 本鎖切断は，修復されない場合や修復にミスが起こった（誤修復）場合に細胞死や突然変異の原因となる．

相同組換え修復は，DNA 複製により姉妹 DNA が合成される S 期の終わりから G_2 期にかけてどちらかの DNA が 2 本鎖切断されたときに働く．また，修復は同じ配列を持つ切断を受けていない DNA を鋳型として行われるため間違いが少なく，ほぼ元通りに修復が行われる．一方，非相同末端結合修復は，原理的に細胞周期のいつでも行われ，切れた DNA の切断端を単に再結合させる．そのため，もし DNA の切断端の塩基配列が失われていても構わず再結合させてしまうので，相同組換え修復に比べ誤った修復が生じやすく，修復後は元の塩基配列と異なったものとなってしまう．

3.2 細胞周期による放射線感受性の変化

細胞は細胞分裂を繰り返して増殖する．分裂から次の分裂までの 1 サイクルを**細胞周期**といい，図 3.1 に示すように，M 期→G_1 期→S 期→G_2 期→M 期の順で進行する．M 期は分裂期，S 期は DNA 合成期である．M 期と S 期の間には G_1 期，S 期と M 期の間に G_2 期がある（G は gap の頭文字）．細胞周期の進行が G_1 期に長く

3. 分子・細胞レベルの影響

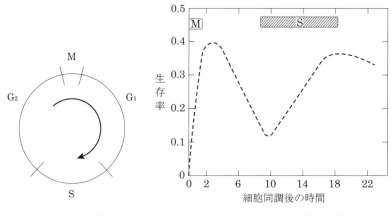

図 3.1　細胞周期　　　図 3.2　細胞周期による放射線感受性の変化

留まっているような状態の細胞を，特に G_0 期（静止期）と呼ぶ．また，M 期（分裂期）以外の時期をまとめて分裂間期，又は単に**間期**と呼ぶことがある．

　細胞周期の時期によって細胞の放射線感受性は異なる．図 3.2 に示すように，M 期の感受性が最も高く，G_1 後期～S 期前期も放射線感受性は高い．S 期後期から G_2 期前期及び G_1 期前期（G_1 期が十分に長い場合）は放射線感受性が低い．S 期後期から G_2 期前期にかけて放射線感受性が低いのは，相同組換え修復によって細胞死の原因となる DNA 2 本鎖切断が効率的に修復されるためと考えられている．

3.3　分裂遅延と細胞死

3.3.1　分裂遅延

　増殖する細胞が放射線照射されると，細胞周期の延長による**分裂遅延**とその後に分裂頻度（総分裂回数，分裂指数ともいう）の減少が起こる．遅延時間は照射線量に比例して長くなる．細胞には DNA 損傷の有無や，細胞周期の進行をチェックするための機構が備わっており，これを**細胞周期チェックポイント**という．これらのチェックポイントで異常が検知されると，細胞周期停止機構が働き，細胞分裂の遅延が生じ，この間に DNA 異常の修復機構が働く．細胞周期停止機構では

ATM（前述）という分子が重要な働きをする．ATM は p53 というタンパク質をリン酸化することで p53 を活性化させ，細胞周期を停止させる．また，活性化された p53 は，修復できない DNA 損傷を持った細胞をアポトーシスに誘導し排除することでがん化を防ぐ働きをしている．

3.3.2 細胞死

細胞がある程度以上の放射線を受けると**細胞死**を起こす．細胞死は，①細胞増殖を指標とした**分裂死（増殖死）**と**間期死**に，②細胞死の病理学的形態の観点から**ネクローシス**と**アポトーシス**にそれぞれ分類される．

1) 分裂死と間期死

　分裂死は増殖死とも言われ，分裂頻度の高い細胞が放射線照射を受けた後に 1 回以上，通常は数回の細胞分裂を経てから死に至るもので，増殖能力を失った状態を分裂死と定義している．分裂死は**コロニー**（100 個程度の細胞からなる塊）**形成法**によって評価する．コロニーを形成しない細胞の中には生理的な死を迎えず，細胞の代謝を継続し巨大化する細胞（**巨細胞**）が出てくる場合があるが，これも分裂死と評価される．分裂死は，骨髄や腸の幹細胞，繊維芽細胞，腫瘍細胞など，分裂が盛んな細胞に見られる．

　間期死は，分裂間期にある細胞が放射線照射を受け，一度も分裂期（M 期）を経ることなく死に至るものである．通常は G_0 期にあり細胞分裂を行わない神経細胞，筋細胞，末梢リンパ球，卵母細胞などにみられる．細胞分裂をする細胞でも，増殖死を起こす線量よりもさらに大きな線量を照射すると間期死を起こす．これらは**低感受性間期死**とよばれる．一方，末梢血のリンパ球や卵母細胞などでは低線量の照射でも間期死がみられ，これを**高感受性間期死**とよぶ．間期死の判定には，通常，**色素排除試験**が用いられる．色素排除試験とは，細胞の入った溶液に色素を添加すると，生きている細胞は侵入してきた色素を能動輸送によって細胞外に排除するため細胞質が色素に染まることはないのに対し，死んだ細胞では能動輸送が働かず，徐々に色素によって細胞質が染まることを利用するものである．

2) ネクローシスとアポトーシス

3. 分子・細胞レベルの影響

ネクローシスは病理的で受動的な細胞死である．細胞や核の膨潤，DNA の不規則な分解，細胞内小胞や細胞内容の流出などが特徴である．損傷を受けた細胞が死ぬ以外に，その細胞から流出する消化酵素などにより隣接する正常な細胞も影響を受けることになる．一方，**アポトーシス**は生理的で能動的な細胞死である．DNA 損傷が修復できない場合や，時期特異的に細胞が積極的に自己を排除する場合に起こる．特徴は，クロマチンの凝縮，DNA の規則的な断片化（主にヌクレオソーム（約 200 塩基対）間で切断される），ミトコンドリア膜電位の低下，核の凝縮などである．アポトーシスを起こす細胞への刺激は複数あるが，アポトーシスの進行は遺伝子にプログラムされているので，プログラム死とよばれることもある．

3.3.3　細胞生存率曲線

横軸に線量を線形目盛，縦軸に細胞生存率を対数目盛でとり，実験データから放射線の線量と細胞生存率の関係を求めると，細胞の生存率は線量をあげると低下するので右下がりのグラフとなる．このグラフのことを**細胞生存率曲線**という．通常，低 LET 放射線では，低線量域で細胞生存率の低下が穏やかにカーブし**肩**とよばれる曲線を描き，線量が大きくなるとほぼ直線的に低下するグラフを形成する．一方，高 LET 放射線では線量の上昇と共に細胞生存率は直線的に減少する．細胞生存率曲線の形を数理的に説明するために 2 つのモデルが提唱されている．1 つは**標的説**と呼ばれるモデルで，もう 1 つは直線－2 次曲線（LQ）モデル（Linear Quadratic Model）とよばれるものである．

1）標的説による細胞生存率曲線

標的説とは，細胞には 1 つ又は複数の標的があり，この標的が全て放射線でヒットを受けると細胞死を起こすというものである．標的数が 1 つで，その標的がヒットを受けると細胞死に至るとするものが，1 標的 1 ヒットモデルであり，**図 3.3**（a）の細胞生存率曲線の例では低 LET 放射線の生存率曲線の後半，高線量領域で生存率が直線的に低下する部分に相当する．標的数が複数で，それぞれの標的は 1 ヒットで不活化し，全ての標的がヒットを受けてはじめて細胞死が起こる

放射線の生物学

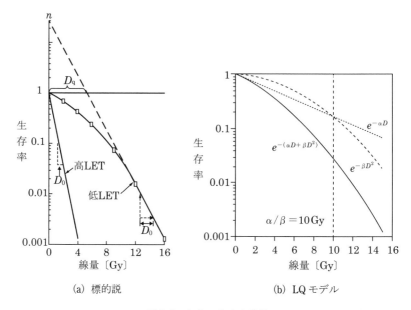

図 3.3 細胞の生存率曲線

とするものが多標的 1 ヒットモデルである．低 LET 放射線では細胞生存率曲線の前半部分に相当し，これはヒットを受けた標的が蓄積されている段階と説明できる．一方，高 LET 放射線では電離密度が高いことから，1 本の放射線で細胞内の全ての標的がヒットされると考えるため，あたかも標的が 1 つであるかのように細胞生存率曲線は直線的に低下する．1 標的 1 ヒットモデルと同じく直線を描くことになるが，起きている現象の違いを理解する必要がある．

細胞生存率曲線の直線部（1 ヒットで細胞死が起こる領域）において，細胞の生存率を約 37% に減少させるのに必要な線量を**平均致死線量**といい，記号では D_0 と表す．D_0 は哺乳動物では 1〜2 Gy 程度である．異なる細胞間の比較では，D_0 の値が小さい方が感受性は高く，同じ細胞に異なった種類の放射線を照射した場合では，小さな D_0 を与える放射線の方が致死効果が高いことを表している．

肩を持つ生存率曲線の直線部分を延長して Y 軸と交差する点を**外挿値 (n)** とい

い,理論的な標的数を表す.さらに,直線部分の延長線がX軸(生存率1.0)と交わるときの線量を**見かけのしきい線量**,又は**準しきい線量**(D_q)といい,肩の大きさを表す.グラフの肩の大きさは回復力を表す(SLD回復参照).高LET放射線の生存率曲線はほぼ直線のグラフを描き,グラフに肩が無いためD_qをグラフから得ることはできない.このことは,高LET放射線には回復がみられないことを意味している.

2) LQモデルによる細胞生存率曲線

図3.3 (b) にLQモデルによる生存率曲線を示す.LQモデルは,細胞死はDNAの2本鎖切断によって起こることを前提とする.2本鎖切断の生じ方には2通りある.1つは,1本の放射線が同じ飛跡内で2本鎖切断をつくる場合と,2本の放射線が別々に1本鎖切断を起こし,その結果として2本鎖切断が生じる場合である.1本の放射線が2本鎖切断をつくるのであれば,2本鎖切断の量すなわち細胞死は線量に比例する.このときの比例係数をαとすれば,細胞生存率は$S=e^{-\alpha D}$で表される.1本の放射線で2本鎖切断ができる事象を,飛跡内事象(1本の飛跡内で起こる事象)という.一方,2本の放射線で2本鎖切断が起こるためには,2本鎖DNAのそれぞれの1本鎖DNAに生じた切断が,たまたま近傍に生じた場合に起こることになる.線量が小さければこのような現象はなかなか生じにくいが,高線量になるとその頻度が急激に増加することが想像できよう.この現象は線量の2乗に比例することが分かっており,この場合の細胞生存率は$S=e^{-\beta D^2}$と表すことができる.また,この事象は,2本の別々の放射線によって生じることから飛跡間事象(2本の放射線の飛跡の間で起こる事象)と呼ばれる.実際には,放射線の照射によって飛跡内事象と飛跡間事象が同時に起こることから,細胞生存率曲線は両事象の和となり$S=e^{-(\alpha D+\beta D^2)}$となる.等しい細胞生存率を与える飛跡内事象と飛跡間事象の線量を計算すると,$-\alpha D=-\beta D^2$から,$D=\alpha/\beta$が得られる.単位は通常,吸収線量グレイ(Gy)である.このα/βの値(**α/β値**)は細胞や組織の性質を表す重要なパラメータである.α/β値が小さい(1〜3程度)細胞・組織は,晩発性の影響で回復能が大きく一般的に放射線低感受性である.また,細胞生存

率曲線は大きな肩を描く．一方，α/β 値が大きい（10 前後又はそれ以上）細胞・組織では，回復能が小さく，一般的に放射線高感受性である．また，細胞生存率曲線は肩が小さく直線的である．生殖腺や骨髄，皮膚や腸の上皮組織，及び一般的な腫瘍組織などが該当する．

3.3.4　ＳＬＤ回復とＰＬＤ回復

細胞が受けた DNA 損傷の回復には，①**SLD 回復**と②**PLD 回復**の 2 つがある．

1）SLD 回復

エルカインド（Elkind）らは培養細胞の分割照射実験を行い，細胞は**亜致死損傷**（sub-lethal damage : SLD）から回復できることを示した．亜致死の状態とは，標的説で考えると分かりやすい．多標的 1 ヒットモデルを考えたとき，標的が全てヒットされると細胞は死んでしまうが，1 つでもヒットされない標的が残っていれば細胞はまだ死なない．この状態の細胞が亜致死の状態，すなわち，死ぬ寸前だがまだ死んでいない状態である．細胞が死ななければ，ヒットされた標的が時間をおくことによって回復する．この現象を SLD 回復，あるいは発見者の名にちなんで Elkind 回復という．低 LET 放射線では，同一線量が照射される場合，高線量率で短時間に照射（急照射）するよりも，低線量率で長時間かけて照射（緩照射）した方の影響が小さい．これを**線量率効果**というが，これにも SLD 回復が働いている．

バイスタンダー効果：　放射線をたった 1 つの細胞に照射できるマイクロビーム技術により，放射線を照射されていない細胞にも放射線照射の影響が伝わることが示された．これをバイスタンダー効果という．この機構としては，照射された細胞から，細胞－細胞間の接合部であるギャップジャンクションを介した細胞間情報伝達機構や，照射された細胞から培養液中に放出される一酸化窒素（NO）や活性酸素種，種々のサイトカイン（免疫細胞が分泌する情報伝達タンパク質の総称で，体内でホルモンのように働く）など，多数のシグナル分子によって情報が伝えられると考えられている．この情報を受け取った非照射の細胞ではゲノム不安定性が生じ，突然変異が誘発され易くなる．

2) PLD 回復

　本来であれば死に至る細胞が，照射後に細胞増殖を抑制する環境に置かれた場合に損傷が回復し，死を免れる細胞がでてくる．本来死に至るはずであったことから，**潜在的致死損傷**（potentially lethal damage: PLD）からの回復とよばれる．PLD 回復は増殖に適さない環境に置かれることで，細胞周期が遅延し，この間に修復が進むことによって回復が起きると考えられる．PLD 回復は照射後 6 時間以内に細胞を置く条件を増殖に不適切な環境，たとえば低栄養培地や低温などに替えることによってみられる．また，細胞密度の高いがん組織では，一部の細胞が増殖抑制の状態にあるため，放射線照射後これらのがん細胞に PLD 回復がおこり，放射線治療の妨げになる．

　高 LET 放射線では，SLD 回復，PLD 回復のいずれも見られないか小さい．

3.4　突然変異と染色体異常

3.4.1　突然変異

　遺伝子の本体は DNA であり，DNA 損傷などにより遺伝情報が変化することを**遺伝子突然変異**という．遺伝子突然変異は 1 箇所の変化に基づくため，発生率は線量に比例する．また，線量率効果や，α 線や中性子線などの高 LET 放射線では単位線量当たりの突然変異が高率に発生するといった線質効果が認められる．生じた突然変異は，DNA 複製，細胞分裂を経ることで固定され，発がんや遺伝性影響へと進展する．一方で，ラッセル（Russel）らは大規模なマウスを用いた実験から，突然変異にも回復があることを**特定座位法**を用いて示している．

3.4.2　染色体異常

　突然変異は遺伝子側に注目した呼び方であるが，染色体側に注目した呼び方は染色体異常である．染色体異常には，数の異常と構造の異常があるが，放射線では数の異常は起こらない．

　染色体異常の原因は DNA 損傷（特に 2 本鎖切断）による染色体の切断である．2 本鎖切断が原因であるため，発生頻度は線量の増加によって直線－2 次曲線的に

増加する．切断の大部分は修復されるが，切断されたままの状態であったり，誤った再結合が生じた場合に異常が現れる．染色体異常を持った細胞は細胞死やがん，遺伝性影響の原因となる．染色体異常の型には**欠失**，**逆位**，**環状染色体**，**転座**（相互転座ともいう），**2動原体染色体**がある．これらの染色体異常はDNA 2本鎖切断を原因としており，放射線に特異的なものはない．環状染色体や2動原体染色体は，染色体分配の際にうまく両極に分かれることができず，異常は比較的早期に消失する．そのため，これらを**不安定型の染色体異常**という．一方，欠失，逆位，転座などは細胞分裂を経ても長期にわたり存在するため**安定型の染色体異常**といわれ，発がん等の原因となり得る．

　染色体異常はまた，**染色体型異常**と**染色分体型異常**に分けられる．染色体型異常は，姉妹染色分体同士が同じ形（長さ）をしており，染色分体型異常は，姉妹染色分体同士が違う形をしている．X字形の染色体を構成する2本の姉妹染色分体は，S期に合成された互いに全く同じ遺伝情報を持つもので，M期に動原体の位置で接合してX字の形をとっている．もし，まだ1本である染色体がS期で合成される前に切断を受ければ，S期では同じものが複製されるため，M期でみられる姉妹染色分体同士は同じ形となり，染色体型異常となる．しかし，姉妹染色分体が複製された後,つまりS期の後G_2期に片方の姉妹染色分体が切断を受ければ，それがM期に接合したとき，姉妹染色分体同士は違う形（長さ）になる．これが染色分体型の異常である．

3. 分子・細胞レベルの影響

〔演 習 問 題〕

問1 放射線によるDNA鎖切断に関する次の記述のうち，正しいものの組合せはどれか．
　A DNAの1本鎖切断は，2本鎖切断より高頻度に起こる．
　B DNAの2本鎖切断は，1本鎖切断に比べると細胞死の原因となりやすい．
　C DNAの2本鎖切断は，1本鎖切断より効率的に修復される．
　D 高LET放射線によるDNAの2本鎖切断は，低LET放射線の場合に比べて修復されやすい．
　1 AとB　　2 AとC　　3 AとD　　4 BとC　　5 BとD
〔答〕　1

問2 紫外線によりヒトの皮膚細胞に生じたピリミジンダイマーを修復する方法はどれか．
　1 光回復
　2 塩基除去修復
　3 ヌクレオチド除去修復
　4 相同組換え修復
　5 非相同末端結合修復
〔答〕　3

問3 細胞の放射線感受性の細胞周期依存性に関する次の記述のうち，正しいものの組合せはどれか．
　A M期では，放射線感受性が低い．
　B G_1期後期からS期初期にかけては，放射線感受性が高い．
　C S期では，細胞周期が進行するにつれて，放射線感受性が変化する．
　D S期後期からG_2期にかけては，放射線感受性が高い．
　1 AとB　　2 AとC　　3 AとD　　4 BとC　　5 BとD

〔答〕 4

問4 アポトーシスの特徴として正しい組み合わせはどれか．
　　A　核の膨潤
　　B　DNA の規則的断片化
　　C　ミトコンドリア膜電位の低下
　　D　消化酵素の漏出
　1　AとB　　2　AとC　　3　AとD　　4　BとC　　5　CとD
〔答〕 4

問5 細胞生存率曲線に関する次の記述のうち正しい組み合わせはどれか．
　　A　D_0 が大きい細胞は感受性が高い．
　　B　D_q が大きい細胞は回復が大きい．
　　C　α/β 値が大きい組織は回復が大きい．
　　D　α/β 値が小さい細胞は細胞生存率曲線の肩が大きい．
　1　AとB　　2　AとC　　3　AとD　　4　BとD　　5　CとD
〔答〕 4

問6 DNA 損傷からの回復に関する次の記述のうち正しい組み合わせはどれか．
　　A　線量率効果には SLD 回復が関係する．
　　B　細胞を照射後低温状態で保存すると PLD 回復により生存率が上がる．
　　C　分割照射では PLD 回復が働く．
　　D　高密度腫瘍組織の放射線抵抗性には SLD 回復が関係する．
　1　AとB　　2　AとC　　3　AとD　　4　BとD　　5　CとD
〔答〕 1

問7 放射線によって誘発される染色体異常に関する次の記述のうち，正しいものの組合せはどれか．
　　A　数の異常を起こす頻度は，構造の異常を起こす頻度よりも高い．

3. 分子・細胞レベルの影響

B 欠失は不安定型異常に分類される.
C 二動原体染色体は細胞分裂の際にうまく両極に分かれることができない.
D 外部被ばくによる線量の推定に用いられる.

 1 AとB　　2 AとC　　3 BとC　　4 BとD　　5 CとD
〔答〕 5

問8 次の染色体異常のうちがんの原因とはならないものの組み合わせはどれか.

A 欠　失
B 逆　位
C 環状染色体
D 転　座

 1 AとB　　2 AとC　　3 AとD　　4 CとD　　5 Cのみ
〔答〕 5

4. 確定的影響

4.1 ベルゴニー・トリボンドーの法則

ベルゴニーとトリボンドーは，分化の程度が異なる細胞が共存しているラットの精巣・輸精管への照射実験から，放射線感受性は①細胞分裂頻度の高いものほど，②将来行う細胞分裂数が多いものほど，③形態的・機能的に未分化なものほど高い，という 3 点からなる放射線感受性についての**ベルゴニー・トリボンドーの法則**をまとめた．いくつかの例外はあるものの，細胞の放射線感受性は基本的にこの法則に従う．

成人において細胞分裂の頻度が高いのは**細胞再生系**であり，造血組織（骨髄），小腸，皮膚，水晶体，精巣（睾丸）などがこれに属し，**幹細胞**とよばれる増殖性の細胞が絶えず分裂し細胞を供給している．さらに，細胞再生系組織には，芽球（骨髄）や精原細胞（精巣）といった未分化な細胞も存在し，放射線感受性は高い．次に感受性が高いのは休止系（潜在再生系）とよばれる臓器・組織で，これらの組織は，部分切除などにより細胞が失われると細胞が再生能力を発揮し，組織を元の大きさや形態に戻すことができる．最も感受性が低いのが定常系とよばれる機能分化を遂げた神経や筋肉，成人骨など増殖能力を失った細胞からなる組織である．臓器・組織を成人における放射線感受性によって大まかに分類すると，**表** 4.1 のようになる．表から明らかなように，リンパ組織の放射線感受性が最も高く，骨髄，生殖腺，小腸，皮膚，水晶体といった細胞再生系の臓器・組織がこれに続く．一方，成熟骨や神経細胞はまったく細胞分裂を行っておらず，放射線感受性は最も低い．

4. 確定的影響

表 4.1 臓器・組織の放射線感受性

感受性の程度	組　　　織
最も高い	リンパ組織（胸腺，脾臓），骨髄，生殖腺（精巣，卵巣）
高い	小腸，皮膚，毛細血管，水晶体
中程度	肝臓，唾液腺
低い	甲状腺，筋肉，結合組織
最も低い	脳，骨，神経細胞

4.2　臓器・組織の確定的影響

臓器・組織の確定的影響を考える場合に，①臓器・組織がどのような構造をしていて放射線感受性の高い細胞がどこにあるか（臓器・組織の解剖），②放射線被ばくを受けた場合にどのような過程で影響が現れるか（影響の発生機序），③どのくらいの線量で影響が現れるか（しきい線量）の 3 点から整理するとまとめやすい．

4.2.1　造血臓器

造血臓器は，赤血球，白血球などの血液細胞（血球）を産生する臓器であり，骨髄，リンパ組織がこれにあたる．表 4.1 にもあるとおり，リンパ組織にはリンパ節だけではなく胸腺と脾臓が含まれる．胎児期には，肝臓や脾臓も造血能を持つ．骨髄の中で造血機能を持つのは**赤色骨髄**で，子供の頃までは，骨髄のほとんどが赤色骨髄である．しかし，年齢と共に赤色骨髄は骨端や胸骨，脊柱骨などに限局するようになる．さらに，加齢により赤色骨髄は造血機能を失い，脂肪変成して白色骨髄（黄色骨髄）に変わり，赤色骨髄の割合が減少していく．

赤色骨髄が 0.5 Gy 程度被ばくすると造血機能の低下が起こり，骨髄からの血球の供給が止まる．通常，造血臓器の放射線障害は末梢血中の血球数の変化によって検出できる．末梢血中の血球の減少は，骨髄からの細胞供給停止と末梢の血球自身の放射線感受性，及び末梢での血球の寿命によって決まる．

末梢血中の血球は，表 4.2 のように分類される．赤血球及び血小板は核を持たないが，白血球には核がある．白血球は起源や形態から，顆粒球・単球・リンパ

放射線の生物学

表 4.2 末梢血中の血球の分類

赤血球			
白血球	顆粒球	好酸球	
		好中球	
		好塩基球	
	単球		
	リンパ球	B 細胞	
		T 細胞	
		NK 細胞	
血小板（栓球）			

末梢血中の単球は，組織内に移行するとマクロファージに分化する．どちらも貪食作用を持つ．

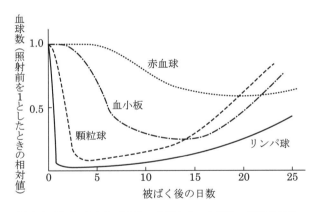

図 4.1 数 Gy 全身被ばく後の末梢血中の血球数の経時的変化

球に分類され，さらに顆粒球は好酸球，好中球，好塩基球に分類される．顆粒球の約 90% は好中球が占める．白血球においては，リンパ球を除き，顆粒球の種類による放射線感受性に違いはない．数 Gy の全身被ばく後の末梢血中の血球数の模式的な経時的変化を図 4.1 に示す．

1) 白血球

リンパ球

234

4. 確定的影響

　リンパ球は，リンパ芽球→幼弱リンパ球→リンパ球と分化するが，分化しても放射線感受性は高いままで低下せず，末梢成熟リンパ球の放射線感受性が高いことが特徴である．放射線被ばくにより末梢リンパ球はアポトーシスによる細胞死を起こすため，リンパ球の減少は被ばく後 24 時間で観察可能になる．細胞の供給低下を待たずに被ばく直後からリンパ球は減少する．リンパ球減少のしきい線量は 0.25 Gy である．リンパ球数の回復は他の血球に比べて遅い．

顆粒球

　顆粒球は骨髄芽球から分化する．顆粒球も核を有し放射線感受性が高いが，その減少にはリンパ球よりも時間がかかる．最低値を示すのは被ばく線量にもより，ヒト好中球の場合，5 Gy 被ばくで 20 日前後である（UNSCEAR 1988）．被ばく後 1〜2 日に一過性の顆粒球の増加が見られることがあるが，これは脾臓などの貯蔵プールから末梢血中への一過性の放出があるためと考えられており，この現象は初期白血球増加とよばれる．末梢血液中での好中球の寿命は約 1 日と短い．

　白血球は免疫応答など感染症防止に働いており，白血球の減少は免疫機能の低下による細菌感染への抵抗性減少につながる．

2）血小板

　血小板は骨髄で巨核球からつくられ，核を持たない．そのため，放射線感受性は低く，末梢血での減少は骨髄からの供給停止と約 8 日とされる細胞の寿命が原因となる．ヒト血小板の場合，5 Gy の被ばくで 20〜25 日後で最低値を示し，回復も遅い．血小板が減少すると出血傾向がみられる．

3）赤血球

　赤血球にも核が無く，放射線感受性は低い．細胞減少の原因は血小板と同じく，供給停止と寿命による．ただし，赤血球の寿命は 120 日と長く，被ばく 1 週間くらいでは赤血球の減少を検知するのは困難である．

4.2.2 生殖腺

　生殖腺における確定的影響は，受胎能力の低下すなわち不妊である．

1）精巣

精巣（睾丸）では，精原細胞（幹細胞）→精母細胞→精細胞→精子と約70日かけて分化・成熟する．放射線感受性は，精原細胞のうちでも少し分化の進んだ後期精原細胞（B型精原細胞）が最も高く，成熟の過程（分化）が進むと次第に放射線感受性は低下する．後期精原細胞は0.15 Gyの急性被ばくにより細胞死が起こり始め，一過性の不妊が生じる．一時的不妊からの回復には被ばく線量が高いほど時間がかかる．3.5～6 Gyを超える線量では幹細胞である精原細胞はほとんど死んでしまい，永久不妊が起こる．精巣には精子形成の実質を担う生殖細胞の他，セルトリセルと呼ばれる間質細胞もあるが，放射線感受性は生殖細胞の方が高い．

2）卵巣

卵巣では，卵原細胞（幹細胞）→卵母細胞→卵（卵子）と分化・成熟する．女性では，卵原細胞は胎児期にすでに卵母細胞（未成熟）まで分化が進んでおり，その段階で分化は停止している（したがって，生後の女性は幹細胞を持たないことから，細胞再生系組織に卵巣を含めない）．思春期を迎えると卵母細胞以降の分化が再開される．静止期にある卵母細胞の放射線感受性は比較的低いが，分化が再開された第2次卵母細胞の放射線感受性は非常に高く，アポトーシスにより細胞死を起こす．そのため，0.65～1.5 Gyで一過性の不妊が生じる．2.5～6 Gyで卵巣に蓄えられている未成熟卵母細胞が死滅し永久不妊となる．永久不妊のしきい線量は，若年層で高く年齢の増加に従い低くなる傾向がみられる．これは，放射線による損傷の修復能が加齢によって低下することが原因とされている．また，卵巣では被ばくにより一過性の黄体ホルモン上昇がみられることがある．

4.2.3 小腸

小腸には絨毛があり，その付け根には**クリプト（腺窩）細胞**と呼ばれる分裂を盛んに行っている幹細胞があり，放射線感受性が高いのはこのクリプト細胞である．小腸絨毛の模式図を**図 4.2**に示す．クリプト細胞から分裂して分化する細胞は吸収上皮細胞であり，順次絨毛の先端方向へ押し上げられていき，先端部で寿命を迎え脱落していく．

小腸が10 Gy以上の急性照射を受けた場合，クリプト細胞の分裂が停止し，吸収

上皮細胞の供給が絶たれ，吸収（粘膜）上皮の剥離，萎縮及び潰瘍が生じる．

消化管は口腔から肛門に向かい，食道－胃－（十二指腸）小腸－大腸の順である．十二指腸は特に放射線感受性が高い．消化管の放射線感受性は，（十二指腸）小腸－大腸－胃－食道の順に高い．

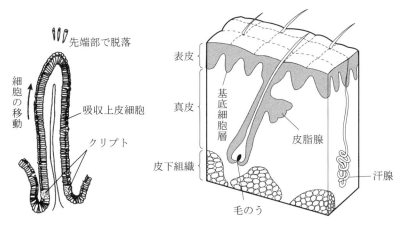

図4.2　小腸絨毛の模式図　　　図4.3　皮膚断面の模式図

4.2.4　皮膚

皮膚は，図 4.3 に示すように．表面から深部に向かって，表皮－真皮－皮下組織の順になっている．表皮の最下層には**基底細胞層**があり，表皮細胞の幹細胞として盛んに細胞分裂を行い放射線感受性が高い．基底細胞層は波打っており，浅いところで $30\,\mu m$，深いところで $100\,\mu m$，平均 $70\,\mu m$ の深さにある．基底細胞が分裂すると，分裂した細胞は表面方向に押し上げられ2〜3週間して角化（角質）細胞となり脱落する．基底細胞層にはメラニン色素を含むメラニン細胞も散在しており，この細胞は放射線や紫外線を受けるとメラニンの合成が盛んになり皮膚が黒ずんでくる．メラニン色素は放射線や紫外線のエネルギーを吸収しそれらの影響を減弱させることから，メラニン細胞の無い白人と，メラニン細胞の密度が高い黒色人種など有色人種では，皮膚がんの感受性が数十倍異なる．基底細胞の被

ばくは，**落屑**（ラクセツ：表皮が剥がれ落ちる）の原因となる．また，影響が真皮層に及ぶと，皮脂腺も影響を受け，線量が低いうちは分泌物が減り**乾燥性皮膚炎**を生じる．線量が大きくなると水泡や潰瘍が生じ**湿性皮膚炎**となる．

毛のうは真皮層内に埋まりこんだようなかたちで存在し，細胞分裂を盛んに行い，毛の伸長のもととなっている．毛のうの放射線感受性は高く，放射線による**脱毛**の原因となる．

表 4.3 に皮膚に対する放射線の影響としきい線量を示す．**紅斑**には，3 Gy 程度の被ばくで 3 日以内にみられる一過性の初期紅斑と，5 Gy 以上でみられる持続性の紅斑がある．皮膚への影響は，初期紅斑－2 次紅斑（色素沈着）－水泡－びらん・潰瘍の順で現れる．被ばく線量が増すと潜伏期が短くなり，症状の重篤度が増す．50 Gy を超える被ばくでは皮膚組織の壊死が起こる．放射線を皮膚に受けても痛みはなく，潜伏期を経て症状が出るまでの間も痛みを感じることはない．

表 4.3　皮膚の放射線影響としきい線量

線量	放射線影響
3Gy 以上	脱毛
3〜6Gy	紅斑・色素沈着
7〜8Gy	水疱形成
10Gy 以上	潰瘍形成
20Gy 以上	難治性潰瘍（慢性化，皮膚がんへの移行）

4.2.5　水晶体

水晶体前面を 1 層で覆う上皮細胞は放射線感受性が高く，被ばくにより損傷を受けると**水晶体混濁**の原因となる．水晶体混濁の程度が進んで視力障害が認められるような状態になったものを**白内障**という．確定的影響であり発症までの潜伏期が長く，晩発影響に分類される．白内障の潜伏期は被ばく線量が大きいと短くなる．放射線で誘発された白内障は，他の原因，たとえば加齢で生じた老人性白内障などと区別することはできない．白内障の発生では，吸収線量が同じ場合，γ 線よりも速中性子線で発症しやすい．そのため，中性子の発生する環境で作業を

行う放射線作業従事者には眼の検査が義務付けられている．

水晶体の障害ではないが，放射線の眼に対する影響として緑内障の発生がある．緑内障とは眼内圧が上昇し，場合によっては失明に至る疾患である．放射線が眼に当たると，眼房水の排出を行っている管が狭窄や閉塞をおこし，眼房水の貯留が起こり眼内圧の上昇を招き，緑内障に至ると考えられている．また，眼には角膜があり，被ばくすると角膜炎を生じるが，感受性は水晶体より低い．また，放射線による涙腺の狭窄や閉塞によりドライアイ（眼乾燥症候群）が生じることもある．

4.2.6 その他の臓器

がんの放射線治療において，正常組織に対する副作用として細胞再生系に属さない中程度の放射線感受性を持つ臓器・組織の確定的影響が問題となることがある．

この中でも肺は，全肺が急性被ばくした場合，障害のしきい線量が 6～8 Gy と比較的高感受性である．急性症状として放射線肺炎が起こり，その後晩発障害である肺線維症に移行する．肺胞表面にある肺胞上皮細胞は放射線感受性が高いため，被ばく後に脱落し，その場所に線維化が起きる．特に間質性肺炎から肺線維症に移行すると肺機能の低下に伴い呼吸頻度が上昇し死に至ることもある重大な肺疾患となる．肺の放射線障害は，照射野（面積）が大きいほど症状は重くなる．

甲状腺は 10 Gy の被ばくにより機能が低下する．また，3 Gy の被ばくで甲状腺に良性結節が増加するという報告がある．

放射線被ばくはまた，血管透過性の亢進を引き起こす．これは，血管内皮細胞の細胞間接着が弱くなり，隙間が生じることによる．血管透過性の亢進は，皮膚の充血や腫脹を生じさせ，唾液腺では，8 Gy の急性照射により 48 時間以内に腫脹による痛みが発生し，アミラーゼの血液中への漏出が起こる．

30 Gy を超えるような大線量を被ばくした場合には，膀胱は線維化により萎縮し頻尿の原因となる．また，腸や食道など消化管の穿孔，放射線脊髄症，脊髄（脊椎）神経麻痺，心筋症といった晩発影響が起きる．これらは放射線による毛細血

管の閉塞によるとされている．その臓器・組織の機能を司る実質細胞の放射線感受性がさほど高くない場合には，臓器・組織の障害発生は血管障害がその原因となる．血管の障害から臓器・組織の障害が発生するまでには時間がかかるため，障害は晩発性となる．

4.3 個体レベルの確定的影響

全身あるいは身体のかなり広い範囲が，約 1 Gy 以上の放射線を短時間に被ばくした場合に生じる一連の症状を**急性放射線症**という．被ばくした線量によって，主たる症状を呈する臓器・組織と潜伏期間が異なる．急性放射線症は被ばく後の時間経過によって，**前駆期**，**潜伏期**，**発症期**，**回復期**（又は**死亡**）に分けられる．

前駆期は，被ばくしてから 48 時間以内に以下のような症状が現れる時期を指す．この時期には食欲不振，悪心（吐き気），嘔吐，下痢などの消化管症状と，疲労感，めまい，頭痛，不穏状態，無気力あるいは意識消失といった中枢神経症状がみられ，これらの症状は二日酔いの状態に似ているので**放射線宿酔**とよばれる．頻脈や不整脈などの心血管症状が現れることもある．また，発熱や皮膚の初期紅斑，口腔粘膜の発赤などの症状が一過性に現れる．唾液腺の腫脹や疼痛・圧痛は，前駆症状の診察上の重要な項目とされている．放射線宿酔でみられる症状は，線量が大きくなると重篤度が増し，被ばく後症状が現れるまでの時間が短くなる．たとえば，ヒトが 8 Gy の全身急性被ばくを受けるとすぐに意識消失に陥る．また，嘔吐は，症状が見られる割合や被ばくから症状発現までの時間を観察することによって，およその被ばく線量を推定するのに有用である．たとえば，1～2 Gy 程度の被ばくでは，嘔吐が起きるまで 2 時間以上を要し，頻度も半数を下回る．しかし，6 Gy の被ばくでは被ばく者のほとんどに，被ばくから 30 分以内での嘔吐がみられる．

潜伏期は，臓器・組織の機能を果たす細胞の死により機能が障害されるまでの期間に対応し，この間は無症状の場合が多い．線量の増大に伴って潜伏期間は短くなる．

4. 確定的影響

　発症期は，被ばく線量に応じた種々の放射線障害が発症する時期をいう．具体的な内容については以下に節を分けて解説する．

　線量が少なければ1箇月程度で回復期を迎える．8 Gy を超える被ばくでは，たとえ延命できても，肺，皮膚の障害の回復に長い時間を要する．多くの場合は，治療の効果もむなしく死に至る．

4.3.1　骨髄死

　1.5 Gy がヒトにおける死亡のしきい線量とされ，死亡の原因は白血球の減少による感染に対する抵抗力の低下と血小板の減少による出血傾向である．造血臓器の症状が主で死亡するため，骨髄死あるいは造血死と呼ばれる．3～5 Gy では，被ばくした人の半数が死亡し，7～10 Gy では被ばくした人のほぼ全数が死亡する．死に至るまでの期間は，線量が上がるにしたがい短くなる．

　被ばくした個体の半数が一定期間内に死亡する線量を**半数致死線量**といい，$LD_{50(30)}$ と表す．（　）内は被ばくしてからの観察期間である．$LD_{50(30)}$ は，動物種間での放射線致死感受性の比較によく用いられる．ただし，ヒトの場合は骨髄死を起こす期間が動物より若干長いことから，観察期間を60日として $LD_{50(60)}$ を用いることが多い．被ばくした個体全部が死亡する線量を全致死線量又は100%致死線量といい，観察期間に応じて $LD_{100(30)}$ あるいは $LD_{100(60)}$ と表す．主な動物種における $LD_{50(30)}$ は小さい順に，ヒツジ 1.6～2.1 Gy，ブタ 2.0～2.4 Gy，（ヒト），マウス 5.6～7 Gy，ラット 6.8～8 Gy，ウサギ 7.4～8.4 Gy などであり，動物種により異なる．

4.3.2　腸死

　10～30 Gy の被ばく線量域では小腸の症状が主となる．小腸クリプト細胞の分裂停止や細胞死によって吸収上皮細胞の供給が絶たれ，その結果として上皮粘膜の剥離が起こり，脱水症状，電解質平衡の失調，腸内細菌への感染が生じ，被ばく後10～20日で死亡する．消化管，特に小腸の障害が原因で死亡することから腸死あるいは消化管死とよばれる．腸死の起こる線量域では，線量が上がっても死亡するまでの期間はほぼ一定（線量不依存域とよばれる）であるという特徴がある．

241

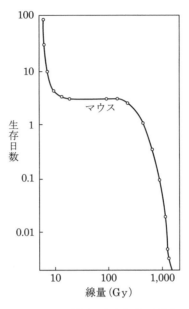

図 4.4　線量と生存期間の関係

これは，クリプト細胞からの細胞供給が絶たれても，絨毛が縮むことで一定期間，腸の表面を吸収上皮細胞が覆い続けることができるためである．マウスでは，腸死の平均生存期間は 3.5 日程度であり，3.5 日効果とよばれることもある（**図 4.4 参照**）．

4.3.3　中枢神経死

さらに数十 Gy を超えた高い線量を被ばくすると，神経系の損傷による死が起きる．神経細胞自身の放射線感受性は非常に低いため，この線量の放射線が直接神経細胞の死を起こすことはないが，血管透過性の亢進による脳浮腫が原因となり神経細胞を圧迫し，神経機能の停止に至る．50 Gy 以上の被ばくでは，全身けいれんの症状が特徴的で，ショック等により被ばくから 1〜5 日後に死亡する．被ばくから死亡するまでの期間は線量が高くなると短くなる．中枢神経の障害が原因で死亡するため，中枢神経死と呼ばれる．上述のように，中枢神経死では，骨髄死，

4. 確定的影響

腸死と異なり，幹細胞は関与しない．

放射線の生物学

〔演 習 問 題〕

問1　2Gyのγ線を全身急性被ばくしたとき，末梢血中で最も遅く減少するものは，次のうちどれか．
　1　リンパ球　　　2　血小板　　　3　赤血球　　　4　単球　　　5　顆粒球
〔答〕　3

問2　成人の臓器・組織について，放射線感受性が高い順に並んでいるものは次のうちどれか．
　1　生殖腺　　＞　肝臓　　　＞　骨
　2　脳　　　　＞　唾液腺　　＞　皮膚
　3　胸腺　　　＞　筋肉　　　＞　水晶体
　4　小腸　　　＞　甲状腺　　＞　胸腺
　5　骨髄　　　＞　結合組織　＞　毛細血管
〔答〕　1

問3　A～Dの放射線による組織障害について，しきい線量が低い順に並んでいるものは，次のうちどれか．
　　A　一時的不妊（精巣）
　　B　紅斑（皮膚）
　　C　壊死（皮膚）
　　D　造血機能低下（骨髄）
　1　A　＜　B　＜　C　＜　D
　2　A　＜　D　＜　B　＜　C
　3　B　＜　A　＜　D　＜　C
　4　B　＜　A　＜　C　＜　D
　5　A　＜　C　＜　D　＜　B
〔答〕　2

4. 確定的影響

問4 次の皮膚及び皮下組織の組み合わせのうち,放射線感受性の最も高いものはどれか.

1　角質層と触覚神経
2　触覚神経と毛根
3　毛根と基底層
4　基底層と結合組織
5　結合組織と角質層

〔答〕　3

問5 γ線の急性全身被ばくによる死亡に関する次の記述のうち,正しいものの組合せはどれか.

A　$LD_{50(60)}$ は,被ばく60日後に50%死亡率をもたらす線量である.
B　ヒトの $LD_{50(60)}$ は,おおよそ4Gyである.
C　10Gyまでの線量域では,消化器系の障害が主な死因となる.
D　10～数十Gyの線量域では,造血器系の障害が主な死因となる.
E　数十Gy以上の線量域では,中枢神経系・循環器系の障害が主な死因となる.

1　ABEのみ　　2　ACDのみ　　3　ADEのみ　　4　BCDのみ
5　BCEのみ

〔答〕　1

問6 放射線の全身被ばくによる次の記述のうち,腸管死について誤っているものの組合せはどれか.

A　腸管死は線量に比例して死亡までの時間が短くなる.
B　腸管死はクリプト幹細胞の死が原因である.
C　腸管死は早期障害である.
D　腸管死は確定的影響である.
E　腸管死の線量域では骨髄障害は軽微である.

1　AとB　　2　AとE　　3　BとC　　4　CとD　　5　DとE

〔答〕　2

5. 確率的影響

5.1 発がん

　がんは放射線によって誘発され，確率的影響に区分される．発がんの最小潜伏期間は白血病で 2～3 年，その他の固形がんでは 10 年とされており，晩発影響に区分される．また，がんは白血病を含め，病理学的に自然発生と放射線誘発を見分けることはできない．そのため，発がんにおける放射線の影響を推定するためには，被ばく者の集団と非被ばく者集団の間での疫学調査データの比較によらなければならない．調査にあたって注意しなければならないのは，交絡因子の存在である．交絡因子とは，放射線発がんについて調べるとき，調査結果に影響する放射線以外の因子のことである．たとえば，喫煙は肺がんの交絡因子であり，乳がんは女性ホルモンが発症に関わることが知られているため，性別が交絡因子となる．そのほかに，アルコールや年齢も交絡因子となる．

　放射線と発がんの関係についてこれまでに明らかにされてきたものとして，夜光塗料に含まれていた放射性ラジウムによる時計文字盤塗装工（ダイヤルペインター）の骨腫瘍や骨肉腫，血管造影剤トロトラストに含まれるトリウムによる肝臓がんと白血病，ウラン鉱山の鉱夫におけるラドンとその子孫核種の吸入による肺がん，結核患者における胸部 X 線撮影による乳がん，頭部白癬症患者の X 線治療における甲状腺がんの発症などがある．また，最近の例としてはチェルノブイリ原発事故により放出された ^{131}I の内部被ばくによる周辺住民，特に小児における甲状腺がんの発生がある．

　放射線防護上は，単位線量あたりのがん発生率を算定することが重要である．

5. 確率的影響

表 5.1 確率的影響に対する名目リスク係数（単位：$\times 10^{-2} \mathrm{Sv}^{-1}$）

被ばく集団	1990 年勧告(publ. 60)			2007 年勧告(publ. 103)		
	がん	遺伝的影響	合計	がん	遺伝的影響	合計
全集団	6.0	1.3	7.3	5.5	0.2	5.7
成人	4.8	0.8	5.6	4.1	0.1	4.2

単位線量当たりのがん発生率を**リスク係数**と呼ぶ．国際放射線防護委員会（ICRP）2007 年勧告に示された名目リスク係数を 1990 年勧告と比較して**表 5.1** に示す．リスク係数は単位線量当たりの確率的影響の発生率で示されており，**絶対リスク**で表されている．広島・長崎の原爆被ばく生存者の疫学調査（寿命調査）の結果は，**過剰相対リスク**で表されており，2012 年の第 14 報では 0.42/Sv（被ばく時年齢：30 歳，到達年齢：70 歳の場合）とされている．

ここで，絶対リスクとは，線量あたりどれだけの影響が発生するかという評価法（例：1Sv あたり 5%，又は 1Sv の被ばくで 10,000 人あたり 500 人の発生など）であり，相対リスクは線量あたり自然発生率の何倍の影響が発生するかという評価法（例：1Sv あたり自然発がんの 1.4 倍の発生など）である．また，相対リスクから自然発生分にあたる 1 を引いて表したものが過剰相対リスクである．つまり，相対リスクが 1.4/Sv の場合，過剰相対リスクは 1 を引いた 0.4/Sv と表され，相対リスクと過剰相対リスクの差は常に 1 となる．（過剰絶対リスクは絶対リスクと同義である．）

臓器間での絶対リスクと相対リスクの大小の関係は同じにならない．自然発生の多いがんでは放射線誘発がんも多く，そのため，このようながんでは絶対リスクの値が大きくなる．たとえば，原爆被ばく者では，胃がんは絶対リスクが最も大きいがんである．一方，自然発生が少なく，放射線誘発リスクが大きい白血病では，絶対リスクは小さいが，過剰相対リスクはがんの中で最も大きい．一般に，ある因子のがんリスクを過剰相対リスクで表すと，発がん原因（放射線）と発がんとの因果関係を評価しやすい．例えばある発がん因子（放射線など）について

過剰相対リスクの大きながんは，その因子が発がんに強い因果関係があることを示している．

放射線誘発がんのリスク評価の概要を以下に述べる．

1) 疫学データ

広島・長崎の原爆被ばく生存者の疫学調査により，実際に放射線によってがんが誘発されることが確かめられている．原爆被ばく生存者の疫学調査で増加が確認されている白血病は，急性骨髄性白血病，急性リンパ性白血病，慢性骨髄性白血病の3種類であり，慢性リンパ性白血病の増加は確認されていない．また，固形がんについては，統計的に有意ながん死亡リスクの増加がみられたのは，胃がん，肺がん，肝臓がん，乳がんなどで，逆にリスクの増加が認められなかったのは，膵臓がん，直腸がん，子宮がん，前立腺がん，腎臓がんなどである．

2) 線量反応関係

横軸に線量，縦軸にがんの発生率をとった線量反応関係は，個々のがんで見ると，白血病はLQ（直線－2次曲線）モデルによく適合し，その他のがんはL（直線）モデルが適合する．LQモデルでは，低線量域ではLモデルよりも発生率は小さいが，線量が大きくなると急に発生率が大きくなるという特徴がある．リスク係数の算定においては，すべてのがんに直線モデル（しきい値なしの直線モデル：LNT）を適用し，高線量・高線量率被ばくである原爆被ばく者のデータから低線量－低線量率被ばく時のリスクを，**線量－線量率効果係数**（DDREF）を用いて評価している．また，DDREFとしてICRPは2を採用している．DDREFが2ということは，疫学データから得られた発生率の傾きを，低線量－低線量率被ばく時には1/2にすることを意味している．

3) がんの潜伏期とリスク予測モデル

広島・長崎の疫学調査から，白血病の発生については，最小潜伏期は2年，その後6～7年で発生のピークを迎えた後，低下している．一方，固形がんの最小潜伏期は10年であり，現在でも新たな発生が認められ，総発生率は増え続けている．白血病における潜伏期は，一般に被ばく線量が大きいほど短く，被ばく時年齢が

5. 確率的影響

若いほど短いが，固形がんでは，線量や被ばく時年齢と潜伏期の関係は複雑で，がん好発年齢で発生率が増えるという結果が得られている．

広島・長崎の疫学調査は現在も継続しており，これまでの発生数をもとに2)の線量反応関係を評価したのでは，これ以降に発生する分（将来発生分）が加算されないため過小評価することになる．したがって，今後の発生分を評価するための（生涯）リスク予測モデルを作成し，それによって評価が行われている．それによれば，白血病では，年齢増加と自然発生の関係を示すグラフに，被ばく後，一定の人数が一定期間上乗せされるという絶対リスク予測モデルを適用し，固形がんでは，被ばくにより，自然発生率が加齢に伴い増加する割合と同じ増加率で発がんが増えるという相対リスク予測モデルを適用する．また，いずれのがんについても過剰相対リスクは，被曝時年齢が若年の方が高齢の場合よりも大きいとしている．

2007年にICRPは基本勧告の改訂を行い（publ. 103），確率的影響についてのリスク係数の見直しを行った．がんについては，死亡率だけではなく発生率についてのデータも参照し，致死がんと非致死がんの違いを重み付けによって考慮したが，結果として1990年勧告と大きな違いは生じず，絶対リスクは1Svあたり約5%となった．個々の臓器・組織のリスク係数の違い，つまりがんに対する放射線感受性の違いを基に，組織加重係数（管理技術1.1 表1.2参照）を定め，実効線量の算定の際に用いている．したがって，組織加重係数の大きさ（数値）は確率的影響に関して定められた係数で，確定的影響の評価には用いられない．また，組織加重係数は，年齢，性別，線量率によらず，臓器・組織ごとに一定の値が与えられている．

5.2 遺伝性影響

5.2.1 確率的影響としての遺伝性影響

遺伝性影響は，生殖細胞が放射線被ばくすることにより遺伝子突然変異や染色体異常が引きおこされ，それが子孫に引き継がれて発生する．男性の精巣におけ

る生殖細胞の突然変異感受性は精細胞が最も高く，次に精子と精母細胞が続き，精原細胞が最も低い（精細胞＞精母細胞＝精子＞精原細胞）．これは代謝が盛んな方が回復しやすいことに基づいている．確定的影響（不妊）における細胞致死感受性では，幹細胞である精原細胞が最も高く，分化に伴い感受性が低下し，精子が最も低いこととしっかり区別することが大切である．また，突然変異の発生率は線量率が高いほど高く，線量率効果が認められる．

確率的影響としての遺伝性影響は**個体レベルに現れた影響**を指しており，単に遺伝子突然変異や染色体異常が子孫に引き継がれている場合は遺伝性影響とは言わないことに注意が必要である．

原爆被ばく者の疫学調査などのヒトに関するデータからは，放射線被ばくによる遺伝性影響の有意な増加は認められていない．しかし，動物実験では放射線により遺伝性影響が生じることが確かめられているので，発がんと共に確率的影響に分類し，放射線防護の対象としている．

表 5.1 に遺伝性影響のリスク係数をがんのリスク係数と併せて示す．1990 年勧告に比べて 2007 年勧告では，遺伝性リスク係数は 1/6〜1/8 に小さくなっている．これは主に，①評価の対象とした遺伝性影響を被ばくした本人からみてはじめの 2 世代に限ったこと（従来は将来世代のすべてにわたっていた），②突然変異からの回復があることを考慮したことによる．

5.2.2 遺伝性影響の発生率の推定

放射線による遺伝性影響の発生率の推定法には 1) **直接法**と 2) **間接法（倍加線量法）** の 2 つがある．いずれの推定法でもヒトで有意な発生を示すデータが無いため動物実験のデータが用いられている．

1) 直接法

突然変異率から遺伝性影響の発生率を直接推定する方法で，突然変異率を動物実験により求め，線量率効果，動物種差，1 形質から全優性遺伝への換算，表現型の重篤度などの要因により補正・外挿し，遺伝性影響の発生率を算定する．

2) 間接法（倍加線量法）

5. 確率的影響

自然発生の突然変異率を 2 倍にするのに必要な放射線量を倍加線量というが，ヒトの遺伝的疾患の自然発生率と動物実験による倍加線量を比較して推定する方法をいう．倍加線量の逆数は，単位線量当たりの突然変異の過剰相対リスクを表す．UNSCEAR（2001 年報告）と ICRP（1990 年勧告）はヒトにおける倍加線量を共に 1 Gy としている．なお，倍加線量の値が大きければ，影響は起こりにくく，その影響に対する感受性は低いことを表す．また，遺伝性影響も確率的影響で突然変異が原因と考えられ線量率効果がみられる．

放射線の生物学

〔演 習 問 題〕

問1 がんとその原因の関係について正しい組み合わせはどれか．
　　A　白血病　　　　　－　ウラン鉱山労働者
　　B　膵臓がん　　　　－　時計文字盤塗装工
　　C　小児甲状腺がん　－　チェルノブイリ事故
　　D　肝臓がん　　　　－　トロトラスト
　1　AとB　　　2　AとC　　　3　AとD　　　4　BとC　　　5　CとD
〔答〕　5

問2 ヒトの放射線誘発白血病に関する次の記述のうち，正しいものの組合せはどれか．
　　A　線量反応関係は，直線モデルに適合している．
　　B　100 mSvの急性全身均等被ばくによる誘発率は，2％程度とみなされている．
　　C　主要な標的組織は，赤色骨髄である．
　　D　短いものでは2～3年という潜伏期が観察されている．
　1　AとB　　　2　AとC　　　3　BとC　　　4　BとD　　　5　CとD
〔答〕　5

問3 倍加線量に関する次の記述のうち，正しいものの組合せはどれか．
　　A　生物種に関係なく一定の値を示す．
　　B　生物効果比（RBE）を2倍にする線量である．
　　C　突然変異発生率を自然発生率の2倍にするのに要する線量である．
　　D　この値が大きいほど遺伝性(的)影響は起こりにくい．
　1　AとB　　　2　AとC　　　3　AとD　　　4　BとD　　　5　CとD
〔答〕　5

問4 放射線の人体への影響に関する次の記述のうち，正しいものの組合せはどれか．
　　A　18歳から64歳までの成人の集団における発がんのリスク係数は，すべての年

5. 確率的影響

齢からなる集団全体のリスク係数より高いと考えられている．

B 各臓器・組織の確率的影響の誘発に対する感受性の違いを考慮して組織加重係数が定められている．

C 原爆被爆者では遺伝性(的)影響はこれまでのところ確認されていない．

D 急性被ばくと慢性被ばくとでは総線量が同じであれば影響は変わらない．

1 AとB　　2 AとC　　3 BとC　　4 BとD　　5 CとD

〔答〕　3

6. 胎児影響

　母体が妊娠中に放射線に被ばくすると，胎児も同時に被ばくする可能性がある．胎児が被ばくすることを**胎内被ばく**という．胎児は母体内で絶えず成長・発達しており，放射線感受性がきわめて高く，放射線防護の対象として重要である．

　受精卵が形成されて以降の被ばくの影響は，受精卵自体，あるいは胎児自身の身体的影響であり，遺伝性影響では無い．放射線を受けた胎児の発達段階により，胎児に現れる放射線影響の種類が異なることが胎児影響の特徴である．これを胎児影響の**時期特異性**という．放射線影響の観点から，受精から出生までの期間（胎生期）は，1)**着床前期**，2)**器官形成期**，3)**胎児期**の3つの時期に区分される．

1) 着床前期

　卵管の膨大部で受精した受精卵は卵割を繰り返しながら胚となり，受精8日目頃に子宮に着床する．受精から着床するまでの期間を**着床前期**という．この時期に卵割している受精卵が放射線に被ばくすると卵割が停止し，**胚死（流産）**がおきる．しきい線量は 0.1 Gy である．被ばくを受けても死に至らなかったもの，すなわち着床できた胚は，その後正常に発達・成長し，放射線の影響は確率的影響を含め何も残らないとされている．

2) 器官形成期

　着床から受精後8週目頃までの時期は，胚がそれぞれの器官・組織に増殖・分化しながら成長を続ける時期で，**器官形成期**とよばれる．この時期に放射線を受けると**奇形**が生じる．しきい線量は，マウスでは 0.25 Gy，ヒトでは 0.1 Gy 程度と考えられている．

　マウスを用いた動物実験では，脳や眼，骨格などに奇形の発生が認められてい

6. 胎児影響

るが，広島・長崎の原爆被ばく者の疫学調査においてヒトで観察された奇形は唯一**小頭症**のみである．小頭症は奇形に分類されるが，**表 6.1** の整理とは若干異なり，受精後 15 週程度まではリスクがあるという報告があり，また精神発達遅滞を伴う場合が多い．

胎児は母体から胎盤を通じ酸素や栄養の供給を受けている．そのため，胎児期には母体によって維持されている生命システムに異常が生じた場合には，出生後，自身では生命の維持ができなくなり，新生児死亡に至るリスクが高くなることがマウスの実験から知られている．このようなことから，器官形成期の被ばくでは，新生児死亡リスクが高まる可能性がある．

3）胎児期

器官形成期を過ぎ胎児期に入ると，胎児はヒトの形となり，盛んな細胞分裂により細胞を増やし成長を続ける．受精 8 週目頃から出生までの時期が胎児期にあたる．受精 8 週から 25 週の間に被ばくすると**精神（発達）遅滞**（知恵遅れ）が引き起こされる．特に受精 8 週から 15 週は大脳皮質の発達が盛んな時期でその感受性が高い．しきい線量は 0.2〜0.4 Gy とされている．受精 26 週を過ぎると精神発達遅滞の発生は少なくなる．また，胎児期全体を通して低身長などの**発育遅延**がみられ，しきい線量は 0.5〜1 Gy とされている．

上に述べた胎生期の放射線の影響はすべて確定的影響であるが，着床以降のすべての時期の被ばくで確率的影響が発生する可能性がある．発がんのリスクは成人に比べ 2〜3 倍高く，新生児や小児と同等であるとされている．遺伝性影響のリ

表 6.1 胎児の放射線影響

胎生期の区分	期間	発生する影響	しきい線量(Gy)
着床前期	受精 8 日まで	胚死亡	0.1
器官形成期	受精 9 日〜受精 8 週	奇形	0.1
胎児期	受精 8 週〜受精 25 週	精神発達遅滞	0.2〜0.4
	受精 8 週〜受精 40 週	発育遅延	0.5〜1.0
着床以降	受精 9 日〜受精 40 週	発がんと遺伝的影響	なし

スクは成人とほぼ同じと考えられている.

　胎児の被ばく線量は直接測定することはできないので,通常は母体の子宮線量から推定される.

　表 6.1 に胎生期被ばくによる放射線影響をまとめた.

6. 胎児影響

〔演習問題〕

問1 胎内被ばくにより起こりうる身体的影響に関する次の記述のうち，正しいものの組合せはどれか．

　　A　着床前期の被ばくによる受精卵の死亡（流産）
　　B　器官形成期の被ばくによる奇形の発生
　　C　胎児期の被ばくによる精神発達遅延
　　D　すべての期間における被ばくによる確率的影響の発生

　1　ACDのみ　　　2　ABのみ　　　3　BCのみ　　　4　Dのみ
　5　ABCDすべて

〔答〕　5

問2 胎内被ばくに関する次の記述のうち，正しいものの組合せはどれか．

　　A　器官形成期では，奇形が起きやすい．
　　B　着床前期では，新生児死亡が起きやすい．
　　C　精神遅滞は，8〜15週よりも16〜25週の方が高頻度に誘発される．
　　D　奇形は，確定的影響である．

　1　AとB　　2　AとC　　3　AとD　　4　BとC　　5　BとD

〔答〕　3

問3 次の胎内被ばくに関する文章について正しい組み合わせはどれか．

　　A　ヒトの器官形成期の被ばくでは3種類以上の奇形が知られている．
　　B　受精30週の被ばくで精神遅滞の発生は認められない．
　　C　着床前期の被ばくで胚が着床した場合には確率的影響以外の障害は発生しない．
　　D　器官形成期の被ばくでは新生児死のリスクが高まる．

　1　AとC　　2　BとC　　3　AとD　　4　BとD　　5　CとD

〔答〕　4

7. 放射線影響の修飾要因

　放射線影響の大きさは，放射線の種類や線量率のような放射線側に関しての条件だけではなく，放射線を受ける細胞や個体がおかれている環境条件によって変化する．これらを，物理学的要因，化学的要因，生物学的要因に整理すると以下のようになる．高 LET 放射線では，物理学的要因，化学的要因，生物学的要因のいずれについても，低 LET 放射線に比べて影響が修飾される程度は小さい．

7.1 物理学的要因

1) 線　　質

　放射線の種類により，同じ吸収線量でも影響の程度は異なる．放射線の線質を表す指標は **LET（線エネルギー付与）** であり，放射線の飛跡に沿った単位長さあたりのエネルギー損失を表す．単位は $keV/\mu m$ で表される．γ 線（X 線），β 線は**低 LET 放射線**であり，中性子線，α 線，重粒子線は**高 LET 放射線**である．陽子線は最近になり低 LET 放射線として扱われるようになったので注意する必要がある．

　放射線の線質の違い，すなわち LET の違いによる生物学的影響の違いを表す指標として，**生物学的効果比**あるいは**生物効果比（RBE）**が用いられる．RBE は次に示す式で定義され，基準放射線としては一般に管電圧が 200〜250 kV の X 線や ^{60}Co の γ 線が用いられる．

$$RBE = \frac{ある効果を得るのに必要な基準放射線の吸収線量}{同じ効果を得るのに必要な試験放射線の吸収線量}$$

　LET の増大に伴い，RBE は大きくなるが，LET が $100\ keV/\mu m \sim 200\ keV/\mu m$

を超えるあたりで最大となり，それを超えるとRBEはかえって減少する．これはoverkillとよばれ，電離密度が高くなりすぎると電離されたもの同士の再結合などの反応が増加し，細胞に与えられるエネルギーがかえって減少してしまうために生じると考えられる．

　RBEの値は，放射線の種類・エネルギー（線質）が異なれば変化する（例えば，がん治療におけるRBEで陽子線は1.2，中性子線は1.7など）．また，どのような生物効果（指標）に着目するかによってその値は変化する（例えば，指標として細胞の生存率が10％になるときのRBEと50％のときのRBEは異なる）．定義からは，これらの線質と着目した生物効果のみが関係するように見えるが，線量率，酸素分圧，温度などさまざまな照射時の条件によってもその値は変化する．

　放射線加重係数（管理技術1.1　表1.1参照）は，低線量率被ばくした場合の発がんや遺伝性影響に着目したRBEと考えることができる．

2）線量率効果

　同じ線量が照射された場合，線量率が小さい方が一般に影響は小さい．低線量率照射や分割照射においてはSLD回復が起こるためと考えられる．したがって，線量率効果は低LET放射線では顕著であるが，高LET放射線では小さい．

　また，確定的影響のみならず，確率的影響である突然変異についても線量率効果がみられる（3.4 突然変異と染色体異常の項参照）．

　低線量・低線量率被ばくにおいて，高線量・高線量率被ばくである広島・長崎の原爆被ばく者から得られた線量－反応関係から単純にリスク係数を求めたのでは，放射線の影響には線量率効果があることから考えると過大評価となり，そのままでは使えない．それは，現在のリスク係数は放射線防護上，低線量・低線量率被ばく時における確率的影響を評価する場合に用いるものであるからである．このため，5.1で述べた線量・線量率効果係数（DDREF）が導入され，ICRPは2を採用している

3）温度効果

　低温はラジカルの拡散を抑制することにより間接作用を弱める．極端な場合，

細胞を凍らせて放射線照射を行うと，水ラジカルができても，ラジカルは生成場所から拡散できず，DNA 損傷に寄与することができない．逆に，温度を 42℃～43℃ に高めると放射線の細胞障害効果を増強する．放射線治療では，放射線を照射した後に温熱療法を併用すると放射線の腫瘍致死効果をさらに高めることができる．

4）その他の物理学的要因

照射部位の大きさ（通常は面積で評価する）は，生じる影響を考える上で重要である．例えば，肺がん治療では照射野が大きいほど副作用の発生リスクが増し，部分被ばくとなる生殖腺被ばくがなければ遺伝性影響を考慮する必要はない．また，単に 30 Gy と言っても，全身被ばくであれば個体死が起こり，手の被ばくであれば潰瘍が発生するというように，生じる影響はまったく異なる．

7.2 化学的要因

1）酸素効果

組織内の酸素分圧が放射線の効果に影響を与えることを**酸素効果**という．酸素効果は，放射線生物学上最も重要なテーマの１つである．正常組織における酸素分圧は約 40～100 mmHg の範囲にある．一方，がん組織では，がん細胞の成長が血管の新生や伸長より早い場合，血管から遠い組織では酸素が十分行き渡らない場所が生じ，数 mmHg 程度の酸素分圧しかない場合がある．このような低酸素分圧の組織では，放射線の効果は減弱されることになりがん治療の妨げとなる．

酸素存在下での放射線の効果は，無酸素下での効果よりも大きい．これは，①ラジカルが酸素と反応してさらに有害なラジカルを生じるため（水和電子と酸素の反応からスーパーオキシドラジカルが生じるなど），及び②損傷部位が酸素と反応してより修復されにくい損傷となるため，と考えられている．したがって，酸素効果が生じるためには，放射線照射時に，その部位に酸素が存在している必要があり，放射線照射の後に照射部位の酸素濃度を高めても効果は無い．また，ラジカルを消去，あるいは減少させる**グルタチオン**（後述）などが存在すると，酸

素効果は減弱される.

酸素効果を表す指標として**酸素増感比（OER）**がある．OER は，同じ生物効果を得るのに必要な無酸素下での線量と，酸素存在下での線量の比で表され，酸素濃度の変化による放射線の生物効果の変化を表す．

$$\mathrm{OER} = \frac{無酸素状態である効果を引き起こすのに必要な線量}{酸素存在下で同じ効果を引き起こすのに必要な線量}$$

OER は，酸素分圧の上昇につれて急激に大きくなるが，酸素分圧が 20〜30 mmHg で飽和に達し，それ以上酸素分圧が上昇してもほぼ一定の値となる．低 LET 放射線では，無酸素時（OER＝1）にくらべ，飽和したときの OER の値は 2.5〜3 の値をとる．また，OER の最低値は，酸素が無い状態であるから，分子，分母が同じとなるため 1 である．また，無酸素の状態では，間接効果が弱められるため全体の効果は減弱するが，相対的に直接作用の割合が増えることになる．一方，高 LET 放射線では，間接効果の割合が少ないため，酸素が有っても無くても放射線の効果はあまり変わらずほぼ同じと考えられることから，OER の値は酸素分圧によらずほぼ 1 となり，それぞれの OER の最大値を比較すると低 LET 放射線の方が大きくなる．

2）保護効果

ラジカルと反応しやすい物質が，放射線照射時に存在すれば，生じたラジカルは消去されるので放射線の間接作用は減少する．このような物質による作用を**保護効果**といい，このような働きを持つ物質を**放射線防護剤**という．例えば，分子内に SH 基（チオール基）を持つ化合物はラジカルを捕捉し消去する作用を有するため**ラジカルスカベンジャー**とよばれ，アミノ酸のシステインや，システインを含む 3 つのアミノ酸からなるトリペプチド（グルタミン酸－システイン－グリシン）のグルタチオンなどがある．水酸基（OH 基）を持つアルコールにも若干のラジカルスカベンジャー効果がみられる．

3）増感剤

放射線増感剤として用いられているものに，BUdR（5－ブロモデオキシウリジ

ン）がある．BUdR は DNA の構成物質であるチミンの材料となるチミジンと類似しており，DNA に取り込まれやすく，BUdR を取り込んだ細胞は放射線感受性が高くなる．がん組織に存在する低酸素細胞の酸素分圧を直接高めることはできないため，腫瘍内の低酸素細胞に増感作用を持ち，正常細胞には増感作用を示さない薬剤があればがん治療に役立つとの考えから，低酸素細胞増感剤が開発されてきた．ニトロイミダゾール化合物であるメトロニダゾールやミソニダゾールなどにその効果が認められたが，胃腸への障害などの副作用が強く，現在のところ臨床の現場で実用化されているものはない．

7.3　生物学的要因

動物種・系統，性別・年齢によって放射線影響の程度は異なる．ヒトにおいても人種の違いにより好発するがんの種類が異なることから，がんのリスク係数の算定には欧米人とアジア人のデータを統合して解析している．また，乳房や生殖腺については性ホルモンがそれらのがん発生に関係することが知られている．

臓器・組織レベルでの感受性の違いについては，その基本としてベルゴニー・トリボンドーの法則（4.1参照）がある．しかし，この法則にも先に述べたように，いくつかの例外があることにも注意が必要である．例えば，リンパ球は分化して末梢血中を流れていてもその感受性は高く，生殖細胞についても，最も致死感受性が高いのは，最も未分化な細胞（精原細胞や卵母細胞）より，少しだけ分化したものであり，このことが一時的不妊の原因となっている．細胞周期による変化については，3.2を参照されたい．

7.4　その他の修飾要因

希釈効果

放射線の**希釈効果**とは，ある溶液を照射する場合に，溶質の濃度が低い方が高い時より溶質への影響（失活など）割合が大きくなることをいう．注意しなければならないのは，濃度が低い溶液において不活化する溶質数が多くなるのではな

く，不活化する溶質の割合が大きくなることである．一定の線量を放射線によって不活化するある溶質含む溶液に照射した場合，不活化する分子数は，直接作用では，分子の濃度が高くなればこれに比例して増える．一方，間接作用では，一定線量によって生じるラジカルの量は一定であるので，溶質の濃度を上げても失活する分子数は，最初は増えるが，その後は生じたラジカルの量に従うため，一定となる．したがって，不活化する分子の割合は，溶質の濃度（分母）が上がれば，分数の分子となる失活する分子が一定であるために下がることになり，濃度が低い溶液において不活化する溶質の割合が大きくなる．

放射線の生物学

〔演 習 問 題〕

問1　LETと放射線生物作用に関する次の記述のうち，正しいものの組合せはどれか．
　A　LETは，荷電粒子の飛跡に沿った単位長さ当たりのエネルギー付与を表す．
　B　低LET放射線による照射では，細胞生存率曲線に肩が見られる確率が高い．
　C　高LET放射線は低LET放射線に比べて，DNAクラスター損傷を起こす確率が高い．
　D　高LET放射線は低LET放射線に比べて，酸素効果は大きい．
1　ABCのみ　　　2　ABのみ　　　3　ADのみ　　　4　CDのみ
5　BCDのみ
〔答〕　1
　　　クラスター損傷：複雑で修復し難い損傷をいう．

問2　次の放射線のうち，細胞死を指標とした場合，最も高いRBEを示すものはどれか．
1　100 kVp　X線　　　　2　^{60}Co　γ線　　　　3　^{90}Sr　β線
4　^{137}Cs　γ線　　　5　^{241}Am　α線
〔答〕　5

問3　培養細胞の酸素効果に関する次の記述のうち，正しいものの組合せはどれか．
　A　X線のOERは，1.5である．
　B　30 mmHg程度以下の酸素圧では，大気中の酸素圧に比べ放射線抵抗性となる．
　C　高LET放射線の場合は，低LET放射線の場合に比べてOERは大きい．
　D　酸素効果には，照射中の酸素の存在が不可欠である．
1　AとB　　　2　AとC　　　3　BとC　　　4　BとD　　　5　CとD
〔答〕　4

問4　細胞の放射線感受性の修飾に関する次の記述のうち，正しいものの組合せはどれ

7. 放射線影響の修飾要因

か．

A　放射線により生成されるラジカルの致死作用は，ラジカルスカベンジャーと反応することによって軽減される．

B　SH基を有する化合物は放射線防護作用を有する．

C　放射線と温熱の併用による増感効果は，臨床的にも応用されている．

D　細胞を低LET放射線で照射するとき，放射線感受性は酸素分圧の増加に伴って低下する．

1　ABCのみ　　　2　ABDのみ　　　3　ACDのみ　　　4　BCDのみ

5　ABCDすべて

〔答〕　1

8. 体内被ばく

　密封線源を使用する場合のように，体外にある線源から放射線を被ばくすることを**体外被ばく**（外部被ばく）というのに対し，放射性物質が体内に取り込まれた場合のように，体内にある線源から放射線を被ばくすることを**体内被ばく**（内部被ばく）という．

　体内に α 線や β 線を出す放射性物質が取り込まれると，α 線や β 線は飛程が短いことから，これらの放射線のエネルギーは全て体内で吸収される．このため，体内被ばくでは体外被ばくに比べ，α 線や β 線放出核種の重要性が高いことに注意が必要である．

8.1 放射性物質の体内への摂取経路

　放射性物質の体内への侵入経路としては，1)**経口摂取**，2)**吸入摂取**，3)**経皮吸収**の3つがあげられる．

1) 経口摂取

　放射性物質を口から摂取し，消化管を通して吸収される経路である．放射性物質で汚染された食品を口から摂取するのがこの例である．消化管において吸収される割合を消化管吸収率といい，ICRP によれば，セシウムやヨウ素は100%，ストロンチウムは30%，コバルトは5%，プルトニウムは0.001%などとなっている．

2) 吸入摂取

　呼吸により放射性物質が気道から侵入し，肺及び気道表面から体内に吸収される経路である．非密封放射性同位元素を用いた放射線作業において体内被ばく（体内汚染）が生じる場合は，大部分が吸入によるものである．

3) 経皮吸収

皮膚を通して放射性物質が吸収される経路である．傷のない皮膚は大部分の放射性物質に対して障壁として働くが，皮膚に傷がある場合には体内に吸収されやすくなる．また，放射性同位元素の化合物に脂質親和性がある場合には経皮吸収が促進される場合がある．

8.2 臓器親和性

体内に取り込まれた放射性物質は，核種によって集積（沈着）する臓器が異なる．また，同じ核種でも，その物理的・化学的性状によって集積する臓器が異なる場合がある．どの臓器に集まりやすいかという性質を臓器親和性という．**表8.1**に，代表的な核種についての臓器親和性を示す．

表8.1　放射性核種の臓器親和性

核種	親和性臓器
H-3 (HTO：トリチウム水)	全身
Fe-55	造血器，肝臓，脾臓
Co-60	肝臓，脾臓
Sr-90	骨
I-125, I-131	甲状腺
Cs-137	全身（筋肉）
Rn-222	（呼吸することにより）肺が被ばく
Ra-226	骨
Th-232	骨，肝臓
U-238	骨，腎臓
Pu-239	骨，肝臓　　（不溶性）肺
Am-241	骨，肝臓

物理的性状による集積臓器の例として，体内で放射性コロイドを形成する核種があげられる．鉄，亜鉛，コバルトなどは体内でコロイドを形成し，細網内皮系とよばれる肝臓，脾臓，骨髄，リンパ節など，その臓器に常在するマクロファージの異物貪食能により細胞内に取り込まれることで臓器に集積する．また，鉄は赤血球のヘモグロビンの構成原子として含まれているため，ヘモグロビンが合成

させる組織である骨髄にも集積性を示し，白血病を誘発する可能性がある．

特に骨についての臓器親和性を**骨親和性**といい，骨に集積しやすい核種を骨親和性核種（向骨性核種）あるいはボーンシーカー（bone seeker）という．骨の代謝はきわめて遅いため，骨に集積した放射性核種は長期間にわたって骨髄を照射するため白血病を引き起こす危険性がある．骨親和性核種としては，骨の成分であるリン酸カルシウムの放射性核種である ^{45}Ca や ^{32}P，周期表でカルシウムと同族の ^{90}Sr や ^{226}Ra などがある．また，トリウムやウラン，アメリシウムなど，高原子番号の核種は骨にも集積性を示すものが多い．

不溶性のプルトニウム（^{239}Pu）を吸入摂取した場合，プルトニウムは溶け出さないので肺胞壁から体内に吸収されることはなく，肺に沈着して長く留まる．また，上気道に沈着したプルトニウムは，気管の繊毛運動により咽頭下部まで運ばれ，嚥下によって消化管に移動する．前述のようにプルトニウムの消化管吸収率は非常に小さいので，嚥下によって消化管に運ばれたプルトニウムは，そのほとんどが糞中に排泄されることになる．表 8.1 の中で，プルトニウム及びラドンは，臓器親和性ではなく物理的性状，すなわち，プルトニウムは肺に沈着することで，ラドンは不活性の気体として呼吸とともに肺に出入りすることで，肺に被ばくをもたらす．一方，可溶性のプルトニウムは肝臓への集積性を示し，肝臓がんを引き起こす．

8.3 放射性物質の体内動態

8.3.1 生物学的半減期と有効半減期

体内に取り込まれた放射性物質は，その臓器親和性などにしたがって種々の臓器・組織に分布し，その後代謝・排泄される．放射性物質が体内から生物学的に減少する過程は複雑であるが，指数関数的に減少するものと仮定し，排泄機構により体内量が 2 分の 1 になるまでの時間を**生物学的半減期**と呼ぶ．

体内に取り込まれた放射性物質の放射能の減少は，①放射性壊変による**物理学的減衰**と，②排泄機構による放射性物質の**生物学的減少**の 2 つに支配される．こ

の両者による体内放射能の減少の状況は，**物理学的半減期** T_p と**生物学的半減期** T_b から次式で求められる**有効半減期（実効半減期）** T_{eff} によって表される．

$$1/T_{eff} = 1/T_p + 1/T_b$$

この式から分かるように，もし，物理的半減期と生物学的半減期が大きく異なるような場合，有効半減期はより短い方の半減期に近くなる．

たとえば，^{3}H の物理的半減期は約 12 年であるが，生物学的半減期はトリチウム水の場合約 10 日であり，有効半減期も約 10 日である．物理学的半減期の非常に長い ^{14}C や ^{226}Ra などの有効半減期は，生物学的半減期にほぼ等しい．また，物理的半減期が極端に短い（例えば数日以内）場合には，有効半減期は物理学的半減期にほぼ等しい．

8.3.2 放射性物質の体内からの排泄促進

生体内の元素と置き換わる形で集積した放射性核種，たとえば，甲状腺に集積する放射性ヨウ素や，カリウムと同じ挙動を示すセシウムなどは，生体の排泄機構によって排泄される．たとえば，ヨウ素やトリチウムであれば，ほとんどが尿中に排泄される．しかし，一旦，体内に取り込まれて臓器に沈着した放射性物質を積極的に体外に排泄させる方法はほとんどない．ただ，トリチウムは水と共に全身に分布するので，利尿剤や水を大量に飲むなどして排泄を促進することができる．

また，摂取された核種が臓器に沈着する前であれば，沈着を抑制できる場合もある．消化管吸収率を下げるために下剤を使用することも 1 つの方法である．放射性ヨウ素の場合，体内に摂取する直前に安定ヨウ素剤（ヨウ化カリウム）をあらかじめ経口摂取することにより，甲状腺への放射性ヨウ素の沈着を減少させることができる．また，DTPA などのキレート剤（金属イオンと反応して化合物を作る）を投与して体内の放射性核種を結合させ排泄させることも原理的に可能であるが，キレート剤は副作用が大きいため，よほど深刻な体内被ばく時を除けば実用には向かない．

8.4 体内放射能の測定方法

体内に取り込まれた放射性物質の放射能を測定する代表的な方法には以下の 2 つがあげられる．

1) 全身カウンタ法 (直接法)

全身カウンタ (**ホールボディカウンタ**) と呼ばれる全身放射能測定装置を用いて測定する．放射能の検出器は体外にあり，体内からの放射能を測定するため，透過力の大きい γ 線放出核種 (場合によっては特性 X 線) にしか適用できない．また，衣類や体表面に汚染が無いことを確認しなければならない．

2) バイオアッセイ法 (間接法)

摂取後，排泄物 (主として糞，尿) 中に排泄された放射性同位元素を時間間隔をおいて複数回採取・測定し，排泄率関数を用いて体内量を算定する．測定可能な核種に制限は無いが，測定試料の採取や調整に手間がかかり，結果も個人差が大きいという欠点がある．試料となる尿や糞は，1 日排泄全量を数日にわたって採取する必要がある．

吸入による内部被ばくが疑われる場合には，できるだけ速やかに鼻腔を綿棒などでふき取り (**鼻スメア法**)，その放射能を測定し，おおよその吸入摂取量を簡易的に推定することができる．しかし，吸入摂取の場合，鼻だけではなく口からの吸入摂取もあることに注意する必要がある．

8. 体内被ばく

〔演 習 問 題〕

問1 体内に取込まれた場合に,ほぼ均等に分布する放射性核種の組み合わせはどれか.
  A ^{3}H
  B ^{60}Co
  C ^{131}I
  D ^{137}Cs
  E ^{241}Am
  1 AとD　　2 BとD　　3 BとE　　4 CとE　　5 DとE

〔答〕 1

問2 骨に集積性を示さない放射性核種はどれか.
  1 ^{32}P
  2 ^{45}Ca
  3 ^{55}Fe
  4 ^{90}Sr
  5 ^{226}Ra

〔答〕 3

問3 物理的半減期が60日,生物学的半減期が120日である核種の有効半減期は,次のうちどれか.
  1 10日　　2 20日　　3 40日　　4 60日　　5 180日

〔答〕 3

$1/T_{eff} = 1/60 + 1/120$ より, $1/T_{eff} = 1/40$
したがって, $T_{eff} = 40$ (日)

問4 放射性物質の生物学的半減期に関する次の記述のうち,正しいものの組合せはどれか.

271

A 核種の化学形により異なる．
B 生物効果比（RBE）により異なる．
C 組織によって異なる．
D 預託線量の計算の基礎となる．

1　ABC のみ　　　2　ABD のみ　　　3　ACD のみ　　　4　BCD のみ
5　ABCD すべて

〔答〕　3

問5　内部被ばく線量の測定に関する次の文章で正しい組み合わせはどれか．

A　^{90}Sr の体内摂取ではホールボディカウンタを用いる．
B　^{137}Cs の体内摂取ではホールボディカウンタを用いる．
C　^{3}H の摂取では摂取1週間後の尿全量を測定する．
D　ホールボディカウンタ測定では衣服や体表面汚染に注意する必要がある．

1　A と B　　2　A と C　　3　B と C　　4　B と D　　5　C と D

〔答〕　4

9. 医療分野における放射線の利用

現在の医療分野において，放射線の利用は病気の診断や治療に欠かすことができない．

1) 診断

X線診断ではその物質透過力を利用し，X線透過画像から体内情報を得る．X線の強さはX線の管球に印加する電圧によって調節し，臓器・組織の組成（脂肪，骨，筋肉など）により，興味のある部位がより鮮明に画像化できるようにする．X線装置とリング状検出器，及びコンピュータを用いた再構成装置（X線CT）では，体内を透過してきた線量から線減弱係数（質量に比例）を計算し，この結果から体内の3次元的な質量情報を得て断層画像をコンピュータ上で三次元的に再構成する．

核医学とよばれる分野では，短半減期の放射性核種で標識した放射性薬品を患者の体内に投与し，がんなどの疾患部位に集積した放射性核種からの放射線を体外に設置したガンマカメラなどによって撮影し，部位を特定する．また，臓器の機能測定にも用いられる．放射性核種としては^{99m}Tcが最もよく用いられ，^{67}Gaなどの核種も用いられる．これらを用いた方法は，それぞれの核種特有のγ線エネルギーに着目して画像化するので，SPECT（single photon emission computed tomography）と呼ばれている．また，PET–CTでは，陽電子崩壊核種によって標識された放射性薬品を用いる．陽電子崩壊核種は，集積した部位から陽電子が放射されるとすぐに陰電子と結合・消滅し，0.511 MeVのγ線を180°方向に2本放出することから，患者をリング状の検出器の中に位置させることで集積部位の情報を得ることができる．陽電子崩壊核種は半減期が非常に短いことから患者の被

表 9.1 代表的な PET 製剤と検査目的

使用核種	PET 製剤	検査目的	投与法
^{11}C (半減期 20.364m)	^{11}C-メチオニン	アミノ酸代謝, 脳腫瘍	静脈注射
	^{11}C-酢酸	心筋	静脈注射
	^{11}C-メチルスピペロン	脳機能(ドーパミン受容体)	静脈注射
^{13}N (半減期 9.965m)	^{13}N-アンモニア	心筋血流量	静脈注射
^{15}O (半減期 122.24s)	^{15}O-酸素ガス	脳酸素消費量	吸入
	^{15}O-水	脳血流量	静脈注射
	^{15}O-二酸化炭素	脳血流量	吸入
^{18}F (半減期 109.77m)	^{18}F-フルオロデオキシグルコース	心機能, 腫瘍, 脳機能	静脈注射
	^{18}F-フルオロドーパ	脳機能(ドーパミン)	静脈注射

ばく線量を抑制することができるという利点があり,がんの診断をはじめ脳や肺機能の診断などに用いられている.表9.1に代表的な PET 製剤と検査目的をまとめた.表に示した他にも陽電子崩壊核種には ^{22}Na や ^{68}Ga などがある.

2) 治療

治療ではがんの治療が中心となる.がん治療では電子を直線型加速器で加速し,高エネルギーの電子線として,あるいはこれをターゲットとよばれるタングステンなどの硬い金属に当て,発生する X 線を利用する.X 線は,体内にあるがん組織を照射する場合,1方向からではがん組織よりも体表面近くの線量の方が大きくなることから,体表面に障害が出ない程度の線量を多方向から照射することによりがん組織に線量を集中する方法がとられる.この点,重粒子線治療では,加速した重粒子を患者に照射すると,重粒子は物質内でブラッグピークを示すことから,このブラッグピークの位置にがん組織がくるように重粒子を加速することによって体表面近傍よりもがん組織で線量を大きくすることができ,一方向からの

照射で効果を得ることができる．重粒子としては炭素イオンが用いられる場合が多い．陽子線もブラッグピークを示すことから組織内での線量分布に優れ，陽子線治療として普及している．

　脳腫瘍の治療では ^{60}Co を用いたガンマナイフが用いられる．この治療では，患者に多数の穴の開いた鉄製のヘルメットを装着させ，脳腫瘍の部位に向かっている穴を複数選択して ^{60}Co の治療針をヘルメットの穴に挿入し γ 線を多方向から同時に腫瘍に向かって照射する．現在，この進化形としてロボットアームを持つサイバーナイフと呼ばれる線束を絞った高エネルギーX 線を用い，コンピュータ制御により多方向から細く強い X 線を脳腫瘍などに照射する治療装置も使われるようになってきている．

　また，最近は原子炉から生じる中性子を利用した**中性子捕獲療法**も普及しつつある．これは，中性子がホウ素によって捕獲されやすいことを利用している．あらかじめがん細胞に集積するホウ素製剤を患者に投与し，ホウ素製剤が取り込まれたがん組織に原子炉等から誘導し減速した中性子を照射すると，^{10}B(n, α)^{7}Li の核反応が起きる．この反応で生じる α 粒子（α 線）と反跳粒子である ^{7}Li は，ともに飛程が 10 マイクロメートル程度と，細胞の直径程度しかないため，これらが主にがん細胞のみを障害する．外科的な治療が困難な脳腫瘍などの治療に用いられ効果をあげている．

　舌がんや前立腺がんなど，身体の表層部のみに存在する腫瘍や，体外から到達するのに容易な腫瘍の場合，密封小線源を腫瘍組織に埋め込み治療を行うことがある．これを小線源治療（ブラキセラピー）という．^{198}Au による舌がん，^{125}I による前立腺がんの治療が代表的なものである．

3）造血幹細胞移植

　急性放射線症の造血臓器障害や白血病の治療法の 1 つに造血幹細胞移植がある．骨髄移植はその代表例で，他にも臍帯血移植や末梢血液幹細胞移植などがある．この移植においては，移植片（骨髄などの幹細胞）と宿主（移植を受ける側）との免疫の型が合わないと拒絶反応が起こり（移植片対宿主病：GVHD）治療は成功

しない．このため宿主の免疫機能を低下させるため，宿主の骨髄細胞を放射線や抗がん剤で死滅させてから造血幹細胞を移植する．造血幹細胞移植が成功した場合，宿主が持つ遺伝子と移植された骨髄が持つ遺伝子の，異なる2つの遺伝子が1個の宿主の中で共存することになる．この状態をキメラといい，特に一方が放射線照射を受けているものを**放射線キメラ**という．通常12 Gyの線量を数回に分けて照射する．

4) 血液照射

輸血用血液についても放射線照射が用いられている．一般的に輸血用血液は健常者より提供される．健常者の血液中には細胞障害性リンパ球などの免疫細胞が混入しており，これをそのまま輸血すると患者に重篤な免疫拒絶反応である移植片対宿主病（GVHD）を引き起こす懸念がある．そこで，これらの免疫細胞を放射線によって不活化させるのが**輸血用血液照射**である．放射線としては，電子線やX線，^{137}Csなどのγ線が用いられ，吸収線量は15〜50 Gyである．輸血用血液のうち，新鮮凍結血漿は，凍結処理によりリンパ球は死滅するので放射線照射の対象ではないが，それ以外の輸血用血液製剤はすべて放射線照射を行わなければ患者に投与することはできない．

5) 医療器具の滅菌

使い捨ての注射器や注射針，手術用ガウン，ゴム手袋などの医療器具の滅菌には^{60}Coのγ線や電子線が用いられている．放射線の透過力を利用することで，滅菌が必要な器具等は最終梱包の状態で滅菌することが可能であり，自社に滅菌装置が無くても他に滅菌を委託することができる．線量の確認さえできていれば，滅菌状態の確認は必要ない．線量は10〜30 kGyが用いられる．

9. 医療分野における放射線の利用

〔演 習 問 題〕

問1 放射線の医学利用に関する次の記述のうち，正しいものの組合せはどれか．
　A　X線CTでは，対象内の物質のX線に対する線減弱係数の分布を反映した画像を表示できる．
　B　重粒子線によるがん治療では，ブラッグピークを利用して線量を患部に集中できる．
　C　MRI装置では，β線源が用いられている．
　D　PET診断では，陽電子による511 keVの消滅放射線を利用している．
　1　ABDのみ　　2　ABのみ　　3　ACのみ　　4　CDのみ　　5　BCDのみ
〔答〕　1

問2　PET診断に用いられない核種はどれか．
　1　^{11}C
　2　^{13}N
　3　^{18}F
　4　^{15}O
　5　^{67}Ga
〔答〕　5

問3　医療分野における放射線の利用に関する次の記述のうち，正しいものの組合せはどれか．
　A　輸血用血液照射では電子線が用いられる．
　B　医療器具のγ線滅菌では数十Gyの線量を用いる．
　C　中性子捕獲療法では核反応で生じる中性子線が生物効果を発揮する．
　D　前立腺がんの治療では組織に^{125}Iカプセルを埋め込む方法がある．
　1　AとB　　2　BとC　　3　AとD　　4　BとD　　5　CとD
〔答〕　3

放射線の管理技術

杉　浦　紳　之

鈴　木　崇　彦

は　じ　め　に

－本章で取り扱った範囲と学習の手引き－

　本章で扱う分野からの主な出題項目は，以下のように分類できる．
1. 線量の概念
2. 放射線遮蔽ならびに遮蔽を考慮した線量率計算
3. 線源（核種）の種類と特性
4. 密封線源及び利用機器
5. その他

その他に該当する具体的項目は，環境管理，個人管理，緊急時の対応などの現場の放射線管理技術に関するものである．

　最近の試験では，内部被ばくの評価法としての預託線量の概念や，一般消費財に利用されている非密封線源についても出題されてきており，2種といえども被ばく管理という観点から放射線管理全般についての知識が要求されてきている．今回の改訂ではこのような点について加筆している．また，線源の種類と特性の項では，平成30年に理科年表が改訂・出版されたのに合わせ，核種の半減期について必要な訂正を加えた．さらに，新たに，密封放射性同位元素使用における事故時の対応についてその概要をまとめた．これは，法令により平成31年度から出題範囲となったことにあわせたものであり，具体的にどのような問題が出題されるかは現時点では明らかではない．

　本章では，各項のはじめに重要なキーワードをチェックリストとしてまとめ，次に理解すべき概念や記憶すべき事項を整理した形でまとめ，その後に必要な解説を付した．そして最後に，頻出の出題形式による演習問題を配した．線量率の計算問題では，線量の概念を把握した後，実際に手を動かして計算に慣れておく

必要があるし，核種の特性や密封線源の利用機器については，整理して記憶することがどうしても必要となる．このように，どちらかと言えば学習がしづらい分野ではあるが，本章の執筆方針を理解した上で，学習範囲の把握，内容の理解，記憶の整理・定着を行い，放射線問題集をあわせて用いて過去の類題を数多くこなすというように，効率よく学習を進められることを希望する．

平成 30 年 11 月

（杉浦紳之・鈴木崇彦）

1. 放射線の単位とその概念

キーワード

吸収線量,等価線量,実効線量

放射線加重係数,組織加重係数　← ICRP 2007年勧告で変更された

物理量,防護量,実用量

1cm 線量当量,3mm 線量当量,70μm 線量当量,ICRU 球

1.1 吸収線量,等価線量及び実効線量

ここでは,人体の被ばく線量を表わす線量の単位について考える.出発点となる単位は吸収線量（Gy）であり,物質の単位質量あたりに吸収されたエネルギーで表わされる（測定技術を参照）.しかし,放射線の種類やエネルギーが異なると,同じ吸収線量であっても生じる放射線の人体影響の程度は異なるため,吸収線量だけでは放射線影響の大きさを測るのには不十分である.このため,放射線の種類やエネルギーによって放射線影響の大きさが異なることを補正するための放射線加重(荷重)係数（ICRP 2007年勧告の翻訳において,荷重から加重に改められた）w_R を導入し,等価線量（Sv）が定義される.等価線量は個々の組織や臓器の線量を表わすのに用いられる.確率的影響を考える場合,確率係数（がんや遺伝性影響のなりやすさ）が個々の組織や臓器で

```
吸収線量 (Gy)
   ↓  放射線加重係数 ($w_R$)
等価線量 (Sv)
   ↓  組織加重係数 ($w_T$)
実効線量 (Sv)
```

図1.1　吸収線量から等価線量,実効線量へ

異なることは,生物学の項ですでに述べた.この組織・臓器による確率的影響のなりやすさを補正するための組織加重(荷重)係数(ICRP 2007年勧告の翻訳において,荷重から加重に改められた)w_T を用いて,実効線量(Sv)という線量概念が考えられている.

1) 等価線量

放射線が人体に及ぼす影響の程度の違いを放射線の種類・エネルギーに着目して表わしたものが等価線量である.等価線量 H_T は,臓器・組織の吸収線量 $D_{T,R}$ を放射線加重係数 w_R で重み付けしたものとして式(1-1)のように表わされる.等価線量の単位は,Sv(シーベルト)である.ここで,等価線量の算定に用いられる吸収線量は,各臓器・組織にわたって平均された吸収線量であることに注意が必要である.

$$H_T = \sum_R w_R \cdot D_{T,R} \tag{1-1}$$

w_R:放射線加重係数

$D_{T,R}$:組織・臓器 T について平均された放射線 R に起因する吸収線量(Gy)

放射線加重係数 w_R を表1.1に示す.中性子については,1990年勧告ではエネル

表1.1 放射線の種類による放射線加重係数 (w_R)

放射線の種類とエネルギーの範囲	放射線加重係数 (w_R)	
	ICRP 1990年勧告	ICRP 2007年勧告
光子	1	1
電子	1	1
中性子	10keV 未満　　　　　　5 10keV 以上 100keV まで　10 100keV 以上 2MeV まで　20 2MeV 以上 20MeV まで　10 20MeV を超えるもの　　5	エネルギーの連続関数として与えられる〔式(1-2)〕
陽子	5	2
α粒子,核分裂片,重い原子核	20	20

ギー区分毎に 5, 10, 20 と離散的な値で示されていたが(計算目的などのために関数も用意されていたが)，2007 年勧告では，以下の式で表わされる関数のみで与えられるようになった．

$$w_R = \begin{cases} 2.5 + 18.2 e^{-[\ln(E_n)]^2/6} & E_n < 1 \text{ MeV} \\ 5.0 + 17.0 e^{-[\ln(2E_n)]^2/6} & 1 \text{ MeV} \leq E_n \leq 50 \text{ MeV} \\ 2.5 + 3.25 e^{-[\ln(0.04E_n)]^2/6} & E_n > 50 \text{ MeV} \end{cases} \quad (1-2)$$

この関数をグラフで表わすと，図1.2のようになる．具体的な値は，10 keV くらいまで 2.5 であり，エネルギーの増大とともに次第に大きくなり，1 MeV で最大値となる．式から得られる最大値は 20 を少し超えるが，1990 年勧告に引き続き，生物学的な考察からは 1MeV で 20 という考え方は変わっていない．それ以上のエネルギーでは次第に小さくなり 2.5 に近づく．

また，陽子についても値が 5 から 2 へと変更された．

放射線加重係数の値は，低線量における確率的影響の誘発に関する生物効果比（RBE）の値から定められているため，それを乗じて算出される等価線量は本来確定的影響の評価には向かない．しかし，代替の線量概念がなく，皮膚，水晶体の確定的影響の線量限度は等価線量で与えられている．

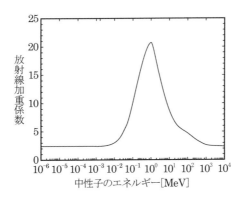

図 1.2 中性子のエネルギーと放射線加重係数

2) 実効線量

実効線量 E は，臓器・組織により確率的影響（がん及び遺伝性影響）のなりやすさが異なることを考慮するための組織加重係数 w_T を用いて式 (1-3) のように表わされる．

$$E = \sum_\mathrm{T} w_\mathrm{T} \cdot H_\mathrm{T} \tag{1-3}$$

w_T：組織・臓器Tの組織加重係数

H_T：組織・臓器Tの等価線量（Sv）

組織加重係数を**表 1.2** に示す．組織加重係数は，各組織・臓器の確率的影響に対する損害の相対値を表わしている．損害の算定にあたっては，致死性のがんと重篤な遺伝性影響のみならず，非致死性のがんも考慮に入れ重み付けされている．組織加重係数の和は 1 であり，各臓器・組織に割り当てられた組織加重係数の値は全体に対する割合を表わしている．

個々の臓器・組織のリスク係数は細かに求められているが，組織加重係数では利用の簡便さのため，同程度のリスク係数を持つ臓器・組織に同一の値を適用している．1990年勧告では0.01，0.05，0.12，0.20の4つの値，2007年勧告では0.01，0.04，0.08，0.12の4つの値が用いられている．生殖腺の値が小さくなり，乳房の値が大きくなったことが変更の留意点である．

表1.2 臓器・組織の組織加重係数 (w_T)

(a) ICRP 1990年勧告

臓器・組織	w_T	Σw_T
生殖腺	0.20	0.20
骨髄，結腸，肺，胃	0.12	0.48
膀胱，乳房，肝臓，食道，甲状腺，残りの臓器・組織	0.05	0.30
皮膚，骨表面	0.01	0.02
合計		1.00

(b) ICRP 2007年勧告

臓器・組織	w_T	Σw_T
骨髄，乳房，結腸，肺，胃，残りの臓器・組織	0.12	0.72
生殖腺	0.08	0.08
膀胱，肝臓，食道，甲状腺	0.04	0.16
皮膚，骨表面，唾液腺，脳	0.01	0.04
合計		1.00

1. 放射線の単位とその概念

　全身が均等に被ばくした場合も，ある臓器が単一に被ばくした場合も，実効線量の値が同じであればそれらの被ばくによる確率的影響のリスクは同じとなる．例えば，10 mSv の全身均等被ばくであれば，実効線量は 10 mSv である．肝臓だけが 250 mSv の被ばくを受けた場合も実効線量は 10 mSv（0.04×250＝10）である．この両者の確率的影響が発生する確率は同じと評価される．

　内部被ばくの実効線量については預託実効線量の算定によって評価する．預託実効線量とは，放射性同位元素を摂取した時点から成人では 50 年間，子供では摂取から 70 歳までの体内残存量から計算される被ばく線量であり単位はシーベルト（Sv）である．計算結果を摂取した年（又は年度）の内部被ばくによる実効線量とするものである．放射性同位元素の体内残存量は，物理学的半減期と生物学的半減期から計算される実効半減期（有効半減期）から放射能の体内からの消失曲線を求め，その曲線から計算される 50 年間，又は 70 歳までの積分値である．多くの核種について 1 Bq あたりの実効線量が預託実効線量係数として示されているため，管理の実際に当たっては，摂取した放射能（Bq）に預託実効線量係数（Sv/Bq）を乗じて計算される．

　したがって，外部被ばくに加えて内部被ばくがある場合の実効線量とは，外部被ばく，及び内部被ばくそれぞれの実効線量を合算した値となる．

1.2　防護量と実用量

1)　防護量と実用量の意味合い

　ここで測定技術のページを参照いただきたい．101 ページには「被ばく限度等を決めるための線量である等価線量，実効線量」とあり，103 ページには「測定のための実用的な量として，1 cm 線量当量（H_{1cm}），3 mm 線量当量（H_{3mm}），70 μm 線量当量（$H_{70\mu m}$）と呼ばれる値が導入」とある．この意味合いについて解説を加える．

　法令における線量限度は，実効線量限度あるいは組織等価線量限度として与えられている．このように，等価線量や実効線量は放射線防護基準を与えるものであり，これらの限度や基準を与えるための線量概念を防護量という．

実効線量や等価線量を求めるためには,個々の組織や臓器の吸収線量を測定しなければならない.しかし,どのような測定器を用いたとしても,吸収線量や,まして実効線量や等価線量を直接測定することは不可能である.このため,1 cm 線量当量(H_{1cm})などの実用量という概念を導入し,放射線管理のための放射線測定に活用している.(厳密に言えば,放射線測定器の校正を 1 cm 線量当量などの実用量にあわせて行うこととしている.)

防護量と実用量の使い分けの例として,次があげられる.放射線施設の許可申請を行う際の遮蔽計算で管理区域境界や事業所境界の線量計算を行う必要があるが,この場合は法定の限度を満たしているか否かを判断するので,防護量である実効線量を計算することとなる.そして,許可が下りて放射線施設の使用が始まると場所の測定の義務が生じるが,この場合,測定し記録しておくのは実用量である 1 cm 線量当量などである.

また,吸収線量やフルエンスは純粋に物理的な定義が可能な量であり,物理量と呼ばれる.

2) 1 cm 線量当量などの定義

1cm 線量当量は,実用量として実効線量に相当するものとして用いられる.場のモニタリングのためと個人モニタリングのためと,それぞれ用いられるファントムは別に考えられている.場のモニタリングのための 1cm 線量当量は,図 1.3 に示すように,整列拡張場においた ICRU 球(直径 30 cm の密度 $1 g/cm^3$ の元素重

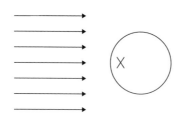

図 1.3 ICRU 球の照射条件,×印は放射線
入射角側で深さ 1 cm の場所を表わす.

量組成が O:76.2％, C:11.2％, H:10.1％, N:2.6％の組織等価物質で作られた球）の表面から 1cm の深さにおける線量当量として定義される．3mm 線量当量は深さ 3mm における線量当量で眼の水晶体の等価線量，70μm 線量当量は深さ 70μm における線量当量で皮膚の等価線量をそれぞれ表わす．また，個人モニタリングのための個人線量計の校正に際しては 30×30×15cm の ICRU スラブファントムが用いられる．深さと表わす実効線量，等価線量の関係は場のモニタリングの場合と同じである．単位はいずれも Sv が用いられる．なお，障害防止法上，3mm 線量当量の測定は義務付けられておらず，眼の水晶体の等価線量の評価（算定）は 1cm 線量当量又は 70μm 線量当量のうち適切な方を用いることとなっている（法令 6.6.1 測定の項を参照）．また，法令上の名称は 1 センチメートル線量当量というように深さを表わす単位はカタカナで表記されていることに注意が必要である．

1.3 人工放射線と自然放射線

放射線の利用は，主に，原子炉等で人工的に作られた放射性同位元素や自然界に既に存在するものを濃縮・精製した放射線源（人工放射線源），あるいは加速器等を用いて発生させる X 線などの人工放射線が用いられ，それらの利用に伴う被ばくが管理の対象となる．

一方で，私たちは人工放射線源以外にも，自然界に存在する種々の放射線源（自然放射線源）から常時放射線を受けており，これらの被ばくについては，医療被ばくと共に放射線管理の対象とはならない．しかし，職業上，航空機の乗務員などのように，自然放射線である宇宙線からの被ばく線量が高い場所で勤務する場合などは ICRP2007 年勧告で職業被ばくとして位置付けられており，ガイドラインによる規制により年間 5 mSv の管理目標が推奨されている．ただし，航空機に搭乗機会の多いビジネスマンなどについては職業上の被ばくとはならないためこのガイドラインの規制から除外される．

自然放射線には，宇宙線，大地からの放射線，空気中のラドンガス，及び食品

表 1.3 自然放射線による年平均実効線量

単位 (mSv)

	世界平均	日本平均
外部被ばく		
宇宙線	0.39	0.30
大　地	0.48	0.33
内部被ばく		
吸入（ラドン・トロン）	1.26	0.48
食　品	0.29	0.99
合　計	2.4	2.1

（公財）原子力安全研究協会「生活環境放射線」（平成 23 年）より作成

中に含まれる放射性同位元素の摂取による被ばくなどがある．自然放射線による年実効線量の世界平均と日本平均について**表 1.3** に記す．宇宙線のほとんどは銀河系を起源とする銀河宇宙線で，陽子が約 87% と大半を占める．宇宙線が地球の大気圏に突入すると，大気中の窒素や酸素の原子核と衝突し，^{3}H や ^{14}C などの宇宙線起源放射性同位元素や，高エネルギーの電子，光子，ミュー粒子などの 2 次宇宙線がつくられる．大地放射線は，鉱物中に含まれるウラン系列，トリウム系列，及び ^{40}K などの放射性核種から放出される放射線である．鉱物の中では花崗岩からの影響が大きい．これは他の岩石に比べ花崗岩中に含まれるウラン系列，トリウム系列の元素濃度が高いためである．内部被ばくの内，肺からの吸入被ばくに寄与するのはウラン系列からのラドン（^{222}Rn），及びトリウム系列からのラドン（^{220}Rn：通称トロン）であり，これらラドンガス及びそれらの子孫核種からの被ばくである．世界平均で見ると，ラドン・トロンからの被ばくが 1.26 mSv と，全体（2.4 mSv）の約半分を占める．ラドンとトロンの比較ではラドンからの被ばくの割合の方が大きい．食品摂取からの被ばくの主な原因は ^{40}K である．

　自然放射線による被ばくのうち，内部被ばくの内訳は，世界平均と日本平均に大きな違いがある．日本平均では，ラドン・トロンからの吸入被ばく線量は世界平均に比べ 0.48 mSv と小さい．その要因は日本の家屋の通気性が良いことが挙げられている．一方，食品摂取からの被ばく線量は世界平均の 0.29 mSv に対し，日

本平均では 0.99 mSv と大きい．これは日本人に魚介類の摂取が多いことに起因している．魚介類にはウラン系列の ^{210}Po や ^{210}Pb が含まれ，それぞれからの被ばく線量は約 0.7 mSv，0.1 mSv と推定されている．日本平均での ^{40}K については 0.18 mSv，他に ^{14}C の約 0.01 mSv などがある．ちなみに，体内に存在する放射能は ^{40}K が最も多く，体重 60 kg の人で約 4,000 Bq，^{14}C が 2,500 Bq あると計算されている．

人工放射線である医療被ばくについて比較すると，世界平均が 0.6 mSv に対して日本平均は 3.87 mSv と非常に大きい．これには X 線 CT 装置の利用状況が関係していると考えられており，世界平均も X 線 CT 装置の普及と共に徐々に上昇する傾向にある．

放射線の管理技術

〔演 習 問 題〕

問1 線量の単位に関する次の組合せのうち，正しいものはどれか.

	照射線量	吸収線量	等価線量	実効線量
1	$C \cdot kg^{-1}$	Gy	Sv	Sv
2	$J \cdot m^{-1}$	Gy	Gy	Sv
3	$C \cdot kg^{-1}$	Sv	Sv	Sv
4	$J \cdot m^{-1}$	Gy	Sv	Gy
5	$C \cdot kg^{-1}$	Sv	Gy	Sv

〔答〕 1

単位は，照射線量：$C \cdot kg^{-1}$，吸収線量：Gy, 等価線量：Sv, 実効線量：Sv.

問2 次の個人被ばくに関する記述のうち，正しいものの組み合わせはどれか.
 A 外部被ばくによる実効線量の測定・評価は1 cm 線量当量で行う.
 B 個人被ばく線量計の校正は，直径50 cm の ICRU で定めた球で行う.
 C 皮膚の組織等価線量の測定・評価は，70 μm 線量当量で行う.
 D 上腕部の組織等価線量の評価は，3 mm 線量当量で行う.
 1 AとB 2 AとC 3 BとC 4 BとD 5 CとD

〔答〕 2

問3 次の個人被ばくに関する組み合わせのうち，関係の無いものはどれか.
 1 外部被ばくによる実効線量――― 1 cm 線量当量
 2 個人被ばく線量計の校正――― 直径30 cm の ICRU 球
 3 3 mm 線量当量――― 組織等価当量
 4 ポリエチレンの人体組織等価材――― 人体ファントム
 5 70 μm 線量当量――― 皮膚

〔答〕 2

1. 放射線の単位とその概念

問4 次の文章の（　）の部分に入る最も適切な語句又は数値を，解答群より1つだけ選べ．

実効線量 E は身体の全ての組織・臓器の加重された（ A ）の和で次式で表される．

$$E = \sum w_T \cdot H_T$$

ここで w_T は（ B ），H_T は組織・臓器 T の（ A ）である．

実効線量は，個人線量計で測定した（ C ）の値から求める．この場合，個人線量計は，男子は（ D ），女子は通常（ E ）に装着する．

＜解答群＞
1　70μm 線量当量　　2　3mm 線量当量　　3　1cm 線量当量　　4　組織線量
5　等価線量　　　　　6　放射線加重係数　　7　組織加重係数　　8　頭部
9　胸部　　　　　　　10　腹部　　　　　　　11　末端部

〔答〕
A――5（等価線量）　　B――7（組織加重係数）　　C――3（1cm 線量当量）
D――9（胸部）　　　　E――10（腹部）

問5 自然放射線による被ばくに対する寄与の大きい順に並んでいるのは，次のうちどれか．

A　食品から摂取される ^{40}K

B　宇宙放射線により大気中で生成される ^{14}C

C　空気中に存在する ^{222}Rn とその子孫核種（壊変生成核種）

1　A＞B＞C　　　2　A＞C＞B　　　3　B＞A＞C　　　4　C＞A＞B
5　C＞B＞A

〔答〕　4

2. 線量率の計算

キーワード

距離：逆2乗則

遮蔽：β線：制動放射線

　　　γ線：線減弱係数，質量減弱係数，半価層，ビルドアップ係数

時間

1cm線量当量率定数，実効線量率定数

実効線量透過率

2.1 距離・遮蔽・時間

密封線源など放射線源を使用する際の外部被ばくの低減のための原則として，距離・遮蔽・時間の3原則があげられる．

① 距離：線源からの距離をできるだけとること
② 遮蔽：線源との間に適当な遮蔽物をおくこと
③ 時間：放射線の被ばく時間をなるべく短くすること

1) 距離の逆2乗則

真空中すなわち空気等による吸収の影響を受けない場合，点等方線源であれば，α線，β線，γ線など放射線の線種を問わず，線源からある距離をおいた地点の線量率は，式（2-1）に示されるように線源からの距離の2乗に反比例して減少する．

$$I = k/r^2 \qquad (2-1)$$

　　I：線量率（例えば，μSv/hr）

k：比例定数（線源の種類，放射能によって決まる）

r：線源から評価点までの距離（m）

2) 遮蔽

a. α線の遮蔽

α線は透過力が小さく，放射性同位元素から放出される 5 MeV 程度のα線の飛程は空気中で数 cm である．紙 1 枚で遮蔽され，皮膚表皮の不感層（70 μm）を通過することもない．したがって，α線について外部被ばくの防護を考慮する必要はない．

b. β線の遮蔽

β線の透過力もそれほど大きくはないが，高エネルギーβ線では何らかの遮蔽対策が必要となる．β^-崩壊に伴い，β線（電子）とともに反ニュートリノが放出されるため，β線のエネルギーは連続スペクトルとなっている．したがって，β線のエネルギーは，最大エネルギー○○MeV というように表示される．

アルミニウム中の最大飛程 R（g・cm^{-2}）は，エネルギーを E（MeV）として式（2-2）のように表される．ここで，g・cm^{-2} は面密度と呼ばれる厚さの単位である．

$$R = 0.542\,E - 0.133 \quad (0.8 < E < 3) \tag{2-2}$$
$$R = 0.407\,E^{1.38} \quad (0.15 < E < 0.8)$$

この式はアルミニウム以外の物質についてもほぼ成り立つ．^{90}Sr の娘核種である ^{90}Y は，最大エネルギーが 2.28 MeV と比較的エネルギーの高いβ線を放出するが，厚さ 1 cm 強のプラスチック板で遮蔽できることが分かる．

β線は物質中の原子核の近くを通るとき，原子核の強い電場により急に曲げられ減速する．その際に失った運動エネルギーを制動放射線（X線）として放出する．β線のエネルギーが高いほど，遮蔽体の原子番号が大きいほど，制動放射線は強くなるので，β線を遮蔽する場合は制動放射線の発生を抑えるために，原子番号の小さな物質を用いることが必要である．

また，β^+線の遮蔽については，消滅放射線（511 keV）に対する配慮も忘れては

ならない.

c. γ 線の遮蔽

細くコリメートされた γ 線の遮蔽体による減衰は,線減弱係数 μ (cm^{-1}) を用いて式 (2-3) のように表される.(物理学 5.5 を参照)

$$I = I_0 \cdot \exp(-\mu x) \tag{2-3}$$

  I:遮蔽体透過後の γ 線の強度(例えば,μSv/hr)

  I_0:遮蔽体入射前の γ 線の強度(例えば,μSv/hr)

  μ:線減弱係数 (cm^{-1})

  x:遮蔽体厚さ (cm)

線減弱係数 μ を遮蔽体の密度 ρ (g·cm^{-3}) で割った値 μ_m (cm^2·g^{-1}) を質量減弱係数と呼び,γ 線のエネルギーが同じであれば物質の種類によらずほぼ一定の値である.したがって,物質が異なっても,厚さ×密度の値が同じならば,遮蔽能力はほぼ等しくなる.

また,遮蔽体を通過した後に γ 線の強度が入射前の 1/2 になる厚さを半価層という.同様に γ 線の強度が入射前の 1/10 になる厚さを 1/10 価層という.

上記は γ 線が細くコリメートされた場合であったが,点線源などの場合では γ 線は等方に放出されており,散乱線の影響を考慮しなければならない.このような散乱線の影響をビルドアップといい,減弱の様子はビルドアップ係数 B を用いて式 (2-4) のように表される.

$$I = I_0 \cdot B \cdot \exp(-\mu x) \tag{2-4}$$

  I:遮蔽体透過後の γ 線の強度(例えば,μSv/hr)

  I_0:遮蔽体入射前の γ 線の強度(例えば,μSv/hr)

  B:ビルドアップ係数

  μ:線減弱係数 (cm^{-1})

  x:遮蔽体厚さ (cm)

d. 中性子線の遮蔽

中性子は電荷を持たないので,物質中でのエネルギー変化は原子核反応によっ

て起こる．速中性子は散乱によりエネルギーを失う場合，散乱する相手が中性子と質量が同じ場合に最も効果的に減速される．水素の原子核は陽子1個からなっており，その質量は中性子にほぼ等しい．このため，中性子の減速には水素を多く含む物質であるポリエチレンやパラフィン，水が用いられる．

減速されて熱中性子になると，中性子捕獲反応により吸収される．熱中性子捕獲反応の大きな物質（ホウ素やカドミウム）が熱中性子の遮蔽には有効である．

3) 時間

線量率に変化がなければ，被ばく線量は被ばく時間に比例する．

$$被ばく線量 = 線量率 \times 被ばく時間 \qquad (2-5)$$

被ばく時間に比例して被ばく線量は増加する訳であるが，線量を下げるために放射線作業を急いで慌てて行おうとすれば事故につながるのは必然である．時間の原則は，あらかじめコールドランを行い作業手順に慣れてから行う，だらだらとした作業はせずテキパキとやるといった，無駄な被ばくを避けるという意味合いとしてとらえるのが賢明である．

2.2 γ線の線量計算及び遮蔽計算

1) 1cm 線量当量率定数と実効線量率定数

γ線は空気による吸収の影響が小さいことから，距離の逆2乗則が広い範囲にわたって成り立つ．したがって，線源からある距離はなれた評価点における線量率 D（実効線量率，1cm 線量当量率等）は，遮蔽体がなければ，線源の放射能に比例し，距離の2乗に反比例する．この様子は式（2-6）のように一般に表わすことができる．

$$D = \Gamma \cdot Q / r^2 \qquad (2-6)$$

Q：線源強度（放射性同位元素の放射能）

r：線源から評価点までの距離

D が 1cm 線量当量率であれば Γ は 1cm 線量当量率定数（Γ_{1cm}）と呼ばれ，D が実効線量率であれば Γ は実効線量率定数（Γ_E）と呼ばれる．1cm 線量当量率定数，

実効線量率定数は，通常，放射能が 1 MBq である γ 線源から 1 m 離れた位置における線量率（μSv/hr）を表わす定数で，核種ごとにあらかじめ算出されている．したがって，単位は〔μSv・m^2・MBq^{-1}・hr^{-1}〕となる．具体的な値は，例えばアイソトープ手帳（日本アイソトープ協会）に掲載されている．試験に頻出の ^{60}Co，^{137}Cs，^{192}Ir の 3 核種の 1 cm 線量当量率定数，実効線量率定数を表 2.1 に示す．どの核種においても 1 cm 線量当量率定数の方が実効線量率定数よりも若干大きめの値となっている．これは，実用量が限度を満たしていれば防護量も同時に限度を満たすように，実用量のほうが若干大きくなっていることによる．

試験において，計算問題ではこれらの定数は与えられる場合がほとんどであるが，線量の大きさの順番を問われる場合などでは覚えておいた方が有利である．つまり，これらの定数は核種が放出する γ 線のエネルギーと放出割合により決まっており，それぞれの核種がどのような放射線を放出するかの知識が間接的に要求される場合もある．（3．線源の種類と特性を参照）

表 2.1　主な核種の 1 cm 線量当量率定数，実効線量率定数
〔μSv・m^2・MBq^{-1}・hr^{-1}〕

	^{60}Co	^{137}Cs	^{192}Ir
1 cm 線量当量率定数	0.354	0.0927	0.139
実効線量率定数	0.305	0.0779	0.117

例えば，5MBq の ^{60}Co 点線源から 3m の位置の 1cm 線量当量率は，以下のように計算される（単位（次元）の計算も同時に行い，確認しておくこと）．

0.354〔μSv・m^2・MBq^{-1}・hr^{-1}〕×5〔MBq〕/ 3^2〔m^2〕
= 0.197〔μSv・hr^{-1}〕

2) **遮蔽計算**

これまで出題された線量率・遮蔽計算問題においては，

①線量率計算：実効線量率定数（あるいは 1cm 線量当量率定数）を用いて，線源強度，線源と評価点の距離，線量率の関係を計算するもの

2. 線量率の計算

②遮蔽効果：ア）半価層から評価するもの
　　　　　　イ）実効線量透過率から評価するもの

と整理できる．

　ここで，①と②はまったく独立に計算してよく，①で計算された線量率について②で評価された遮蔽効果を掛け合わせればよいことを強調しておく．(例えば，①である地点の線量率が $0.5\ \mu\mathrm{Sv/hr}$ と計算され，②で遮蔽体の効果が 0.2 と評価された場合，その地点の線量率は $0.5\ \mu\mathrm{Sv/hr} \times 0.2 = 0.1\ \mu\mathrm{Sv/hr}$ となる．)

　計算を行うために必要な概念はすでに述べたので，ここでは例題を解きながら，必要な箇所の解説を行う．

〔例題〕　$4\,\mathrm{GBq}$ の $^{60}\mathrm{Co}$ 密封線源がある．

　A　この線源から $2\,\mathrm{m}$ の所での実効線量率を求めよ．ただし，$^{60}\mathrm{Co}$ の実効線量率定数を $0.3\ [\mu\mathrm{Sv}\cdot\mathrm{m}^2\cdot\mathrm{MBq}^{-1}\cdot\mathrm{hr}^{-1}]$ とする．

　B　厚さ $30\,\mathrm{cm}$ のコンクリート壁で囲まれた1辺 $4\,\mathrm{m}$（外壁の長さ）の線源貯蔵庫があり，その中心点 S にこの線源を置いた．線源と同一高さのコンクリート外壁面上の点 P での実効線量率を求めよ．ただし，$30\,\mathrm{cm}$ 厚のコンクリートの実効線量透過率を 0.107 とする．

　C　点 P での実効線量率を $4\,\mu\mathrm{Sv/hr}$ 以下にするためには，この線源を何 cm 以上の厚さの鉛容器に入れて点 S に置けばよいか．ただし，鉛の半価層を 1 cm とする．

〔解答例と解説〕

　A　$0.3 \times 4 \times 10^3 / 2^2 = 300\ \mu\mathrm{Sv/hr}$

　　　放射能の単位が GBq なので，10^3 を忘れないこと．

　B　$300 \times 0.107 = 32.1\ \mu\mathrm{Sv/hr}$

　　　実効線量透過率が 0.107 ということは，遮蔽体が何もない場合に比べてコンクリート $30\,\mathrm{cm}$ を透過してくると線量が 0.107 に減少することを示しており，0.107 を乗ずればよい．

　C　鉛容器がない場合の放射線の強度を $I_0\ \mu\mathrm{Sv/hr}$（=32.1），鉛容器による

遮蔽後の放射線の強度を I μSv/hr（＝4），鉛容器の厚さを x cm，半価層を l cm（＝1）とすると，

$$I = I_0 \times (1/2)^{x/l}$$
$$4 = 32.1 \times (1/2)^{x/1}$$
$$1/8 \fallingdotseq (1/2)^x$$
$$\therefore \quad x = 3 \quad (\text{cm})$$

2. 線量率の計算

〔演 習 問 題〕

問 1 放射線源から放出される放射線の遮蔽に関する次の記述のうち，正しいものの組合せはどれか．
  A α線は厚さ 0.25mm のゴム手袋で遮蔽できる．
  B 最大エネルギー2MeV の β線は厚さ 2cm のアクリル板で遮蔽できる．
  C γ線に対する鉛の遮蔽能力は，同じ厚さの鉄よりも高い．
  D 速中性子の遮蔽には，水素を多く含む物質が用いられる．
  1 ACD のみ 2 AB のみ 3 BC のみ 4 D のみ
  5 ABCD すべて

〔答〕 5
  A 正 α線は透過力が小さく，放射性同位元素から放出される 5MeV 程度の α線の飛程は空気中で数 cm である．
  B 正 ^{90}Sr の娘核種である ^{90}Y は，最大エネルギーが 2.28MeV と比較的エネルギーの高い β線を放出するが，厚さ 1cm 強のプラスチック板で遮蔽できる．
  C 正 物質が異なっても，1MeV 程度の γ線に対しては厚さ×密度の値が同じならば，遮蔽能力はほぼ等しくなる．γ線エネルギーが低い場合，あるいは高い場合は，原子番号の大きい物質の方がさらに遮蔽能力は大きい．（鉄の密度：7.874 g/cm^3，鉛の密度：11.34 g/cm^3）
  D 正 速中性子は散乱によりエネルギーを失う場合，散乱する相手が中性子と質量が同じ場合に最も効果的に減速される．

問 2 放射線の遮蔽に関する次の記述のうち，適切なものの組合せはどれか．
  A β^+線の遮蔽は，同一エネルギーの β^-線源の遮蔽と同じ手法である．
  B β線の遮蔽は，制動放射を少なくするため，プラスチックで内張りをする．
  C X線の遮蔽は，高エネルギー β線の遮蔽と同じようにプラスチックを用いる．
  D γ線の遮蔽は，γ線エネルギーにかかわらず鉛が効果的である．

1 AとB　　2 AとC　　3 BとC　　4 BとD　　5 CとD

〔答〕　4

A　β^+線の遮蔽は同一エネルギーのβ^-線の遮蔽と同じ取扱いでよい．ただしβ^+粒子（陽電子）が消滅して2本の0.511MeVγ線を生じるので，このγ線の遮蔽を考慮する必要がある．

B　制動放射線はβ線のエネルギーEと物質の原子番号Zの2乗との積EZ^2に比例するので，β線の遮蔽は，内側をプラスチックなどの低い原子番号の物質で遮蔽し，鉛などの高い原子番号の物質で外側を遮蔽する．

C, D　X線，γ線の遮蔽には鉛（原子番号82）などの高い原子番号の物質がよく用いられる．

問3　^{60}Co密封γ線源を取扱う作業に関する次の鉛の厚さ－線源からの距離－作業時間の組合せのうち，被ばく線量が最も少ないものはどれか．ただし，鉛の半価層は1 cmとし，γ線の透過率と鉛の厚さの間には指数関数的関係があるものとする．

	鉛の厚さ	線源からの距離	作業時間
1	2 cm	2 m	2 時間
2	2 cm	1 m	1 時間
3	3 cm	1 m	2 時間
4	3 cm	50 cm	1 時間
5	5 cm	50 cm	3 時間

〔答〕　1

実効線量率（μSv・h^{-1}）は，距離の2乗に反比例し，半価層の鉛を通過すると$\frac{1}{2}$となる．鉛のない1 mの位置の線量を1とすると，各条件の実効線量（μSv・h^{-1}）は下記のとおりである．

1　$1\times\left(\frac{1}{2}\right)^{\frac{2}{1}}\times\frac{1}{2^2}\times 2=\frac{1}{8}=0.125$　（最少）

2　$1\times\left(\frac{1}{2}\right)^{\frac{2}{1}}\times\frac{1}{1^2}\times 1=\frac{1}{4}=0.25$

2. 線量率の計算

3 $1 \times \left(\dfrac{1}{2}\right)^{\frac{3}{1}} \times \dfrac{1}{1^2} \times 2 = \dfrac{1}{4} = 0.25$

4 $1 \times \left(\dfrac{1}{2}\right)^{\frac{3}{1}} \times \dfrac{1}{(0.5)^2} \times 1 = \dfrac{1}{2} = 0.5$

5 $1 \times \left(\dfrac{1}{2}\right)^{\frac{5}{1}} \times \dfrac{1}{(0.5)^2} \times 3 = \dfrac{3}{8} = 0.375$

問4 ^{60}Co の γ 線に対する遮蔽体の線減弱(減衰)係数 μ (cm^{-1}) 及び厚さ x (cm) が下表の値であるとき,遮蔽能力の大きい順に示されているのはどれか.ビルドアップ係数は考えないものとする.

遮蔽体	μ	x
コンクリート	0.133	10
鉄	0.425	5
鉛	0.678	1

1 コンクリート>鉛>鉄　　2 鉛>鉄>コンクリート
3 鉄>コンクリート>鉛　　4 鉛>コンクリート>鉄
5 コンクリート>鉄>鉛

〔答〕 3

入射前の光子数を I_0,透過後を I とすれば,

　　　$I = I_0 e^{-\mu x}$

I/I_0 が小さい程遮蔽能力が大きい.すなわち,μx が大きい程遮蔽能力は大きい.μx の値は上表から,コンクリート 1.33,鉄 2.13,鉛 0.68.

問5 γ 線の遮蔽におけるビルドアップ係数に関する次の記述のうち,正しいものの組合せはどれか.

A　エネルギーに依存する.
B　線束の広がりなどの入射条件に依存する.

C　遮蔽体の厚さに依存する．
D　遮蔽体の材質に依存する．

1　ABCのみ　　2　ABDのみ　　3　ACDのみ　　4　BCDのみ　　5　ABCDすべて

〔答〕　5

問6　400 MBq の ^{137}Cs 線源から 50 cm 離れた点の線量率（μSv·h^{-1}）として，最も近いものは次のうちどれか．ただし，^{137}Cs の 1 cm 線量当量率定数を 0.1（μSv·m^2·MBq^{-1}·h^{-1}）とする．

1　10　　2　20　　3　40　　4　80　　5　160

〔答〕　5

1 cm 線量当量率 H_{1cm} は，

$$H_{1cm} = \Gamma_{1cm} \times \frac{s}{r^2} = 0.1 \times \frac{400}{0.5^2} = 160$$

問7　放射能が不明な ^{60}Co 密封線源がある．この線源から 2m の位置での 1cm 線量当量率を測定したところ 4.43 μSv·h^{-1} であった．この線源の放射能（MBq）に最も近い値は，次のうちどれか．

ただし，^{60}Co の 1cm 線量当量率定数を 0.354 μSv·m^2·MBq^{-1}·h^{-1} とする．

1　10　　2　20　　3　30　　4　40　　5　50

〔答〕　5

^{60}Co の放射能を A（MBq）とすると，

$4.43 = 0.354 \times A / 2^2$

$A = 50.0$（MBq）

問8　40MBq の ^{60}Co 密封線源を 2cm 厚の鉛容器に入れた．このとき，鉛容器の中心から 1m の所での 1cm 線量当量率（μSv·h^{-1}）に最も近い値は，次のうちどれか．

ただし，^{60}Co γ 線の 1cm 線量当量率定数を 0.35 μSv·m^2·MBq^{-1}·h^{-1} とし，鉛の半価層を 1cm とする．

2. 線量率の計算

1 2.8   2 3.5   3 7   4 11   5 14

〔答〕 2

遮蔽体がない場合の線量率 H_0 [μSv·h^{-1}] は，次式で計算される．

$H_0 = 0.35 \cdot (40/1^2) = 14$ [μSv·h^{-1}]

鉛 2cm の遮蔽がある場合の線量率 H [μSv·h^{-1}] は，次のようになる．

$H = H_0 \times (1/2)^{2/1} = 14 \times (1/2)^{2/1} = 3.5$ [μSv·h^{-1}]

問9 ^{60}Co 密封線源により，ある場所における 1cm 線量当量率が 64 μSv·h^{-1} であった．これを 2 μSv·h^{-1} まで下げるためには，およそ何 cm 厚の鉛でこの線源を遮蔽する必要があるか．ただし，^{60}Co の鉛に対する線減弱係数を 0.68cm^{-1}, ln2 を 0.69, 散乱 γ 線による影響はないものとする．

1 0.1   2 0.5   3 1   4 3   5 5

〔答〕 5

$$I = I_0 \cdot \exp(-\mu x)$$
$$2\mu\text{Sv/h} = 64\mu\text{Sv/h} \times \exp(-0.68(\text{cm}^{-1}) \cdot x)$$
$$\ln 2^5 = 0.68 \cdot x$$
$$5 \cdot 0.69 = 0.68 \cdot x$$
$$x = 5\,\text{cm}$$

[別解] 半価層($x_{1/2}$)と線減弱係数(μ)の関係は $x_{1/2} = \ln2/\mu = 0.69/0.68 \fallingdotseq 1$
つまり，約 1cm の鉛で 1/2 になるから 2/64 ($= (1/2)^5$) にするためには 5cm の鉛が必要である．

問10 ^{60}Co 線源の放射能, 遮蔽材, 及び線源から線量率測定点までの距離を下に示した．測定点の線量率が高い順に並んでいるものは，次のうちどれか．なお，鉛 5cm と鉛 10cm に対する実効線量透過率は，それぞれ 0.0825 と 0.0048 とする．

	<放射能(MBq)>	<遮蔽材>	<距離(m)>
A	100	なし	4
B	200	鉛 5 cm	1

305

C	400	鉛 10 cm	0.5	

1 　A＞B＞C　　2　A＞C＞B　　3　B＞A＞C　　4　B＞C＞A　　5　C＞A＞B

〔答〕　4

　線源からある距離離れた評価点における線量率 D は，遮蔽体がなければ，線源の放射能に比例して，距離の 2 乗に反比例する．

　したがって，$D = \Gamma \cdot Q / r^2$

（Γ：1 cm 線量当量率定数又は実効線量率定数，Q：線源強度，r：線源から評価点までの距離）

　また，実効線量透過率は遮蔽体が何もない場合に比べて遮蔽体を透過した後に減少する割合を示しており，乗ずればよい．

　よって，各条件の測定点の線量率は下記の通りである．

A　$100 \times \dfrac{1}{4^2} \times \Gamma = 6.25\,\Gamma$

B　$200 \times \dfrac{1}{1^2} \times \Gamma \times 0.0825 = 16.5\,\Gamma$

C　$400 \times \dfrac{1}{0.5^2} \times \Gamma \times 0.0048 = 7.68\,\Gamma$

3. 線源の種類と特性

キーワード

密封線源の試験と等級：温度，圧力，衝撃，振動，パンク

γ 線源：高エネルギー線源：^{60}Co，^{137}Cs，^{192}Ir

　　　　低エネルギー線源：^{241}Am，^{226}Ra

EC による特性 X 線：^{55}Fe，^{57}Co

β 線源：高エネルギー線源：^{90}Sr–^{90}Y，^{32}P

　　　　中エネルギー線源：^{204}Tl，^{85}Kr

　　　　低エネルギー線源：^{63}Ni，^{147}Pm，^{3}H，^{14}C

α 線源：^{241}Am，^{226}Ra，^{210}Po

中性子線源：自発核分裂：^{252}Cf

　　　　　　（α, n）反応：^{241}Am-Be，^{226}Ra-Be

　　　　　　（γ, n）反応：^{124}Sb-Be

3.1 密封線源の安全性

1）密封線源の等級と試験方法

　JIS では密封線源をカプセルに収められた放射線源で，そのカプセルは線源の設計条件下で，放射性物質が露出又は散逸しないだけの十分な強度をもったものとし，カプセルの安全試験について「密封放射線源の等級と試験方法」（JIS Z4821）を定めている．密封線源の等級は C－64344 などと表わされ，それぞれの記号は以下のように定められている．

図 3.1 密封線源の等級と試験方法の一例

初めの記号は密封線源が開封され放射性同位元素が散逸したときの危険度の大小を表わす（C は定められた数量以下，E は数量を超えていることを示す）．その後の 5 個の数字はそれぞれの試験に対して数字で示された等級に適合していることを示す．等級 1 は無試験で数字が大きくなるほど試験条件が厳しくなる．また，JIS で規定された試験条件以外で試験が行われたときにはその試験に対する等級は X で示す．それぞれの条件で線源を試験した後に，漏出の有無についての漏出試験を規定している．漏出試験としては，放射能に着目した試験として，ふき取り試験，浸せき試験，煮沸浸せき試験，気体の漏出試験，液体シンチレータによる漏出試験のほか放射能によらない試験が定められていて，試験線源の種類に応じて，最も適した方法を選ぶこととしている．

密封線源の用途に対する性能要件として例を表 3.1 に示した．

これらの試験は法律で定められたものではないので，すべての密封線源が JIS の規格に合っているわけではない．

表 3.1 用途に対する密封線源の性能要件の例

密封線源の用途		密封線源の試験方法と等級				
		温度	圧力	衝撃	振動	パンク
ラジオグラフィ用線源(工業用)	機器に装備されていないもの	4	3	5	1	5
	機器に装備されているもの	4	3	3	1	3
医療用線源	ラジオグラフィ用	3	2	3	1	2
	表面照射用	4	3	3	1	2
中性子線源（原子炉の始動用を除く）		4	3	3	2	3
校正用線源（1MBq を超えるもの）		2	2	2	1	2
イオン発生用	クロマトグラフ用	3	2	2	1	1
	煙感知器用	3	2	2	2	2

2) 密封線源の密封性の確認方法

線源の密封が正常に保たれているかどうかを定期的に確認することは重要である．次のような方法によりその確認を行う．

(1) 目視：線源を直接又は間接的に観察することにより，き裂の有無を確認する．
(2) スミア法：ろ紙等で線源の表面を拭き取り，それを測定器で測定し，汚染の有無を確認する．実施に当たって密封を破損しないようにする．
(3) 線源保管容器の内部をスミア法又は直接サーベイメータ等で測定する．
(4) サーベイメータによる方法：線源を直接測定しても意味はないので，線源をろ紙や脱脂綿で包んでおいて，一定時間後にこのろ紙や脱脂綿を線源と離れたところで測定する．
(5) 浸せき法：線源のカプセルを侵すことがなく，表面のRIを除去しやすい液体に浸けておいてその液体を測定する．
(6) 煮沸法：線源を水に入れて煮沸し，後でこの水を測定する．放射能が検出されたときは，これを繰り返すことにより，線源の漏えいか，表面の汚染かを区別する．

3.2 密封線源の種類と特徴

ここでは，各種線源の基本的な構造を述べた後，試験に頻出する核種について，物理的な特性（半減期，壊変形式，放出する放射線の種類とエネルギー），製造方法等をまとめる．

3.2.1 γ線源

1) 種類と構造

高エネルギーγ線源として用いられる ^{60}Co，^{192}Ir は金属，^{137}Cs は塩化物又はセラミックスの形でステンレス鋼の1重又は2重の密封容器に溶封されているので堅牢で漏えいのおそれはないといってもよい（図 3.2）．

低エネルギーγ線源は電子捕獲壊変に伴うX線を利用するものが多い．^{55}Fe，^{241}Am などが用いられる．核種によりいろいろなタイプのものがあるが，酸化物も

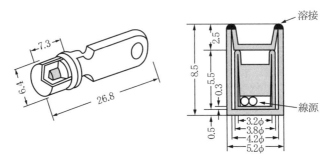

図 3.2　^{60}Co の線源（単位 mm）

しくはセラミックス等にし，又は電着やイオン交換樹脂につけて薄窓（〜0.2mm）付きのステンレス鋼容器に封入されている．^{241}Am の環状線源の例を図 3.3 に示した．

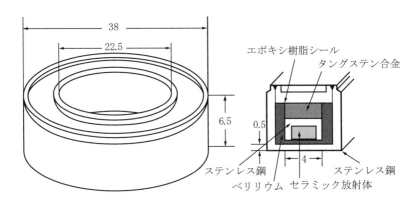

図 3.3　^{241}Am の環状線源（単位 mm）

2）代表的な γ 線源

A. 高エネルギー線源

(1)　コバルト 60

$^{60}_{27}$Co．半減期は 5.2712 年，低いエネルギー（0.318MeV）の β^- 線及び 1.173MeV

と，1.333MeV の 2 本の γ 線を放出して $^{60}_{28}\text{Ni}$（安定）となる．代表的な高エネルギーγ 線としてよく用いられている．金属コバルトを原子炉で照射し，$^{59}\text{Co}(n, \gamma)^{60}\text{Co}$ により製造し，これをステンレス鋼カプセルに 2 重に溶封する．

(2) セシウム 137

$^{137}_{55}\text{Cs}$．半減期は 30.08 年，0.514MeV（94%）の β^- 壊変して $^{137m}_{56}\text{Ba}$ となる．(6% は 1.176MeV の β^- 線を放出し，γ 線を放出せずに直接 $^{137}_{56}\text{Ba}$ になる．) $^{137m}_{56}\text{Ba}$ は半減期が 2.552 分で，$^{137}_{55}\text{Cs}$ と永続平衡の関係にある．したがって ^{137}Cs は本来は β^- 放出体であるが，$^{137m}_{56}\text{Ba}$ から放出される 0.662MeV の γ 線により γ 線源として取り扱われる．核分裂生成物から分離製造され，通常は塩化物（CsCl）として，ステンレス鋼カプセルに 2 重に溶封する．

(3) イリジウム 192

$^{192}_{77}\text{Ir}$．半減期は 73.829 日で割に短い．β^- 壊変（95%），γ 放射により $^{192}_{78}\text{Pt}$（〜10^5 年，α）になる一方，軌道電子捕獲（5%），γ 放射によって $^{192}_{76}\text{Os}$（安定）になる．γ 線は 0.3MeV 付近のものが多い．金属イリジウムを原子炉で照射して $^{191}\text{Ir}(n, \gamma)^{192}\text{Ir}$ により製造し，これをステンレス鋼カプセルに 2 重に封入する．

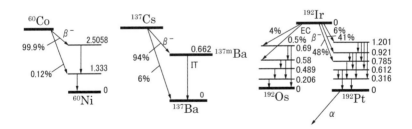

B．低エネルギー線源

(1) アメリシウム 241

$^{241}_{95}\text{Am}$．半減期は 432.6 年，α 壊変して $^{237}_{93}\text{Np}$ になる．α 線のエネルギーは 5.486MeV ほか，非常に低いエネルギー（0.0595MeV）の γ 線を放出する．α 線源

としても，γ線源としても用いられる．α線源としては，不溶性かつ不揮発性の化合物を金のマトリックス中に均一に分散焼結し，金－パラジウム合金の薄膜でカバーしたものを用い，低エネルギーγ線源としては，酸化物又はセラミックスとしてステンレスカプセルに封入したものを用いる．また酸化物とベリリウム金属とを均一に混合し，ステンレス鋼カプセルに2重に溶封して中性子線源として用いる．〔（α，n）反応利用，${}^{9}_{4}\text{Be} + {}^{4}_{2}\text{He} \rightarrow {}^{12}_{6}\text{C} + {}^{1}_{0}\text{n}$〕．

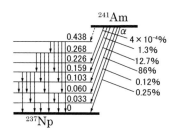

(2) ラジウム226

α線源の項を参照．

C. ECによる特性X線（注：便宜上ここに分類したが，特性X線はγ線ではないことに注意すること）

(1) 鉄55

${}^{55}_{26}\text{Fe}$．半減期は2.744年，軌道電子捕獲して${}^{55}_{25}\text{Mn}$（安定）となる．軌道電子捕獲に伴って発生する特性X線，すなわちMnのKX線のエネルギーは5.9keV，6.5keVで，また220keVにいたる弱い制動放射線が放出される．

(2) コバルト57

${}^{57}_{27}\text{Co}$．半減期は271.74日，軌道電子捕獲と低いエネルギー（0.122MeV，0.136MeV）のγ線を放射して${}^{57}_{26}\text{Fe}$（安定）となる．${}^{56}\text{Fe}$ (d, n) ${}^{57}\text{Co}$ 又は ${}^{60}\text{Ni}$ (p, α) ${}^{57}\text{Co}$により製造される．金属板に電着し，ステンレス鋼カプセルに溶封して線源とする．

3.2.2 β線源

1) 種類と構造

エネルギーの高いβ線源としては主として $^{90}Sr-^{90}Y$ が用いられる．安定な化合物を銀粉と混合焼結して銀板にはさんだもの，それを薄窓つきのステンレスカプセルに封入したもの，^{90}Sr をセラミックスに焼成し，薄窓つきのステンレスカプセルに封入したものなどがある．

低エネルギーβ線源としては ^{3}H，^{14}C，^{63}Ni が用いられる．アクリル材質中の H や C を ^{3}H や ^{14}C で置き換えた薄いシート状の線源が作られている．このような線源は比較的堅牢で取扱は容易である．^{3}H をチタンなどの水素吸蔵合金に吸着させた線源や ^{63}Ni 線源のように電着させた線源は温度上昇や，接触などにより汚染を生じる可能性があるので注意する．

2) 代表的なβ線源

A. 高エネルギー線源

(1) ストロンチウム90

$^{90}_{38}Sr$．半減期は28.79年，$β^-$壊変して $^{90}_{39}Y$ となる．$^{90}_{39}Y$ は半減期64.00時間の $β^-$ 放出体で，2週間以上放置すると ^{90}Sr と ^{90}Y との間に永続平衡の関係が成立する．^{90}Sr のβ線のエネルギーは比較的低く，最大エネルギーは0.546MeVであるが，^{90}Y のβ線エネルギーは非常に高く，最大エネルギーは2.28MeVである．^{90}Sr はβ線源として用いられるが，これは主として ^{90}Y の高エネルギーのβ線が利用される．核分裂生成物から分離製造され，チタン酸ストロンチウム（$SrTiO_3$）として焼結したもの，焼成してセラミックスペレットとしてステンレス鋼カプセルに封入

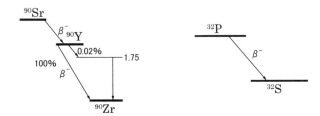

したもの，ガラスビーズとしてステンレス鋼カプセルに封入したもの，円板状箔をステンレス鋼カプセルに溶封したもの等がある．

(2) リン32

$^{32}_{15}$P．半減期 14.268 日，β^- 放射体，β 線のエネルギーは 1.71MeV で非常に高い．γ 線は放出しない．^{31}P（n, γ）^{32}P 又は ^{32}S（n, p）^{32}P で製造する．

密封線源として使用されることはないが，最大エネルギーが高く，生物学分野でトレーサーとしてよく利用されている．

B. 中エネルギー線源

(1) タリウム204

$^{204}_{81}$Tl．半減期 3.783 年，β^- 壊変（97%，最大エネルギー0.763MeV）して $^{204}_{82}$Pb（安定）となり，軌道電子捕獲（EC，3%）して $^{204}_{80}$Hg（安定）となる．γ 線は放出しない．

(2) クリプトン85

$^{85}_{36}$Kr．半減期は 10.739 年，β^- 壊変して $^{85}_{37}$Rb になる．β^- 線のエネルギーは中程

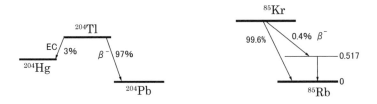

度で，最大エネルギーは 0.687MeV（99.6%），0.15MeV（0.4%），きわめてわずか（0.43%）のγ線を放出する．そのエネルギーは 0.514MeV．クリプトンは周期表で 0 族に属し，常温で気体である．核分裂生成物から分離製造され，直接又は活性炭に吸着させて，Ni 製カプセル等に封入して線源とする．

C．低エネルギー線源

(1) ニッケル 63

$^{63}_{28}$Ni．半減期は 101.2 年，β^-壊変して $^{63}_{29}$Cu（安定）となる．β^-線エネルギーは非常に低く，最大エネルギーは 0.0669MeV．γ線は放出しない．金属ニッケルを原子炉中で照射し，^{62}Ni (n, γ) ^{63}Ni により製造し，ニッケル又はニッケル合金の箔に電着して用いる．

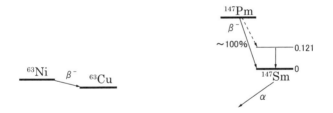

(2) プロメチウム 147

$^{147}_{61}$Pm．半減期は 2.6234 年，β^-壊変して $^{147}_{62}$Sm となる．$^{147}_{62}$Sm は α 壊変し，その半減期は非常に長く（1.060×10^{11} 年）$^{143}_{60}$Nd（安定）となる．$^{147}_{61}$Pm の β 線の最大エネルギーは 0.224MeV で，極めてわずかに 0.121MeV のγ線を放出する．核分裂生成物から分離製造され，酸化物（Pm_2O_3）粉末を焼結し，銀板ではさんだ面状線源，ステンレス鋼カプセルの一端に取り付けた点状線源，アルミナと組み合わせた制動放射利用線源などがある．

(3) トリチウム（水素 3）

$^{3}_{1}$H．T とも書く．三重水素ともいう．半減期 12.32 年，β^-壊変して $^{3}_{2}$He になる．γ線は放出しない．β^-線のエネルギーは非常に低く，最大エネルギーは 0.0186MeV，$^{6}_{3}$Li (n, α) $^{3}_{1}$H で製造される．

(4) 炭素14

$^{14}_{6}C$,半減期 5.70×10^3 年,β^- 放射体,β 線の最大エネルギーは 0.156MeV と低い.β^- 壊変して $^{14}_{7}N$ となる.γ 線は放出しない.天然に存在する誘導放射性核種である.空気中の窒素原子核に宇宙線からの中性子が当たり,^{14}N (n, p) ^{14}C により生成する.

3.2.3 α線源

1) 種類と構造

α線源としてよく用いられるのは ^{241}Am の線源である.α線を計測するだけの目的の線源の場合は,銀箔によりはさまれた構造で汚染を生じにくい構造となっている.このような線源は銀箔中でα線がエネルギーを失うので,エネルギーの校正や検出器の分解能のチェックには使えない.形状を図 3.4 に示す.

α線のエネルギー校正やエネルギー分解能の測定には,線源の表面が直接露出した線源が必要で,蒸着や電着で作られた線源が用いられる.形状を図 3.5 に示す.このような線源は図の形状のままで使用するのは好ましくなく,取扱の際に直接表面に触れないようなケースに装着して用いるのが望ましい.

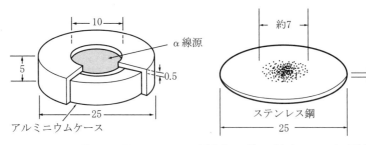

図 3.4 α線計数用線源
(数値の単位は mm)

図 3.5 α線スペクトロスコピー用線源
(数値の単位は mm)
ステンレススチール板上に蒸着されている.

2) 代表的な α 線源

(1) ラジウム 226

$^{226}_{88}$Ra．ウラン系列中の主要核種の一つとして，天然に存在する．半減期は 1.600×10³ 年，α 壊変〔α 4.784MeV（94%），4.601MeV（6%）〕して $^{222}_{86}$Rn（希ガス）となる（γ 線のエネルギーは 0.186MeV）．$^{222}_{86}$Rn は周期表の 18 族に属する元素で常温で気体，α 壊変（半減期 3.824 日）して $^{218}_{84}$Po となる．^{226}Ra は α 線源としても γ 線源としても用いられるほかベリリウムと組み合わせて中性子線源（$RaBr_2$ と Be 粉末とを混ぜて白金管中に封入）としても利用される．

(2) アメリシウム 241

γ 線源の項を参照．

(3) ポロニウム 210

$^{210}_{84}$Po．半減期 138.376 日の α 放出体，α 壊変して $^{206}_{82}$Pb（安定）となる．$^{238}_{92}$U の壊変生成物として天然に存在する核種．ラジウム F とも称し，α 線のエネルギーは 5.304MeV．

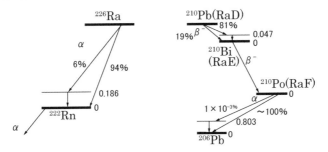

3.2.4 中性子線源

1) 種類と構造

中性子線源は核反応により中性子を放出する核種又は自発核分裂により中性子を放出する核種が用いられる．前者は ^{9}Be（α，n）^{12}C 反応を用い，α 線源として ^{241}Am や ^{226}Ra が用いられる．後者は ^{252}Cf の自発核分裂に伴い放出される中性子を用いている．大強度の γ 線源と同様ステンレス鋼 2 重容器に封入されている．

2) 代表的な中性子線源

(1) カリホルニウム252

$^{252}_{98}$Cf．半減期は 2.645 年，自発核分裂（3.1%）し（特色），α壊変（96.9%，平均6.11MeV）とγ線，低エネルギーX線放射を伴う．1グラム当たり毎秒2.3×10^{12}個の中性子を発生し，1個の核の自発核分裂により平均3.76個の速中性子を放出する（平均エネルギーは2.4MeV）．酸化物を焼結したセラミックス又はパラジウム粉末との混合物を焼結したサーメット合金をステンレス鋼カプセルに2重溶封してある．

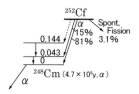

(2) 核反応を利用した中性子線源

① (α,n) 反応によるもの：^{241}Am－Be，^{226}Ra－Be

　どちらもエネルギースペクトルは連続であり，^{241}Am－Beは平均約5MeV，最大11.5MeV，^{226}Ra－Beは平均約4.3MeV，最大13.0MeVである．

② (γ,n) 反応によるもの：^{124}Sb－Be

　^{124}Sb（アンチモン）は半減期60.20日でβ^-壊変する．主として，1.691MeVのγ線による23keVの中性子を利用する．実際には，線源内部の散乱等の影響があるため，エネルギースペクトルは単色とはならない．

3. 線源の種類と特性

表3.2 主な核種とその特性

線源の種類	核種	半減期	エネルギー (MeV)	備考
γ(X)線源	^{60}Co	5.2712 年	1.173, 1.333	
	^{137}Cs	30.08 年	0.662 (^{137m}Ba)	放射平衡
	^{192}Ir	73.829 日	0.317, 0.468 他	種々のエネルギー
	^{241}Am	432.6 年	0.0595	
	^{226}Ra	1600 年	0.186 他	
	^{55}Fe	2.744 年	0.0059 (Mn-X)	EC による特性 X 線
	^{57}Co	271.74 日	0.122 (γ) 0.0064 (Fe-X)	EC による特性 X 線
β線源	^{90}Sr-^{90}Y	28.79 年	0.546 (^{90}Sr) 2.28 (^{90}Y)	放射平衡
	^{32}P	14.268 日	1.71	非密封線源
	^{204}Tl	3.783 年	0.764	
	^{85}Kr	10.739 年	0.687	
	^{147}Pm	2.6234 年	0.224	
	^{63}Ni	101.2 年	0.0669	
	^{3}H	12.32 年	0.0186	非密封線源
	^{14}C	5700 年	0.156	非密封線源
α線源	^{241}Am	432.6 年	5.486	
	^{226}Ra	1600 年	4.784	
	^{210}Po	138.376 日	5.304	
中性子線源	^{252}Cf	2.645 年	2.4 (平均)	自発核分裂
	^{241}Am-Be	432.6 年	5.0 (平均) 11.5 (最大)	(α, n) 反応
	^{226}Ra-Be	1600 年	4.3 (平均) 13.0 (最大)	(α, n) 反応
	^{124}Sb-Be	60.20 日	0.023 (単色に近い)	(γ, n) 反応

放射性同位元素の半減期は理科年表平成30年(2018年)に,エネルギーなどの核種データはアイソトープ手帳11版(2011年)による.

〔演 習 問 題〕

問1 次のうち，密封線源の等級別試験項目として正しいものはどれか．
1 温度，圧力，衝撃，振動，パンク　　2 温度，圧力，耐水，振動，摩耗
3 温度，圧力，衝撃，摩耗，パンク　　4 冷却，加熱，耐水，変形，摩耗
5 冷却，加熱，応力，衝撃，振動
〔答〕 1

問2 密封線源の漏えい検査に関する次の記述のうち，正しいものの組合せはどれか．
A ラジオグラフィー用 ^{192}Ir 線源の場合，線源が露出していないことを確認して，格納容器の表面を電離箱式サーベイメーターで測定する．
B ガスクロマトグラフ用 ECD の ^{63}Ni 線源の場合，ECD 表面をスミアした試料を NaI(Tl) シンチレーション式サーベイメーターで測定する．
C 厚さ計用 ^{90}Sr 線源の場合，線源シャッターの閉鎖を確認して，線源収納容器のシャッター付近や容器付近をスミアした試料を GM 計数管で測定する．
D Ge 半導体スペクトロメーター校正用 ^{60}Co 線源の場合，線源表面をスミアした試料を GM 計数管で測定する．
1 AとB　2 AとC　3 BとC　4 BとD　5 CとD
〔答〕 5
A 漏えいγ線量の測定方法である．
B ^{63}Ni は低エネルギーβ線放出核種のため，NaI(Tl) シンチレーション式サーベイメータでは測定できない．

問3 放射性同位元素利用機器に用いられる次の密封線源のうち，漏えい汚染を起こしやすいものの組合せはどれか．
A ^{60}Co　B ^{63}Ni　C ^{192}Ir　D ^{226}Ra
1 AとB　2 AとC　3 BとC　4 BとD　5 CとD

3. 線源の種類と特性

〔答〕 4

A, C 金属の線源を使用しステンレス鋼で密封,溶封されているので堅牢で漏えいのおそれはない.

B ニッケル箔上に電着されている. 0.0669MeV という非常に弱いβ^-線を利用しているので「遮蔽」も非常に薄く破損しやすい.

D 古くなるとα壊変による He の発生,微量水分の放射線分解による水素と酸素の発生により内圧が高まり密封の破壊を起こすおそれがある.また,カプセルが破損したとき ^{222}Rn ガスによる汚染が起こるので注意が必要である.

問4 次の核種の半減期の組合せのうち,正しいものはどれか.

	^{60}Co	^{137}Cs	^{192}Ir
1	5.3 年	30.2 年	73.8 日
2	30.2 年	5.3 年	73.8 日
3	73.8 日	30.2 年	5.3 年
4	5.3 年	73.8 日	30.2 年
5	30.2 年	73.8 日	5.3 年

〔答〕 1

問5 同じベクレル数の,非破壊検査用 ^{60}Co(γ線放出割合:200%), ^{137}Cs(γ線放出割合:85.1%), ^{192}Ir(γ線放出割合:236.4%)密封線源がある.これらの線源に関する次の記述のうち,正しいものの組合せはどれか.ただし,カプセルによるγ線の減弱は考えないこととする.

A 壊変定数の一番大きなものは ^{192}Ir 線源である.
B 1壊変あたりに放出されるγ線が一番多いものは ^{192}Ir 線源である.
C 1秒間あたりに放出されるγ線が一番多いものは ^{60}Co 線源である.
D 線源を構成する原子の数が一番多いものは ^{192}Ir 線源である.

1 AとB 2 AとC 3 AとD 4 BとD 5 CとD

〔答〕 1

A 壊変定数は半減期に反比例する.

問6 次のうち,同じ放射能の ^{60}Co, ^{137}Cs, ^{192}Ir 線源から,それぞれ 1m の場所での 1cm 線量当量率の大きなものから並べられているものはどれか.

1 ^{60}Co > ^{137}Cs > ^{192}Ir   2 ^{60}Co > ^{192}Ir > ^{137}Cs
3 ^{137}Cs > ^{60}Co > ^{192}Ir   4 ^{137}Cs > ^{192}Ir > ^{60}Co
5 ^{192}Ir > ^{60}Co > ^{137}Cs

〔答〕 2

それぞれの 1cm 線量当量率定数は ^{60}Co : 0.354, ^{137}Cs : 0.0927, ^{192}Ir : 0.139

問7 次の核種の組合せのうち,EC 壊変により特性 X 線を放出するものはどれか.

A ^{55}Fe, ^{57}Co
B ^{125}I, ^{147}Pm
C ^{109}Cd, ^{153}Gd
D ^{210}Pb, ^{241}Am

1 A と B   2 A と C   3 B と C   4 B と D   5 C と D

〔答〕 2

B ^{125}I は EC 壊変,^{147}Pm は β^- 壊変
D ^{201}Pb は β^- 壊変,^{241}Am は α 壊変及び γ 線放射

問8 次のうち,^{85}Kr, ^{147}Pm, ^{204}Tl 密封線源から発生する制動 X 線の最大エネルギーの大きい順に並べられているものはどれか.

1 ^{85}Kr > ^{147}Pm > ^{204}Tl   2 ^{85}Kr > ^{204}Tl > ^{147}Pm
3 ^{204}Tl > ^{85}Kr > ^{147}Pm   4 ^{204}Tl > ^{147}Pm > ^{85}Kr
5 ^{147}Pm > ^{204}Tl > ^{85}Kr

〔答〕 3

制動放射線は β 線の最大エネルギーが大きいほど大きい.それぞれの β 線の最大エネルギーは,^{85}Kr : 0.687 MeV (99.6%), ^{147}Pm : 0.224 MeV (100%), ^{204}Tl : 0.764 MeV

3. 線源の種類と特性

（97.1%）．

問 9 次の放射性核種のうち，放出される β 線の最大エネルギーが最も小さいものはどれか．

1　^{3}H　　2　^{14}C　　3　^{63}Ni　　4　^{85}Kr　　5　^{147}Pm

〔答〕　1

それぞれの最大エネルギーは，^{3}H：18.6keV，^{14}C：156keV，^{63}Ni：66.9keV，^{85}Kr：672keV，^{147}Pm：225keV．

問 10 次の ^{63}Ni に関する記述のうち，誤っているものはどれか．

1　β^{+}線を放出するが γ 線は放出しない．
2　放出される β 線の最大エネルギーは，約 0.066MeV である．
3　ECD ガスクロマトグラフ装置で用いられる．
4　^{62}Ni（n，γ）^{63}Ni 反応で生成される．
5　壊変して生成する Cu の質量数は 63 である．

〔答〕　1

^{63}Ni は β^{-}線を放出して ^{63}Cu となる．

問 11 ^{241}Am 核種及びその密封線源に関する次の記述のうち，正しいものの組合せはどれか．

A　^{241}Am 核種からは α 線，γ 線，中性子が放出されている．
B　^{241}Am 密封 γ 線源からは α 線と γ 線が放出されている．
C　^{241}Am 密封 α 線源からは α 線，γ 線，X 線が放出されている．
D　^{241}Am 核種からは α 線，γ 線，X 線が放出されている．
E　^{241}Am－Be 密封中性子線源からは，中性子だけが放出されている．

1　AB のみ　　2　AE のみ　　3　BC のみ　　4　CD のみ　　5　DE のみ

〔答〕　4

A　中性子は放出されない．

B 密封γ線源のカプセルは厚いので，α線は透過できない．

E ステンレスカプセルが厚く，60 keV のγ線はほとんど遮蔽されても，^{9}Be（α, n）^{12}C 反応によって生じる，励起された ^{12}C からの 4.43 MeV の高エネルギーγ線が放出される．

問 12 次の記述のうち，正しいものの組合せはどれか．

A ^{40}K は EC 壊変はしないが β^+ 壊変はする．
B ^{60}Co は EC 壊変はしないが β^+ 壊変はする．
C ^{192}Ir は EC 壊変をするが β^- 壊変もする．
D ^{252}Cf は自発核分裂をするが α 壊変もする．

1 A と B　　2 A と C　　3 B と C　　4 B と D　　5 C と D

〔答〕 5

A ^{40}K は β^- 壊変 89%，EC 壊変 11% である．
B ^{60}Co は β^- 壊変 99% である．
C ^{192}Ir は β^- 壊変 95%，EC 壊変 5% である．
D ^{252}Cf は α 壊変 97%，自発核分裂 3% である．

問 13 ^{252}Cf に関する次の記述のうち，正しいものの組合せはどれか．

A α 壊変をする．
B γ 線を放出しない．
C 放出される中性子の平均エネルギーは，^{241}Am－Be 線源のそれより低い．
D 1 回の自発核分裂によって，平均 5 個の中性子が発生する．

1 A と B　　2 A と C　　3 B と C　　4 B と D　　5 C と D

〔答〕 2

A 正　^{252}Cf の半減期は 2.645 年で，自発核分裂（3.1%）し（特色），α 壊変（96.9%，平均 6.11 MeV）と γ 線，低エネルギーX 線放射を伴う．
B 誤　γ 線と低エネルギーX 線放射を伴う．
C 正　放出される中性子の平均エネルギーは 2.4 MeV，^{241}Am－Be は平均約 5 MeV．

3. 線源の種類と特性

D 誤 1グラム当たり毎秒 2.3×10^{12} 個の中性子を発生し，1個の核の自発核分裂により平均3.76個の速中性子を放出する．

問14 次の線源と核種の関係のうち，適切なものの組合せはどれか．
A γ線源 — ^{60}Co, ^{137}Cs, ^{192}Ir　　B β線源 — ^{63}Ni, ^{90}Sr, ^{147}Pm
C α線源 — ^{14}C, ^{210}Po, ^{241}Am　　D 低エネルギー光子線源 — ^{57}Co, ^{59}Fe, ^{125}I
1 AとB　2 AとC　3 AとD　4 BとC　5 CとD
〔答〕 1

C ^{14}C : β⁻線源
D ^{57}Co : EC, ^{59}Fe : β⁻・γ

問15 自然放射線による被ばくに関与していないものはどれか．
1 ^{14}C　2 ^{40}K　3 ^{137}Cs　4 ^{222}Rn　5 宇宙線
〔答〕 3

^{137}Cs は自然放射線源ではなく，核実験，原子炉事故などによるフォールアウト中に存在する．

問16 自然放射線被ばくへの寄与の大きい順に並んでいるのは，次のうちどれか．
A 宇宙放射線により生成される ^{14}C
B 食品から摂取される ^{40}K
C 空気中に存在する ^{222}Rn とその娘核種
1 A＞B＞C　2 A＞C＞B　3 B＞A＞C　4 C＞A＞B　5 C＞B＞A
〔答〕 5

世界平均の年間線量で比べると，C（1.2mSv）＞B（0.18mSv）＞A（0.01mSv）．

問17 宇宙線により生成される誘導放射性核種の組合せは，次のうちどれか．
A ^{3}H　B ^{7}Be　C ^{14}C　D ^{40}K　E ^{210}Pb
1 ABCのみ　2 ABEのみ　3 ADEのみ　4 BCDのみ

325

5　CDE のみ

〔答〕　1

　^{3}H, ^{7}Be は主として窒素原子, 酸素原子の高エネルギー一次宇宙線による核破砕反応で生成される. ^{14}C は, 宇宙線によって生成された中性子と窒素との核反応 ^{14}N(n, p)^{14}C によって生成される. ^{40}K は地球誕生時に存在したものが残っている, 天然一次放射性核種である. ^{210}Pb は天然一次放射性核種である ^{238}U の壊変系列中にある核種である.

4. 密封線源の利用機器

キーワード

放射線利用機器(原理と構造・仕組み,使用されている核種(線種とエネルギー))

　非破壊検査(ラジオグラフィ)

　厚さ計,レベル計,密度計

　硫黄計

　蛍光 X 線分析装置

　水分計

　ECD ガスクロマトグラフ装置

　骨塩定量分析装置

　メスバウアー効果測定装置

　たばこ量目計

4.1 密封線源利用機器で用いている放射線の特性

1) 放射線の吸収・透過を利用したもの

　　放射線の透過や吸収は,物質の密度,厚さ,異物の存在により変化するので厚さ,密度,重量,特定の元素の含有率を測定する装置が用いられている.

2) 放射線の散乱を利用したもの

　　β 線の後方散乱を利用した厚さ計,γ 線の散乱を利用した厚さ計や密度計,中性子の散乱を利用した水分計などがある.

3) 放射線による蛍光 X 線励起の利用

　　X 線,γ 線,荷電粒子は物質中の原子を励起して元素特有の X 線を発生させ

るので，これを利用して元素分析を行うもの，基層からのX線の吸収により被膜の厚さを測定する厚さ計などがある．

4）電離作用の利用

荷電粒子の電離作用を利用し，キャリアガスとともに物質が入ってくるとその電子親和性により電離電流が変化することを利用したガスクロマトグラフ，気体の電離電流が煙が入ることにより変化するのを検知して煙を感知する機器などが用いられている．

4.2 放射線利用機器の種類と原理

4.1で述べたような放射線の様々な特性・作用を利用して，種々の放射線利用機器が産業，医療等の様々な分野で測定・分析装置として用いられている．ここでは，2種の放射線取扱主任者試験で頻出される機器について，原理，構造と仕組み，使用されている核種についてまとめた．利用されている範囲が広く，うまく分類・整理することが難しいが，何を調べるために，核種は何で，どのような放射線（線種とエネルギー）のどのような作用を用いているかという視点で各自のまとめをお願いしたい．例えば，水分計では，水分量を測るために中性子の散乱を用いるのが便利である．したがって，用いられる線源は ^{252}Cf や ^{241}Am-Be．

（1）非破壊検査（ラジオグラフィ）

ラジオグラフィとは，非破壊検査法の一種で，放射線の物体に対する透過減弱作用と写真作用とを利用して物体の内部の状況を調べる方法をいう．すなわち放射線を物体に照射するとその密度の差によって減弱の程度が異なるので，透過した放射線を写真フィルムに受けると，密度の差が黒化の程度の差として検出される．金属の溶接部分の検査や鋳物の欠陥部分の検出などに利用される．工業用X線装置が広く用いられているほか，放射性核種を装備した γ 線照射装置もかなり広く用いられている．

一般的には半減期がやや短い欠点はあるがその他の条件が最もよい ^{192}Ir が一番多く用いられており，次いで ^{60}Co，^{137}Cs の順となっている．

(2) 厚さ計

線源として用いられる核種を多い順に並べると ^{85}Kr，^{241}Am，^{90}Sr，^{147}Pm，^{204}Tl，^{137}Cs，^{14}C といった順になる．

原理によって分類すると，放射線が物質によって吸収される現象を利用した透過型，後方散乱現象を利用した反射型，蛍光X線を利用した励起型などに分けられ，また放射線の種類によってβ線，γ線などに分けられる．（図4.1）

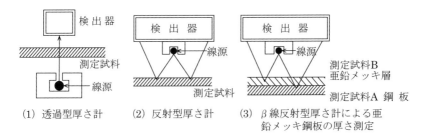

図4.1　厚さ計の原理

① 透過型

放射線が物質を透過するとき，同一の物質であればその厚さに応じて吸収減弱されるので，その透過量を測定することにより物質の厚さを知るもの．

　　(1) 低エネルギーβ線源（^{85}Kr，^{147}Pm，^{204}Tl，^{14}C など）…ごく薄い紙，ビニルシート，ポリエチレンシートなど

　　(2) エネルギーの大きいβ線源（^{90}Sr，^{106}Ru など）及び低エネルギーγ線源（^{241}Am など）…薄い鉄板など

　　(3) 高エネルギーγ線源（^{137}Cs，^{60}Co など）…厚目の鉄板など

② 反射型（散乱型ともいう）

β線は物質を通過するとき後方散乱を起こすが，この後方散乱率が物質の厚さに応じて変化する現象を利用するもの．（^{85}Kr，^{90}Sr など）亜鉛メッキ鋼板のメッキ層の厚さの測定などにも用いられる．

③ 励起型

放射線の管理技術

(1) 低エネルギーγ線　^{241}Am
(2) 低エネルギーX線　^{55}Fe
(3) 制動放射線　　　^{147}Pm／Al，^{3}H／Zr，^{3}H／Ti など

前記の亜鉛メッキ鋼板のメッキ層の厚さの測定にも応用される．すなわち放射線の照射によってメッキ層の亜鉛を励起し，これから発生する蛍光X線の強さを測定することによりメッキ層の厚さを知る．

RI 利用厚さ計は測定する物に全く接触しないで測定できることが最大の特長であり，線源と検出器とが測定物の一方の側にしか置けない場合には反射型や励起型が用いられる．また，製造ラインでは測定するだけでなく厚さを自動的にコントロールするようにしているものもある．

(3) レベル計（液面計）

原理的にはγ線透過型厚さ計とほぼ同じであるが，線源と検出器との配置によっていろいろの方法がある（図4.2）．線源としては^{60}Co，^{137}Cs（特別の場合には^{241}Amなど）が用いられる．

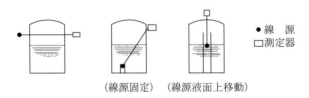

図4.2　レベル計の線源と測定器の種々の配置例

(4) 密度計

原理的には厚さ計とほぼ同じで，いろいろの形式がある（図 4.3）．線源としては ^{137}Cs が最もよく用いられ，^{60}Co，^{241}Am，^{90}Sr がこれに次いでいる．土壌やコンクリートの密度，パイプ中を流れる物質の密度の測定などに用いられるほかタバコのつまり具合（たばこ量目計，^{90}Sr など β 線の透過を利用），キャンデーや洗剤などの充てん状況などの測定，更にその自動選別方式にも利用される．γ 線地下検層計は原理的には挿入・散乱型密度計ともいうべきもので，やはり ^{137}Cs が多

4. 密封線源の利用機器

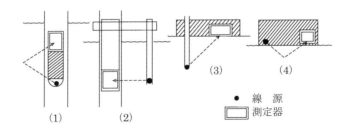

(1)挿入・散乱型 (2)挿入・透過型 (3)表面・透過型 (4)表面・散乱型

図4.3 密度計の諸形式

く用いられる．

(5) 硫黄（分析）計

液体燃料（主として石油）中の硫黄含有量を測定するもので，透過型と励起型の2つの原理のものがある．透過型は，^{241}Amからのγ線（59.5keV）をAgターゲットにあてて発生する特性X線（22.2keV）の吸収を測定する．これは，20〜30keVの低エネルギーγ線（X線）が，（石油の主な構成成分である）水素や炭素に比べて，硫黄にたいへん吸収されやすいことを利用したものである．励起型は，次項に述べる蛍光X線分析によるもので，主として^{55}Feの5.9keVの特性X線を照射して硫黄を励起し，発生する硫黄からの蛍光X線を測定するものである．透過型の方がよく用いられている．

(6) 蛍光X線分析装置

放射性核種から出る低エネルギーのγ線やX線で試料を照射して励起し，発生する蛍光X線のスペクトルから分析を行う装置で，分析する元素の原子番号に応じて放射性核種を使い分けて用いる．よく用いられる線源としては，^{55}Fe，^{241}Am，^{238}Pu，^{109}Cd，^{57}Coなどがあげられる．

(7) 水分計

速中性子が水素原子と衝突して減速され熱中性子になる現象を利用したもので，線源としては^{241}Am-Be，^{226}Ra-Be，^{252}Cfなどの速中性子線源が用いられてい

る．同じ原理で炭化水素中の水素を定量することによって重油の発熱量測定などにも応用される．

(8) ECD ガスクロマトグラフ装置

吸着剤に対する物質の吸着の差によって試料の分析を行うガスクロマトグラフ装置の検出器に放射性物質を用いたもので，放射性物質から出る β 線によってガスを電離し，電離電流をしらべることにより，直流電離箱と同じ原理でガス状成分を検出することができる．線源として ^{63}Ni，が用いられている．この装置は操作が簡単であるのできわめて広く用いられている．

(9) 骨塩定量分析装置

弱いエネルギーの γ 線（又は特性X線）を前腕に照射して骨による吸収の度合いから骨中のミネラルの含有量を測定する機器で，骨代謝疾患の診断に用いられる．線源としては ^{125}I，^{153}Gd，^{241}Am 等が用いられる．

(10) メスバウアー効果測定装置

γ 線の共鳴吸収現象を利用して物性の測定等に応用される装置で，線源としては ^{59}Fe，^{57}Co，^{125}Te，^{119m}Sn などの低エネルギー線源が用いられる．

(11) たばこ量目計

たばこ量目計は，たばこの葉のつまり具合を測定・制御するための装置であり，^{90}Sr の β 線の透過作用を用いている．

(12) 静電除去装置

紙やプラスチックといった絶縁物を扱う場合，接触や摩擦によって静電気が生じ，塵の付着やシートの絡み合いの原因となる．この静電気除去に，放射線の電離作用を利用する．線源としては，^{210}Po，^{241}Am，^{85}Kr が用いられている．

4. 密封線源の利用機器

表 4.1　放射線利用機器に用いられる密封放射線源

機器の名称	放射性核種	備考
非破壊検査（ラジオグラフィ）	^{192}Ir, ^{60}Co, ^{137}Cs	
厚さ計	^{60}Co, ^{137}Cs	高エネルギー γ 線（厚い鋼板）
	^{90}Sr	高エネルギー β 線（薄い鋼板）
	^{241}Am	低エネルギー γ 線（薄い鋼板）
	^{85}Kr, ^{147}Pm	低エネルギー β 線（紙）
レベル計	^{60}Co, ^{137}Cs	
密度計	^{137}Cs, ^{60}Co	
硫黄計	^{55}Fe	励起型
	^{241}Am	透過型
蛍光X線分析装置	^{55}Fe, ^{109}Cd, ^{241}Am	
水分計	^{252}Cf, ^{241}Am–Be	中性子源
ECD ガスクロマトグラフ装置	^{63}Ni	
骨塩定量分析装置	^{125}I, ^{153}Gd	
メスバウアー効果測定装置	^{57}Co, ^{119m}Sn	
たばこ量目計	^{90}Sr	密度計の一種
静電除去装置	^{210}Po, ^{241}Am, ^{85}Kr	

特定設計認証機器として，(1)煙感知器，(2)レーダー受信部切替放電管，(3)集電式電位測定器，(4)熱粒子化式センサーが指定されている．

(1) 煙感知器

煙感知器のうちイオン化式のものに放射性物質は利用されている．α 線源 (^{241}Am) を電離箱に入れておくと，空気が電離され一定の電流が流れる．煙の微粒子が入るとイオンの移動速度が減少しイオンも中和され電流の変化が生じることを利用している．

(2) レーダー受信部切替放電管

レーダー装置は，通常アンテナを送受信共用とし，送信装置と受信装置を切り替えて使用する．送信時の強い電気信号が受信装置に入り損傷を起こさないように，受信時の弱い信号が送受信両方の装置に入り受信効率を落とすことのないように，切替放電管によりアンテナ回路から電気的に切り離している．このうち受信部に用いられている放電管は微弱な電流に対応するように，一定の電圧で確実に時間的遅れがなく放電が起こるよう ^{241}Am を用いて常時微弱な電離を行わせている．

(3) 集電式電位測定器

高分子材料等の表面の静電気を非接触で測定する電位測定器である．帯電によって引き起こされる爆発，引火などの災害を未然に防ぐための計測に用いられる．集電器部の空気を電離するため ^{241}Am が用いられる．

(4) 熱粒子化式センサー

半導体工場での有機金属ガスの検知に用いられている．有機金属ガスは数百度に加熱されると粒子状の固体酸化物を形成するので，石英管で数百度に加熱したサンプルガスを粒子検出器に導入し測定する．粒子検出器の原理は煙感知器と同様で，^{241}Am により生じたイオン電流の変化を利用している．

最後に，一般消費財（コンシューマプロダクツ）に利用されている非密封の放射性同位元素についても記しておく．

(1) 自発蛍光夜光塗料

20 世紀初めごろから，夜光時計には硫化亜鉛を主成分とする蛍光体にラジウム（^{226}Ra）から出る α 線を励起源に利用した自発蛍光夜光塗料が用いられたが，時計文字盤工員（ダイヤルペインター）に骨肉腫や骨腫瘍が発生したことなどから，1960 年頃より安全性の高い ^{3}H や ^{147}Pm が用いられている．それぞれの核種を夜光時計に使用する場合には許容放射能基準が設けられており，日本の場合，例えば携帯時計の場合には ^{3}H であれば 277 MBq，^{147}Pm であれば 3.7 MBq などとなっている．しかし，現在では長残光性（蓄光型）夜光塗料が開発されたことにより，

4. 密封線源の利用機器

日本における夜光時計にはすべて長残光性（蓄光型）夜光塗料が用いられ，放射性蛍光塗料を使用した夜光時計の生産は無くなった．

(2) グローランプ（グロー球）

スターター型の蛍光灯では，電極の予熱が必要となるため，その用途に用いられる放電管に，^{85}Krがアルゴンガスに混入して封入されている．以前は^{147}Pmや^{63}Niなどのβ線源も同じ目的で電極線の一部に密封メッキして放電管に組み込まれていた．しかし，2003年以降は放射性同位元素を含む電極線の使用が無くなり，^{85}Krガス封入のグローランプのみが使用されている．

放射線の管理技術

〔演 習 問 題〕

問1 次の文章の（　　）の部分に入る最も適切な語句又は数値をそれぞれの解答群から一つだけ選べ．

電子捕獲型検出器（ECD）型ガスクロマトグラフの特徴は，塩素やフッ素など（ A ）の高い元素を含んだ化合物を極めて高感度で分析，定量できることにある．試料成分は，ガスクロマトグラフのカラムで分離され，（ B ）のキャリヤガスにともない内容積約（ C ）cm^3 の円筒状の ECD に導かれる．

ECD の内壁には約 370MBq の（ D ）線源を密着した陰電極がある．中心線上の陽電極との間に約 10V の電圧を加えると，キャリヤガスの分子は線源から出る（ E ）によってイオン化され，一定の（ F ）電流が流れる．このような状態のところに流入した（ A ）の試料分子は，容易に（ G ）を捕獲して（ H ）となる．

この（ H ）は，（ G ）に比較し質量が遙かに大きいので，陽電極への移動速度が極めて遅い．したがってこの（ H ）は，陽電極に達しないうちに検出器内を通り過ぎ，（ F ）電流は減少する．この減少の割合から試料成分の濃度を知ることができる．

ECD は高い温度範囲で作動するように設計されているが，ECD 及びキャリヤガスは，耐熱，耐蝕性を考慮して，（ I ）℃を超えないようにしなければならない．

(解答群)

(A)	1	毒性	2	危険性	3	可燃性	4	揮発性	5 電子親和性
(B)	1	空気	2	窒素	3	酸素	4	水素	5 クリプトン
(C)	1	0.2	2	2	3	20	4	100	5 200
(D)	1	^{22}Na	2	^{57}Co	3	^{63}Ni	4	^{125}I	5 ^{241}Am
(E)	1	α線	2	X線	3	γ線	4	$β^-$線	5 $β^+$線
(F)	1	電離	2	剥離	3	交流	4	微弱	5 直流
(G)	1	陽子	2	陽電子	3	中性子	4	電子	5 α粒子
(H)	1	陽イオン	2	陽電子	3	陽子	4	中性ガス	5 負イオン
(I)	1	70	2	120	3	350	4	1000	5 1200

4. 密封線源の利用機器

〔答〕

A——5（電子親和性）　　B——2（窒素）　　　C——2（2）
D——3（⁶³Ni）　　　　　E——4（β⁻線）　　　F——1（電離）
G——4（電子）　　　　　H——5（負イオン）　　I——3（350）

　ECDは，ハロゲン，硫黄，窒素，酸素などを含む電子親和性の化合物や多環芳香族化合物を感度良く定量できる．^{63}Niを用いるガスクロマトグラフ装置の検出器である．

問2　次の文章の□□□の部分に入る最も適切な語句，記号又は数値を，それぞれの解答群から1つだけ選べ．

　放射性同位元素を利用した機器は，様々な用途で使用されており，放射線の種類やエネルギーなどを考慮し，目的に適した放射性同位元素が装備されている．

　エレクトロン・キャプチャ・ディテクタ(ECD)ガスクロマトグラフは，□A□線によるキャリアガスのイオン化を利用し，電流の変化からPCBなどの電子親和性化合物を高感度で検出(定量)する．本装置では一般的に，線源には□ア□を用い，キャリアガスには窒素を用いている．

　厚さ計は，放射線の吸収や散乱の差を利用して厚さを測定するもので，測定対象物によって利用される線種や線源が異なる．使用許可・届出台数を比較してみると，β線を利用した厚さ計では線源に□イ□や^{147}Pmを用いた機器が多く，γ線を利用した厚さ計では線源に□ウ□や^{137}Csを用いた機器が多い．また，厚さ計には主に透過型と散乱型があるが，β線を利用した厚さ計は，□B□存在する．なお，放射線の吸収や散乱を利用した機器は厚さ計以外にも幅広く使用されており，多くの機器はβ線やγ線を利用しているが，□C□のように中性子線を利用している機器もある．

＜A～Cの解答群＞

1　低エネルギーβ	2　高エネルギーβ	3　低エネルギーγ
4　高エネルギーγ	5　透過型のみ	6　散乱型のみ
7　両方とも	8　密度計	9　レベル計
10　水分計	11　たばこ量目制御装置	

<ア～ウの解答群>

1　^{60}Co　　2　^{63}Ni　　3　^{85}Kr　　4　^{192}Ir　　5　^{204}Tl　　6　^{241}Am

〔答〕

A――1（低エネルギーβ）　　B――7（両方とも）　　C――10（水分計）

ア――2（^{63}Ni）　　　イ――3（^{85}Kr）　　　ウ――6（^{241}Am）

問3　ラジオグラフィ用線源に関する次の記述のうち，正しいものの組合せはどれか．

A　密度の高い試料に対しては，透過力の弱いγ線核種を選択する．
B　γ線核種は衝撃，圧力や温度変化で漏えいしない密封容器で包むこと．
C　露出時間の補正を頻繁に行わないためには，半減期の短いこと．
D　画像の識別度をよくするためには，比放射能の高いこと．

1　AとB　　2　AとC　　3　BとC　　4　BとD　　5　CとD

〔答〕　4

問4　次の放射性同位元素利用機器とその利用する核種の関係のうち，最も適切なものの組合せはどれか．

A　厚さ計　　―　^{63}Ni, ^{201}Tl　　　B　レベル計　　―　^{57}Co, ^{134}Cs

C　密度計　　―　^{137}Cs, ^{60}Co　　　D　水分計　　―　^{241}Am-Be, ^{252}Cf

1　AとB　　2　AとC　　3　BとC　　4　BとD　　5　CとD

〔答〕　5

問5　次の密封線源と放射性同位元素利用機器の関係のうち，適切なものの組合せはどれか．

	厚さ計	レベル計	密度計	骨成分分析装置
A	^{147}Pm	^{60}Co	^{241}Am	^{125}I
B	^{85}Kr	^{125}I	^{192}Ir	^{90}Sr
C	^{241}Am	^{137}Cs	^{90}Sr	^{125}I
D	^{90}Sr	^{137}Cs	^{60}Co	^{241}Am

4. 密封線源の利用機器

1 ACDのみ   2 ABのみ   3 BCのみ   4 Dのみ   5 ABCDすべて
〔答〕 1

機器ごとに示された核種のうち用いられていないものは，レベル計 ^{125}I，密度計 ^{192}Ir，骨成分分析装置 ^{90}Sr であり，Bの組み合わせのみが不適切．

問6　放射性同位元素利用機器の原理に関する次の記述のうち，正しいものの組合せはどれか．

A　γ線を用いたレベル計は，γ線が物質中で減弱することを利用したものが多い．

B　中性子線を用いた水分計は，高速中性子が物質中の水分と多重散乱することにより熱中性子になることを利用している．

C　たばこ量目制御装置は，たばこの葉とβ線の相互作用によって発生する制動放射線の量の違いを利用している．

D　β線を用いた厚さ計は，β線が物質中で消滅γ線に変わることを利用している．

1 AとB   2 AとC   3 BとC   4 BとD   5 CとD
〔答〕 1

C　タバコの葉のような有機物では，原子番号が小さいため制動放射線の放出はきわめて少ないので，それが利用されることはない．β線の透過率の違いを利用している．

D　β線の物質による吸収（透過率や散乱線の違い）を利用している．

問7　放射性同位元素を利用した機器とその原理に関する次の記述のうち，正しいものの組合せはどれか．

A　水分計は，被測定物に含まれる酸素による速中性子の減速を利用している．

B　厚さ計は，被測定物による放射線の減弱や散乱を利用している．

C　ガスクロマトグラフ用ECDは，β線により生じた電子が被測定成分気体に捕獲されることを利用している．

D　静電除去装置は，α線やβ線の電離作用で生成するイオンによる帯電体の中和を利用している．

1 ABC のみ　　2 ABD のみ　　3 ACD のみ　　4 BCD のみ
5 ABCD すべて

〔答〕 4

A 水分計は，酸素ではなく水素による速中性子の減速を利用している．

問8 放射性同位元素利用機器に関する次の記述のうち，正しいものの組合せはどれか．

A 厚さ計には放射線の透過作用を利用したものがある．

B 水分計には放射線の散乱作用を利用したものがある．

C 密度計には放射線の透過作用を利用したものがある．

D ガスクロマトグラフ用 ECD は放射線の電離作用を利用したものである．

1 ABC のみ　　2 ABD のみ　　3 ACD のみ　　4 BCD のみ
5 ABCD すべて

〔答〕 5

A 厚さ計には，透過型，反射型（散乱型），励起型のものがある．

B 水分計は，中性子が水素原子と衝突して減速し熱中性子になる現象を利用しており，散乱作用を利用している．

C 密度計には，挿入・散乱型，挿入・透過型，表面・散乱型，表面・透過型の諸形式がある．

D 窒素ガスの電離電流の変化を測定することにより，極微量成分の検出を行う．

5. 密封放射性同位元素使用における事故時の対応

キーワード
被ばく事故
被ばく線量の把握
安全確保
連絡体制
事故報告
再発防止対策

5.1 被ばく者の救護と被ばく線量の把握

　密封放射性同位元素の使用目的はその透過力を利用する場合が多いため，γ線放出核種が多く，また，放射能も大きく，外部被ばくの危険性が高い．このような線源により被ばくが発生した場合には，被ばく者の医療機関への救急搬送が第1となる．また，医療機関での効率的な治療を実施するために，放射線管理では，可能な限り被ばく部位（全身被ばく，局所被ばく）と被ばく線量の把握に努める必要がある．全身被ばくの場合には，個人被ばく線量計の数値から把握できる．しかし，積算式の個人線量計を使用しているためすぐに被ばく線量が把握できない場合には，線源からの距離，線源の強さなどから速やかに計算によって算出する．さらに，被ばく状況や被ばく線量が不明な状況では，急性放射線症の前駆期にみられる症状の発症状況から把握する．たとえば，全身被ばくの場合，2時間以内の嘔吐がなければ，被ばく線量はおよそ2 Gyを下回る．これを可能にするためにも，事故の発生時間と発生状況（被ばく状況）の正確な把握が最も重要となる．

5.2 人の安全確保と線源の安全確保

　事故を起こした線源がある場合，それが放置されたままであってはならない．もし，線源の遮蔽が棄損していたり，遮蔽が無いような状況が被ばく事故を招いたのであれば，サーベイメータを用いて線量を把握し，被ばく防止のため柵やロープなどを用いた立ち入り禁止措置を講じ人の安全の確保を図る必要がある．そのうえで，線源の安全確保のための対策を講じる必要がある．線源の規模にもよるが，さまざまな状況に対する線源の安全確保の方法や手順を日ごろから考えておく必要がある．

5.3 事故の報告とその後の措置

　放射線事故が発生した場合には，上記の対策を講じた上で，速やかに関係各所に法令に従い事故の報告を行う．事故発生初期には緊急通報により事故発生時の連絡体制に従って原子力規制庁など関係各所に連絡を行い，状況が終息した後は，原子力規制庁に事故の詳細について報告する．また，事故再発防止のために，事故原因の究明とそれに応じた対策等を策定し，関係者に周知する．

5. 密封放射性同位元素使用における事故時の対応

〔演 習 問 題〕

問1 密封線源による被ばく事故時の対応として適切な組合せはどれか.
A 被ばくした可能性のある放射線業務従事者をただちに病院へ救急搬送した.
B 被ばく事故の詳細が判明したのちに原子力規制庁の通報窓口に連絡した.
C 放射線業務従事者が放射線作業中に意識を失っていたので線量計を持たずにただちに救出に向かった.
D 被ばく者を搬出したのち,外部線量を測定し,必要に応じて立ち入り禁止措置を講じた.
1 AとB 2 AとC 3 AとD 4 BとC 5 BとD
〔答〕 3

問2 密封線源による被ばく事故の防止対策として適切なものの組合せはどれか.
A 作業中はアラームメータやサーベイメータを常に携行し,被ばく線量の把握に努める.
B 密封小線源は線量が小さいので,ピンセットやトングで扱うよりも素手で扱った方がよい.
C 非破壊検査装置の線源収納状況は目視に加えサーベイメータを用いて確認する.
D 線源の取扱いに慣れていれば新たな作業についてもコールドランは必要ない.
1 AとC 2 AとD 3 BとC 4 BとD 5 CとD
〔答〕 1

放射線障害防止の法令

鶴 田 隆 雄

飯 塚 裕 幸

は じ め に

1. 本書を用いて法令の勉強を始めるにあたって

(1) 放射線取扱主任者として実務を行うにあたって，法令条文を読みこなすことが必要なことはもちろんであるが，第2種放射線取扱主任者試験を受験しようとする者にとって，それはなかなかむずかしいことである．すなわち，短時間のうちに，かなり分量のある関係法令の条文を読んで，互いの関連を把握しながら法規制の内容を理解すること，また，その中から試験に必要な部分はどこか，さらに，合格するためにどこが重要であるかを見つけ出すことは容易なことではない．

この試験の受験者の多くは，主に自然科学系の勉強をし，また，技術系の実務に就いて来ていて，法令にはなじみの薄い人が多い．この放射線障害防止に関係する法規制も，多くの法規制がそうであるように，法律，政令，規則，告示といった何種類かの法令にその内容が分散して記述されていて，それらをつなぎ合わせて法規制の内容を正確に摑み取ることは，法令に慣れていない場合，かなり困難な作業となる．こうした理由から，従来，法令条文を何度読み返してもよく理解することができない，多くの時間をかけてもあまり成果があがらない，というような声を多く聞いてきた．

こうした事情から，本書では第2種放射線取扱主任者試験の受験者が，特に短時日のうちに効率よく法令の意図するところを十分に把握し，試験に備えることができるということに主眼をおいた．

(2) このため法令集を見なくても法規制の内容の十分な理解ができるよう，思いきって法令の条文そのものを取捨選択し，配列，組合わせを変えて適宜本文中に

法　　令

組み入れた．したがって本書の読者は，従来のように法令集の条文を読む必要がなく，本書だけで受験勉強をすることができる．

(3) 本書では，書かれてある事柄の重要度を区別するため，ところどころに必要な注意や注記を施して，重要な点，誤りやすい点を強調した．この場合，あえて重複をいとわず必要なものは繰り返して強調するという方針をとった．特に重要な部分には，**ゴシック体**の活字を用い，また＊印を付けた．これらの部分は，特に確実に理解し，記憶するようにしてほしい．

また，関連事項を含め，より詳しく説明した方が良いと思われる所では，行の冒頭に★印を付けて，解説を加えた．

(4) 前に述べたように，法令の条文を特に見なくてすむように編集してあるが，もっとつっこんで法令条文との対比を試みようとする人のために，該当する法令の条項を〔　〕で示した．ただし，そのような対比の試みは，通常の受験者の場合には，必要ないといってよい．この場合の法令の条項の表記の方法については，後の法令の構成のところでも触れるが，次のような省略した表記方法を用いた．

　　法律第3条第2項第4号　　　　法3-2(4)
　　法律第3条の2第1項　　　　　法3の2-1
　　政令第12条第1項第2号　　　令12-1(2)
　　規則第1条第2号　　　　　　則1(2)
　　告示第2条　　　　　　　　　告2

(5) 各章の終りに，その章に主として関係のある演習問題をのせ，さらに巻末にその解答を掲げた．演習問題は便宜上正誤型又は穴埋め型とした．

正誤型の場合，「次の文章中，放射線障害防止法及びその関係法令に照らして正しいものには○印を，誤っているものには×印を付け，誤っている場合には，その理由を簡単にしるせ．」という設問の下に文章が書かれ，その文章の正誤を問う問題が並んでいる．正誤問題の解答は，場合によってはかなりむずかしいもので，

①正解は「50ミリシーベルト以下」というのであるが，10ミリシーベルト以下という形で問題が与えられている場合，10ミリシーベルト以下ももちろん50ミリ

は じ め に

シーベルト以下に含まれるから○印を付けるのがよいのか，限界量を示すための問題とみて×印を付けるのがよいのか判断に困る場合がある．また，

②一般的には正しいが，一つ例外があり，それが書いてない場合，正しいとするのか，例外が書いてないから誤りとするのかというようなケースもある．

実際の試験の出題形式としては五肢択一式が採用されているので，本篇の演習問題の正誤型と実際の試験の出題形式は異なる．しかし五肢択一式も本質的には正誤型が基礎となっており，演習問題としては五肢択一式よりもむしろ正誤型の方が効率的である．(五肢択一式の形式については，「放射線取扱主任者試験問題集」(通商産業研究社発行)を参照されたい．)

穴埋め型の場合，「次の文章の(　)内に適切な語句を埋めて文章を完成せよ．」という設問の下に問題の文章が書かれている．実際の試験の穴埋め型問題の場合，埋めるべき語句はそこに提示されているいくつかの語句の中から選択することになる．しかしながら，本編の演習問題では，埋めるべき語句を提示していない．それゆえ，本編の演習問題は実際の試験問題よりも難しいと感じる場合があるかもしれない．埋めるべき語句は，その文章における重要な語句，すなわちキーワードである場合が多い．テキストで読んだ文章を思い起こし，また，文脈から適切な語句を見つける練習をしていただきたい．

問題には実際に出題されたもの（又はその一部変更したもの）については〔　〕内にその種別，回数，問題番号等を示し，また解答にその根拠となる法令の条項及び本文中の関係箇所を略号で示した．法令の条項の表記方法は前述のとおりである．

2. 法令についてのあらまし

(1) 試験の対象となる法令

放射性同位元素及び放射線発生装置の利用に伴う放射線障害の防止のための法令は，原子力基本法を中心とする法体系の中に位置づけられている．法体系のうち主要な部分，すなわち，放射線取扱主任者試験の出題の中心となる部分を抜き出して示すと，図1のようになる．

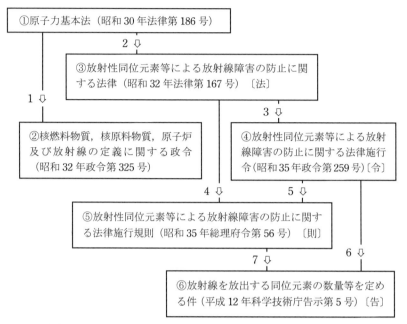

図 1　放射性同位元素等による放射線障害防止の法体系（主要な部分のみを示す）

①「**原子力基本法**」は，我が国の原子力の研究，開発及び利用の基本方針並びに基本体制を定めた法律である．原子力基本法第 3 条は，1 の線で結ばれた②「政令」の第 4 条と相補って，「放射線」という用語の法令上の定義をしている．

原子力基本法第 20 条は，放射線障害の防止については別に法律で定めることを規定し，これに基づいて制定された法律の一つが，③「放射性同位元素等による放射線障害の防止に関する法律」（一般に，「**放射線障害防止法**」と呼ばれる．）である．法令の勉強は，この法律を中心に進めることになる．「放射線障害防止法」以下，3 ～ 7 の線で結ばれた，③「法律」，④「政令」，⑤「総理府令（規則）」，⑥「科学技術庁告示」に対して，本書では「**法**」，「**令**」，「**則**」，「**告**」という略称を用いる．

⑥の他に，「放射線障害防止法」に関連して制定された「科学技術庁告示」，「文部科学省告示」又は「原子力規制委員会告示」に次のようなものがある．

⑦「放射性同位元素等による放射線障害の防止に関する法律施行令第 1 条第 4

は　じ　め　に

　　号の薬物を指定する件」（平成 17 年文部科学省告示第 140 号）
⑧「放射性同位元素等による放射線障害の防止に関する法律施行令第 1 条第 5 号の医療機器を指定する告示」（平成 17 年文部科学省告示第 76 号）
⑨「荷電粒子を加速することにより放射線を発生させる装置として指定する件」
　　（昭和 39 年科学技術庁告示第 4 号）
⑩「変更の許可を要しない軽微な変更を定める告示」
　　（平成 17 年文部科学省告示第 81 号）
⑪「使用の場所の一時的変更の届出に係る使用の目的を指定する告示」
　　（平成 3 年科学技術庁告示第 9 号）
⑫「放射性同位元素等による放射線障害の防止に関する法律施行令第 12 条第 1 項第 3 号の放射性同位元素装備機器を指定する告示」
　　（平成 17 年文部科学省告示第 93 号）
⑬「設計認証等に関する技術上の基準に係る細目を定める告示」
　　（平成 17 年文部科学省告示第 94 号）
⑭「表示付認証機器とみなされる表示付放射性同位元素装備機器の認証条件を定める告示」（平成 17 年文部科学省告示第 75 号）
⑮「放射性同位元素等の工場又は事業所における運搬に関する技術上の基準に係る細目等を定める告示」（昭和 56 年科学技術庁告示第 10 号）
⑯「放射性同位元素等の工場又は事業所の外における運搬に関する技術上の基準に係る細目等を定める告示」（平成 2 年科学技術庁告示第 7 号）
⑰「放射性同位元素等による放射線障害の防止に関する法律施行規則の規定に基づき記録の引渡し機関を指示する告示」（平成 17 年文部科学省告示第 78 号）
⑱「教育及び訓練の時間数を定める告示」（平成 3 年科学技術庁告示第 10 号）
⑲「講習の時間数等を定める告示」（平成 17 年文部科学省告示第 95 号）
⑳「密封された放射性同位元素であって人の健康に重大な影響を及ぼすおそれのあるものを定める告示」（平成 21 年文部科学省告示第 168 号）

その他，関連法令として次のようなものがある．

法　　令

㉑「建築基準法」（昭和25年法律第201号）

㉒「建築基準法施行令」（昭和25年政令第338号）

㉓「放射性同位元素等車両運搬規則」（昭和52年運輸省令第33号）

㉔「放射性同位元素等車両運搬規則の細目を定める告示」（平成2年運輸省告示第595号）

㉕「労働安全衛生法」（昭和47年法律第57号）

㉖「電離放射線障害防止規則」（昭和47年労働省令第41号）

㉗「国家公務員法」（昭和22年法律第120号）

㉘「人事院規則10－5」（職員の放射線障害の防止）（昭和38年）

㉙「医療法」（昭和23年法律第205号）

㉚「医療法施行規則」（昭和23年厚生省令第50号）

㉛「医薬品，医療機器等の品質，有効性及び安全性の確保等に関する法律」（昭和35年法律第145号）

㉜「医薬品，医療機器等の品質，有効性及び安全性の確保等に関する法律施行令」（昭和36年政令第11号）

㉝「放射性医薬品の製造及び取扱規則」（昭和36年厚生省令第4号）

⑮，⑯，㉓，㉔，㉛及び㉜に対して，本書では「内運搬告」，「外運搬告」，「車両運搬則」，「車両運搬告」，「薬機法」及び「薬機法施行令」という略称を用いる．

⑦〜㉔に規定されている事項のうち，①〜⑥の法規制の内容の理解のために必要で，かつ，受験準備のために必要と考えられる事項については該当箇所で適宜解説を加えた．

㉕以下の法令は，それぞれの事業所の設置形態，事業内容に応じて，それらの知識が実務上必要になる場合があるが，試験の準備のために必要とは考えられない．したがって，本書ではそれらの法規制の内容に触れることはしない．職務上の必要に応じてそれぞれの法令の理解を進めるように希望する．ここに記述した以外にも，放射線障害防止に関連する法令は数多く存在することを付言しておく．

(2) 法令の種類

はじめに

　法令の勉強を始めるにあたって，日ごろ，法令というものにほとんど縁のないであろう本試験の受験者のために，法令の種類，法令の構成など，法令についてのごく基本的な事項を本節以下で説明する．先ず，法令の種類から．

　法律　　国の唯一の立法機関である国会が制定する．通常，ある分野について原則的な事項のみを法律に定め，細かなことは次に述べる「命令」に委ねられる．

　命令　　「政令」，「府・省令」等，法律に基づいて，国の行政機関が制定するものをいう．「法令」という言葉は，法律と命令を包括的に指す言葉である．

　政令　　命令のうちの最高位のもの．内閣によって制定される．

　府・省令，規則　　命令のうち，政令の次に位置するもの．総理府，内閣府のように「府」と名の付く行政機関によって制定される命令を「府令」，文部科学省，国土交通省のように「省」と名の付く行政機関によって制定される命令を「省令」という．「府令」と「省令」を総称して「府・省令」という．「府・省令」と平成24年に発足した原子力規制委員会のような機関の発する「委員会規則」を総称して「**規則**」と呼ぶ．

　告示　　各省・庁が発するもので，規則の次に位置する命令と考えることができる．規制上の細目，技術的な数値などは告示に定められることが多い．

(3) 法令の構成

　題名，件名　　図1の④の部分を見よう．「放射性同位元素等による放射線障害の防止に関する法律施行令」とあるが，これがこの法令（政令）の「題名」である．告示の場合，規則以上の法令で題名に相当するものを「件名」と呼ぶ．

　法令番号　　次に，「(昭和35年政令第259号)」とあるが，これが「法令番号」である．各々の法令は，法令番号により一義的に確定し，識別される．法令番号により，その法令が最初に公布された年，法令の種類及び制定権者が分かる．

　制定文　　図1の④の政令の冒頭には，「内閣は，放射性同位元素等による放射線障害の防止に関する法律(昭和32年法律第167号)の規定に基づき，放射性同位元素等による放射線障害の防止に関する法律施行令（昭和33年政令第14号）の全部を改正するこの政令を制定する.」との文章がある．このような文章を「制定

文」と呼ぶ．制定文によって，その法令の上位の法令との関係，その法令が既存の法令の全面改正法令であるか否かが明らかにされる．

目次　　条の数の多い法令で，規制事項毎に編，章，節などに分けて構成されている法令の場合，「目次」が付けられる．

本則　　ここに，法規制の実質的な内容が記述される．条，項，号（次節参照）に分けて記述される場合が多い．

附則　　その法令の施行にあたって付随的に定めておかなければならない事項をまとめた部分で，法令の末尾に置かれる．附則には，その法令の施行期日に関する事項，他の法令の改廃に関する事項，その法令の施行に伴う経過措置に関する事項などが規定される．

(4) 法令条文の構成

条　　法令の文章の最も基本的な単位．第○条というように表す．

項　　一つの条の中に段落を設ける場合，第1段落を第1項，第2段落を第2項のように名付ける．第2項，第3項・・の冒頭には，2，3・・と算用数字を付けるが，第1項の冒頭には算用数字1を付けることをしない．

号　　一つの項の中で，二つ以上の事項を箇条書きにしたいとき，冒頭に括弧付きの算用数字（縦書きの法令では「漢数字」）を付けてこれを行い，各々を号と名付ける．号のなかでさらに細かく箇条書きが必要なときはイ，ロ，ハ等が用いられる．

見出し　　通常，各条文の前に丸括弧付きの短い「見出し」が付けられている．見出しの存在により，その条文が何を規定しているか，おおよその見当をつけることができる．連続したいくつかの条の見出しが同じになるような場合は，その最初の条文の前にのみ見出しをつけ，後の条文の前にはつけない．これを「共通見出し」とよぶ．則14の14等にその例を見ることができる．

　放射線障害防止法第25条を例にとり，法令条文の構成を図2に示す．

　本書では，放射線障害防止法の一つの条文とそれに関連する政令，規則，告示に規定されている事項を総体的にとらえ，まとめて説明している．読者は，個々

```
（記帳義務）                                          …見出し
第 25 条　許可届出使用者は，原子力規制委員会規則で定め      …第 1 項
るところにより，帳簿を備え，次の事項を記載しなければなら
ない．
 (1) 放射性同位元素の使用，保管又は廃棄に関する事項      …第 1 項第 1 号
 (2) 放射線発生装置の使用に関する事項                  …第 1 項第 2 号
　　　　　　　　　（中略）
2　届出販売業者及び届出賃貸業者は，原子力規制委員会規則   …第 2 項
で定めるところにより，帳簿を備え，…
　　　　　　　　　（後略）
```

図 2　法令条文の構成

の事項が法，令，則，告のどこに書かれているかと言うことをほとんど意識することなく，法規制の内容を能率的に理解し，記憶することができるであろう．順序は，おおむね法律の条文の順序に従っているが，例外もある．法規制の内容のうち，試験にはあまり関係ない，又は，あまり重要ではないと考えられる部分の説明は省略した．

(5) 法令用語

一般的な言葉でありながら，法令の中で用いられるときに特別の意味を持ち，また，法令の中では特別の用い方をされる用語がある．これら「法令用語」のいくつかを以下にまとめた．

「a 以上」，「b 以下」，「c を超える」，「d 未満」

「以上」と「以下」は，その数字を含み，「を超える」と「未満」は，その数字を含まない．数学的表現を借りれば，$a \leqq$，$b \geqq$，$c <$，$d >$ ということになる．なお，期間を表す場合に「以内」が「以下」と同様の意味で用いられることがある．

例 1) 数量が 10 テラベクレル以上の密封された ……　〔則 14 の 13－1(1)イ〕

例 2) 1 マイクロシーベルト毎時以下の放射性同位元素装備機器であって
　　　　　　………………………………　〔令 12－1(3)〕

例3) 実効線量が20ミリシーベルトを超えた場合は，‥〔則20-4(5)の2〕
例4) 10テラベクレル未満のものとする．‥‥‥‥‥〔令13-1〕
例5) 前回の定期講習を受けた日から3年以内‥‥‥‥〔則32-2(2)〕

「及び」と「並びに」

単純に「aもbも」というとき，「a及びb」と記述する．「aもbもcも」という場合は，「a, b及びc」と記述する．このように「及び」は対等のものを連結する言葉として使われる．さらに，「a及びb」を含む一つの概念Xと他の同格の概念Yを連結しようとする場合に「並びに」が用いられる．すなわち，「a及びb並びにY」となる．連結しようとする概念が3段階以上になる場合は，一番小さな段階の連結にのみ「及び」が用いられ，その上の段階には全て「並びに」が用いられる．なお，「aそのほかのもの」というときは「a等」又は「aその他」，「aもbもそのほかのものも」というときは「a, b等」又は「a, bその他」と記述し，これらの場合に「及び」や「並びに」が用いられることはない．

例) 放射線障害防止のための機能を有する部分の設計並びに使用，保管及び運搬に関する条件について，‥‥‥‥‥‥‥‥‥‥‥‥‥‥‥‥〔法12の2-1〕

「又は」と「若しくは」

単純に「AかBかのいずれか」というとき，「A又はB」と記述する．「AかBかCのいずれか」という場合，「A, B又はC」と記述する．このように「又は」は対等の選択肢を連結する言葉として使われる．さらに，概念Aの内に選択肢「x, y」が生じた場合に「若しくは」が用いられる．すなわち，「x若しくはy又はB」となる．連結しようとする概念が3段階以上になる場合は，一番大きな段階の連結にのみ「又は」が用いられ，その下の段階には全て「若しくは」が用いられる．

例) 氏名若しくは名称又は住所の変更をしたときは，‥‥〔法10-1〕

「直ちに」，「速やかに」，「遅滞なく」

最も緊急性を要する場合に対して用いられるのが「直ちに」であって，「すぐに」と言い換えることができる．他のことに優先して行わなければならない．「速やかに」は，「可能な限り早く」といった訓示的意味を持つ用語として用いられる．「遅滞な

く」は,「とどこおることなく」という意味であって,他に優先すべきことがあったり,別に正当な理由があるときはある程度遅れることも許される場合に用いられる.

例1) 直ちに,その旨を消防署に通報すること. ……… 〔則29-1(1)〕

例2) 速やかに救出し,避難させる等緊急の措置を講ずること.
.... 〔則29-1(3)〕

例3) 遅滞なく,その旨を警察官に届け出なければならない.
.... 〔法32〕

「許可」と「認可」

「許可」とは,一般的には禁止されている行為について,一定の条件を備えた者に対してそれを行うことを公の機関が許すこと.「認可」とは,公の機関が認めなければ有効にならない行為を公の機関が認めること.

例1) 使用の許可……〔法3〕,

例2) 合併又は分割について原子力規制委員会の認可……〔法26の2-1〕

「第3条の2」

この法令は,はじめは第3条の次に第4条があったのであるが,その後の改正の際に,第3条の次に新たな条を入れる必要が生じた.新しい条を第4条とし,旧4条以下の条の数字を繰り下げると影響するところが大きいので,新しい条を第3条の2として第3条の次に置くことにしたのである.したがって,第3条の2は,位置的には第3条の次にあるのが良いのであるが,通常,第3条とは直接関係のない独立の条である.逆に,法令改正の際にある条が無くなった場合,「第○条 削除」としてその条を欠番とし,以下の条の繰り上げは行わない.

「本文」と「ただし書」

ある条又は項が2つの文章からなるときは,それらを「前段」及び「後段」といい,3つの文章からなるときは,それらを「前段」,「中段」及び「後段」という.「後段」の文章が「ただし」で始まり,中段以前の文章に対する例外的又は限定的事項を定めている場合は,これを「ただし書」といい,中段以前の文章を「本文」という.

例) 放射性同位元素を業として販売し,又は賃貸しようとする者は,あらかじ

法　　令

め，次の事項を原子力規制委員会に届け出なければならない．ただし，表示付特定認証機器を業として販売し，又は賃貸する者については，この限りでない．
　　　　　　　　　　　　　　・・・・・・・・・・・・・・・・・〔法4-1〕

(6) 放射線障害防止法及び関係法令中の用語，略語等

　放射線障害防止法及び関係法令中で使われている用語の定義，それら法令中で使われている略語及び特に本編で用いることにした略語の説明を「10.1 おもな定義及び略語」にまとめた．

3. 平成13年以降の放射線障害防止法関係法規制の変更

(1) 中央省庁の改革に伴う法令改正による変更

　平成13年1月6日に実施された中央省庁等の改革で，放射線障害防止の所管は「総理府」の中に設けられていた「科学技術庁」から「文部科学省」に移った．これに伴い，放射線障害防止関係法令中には「科学技術庁長官」に代わって「文部科学大臣」という言葉がよく登場することになった．さらに，後に述べる平成24年の原子力安全行政の一元化の改革により，放射線障害防止の所管は「文部科学省」から「原子力規制委員会」に移った．

(2)「国際免除レベル」の取り入れに伴う法規制の変更

　国際原子力機関(IAEA)は，1996年に「電離放射線に対する防護と放射線源の安全のための国際基本安全基準」を刊行した．「国際基本安全基準」(BSS：Basic Safety Standards)では，通常時では年間 $10\,\mu$Sv，事故時では年間 1 mSv，かつ，線源の1年間の使用による集団線量が 1 man・Sv を超えないとの線量基準を定め，いくつかの被ばくシナリオを設定して個々の核種についての規制の免除レベルを数量と濃度の両面から計算・決定している．国際免除レベルは，その後，英国放射線防護庁(NRPB)が同様の考え方で算出した免除レベルを加え 765 核種についてのものとなった．国際免除レベルは，その数値を超えれば法規制の対象となる数値（下限数量及び下限濃度）としてわが国の法令にも取り入れられることになった．

　平成16年6月2日，国際免除レベルを取り入れた改正放射線障害防止法が公布

は じ め に

され，その後，同法施行令，同法施行規則及び関係告示の公布があり，平成17年6月1日から施行された．

(3) 「放射性汚染物の確認制度」の導入に伴う法規制の変更

平成22年5月10日に公布された「平成22年法律第30号」は，その後に公布された関係する政令，規則，告示とともに平成24年4月1日に施行された．この法令改正で「放射性汚染物」の概念とその確認制度が導入された．それまでの法令で「放射性同位元素によって汚染された物」と言われてきたものに，新たに「放射線発生装置から発生した放射線によって汚染された物」を加え，それらを総称して「放射性汚染物」と呼ぶことにした．許可届出使用者等は，放射性汚染物の放射能濃度が特別の措置を必要としないものであることについて，文部科学大臣又は文部科学大臣の登録を受けた者（登録濃度確認機関）の確認を受けることができることになった．濃度確認を受けた物は，放射性汚染物ではないものとして取り扱うことができ，一般の産業廃棄物として処分したり，新たな製品の原料として再利用したりすることができる．

(4) 「原子力規制委員会」の発足に伴う法規制の変更

福島の原子力発電所の事故後，原子力安全行政の一元化を図るため「**原子力規制委員会**」が発足することになった．平成24年6月27日に公布された「原子力規制委員会設置法」は，同年9月19日に施行された．この新体制の発足に伴い，これまで文部科学大臣が所掌していた放射線障害防止の事務は原子力規制委員会が引き継ぐことになった．

改正後の法令中には「**原子力規制委員会規則**で定めるところにより」という表現がよく出てくることになるが，法律改正以前に制定された関連法令の題名及び法令番号は変わらず，依然として有効であるので，それを「総理府令で定めるところにより」又は「文部科学省令で定めるところにより」と読み替えて対応すればよい．

本編では，誤解のおそれのないときは，「原子力規制委員会」を「**委員会**」，「原子力規制委員会規則」を「**委員会規則**」と略称している．

平成13年から平成24年までの放射線取扱主任者試験問題を見ると，「文部科

法　　　令

学大臣」という言葉がよく登場する．「文部科学大臣」を「原子力規制委員会」と読み替えれば，現在でも通用する問題が多い．しかしながら，その間の問題の中には，先に述べた「放射性汚染物の確認制度」の導入による法規制の変更等により規制の内容に実質的な変更が生じ，現在では正誤が逆になったり意味を失ったりしているものもあるので注意する必要がある．

(5)　「防護措置の強化」を主目的とする法規制の変更

　平成 29 年 4 月 14 日，放射線障害防止法の一部を改正する法律（平成 29 年法律第 15 号）が公布された．この法律改正の主な目的は防護措置（セキュリティ対策）の強化である．防護措置を法律の目的に追加するために，法律自体の名が「放射性同位元素等の規制に関する法律」に変わる．すでに，原子力規制委員会等への報告，廃棄に係る特例等の規定の改正は施行されている．しかしながら，防護措置関係の関係法令がまだ未整備で，法律の名称の変更を含め防護措置関係の規定の改正は本書発行日現在まだ施行されていない．

　平成 30 年 1 月 5 日，関係法令の改正があり，すでに平成 30 年 4 月 1 日に放射線障害予防規程，教育訓練，記帳，事故報告等の規定の改正が施行されている．平成 31 年 4 月 1 日に施行が予定されている項目として，放射線取扱主任者試験及び資格講習の課目の変更がある．2019 年度以降の放射線取扱主任者試験及び資格講習の内容は，従来の課目ではなく本書に記載されている新課目で行われるので注意してほしい．実際の受験科目がどのようになるかは本書の編集段階（2018 年 10 月）では不明である．原子力安全技術センターのホームページなどで確認してほしい．

　本書では，上記及びその他の改正法令の内容を織り込んで記述されているので，発行日現在の法規制の内容の理解と第 2 種放射線取扱主任者試験の準備のために活用することができる．

4．第 2 種試験に必要な事項と不必要な事項

　第 2 種放射線取扱主任者免状に係る試験は，密封された放射性同位元素の取扱い及び安全管理に必要な専門的知識及び能力を有するかどうかを判定するのに必要

はじめに

な範囲及び程度において行なわれる〔法35-7〕．すなわち，第2種試験では，密封されていない放射性同位元素や放射線発生装置は出題の対象とならないと考えてよい．非密封放射性同位元素の除外についていま少し詳しく述べると，水，空気又は物の表面の汚染に関連した事項，排気，排水に関連した事項などは出題の対象とならないということである．ただし，密封された放射性同位元素が開封，破壊された場合，又は，密封放射性同位元素からの漏えい，浸透があった場合の発見，それに対する措置などに関するある程度の知識は必要である．さらに，よく出てくる放射線業務従事者，取扱等業務，放射性同位元素等といった言葉の意味を正しく理解するためには，放射性汚染物，放射化物，放射線発生装置といった言葉についてその定義を知っている必要がある．

また，第2種放射線取扱主任者免状所持者を選任できる事業所が限定されているところから，密封放射性同位元素でも，10テラベクレルを超えるような大きな線源については，原則としてそれに関する知識は不必要であると考えられる．

ただし，そうした範囲をはみ出した問題がまれに出題されることがある．第2種試験の受験者は，上述の守備範囲を一応理解したうえでできるだけ効率的に学習を進め，余裕があればその範囲を超える事項にも目を向けるのがよいと考えられる．

本書では，第2種試験の受験者が受験勉強を能率的に進められるように，ごくわずかの例外を除いて，第2種試験に関係のない部分を全て削除した．説明の都合上どうしても第2種試験に関係のない項目をあげた場合には，その項目に×印をつけた．（もちろんその説明は省略した．）ここで注意しなければならないのは，例えば法令の条文では，「許可届出使用者，届出販売業者，届出賃貸業者又は許可廃棄業者は」となっているのを，本書では，許可廃棄業者は第2種試験の対象外であるので，「許可届出使用者，届出販売業者又は届出賃貸業者は」とした．こうしたことが多いので，本書を第1種試験の受験に利用するときには注意しなければならない．

1. 法 の 目 的

1.1 原子力基本法の精神

　原子力基本法は，我が国の原子力の研究，開発及び利用の基本方針並びに基本体制を定めた法律であって，我が国の原子力開発の黎明期の昭和30年に制定された．その第 1 条は，この法律の目的を次のように述べている．

　「この法律は，原子力の研究，開発及び利用（以下「原子力利用」という．）を推進することによって，将来におけるエネルギー資源を確保し，学術の進歩と産業の振興とを図り，もって人類社会の福祉と国民生活の水準向上とに寄与することを目的とする．」

　その第 2 条は，基本方針を 2 項に分けて次のように規定している．

　「1 原子力利用は，平和の目的に限り，安全の確保を旨として，民主的な運営の下に，自主的にこれを行うものとし，その成果を公開し，進んで国際協力に資するものとする．」

　「2 前項の安全確保については，確立された国際的な基準を踏まえ，国民の生命，健康及び財産の保護，環境の保全並びに我が国の安全保障に資することを目的として，行うものとする．」

　「**平和目的**」が第 1 の基本方針，「**民主，自主，公開**」は「平和目的」という基本方針を確実なものとするための必須条件とでも言えるもので「**原子力平和利用の 3 原則**」又は「**原子力三原則**」といわれる．この規定は，もちろん制定当初からのものである．第 2 の基本方針「**安全の確保**」は，後になって（昭和53年の改正の際に）付け加えられ，安全の確保を具体化した第 2 項は，さらに後になって（平成24年の改正の際に）付け加えられたという経緯をもつ．

　また，原子力基本法第20条は次のように規定している．

1. 法 の 目 的

「放射線による障害を防止し，公共の安全を確保するため，放射性物質及び放射線発生装置に係る製造，販売，使用，測定等に対する規制その他保安及び保健上の措置に関しては，別に法律で定める．」

この規定に基づいて制定された法律の一つが，これから勉強しようとする「放射線障害防止法」である．

1.2 放射線障害防止法の目的〔法1〕

放射線障害防止法の第1条は，この法律の制定の目的を次のように規定している．

「この法律は，**原子力基本法**の精神にのっとり，放射性同位元素の使用，販売，賃貸，廃棄その他の取扱い，放射線発生装置の使用及び放射性同位元素又は放射線発生装置から発生した放射線によって汚染された物（以下，放射性汚染物という．）の廃棄その他の取扱いを規制することにより，これらによる放射線障害を防止し，公共の安全を確保することを目的とする．」

★ この法律第1条は，平成24年4月1日に施行された改正により，以前より複雑な構造を持つようになり，読みにくいものになった．もし，「放射性同位元素又は放射線発生装置から発生した放射線によって汚染された物」を「放射性汚染物」とあらかじめ定義しておけば，第1条は次のように簡略化することができる．

「この法律は，原子力基本法の精神にのっとり，放射性同位元素の使用，販売，賃貸，廃棄その他の取扱い，放射線発生装置の使用及び放射性汚染物の廃棄その他の取扱いを規制することにより，これらによる放射線障害を防止し，公共の安全を確保することを目的とする．」

この法律の制定の究極の目的は「**公共の安全**」にある．労働安全衛生法や医療法とは制定の目的が異なる．

1.3 放射線障害防止法の規制の概要

この法律が規制する物とその物に対する行為の概要をまとめると次のようになる．

363

法　　　令

- 放射性同位元素　・・・・・・　使用，販売，賃貸，廃棄，その他の取扱い（保管，運搬，譲渡し，譲受け，所持等）
- 放射線発生装置　・・・・・・　使用のみ〔放射線発生装置の販売，運搬，所持等は規制されない〕
- 放射性汚染物・・・・・・・・　廃棄，その他の取扱い（詰替え，保管，運搬等）

また，規制を受ける事業者を中心に，事業の内容，事業者が備えるべき放射線施設，事業所の名称及び主任者の資格を一覧表にすると**表1.1**のようになる．この表は，法令篇を一読したのちにもう一度見直すとよい．

1. 法 の 目 的

表1.1　放射線障害防止法による規制の概要

事業者の名称			事業の内容	備えるべき放射線施設	事業所の名称	主任者の資格
許可届出使用者	許可使用者	特定許可使用者	非密封放射性同位元素の使用（貯蔵施設の貯蔵能力が下限数量の10万倍以上）	使用施設 貯蔵施設 廃棄施設	工場又は事業所	1種
			10テラベクレル以上の密封放射性同位元素の使用			
			放射線発生装置の使用			
			非密封放射性同位元素の使用			2種
			下限数量の1000倍を超え，10テラベクレル未満の密封放射性同位元素の使用			
	届出使用者		下限数量の1000倍以下の密封放射性同位元素の使用	貯蔵施設		3種
表示付認証機器届出使用者			表示付認証機器の使用（ガスクロマトグラフ用ECD，校正用線源，等）	不要		※
届出販売業者			放射性同位元素の販売	不要	販売所	3種
届出賃貸業者			放射性同位元素の賃貸	不要	賃貸事業所	
許可廃棄業者			放射性同位元素又は放射性汚染物の業としての廃棄	廃棄物詰替施設 廃棄物貯蔵施設 廃棄施設	廃棄事業所	1種
———			表示付特定認証機器の使用（煙感知器，等）	不要	———	※

※主任者の選任は不要

〔演 習 問 題〕

次の文章中，放射線障害防止法及びその関係法令に照らして正しいものには○印を，誤っているものには×印をつけ，誤っている場合にはその理由を簡単にしるせ．

1-1 この法律は，原子力利用における3つの原則，すなわち，民主，自主，公開の原則を規定し，進んで国際協力に資することを目的とする．
〔2種38回問1の1〕

1-2 この法律は，原子力基本法の精神にのっとり，放射性同位元素の取扱い，放射線発生装置の使用及び放射性汚染物の取扱いをする労働者の健康と安全を確保することを目的とする． 〔2種38回問1の2改〕

1-3 この法律は，放射性同位元素及び放射線発生装置による放射線障害の防止に関する研究を推進することにより，放射線障害の発生を未然に防止し，公共の安全を確保することを目的とする． 〔2種38回問1の3〕

1-4 この法律は，我が国における原子力利用を推進することによって，国民生活の水準の向上に寄与することを目的とする． 〔2種38回問1の4〕

1-5 この法律は，原子力基本法の精神にのっとり，放射性同位元素の使用，販売，賃貸，廃棄その他の取扱い，放射線発生装置の使用及び放射性汚染物の廃棄その他の取扱いを規制することにより，これらによる放射線障害を防止し，公共の安全を確保することを目的とする． 〔2種38回問1の5改〕

次の文章の（　）内に適切な語句を埋めて文章を完成せよ．

1-6 この法律は，（　A　）の精神にのっとり，放射性同位元素の使用，（　B　），廃棄その他の取扱い，放射線発生装置の使用及び放射性同位元素又は放射線発生装置から発生した放射線によって汚染された物（以下，「放射性汚染物」という．）の廃棄その他の取扱いを（　C　）することにより，これらによる（　D　）を防止し，公共の安全を確保することを目的とする． 〔2種51回問1改〕

1. 法 の 目 的

1-7 この法律は，原子力基本法の精神にのっとり，（ A ）の使用，販売，賃貸，廃棄その他の取扱い，放射線発生装置の使用及び放射性同位元素又は放射線発生装置から発生した放射線によって汚染された物（以下，「（ B ）」という．）の廃棄その他の取扱いを規制することにより，これらによる放射線障害を（ C ）し，（ D ）を確保することを目的とする． 〔2種52回問1改〕

2. 定　　義

2.1 放　射　線*

1　「放射線」とは，電磁波又は粒子線のうち，直接又は間接に空気を電離する能力をもつもので，
(1) アルファ線，重陽子線，陽子線その他の重荷電粒子線及びベータ線
(2) 中性子線
(3) ガンマ線及び特性エックス線（軌道電子捕獲に伴って発生する特性エックス線に限る．）
(4) 1メガ電子ボルト以上のエネルギーを有する電子線及びエックス線

をいう．〔法2−1，原子力基本法3(5)，核燃料物質，核原料物質，原子炉及び放射線の定義に関する政令4(1)～(4)〕

★　ここで，まず注目すべきことは，上記(1)(2)及び(3)については，そのエネルギーによらず（個々の放射線（電磁波又は粒子線）のエネルギーが大きくても小さくても），全て「放射線」の定義に含まれるということである．

★　次に注目すべきことは，(4)の電子線及びエックス線については，1メガ電子ボルト以上のエネルギーを有するもののみが「放射線」の定義に含まれるということである．すなわち，通常の診療用エックス線装置から発生するエックス線は，そのエネルギーが1メガ電子ボルト未満なので，放射線障害防止法上は「放射線」ではないということになる．

2　上述のように，電子線及びエックス線のうち1メガ電子ボルト未満のエネルギーを有するものは「放射線」の定義から除かれる．しかしながら，
(1) 問診のうち放射線の被ばく歴の有無及び放射線による被ばくの状況〔則22

2. 定　義

　－1（5）イ及びロ〕
(2) 放射線業務従事者が放射線障害を受け，又は受けたおそれのある場合の措置〔則23（1）〕

の二つの場合の「放射線」には，1メガ電子ボルト未満のエネルギーを有する電子線及びエックス線も含まれる．また

① 管理区域に係る線量等
② 実効線量限度
③ 等価線量限度
④ 遮蔽物に係る線量限度
⑤ 一時的立入者の測定に係る線量
⑥ 実効線量及び等価線量の算定
⑦ 緊急作業に係る線量限度

については，1メガ電子ボルト未満のエネルギーを有する電子線及びエックス線による被ばくを含め，線量，実効線量又は等価線量を算出するとされている．〔告24〕

2.2　放射性同位元素及び放射性同位元素装備機器

2.2.1　放射性同位元素＊〔法2-2，令1，告1〕［特に重要！］

「放射性同位元素」とは，りん32やコバルト60などのように，

(1) ①放射線を放出する同位元素　及び　②その化合物　並びに　③これらの含有物で，
(2) 放射線を放出する同位元素の　①数量　及び　②濃度　の**いずれもが**，それぞれの種類ごとに原子力規制委員会が定める数量及び濃度を**超えるもの**

をいう．ここでいう，原子力規制委員会が定める数量及び濃度を，**下限数量**及び**下限濃度**という．

★　数量及び濃度のどちらか一方がこの下限数量又は下限濃度として規定される値以下であれば，法規制の対象とはならない！

369

厚さ計とか，液面計とか，非破壊検査装置とかいわれる機器に「放射性同位元素」が装備されている場合，機器の中に装備されている放射性同位元素が規制の対象となる．

　放射性同位元素に該当するか否かは，次のような単位又は範囲ごとの数量及び濃度が下限数量及び下限濃度を超えているか否かで判定する．すなわち，**密封**されたものについては，その物1個（通常一組又は一式で使用するものではその一組又は一式）に含まれる数量及び濃度．**密封**されていないものについては，工場又は事業所に存在する数量及び容器1個あたりの濃度×．

1.　下限数量及び下限濃度

A　下限数量

(1) 核種が1種類の場合

　下限数量は告別表第1（p.506）第1欄のそれぞれの核種及び化学形等（以下，本章では，単に「核種」と略記する）に応じて，第2欄の数量（Bq）をいう

(2) 2種類以上の核種が共存している場合

　それぞれの核種の数量の下限数量に対する割合の和が1となるようなそれらの量をもって下限数量とする．

　例えば，Sr-90+　6kBq（下限数量 10kBq）とCo-60　70kBq（下限数量 100kBq）とが共存している場合

$$6/10 + 70/100 = 0.6 + 0.7 = 1.3 > 1$$

割合の和が1を超えるから，この場合，Sr-90+，Co-60 の両方とも数量に関しては放射性同位元素になる．Sr-90$^+$に付けられた$^+$の記号は，放射平衡中の子孫核種の放射能を含むことを示す．

　★旧法令では，放射性同位元素を密封と非密封に分け，それぞれに下限の数量を定めていたが，平成17年の改正法令の施行以降，下限数量に関して密封と非密封で別の取り扱いはしないことになった．

B　下限濃度

(1) 核種が1種類の場合

2. 定　義

下限濃度は告別表第 1 (p.506) 第 1 欄のそれぞれの核種に応じて，第 3 欄の濃度(Bq/g)をいう．

(2) 2 種類以上の核種が共存している場合

それぞれの核種の濃度の下限濃度に対する割合の和が 1 となるようなそれらの量をもって下限濃度とする．

例えば，Sr-90+　70 Bq/g（下限濃度 100 Bq/g）と Co-60　8 Bq/g（下限濃度 10 Bq/g）とが共存している場合

$$70/100 + 8/10 = 0.7+0.8 = 1.5 > 1$$

割合の和が 1 を超えるから，この場合，Sr-90+，Co-60 の両方とも濃度に関しては放射性同位元素になる．

2. **除外されるもの**〔令 1〕

(1) 核燃料物質及び核原料物質

「原子力基本法」第 3 条第 2 号及び第 3 号並びに「核燃料物質，核原料物質，原子炉及び放射線の定義に関する政令」第 1 条及び第 2 条で定義される**核燃料物質**及び**核原料物質**は，自然科学的にはラジオアイソトープであっても，法律的には「放射性同位元素」から除かれる．

★　核燃料物質と核原料物質それぞれの定義はやや複雑であるが，総称としての「核燃料物質又は核原料物質」の定義は簡単である．ウラン，トリウム，プルトニウム，若しくはこれらの化合物又はこれらの含有物は，全て核燃料物質又は核原料物質となる．上記の 3 元素を含む物質は，「放射性同位元素」を含有しているものであっても，「放射性同位元素」の定義から除外され，本法の規制対象外となる．

(2) 薬機法第 2 条第 1 項に規定する医薬品及びその原料又は材料として用いるもので同法第 13 条第 1 項の許可を受けた製造所に存するもの

(3) 医療法第 1 条の 5 第 1 項に規定する病院又は同条第 2 項に規定する診療所（次号において「病院等」という．）において行われる薬機法第 2 条第 17 項に規定する治験の対象とされる薬物

(4) このほか，陽電子放射断層撮影装置による画像診断に用いられる薬物その他の治療又は診断のために医療を受ける者又は獣医療法に規定する飼育動物に対し投与される薬物であって，当該治療又は診断を行う病院等において調剤されるもののうち，原子力規制委員会が厚生労働大臣又は農林水産大臣と協議して指定するもの〔医療法施行規則第24条第8号に規定する陽電子断層撮影診療用放射性同位元素（平成17年文部科学省告示第140号）〕

(5) 薬機法第2条第4項に規定する医療機器で，原子力規制委員会が厚生労働大臣又は農林水産大臣と協議して指定するものに装備されているもの〔薬機法施行令別表第1機械器具の項第10号に掲げる放射性物質診療用器具であって，人の疾病の治療に使用することを目的として，人体内に挿入されたもの（人体内から再び取り出す意図をもたずに挿入されたものであって，ヨウ素125又は金198を装備しているものに限る.）（平成17年文部科学省告示第76号）〕

2.2.2　放射性同位元素装備機器〔法2-3〕

硫黄計その他の放射性同位元素を装備している機器. 装備されている放射性同位元素の数量は，自動表示装置を必要とするような大きなものから煙感知器のような小さなものまでさまざまである.

放射性同位元素装備機器のうち，安全性の高い機器として認証を受けたもの（**表示付認証機器**）は，簡便な届出で使用することができる．さらに，より安全性の高い機器として認証を受けたもの（**表示付特定認証機器**）は，その使用に際して届出を必要としない．表示付認証機器及び表示付特定認証機器については4章で詳述する.

2.2.3　放射線発生装置〔法2-4，令2，告2〕

サイクロトロン，シンクロトロンなどのように荷電粒子を加速することにより放射線を発生させる装置．ただし，その表面から10センチメートル離れた位置における最大線量率が1センチメートル線量当量率について600ナノシーベルト毎時以下であるものを除く.

2. 定　　義

2.2.4　放射化物〔則14の7-1（7）の2〕

　放射線発生装置から発生した放射線により生じた放射線を放出する同位元素によって汚染された物．

2.2.5　放射性汚染物〔法1〕〔則1(2)〕

　放射性同位元素又は放射線発生装置から発生した放射線（により生じた放射線を放出する同位元素）によって汚染された物．要約すれば，放射性同位元素によって汚染された物又は放射化物．

2.3　放射性同位元素等，取扱等業務及び放射線業務従事者〔則1（3）（8）〕

2.3.1　放射性同位元素等

　放射性同位元素又は放射性汚染物．

2.3.2　取扱等業務

　放射性同位元素等又は放射線発生装置の取扱い，管理又はこれに付随する業務．

2.3.3　放射線業務従事者

　取扱等業務に従事する者であって，管理区域に立ち入るもの．

2.4　実効線量限度，等価線量限度及び表面密度限度

2.4.1　実効線量限度＊〔則1（10），告5〕

　放射線業務従事者の実効線量について定められた，一定期間における線量限度のことで，次のとおりである．

(1) 平成13年4月1日以降5年ごとに区分した各期間につき，100ミリシーベルト

(2) 4月1日を始期とする1年間につき，50ミリシーベルト

(3) 女子については，(1)(2)に規定するほか，4月1日，7月1日，10月1日及び1月1日を始期とする各3月間につき，5ミリシーベルト

　ただし，妊娠不能と診断された者，妊娠の意思のない旨を許可届出使用者又は許可廃棄業者に書面で申し出た者及び(4)に規定する者を除く．

(4) 妊娠中の女子については，(1)(2)に規定するほか，本人の申出等により許可届出使用者又は許可廃棄業者が妊娠の事実を知ったときから出産までの間につき，人体内部に摂取した放射性同位元素から放射線に被ばくすること（以下「**内部被ばく**」という．）について，1ミリシーベルト

2.4.2　等価線量限度＊〔則1(11)，告6〕

放射線業務従事者の各組織の等価線量について定められた，一定期間内における線量限度のことで，次のとおりである．

(1) 眼の水晶体：4月1日を始期とする**1年間**につき，150ミリシーベルト
(2) 皮膚：4月1日を始期とする**1年間**につき，500ミリシーベルト
(3) 妊娠中の女子の腹部表面については，本人の申出等により許可届出使用者又は許可廃棄業者が妊娠の事実を知ったときから出産までの間につき，2ミリシーベルト

2.4.3　表面密度限度〔則1(13)，告8〕

放射線施設（5.1参照）内の人が常時立ち入る場所において人が触れる物の表面の放射性同位元素の密度についての限度のことで，次のように定められている．
（告別表第4　p.507参照）．

A　アルファ線を放出する放射性同位元素については4Bq/cm^2
B　アルファ線を放出しない放射性同位元素については40Bq/cm^2

2.5　線量の計算等

2.5.1　診療上の被ばくの除外等〔告24〕

① 管理区域に係る線量等（5.1.1）
② 実効線量限度（2.4.1）
③ 等価線量限度（2.4.2）
④ 遮蔽物に係る線量限度（5.2の3）
⑤ 一時的立入者の測定に係る線量（6.6.1.2の1(5)ただし書）
⑥ 実効線量及び等価線量の算定（6.6.1.2の4(5)）

2. 定　　義

⑦　緊急作業に係る線量限度（6.10.2 の 2）

上記①〜⑦について，線量，実効線量又は等価線量を算定する場合には，

　　イ　1 メガ電子ボルト未満のエネルギーを有する電子線及びエックス線による被ばくを含め，

　　ロ　診療を受けるための被ばく，及び，自然放射線による被ばくを除くものとする．

2.5.2　実効線量への換算〔告 26〕

実効線量については，放射線（1 メガ電子ボルト未満のエネルギーを有する電子線及びエックス線を含む）の種類に応じて次の式により計算することができる．

（1）放射線がエックス線又はガンマ線である場合

$$E = f_x D$$

E：実効線量（単位：シーベルト）

f_x：告別表第 5（p.507 参照）の第 1 欄に掲げる放射線のエネルギーの強さに応じて第 2 欄に掲げる値

D：自由空気中の空気カーマ（単位：グレイ）

（2）放射線が中性子線である場合

$$E = f_n \Phi$$

E：実効線量（単位：シーベルト）

f_n：告別表第 6（p.508 参照）の第 1 欄に掲げる放射線のエネルギーの強さに応じて第 2 欄に掲げる値

Φ：自由空気中の中性子フルエンス（単位：個毎平方センチメートル）

（3）放射線の種類が 2 種類以上ある場合

放射線の種類ごとに計算した実効線量の和をもって，実効線量とする．

〔演 習 問 題〕

次の文章中,放射線障害防止法及びその関係法令に照らして正しいものには○印を,誤っているものには×印をつけ,誤っている場合にはその理由を簡単にしるせ.

2-1 この法律でいう放射線とは,電磁波又は粒子線のうち直接に空気を電離する能力をもつもので,政令で定めるものをいう. 〔1種3回問2(1)〕

2-2 1メガ電子ボルト未満のエネルギーを有する中性子線は,この法律の規制を受けない. 〔1種24回問4B〕

2-3 放射性同位元素は,放射線を放出する同位元素及びその化合物並びにその含有物で,放射線を放出する同位元素の数量又は濃度がその種類ごとに原子力規制委員会が定める数量又は濃度を超えるものとする.

2-4 中に密封された放射性同位元素が装備されている機器の使用はするが,中の放射性同位元素をとり出して使用することは決してしない場合には,この事業所はこの法律の規制を受けない.

2-5 薬機法に規定する医薬品は放射性同位元素ではないが,その原料又は材料として用いるものは放射性同位元素である.

2-6 濃度が 1×10^5 ベクレル毎グラムで,数量が 1×10^{10} ベクレルの密封されたトリチウム(H-3)はこの法律で規制されない.ただし,H-3の下限濃度は 1×10^6 ベクレル毎グラム,下限数量は 1×10^9 ベクレルである.

2-7 ある事業所に,下限数量が100キロベクレルの密封されていない放射性同位元素Aが70キロベクレルと下限数量が10テラベクレルの密封されていない放射性同位元素Bが8テラベクレル存在している場合,A,B両方とも下限数量以下なので,数量に関しては放射性同位元素にはならない.

2-8 「放射線業務従事者」とは,放射性同位元素等又は放射線発生装置の取扱い,管理又はこれに付随する業務に従事する者であって,管理区域に立ち入るものをいう. 〔1種43回問7D〕

2. 定　　義

2−9　実効線量限度は，男子の場合，4月1日を始期とする1年間につき50ミリシーベルト，平成15年4月1日以降5年ごとに区分した各期間につき100ミリシーベルト，と定められている．

2−10　等価線量限度は，男子の場合，眼の水晶体及び皮膚について，4月1日を始期とする1年間につきそれぞれ150ミリシーベルト及び300ミリシーベルトと定められている．

2−11　200キロ電子ボルトのエネルギーを有するエックス線に係る作業による被ばくを線量に含めた．　　　　　　　　　　　　　　　〔1種23回問27ロ〕

2−12　コバルト60　111テラベクレルの診療用放射線照射装置の取扱いをしている放射線業務従事者が診療用エックス線装置を取り扱い，その際かなりの被ばくがあったのでこれも線量に加算した．　　　　　　　　　　〔1種24回問2B〕

次の文章の（　　）内に適切な語句を埋めて文章を完成せよ．

2−13　放射性同位元素等による放射線障害の防止に関する法律第2条第2項の放射性同位元素は，放射線を放出する同位元素及びその化合物並びにこれらの（　A　）（機器に装備されているこれらのもの（　B　）．）で，放射線を放出する同位元素の数量及び濃度がその（　C　）ごとに原子力規制委員会が定める数量及び濃度（　D　）ものとする．　　　　　　　　　　　　　　　　　〔2種55回問1〕

2−14　放射線業務従事者とは（　A　）又は放射線発生装置の取扱い，管理又はこれに付随する業務に従事するものであって，（　B　）に立ち入るものをいう．放射線業務従事者の実効線量限度は，4月1日を始期とする1年間につき（　C　），平成13年4月1日以降5年ごとに区分した各期間につき（　D　）である．
　　　　　　　　　　　　　　　　　　　　　　　　〔2種43回　問10改〕

2−15　線量，実効線量又は等価線量を算定する場合には，（　A　）エネルギーを有する電子線及びエックス線による被ばくを含め，かつ，（　B　）を受けるための被ばく及び（　C　）による被ばくを除くものとする．　　〔2種50回　問21改〕

377

3. 使用の許可及び届出並びに販売及び賃貸の業の届出

3.1 使用の許可〔法3, 令3, 則2〕

3.1.1 許可使用者

放射性同位元素であってその種類若しくは密封の有無に応じて，①密封されたものは下限数量の 1000 倍，②密封されていないものは下限数量×，を超えるもの又は放射線発生装置×の使用をしようとする者は，工場又は事業所ごとに，委員会に，許可の申請書を提出してその許可を受けなければならない．この許可を受けた者を「**許可使用者***」という．ここでいう「使用」には，放射性同位元素の「製造」，「詰替え（廃棄のための詰替えを除く）」及び「機器への装備」を含む．

3.1.2 使用の許可の申請書記載事項

3.1.1 の①の使用についての許可の申請書には，次の事項を記載することになっている．

(1) 氏名又は名称及び住所並びに法人の場合その代表者の氏名
(2) 放射性同位元素の種類，密封の有無及び数量
(3) 使用の目的及び方法
(4) 使用の場所
(5) 放射性同位元素を使用する施設（**使用施設**）の位置，構造及び設備
(6) 放射性同位元素を貯蔵する施設（**貯蔵施設**）の位置，構造，設備及び**貯蔵能力**
(7) 放射性同位元素及び放射性汚染物を廃棄する施設（**廃棄施設**）の位置，構造及び設備

3.1.3 申請書の添付書類

上記申請書には次のような書類を添えなければならない．

3. 使用の許可及び届出並びに販売及び賃貸の業の届出

(1) 法人にあっては，登記事項証明書
(2) 予定使用開始時期及び予定使用期間を記載した書面
(3) **放射線施設**（使用施設，貯蔵施設及び廃棄施設）を中心とし，縮尺及び方位を付けた工場又は事業所内外の平面図
(4) 放射線施設の各室の間取り及び用途，出入口，管理区域並びに標識を付ける箇所を示し，かつ，縮尺及び方位を付けた平面図
(5) 放射線施設の主要部分の縮尺を付けた断面詳細図
(6) 遮蔽の基準に適合することを示す書面及び図面並びに工場又は事業所に隣接する区域の状況を記載した書面
(7) 自動表示装置について記載した書面
(8) 随時移動使用の場合の使用の方法等を記載した書面
(9) 申請者の精神の機能に関する書類

3.2 使用の届出 *

3.2.1 届出使用者〔法3の2，令4，則3〕

3.1.1の放射性同位元素以外の放射性同位元素（密封されたもので，下限数量を超え，下限数量の1000倍以下のもの）を使用しようとする者は，工場又は事業所ごとに，あらかじめ，次の (1)〜(5) にあげる事項を委員会に届け出なければならない．(この届出をした者を「**届出使用者***」という．)

ただし，表示付認証機器を使用する者及び表示付特定認証機器を使用する者についてはこの限りでない．

(1) 氏名又は名称及び住所並びに法人の場合その代表者の氏名
(2) 放射性同位元素の種類，密封の有無及び数量
(3) 使用の目的及び方法
(4) **使用の場所**
(5) **貯蔵施設**の位置，構造，設備及び**貯蔵能力**

上記届出には次のような書類を添えなければならない．

379

法　　令

① 予定使用開始時期及び予定使用期間を記載した書面
② 使用の場所及び**廃棄の場所**の状況，管理区域，標識を付ける箇所並びに貯蔵施設を示し，かつ，縮尺及び方位を付けた平面図
③ 貯蔵施設の遮蔽壁その他の遮蔽物が規定の能力を有することを示す書面及び図面

★ 密封されたもので下限数量の1000倍以下の物を個々独立に使用するものであれば何個使用しようとしても，許可を取る必要はなく，届出でよい．

★ 密封されたもので下限数量の1000倍以下の物2個以上を通常一組又は一式で使用し，その合計数量が下限数量の1000倍を超える場合は，許可を受けなければならない．

★ 許可使用者が，密封されたもので下限数量の1000倍以下の物を追加して使用しようとする場合は，許可使用に係る変更の許可が必要になる．

★ 表示付認証機器を使用する者については，この「使用の届出」とは別の届出が必要である（3.2.2参照）．表示付特定認証機器を使用する者は，その使用について届出の義務は課せられていない．

　許可使用者及び届出使用者が設置すべき**放射線施設**を**表**3.1に示す．ただし，届出使用者のところに示されている（使用の場所）及び（廃棄の場所）は「放射線施設」ではない．

表3.1　許可使用者及び届出使用者が
設置すべき放射線施設

設置者	許可届出使用者	
	許可使用者	届出使用者
放射線施設	使用施設 貯蔵施設 廃棄施設	（使用の場所） 貯蔵施設 （廃棄の場所）

3.2.2　表示付認証機器届出使用者〔法3の3，令5，則5〕

　表示付認証機器を使用する者（**表示付認証機器使用者**）は，工場又は事業所ごとに，かつ認証番号が同じ表示付認証機器ごとに，使用の開始の日から30日以内

3. 使用の許可及び届出並びに販売及び賃貸の業の届出

に，次の (1) ～ (3) にあげる事項を委員会に届け出なければならない．(この届出をした者を「**表示付認証機器届出使用者**」という．)

(1) 氏名又は名称及び住所並びに法人の場合その代表者の氏名
(2) 表示付認証機器の認証番号及び台数
(3) 使用の目的及び方法

★　この表示付認証機器の届出は，前述の「使用の許可」又は「使用の届出」とは独立になされる．したがって，「許可使用者」又は「届出使用者」であると同時に「表示付認証機器届出使用者」でもあるということがありうる．

3.3　販売及び賃貸の業の届出〔法 4，令 6，則 6〕

放射性同位元素を業として**販売**し，又は**賃貸**しようとする者は，あらかじめ，次の (1) ～ (3) にあげる事項を委員会に届け出なければならない．(この届出をした者を「**届出販売業者**」又は「**届出賃貸業者**」という．)

ただし，表示付特定認証機器を業として販売し，又は賃貸しようとする者については，この限りでない．

(1) 氏名又は名称及び住所並びに法人の場合その代表者の氏名
(2) 放射性同位元素の種類
(3) 販売所又は賃貸事業所の所在地

上記届出には，予定事業開始時期，予定事業期間及び放射性同位元素の種類ごとの年間（予定事業期間が 1 年に満たない場合はその期間の）販売予定数量又は予定事業期間内の最大賃貸予定数量を記載した書面を添えなければならない．

3.1 から 3.3 までに述べてきた各種の申請又は届について，その目的，申請書又は届書の記載事項等を**表 3.2** に纏めた．各種の申請又は届の内容を対比して理解してほしい．

★　一般に，放射性同位元素を業として販売又は賃貸しようとする者は，届出が必要である．ただし，表示付特定認証機器のみを業として販売又は賃貸しようとする者は，届出を必要としない．

表 3.2 許可の申請又は届出の目的, 申請書又は届書の記載事項
及び申請書又は届書の添付書類

	A 使用の許可の申請
Ⅰ 申請又は届 出の目的	下限数量の1000倍を超える密封放射性同位元素の使用
Ⅱ 申請書又は 届書の記載 事項	(1) ①氏名又は名称 ②住所 ③法人の場合その (2) 放射性同位元素の①種類 ②密封の有無 ③数量 (3) 使用の①目的 ②方法 (4) 使用の場所 (5) 使用施設の①位置 ②構造 ③設備 (6) 貯蔵施設の①位置 ②構造 ③設備 ④貯蔵能力 (7) 廃棄施設の①位置 ②構造 ③設備
Ⅲ 申請書又は 届書の添付 書類	(1) 法人の場合, 登記事項証明書 (2) 予定使用開始時期及び予定使用期間を記載した書面 (3) 放射線施設を中心とし, 縮尺及び方位を付けた工場又は事業所内外の平面図 (4) 放射線施設各室の間取り, 用途等を示し, 縮尺及び方位を付けた平面図 (5) 放射線施設の主要部分の縮尺付詳細断面図 (6) 遮蔽の基準に適合することを示す書面・図面及び隣接区域の状況を記載した書面 (7) 自動表示装置について記載した書面 (8) 随時移動使用の場合の使用の方法等を記載した書面 (9) 申請者の精神の機能に関する書類

3. 使用の許可及び届出並びに販売及び賃貸の業の届出

B 使用の届出	C 表示付認証機器の使用の届出	D 販売又は賃貸の業の届出
下限数量の1000倍以下の密封放射性同位元素の使用	表示付認証機器の使用	販売又は賃貸の業
代表者の氏名		
(2) 放射性同位元素の 　①種類 　②密封の有無 　③数量 (3) 使用の①目的 ②方法 (4) 使用の場所 (5) 貯蔵施設の 　①位置 ②構造 　③設備 ④貯蔵能力	(2) 表示付認証機器の 　①認証番号 　②台数 (3) 使用の 　①目的 　②方法	(2) 放射性同位元素の種類 (3) 販売所又は賃貸事業所の所在地
(1) 予定使用開始時期及び予定使用期間を記載した書面 (2) 使用の場所及び廃棄の場所の状況，管理区域，標識を付する箇所並びに貯蔵施設を示し，かつ縮尺及び方位を付けた平面図 (3) 貯蔵施設の遮蔽壁その他の遮蔽物が規定の能力を有することを示す書面及び図面		予定事業開始時期，予定事業期間　及び　放射性同位元素の種類ごとの年間販売予定数量又は最大賃貸予定数量を記載した書面

★ 販売及び賃貸の業の届出の場合,「販売所ごとに」とか「賃貸事業所ごとに」といった規定はない.したがって,1件の届出に複数の販売所又は賃貸事業所が含まれていてもよい.

★ **放射性同位元素の使用又は販売若しくは賃貸の業を開始するまでの間に行うべき事項**としては次のようなものがある.

(1) 使用の許可を受けること又は使用若しくは販売,賃貸の業の届出を行うこと.(3.1, 3.2, 3.3)

(2) 放射線障害予防規程を作成し,届け出ること.(6.6.2の1)

(3) 放射線取扱主任者の選任を行うこと(選任の届出は,選任した日から30日以内に行うこととされている).(7.1の8及び9)

(4) 所定の場所について放射線の量及び放射性同位元素による汚染の状況の測定を行うこと.(6.6.1.1の4A)

(5) 管理区域に立ち入る者及び取扱等業務に従事する者に対して教育及び訓練を施すこと.(6.6.3の1)

(6) 放射線業務従事者(一時的に管理区域に立ち入る者を除く)に対して健康診断を行うこと.(6.6.4の1A (1))

(7) 施設検査を受けなければならない場合に該当するときは,これを受け,合格すること.(6.1)

3.4 欠格条項〔法5,則8〕

次の(1)から(4)のいずれかに該当する者には,使用の許可を与えない.

(1) この法律の規定に違反したような場合に,その違反の程度に応じて委員会は使用の許可を取り消すことができる(6.7.1)が,この許可を取り消され,取消の日から2年を経過していない者

(2) この法律又はこの法律に基づく命令の規定に違反し,罰金以上の刑に処せられ,その執行を終り,又は執行を受けることのなくなった(いわゆる執行猶予期間が終了した)後,2年を経過していない者

(3) 成年被後見人
(4) 法人であって，その業務を行う役員のうちに上の（1）から（3）までの一に該当する者のあるもの

　なお，心身の障害により放射線障害の防止のために必要な措置を適切に講ずることができない者として委員会規則で定めるもの（精神の機能の障害により，放射線障害の防止のために必要な措置を適切に講ずるに当たって必要な認知，判断及び意思疎通を適切に行うことができない者）並びにその者を役員とする法人には許可を与えないことができる．

3.5　許可の基準及び許可の条件〔法6，法8〕

　委員会は，使用の許可の申請があった場合には，その申請に係る使用施設，貯蔵施設及び廃棄施設の位置，構造及び設備が後（5.2～5.4）に述べる技術上の基準に適合するものであり，その他放射性同位元素又は放射性汚染物による放射線障害のおそれがないと認めるときでなければ，許可をしてはならないことになっている．またこれらの許可をするにあたって，条件を付することができる．ただし，この条件は，放射線障害を防止するため必要な最小限度のものに限り，かつ，許可を受ける者に不当な義務を課することとならないものでなければならない．

3.6　許　可　証〔法9，法12，則14〕

1　委員会は，使用の許可をしたときは，許可証を交付する．許可証には，**表 3.3**に示される事項が記載される．
2　許可証は，他人に譲り渡したり，貸与したりしてはならない．
3　許可証を汚したり，損じたり，失ったりしたときには，許可証の再交付の申請書を委員会に提出して，再交付を受けることができる．（この場合汚したり，損じたりした場合には，申請時に許可証を添えることとなっており，また許可証を失った者で許可証の再交付を受けたものが，その後失った許可証を発見したときは，速やかに，この発見した許可証を委員会に返納しなければならない．）

法　　令

表 3.3　許可証の記載事項

使用の許可
(1)　許可の年月日及び許可の番号
(2)　氏名又は名称及び住所
(3)　使用の目的
(4)　放射性同位元素の種類，密封の有無及び数量
(5)　使用の場所
(6)　貯蔵施設の貯蔵能力
(7)　許可の条件

ただし，許可の条件は，条件を付した場合だけ記載される．

3.7　事務的内容等の変更

3.7.1　許可使用者の場合

許可使用者は，使用の許可を受けるにあたって申請書に記載した事項のうち，(1) の氏名若しくは名称，住所又は法人の場合その代表者の氏名を変更したときは，変更した日から **30 日以内**に，委員会に届け出なければならない．

この場合，氏名若しくは名称又は住所の変更をしたときは，許可証の記載事項が変更になるので，その届出の際に，許可証を提出し，訂正を受けなければならない．〔法 10−1〕

★　法人の代表者の氏名は，許可証の記載事項ではないので，その変更の場合は，届出の際に，許可証を提出する必要がない．

3.7.2　届出使用者等の場合

届出使用者，届出販売業者及び届出賃貸業者は，使用又は販売若しくは賃貸の業の届出を行った際に届書に記載した事項のうち，(1) の氏名若しくは名称，住所又は法人の場合その代表者の氏名を変更したときは，変更した日から **30 日以内**に，その旨を委員会に届け出なければならない．〔法 3 の 2−3，法 4−3〕

★　事務的内容の変更とは，許可使用者及び届出使用者等（届出使用者，届出販売業者及び届出賃貸業者）の場合，許可又は届出申請書記載事項のうち，(1) 氏名

又は名称及び住所並びに法人の場合その代表者の氏名，の変更がこれに該当する．事務的内容の変更のみが事後の届出でよいことに注意すること！

3.7.3 表示付認証機器届出使用者の場合

表示付認証機器の使用の届出を行った際に届書に記載した事項，すなわち
(1) 氏名又は名称及び住所並びに法人の場合その代表者の氏名
(2) 表示付認証機器の認証番号及び台数
(3) 使用の目的及び方法

を変更したときは，変更した日から 30 日以内に，その旨を委員会に届け出なければならない．〔法3の3－2〕

★ 許可使用者及び届出使用者等の場合と違って，表示付認証機器届出使用者の場合は，技術的内容も含め，届け出た事項の全てについて，変更した日から 30 日以内の届出でよいことに注意すること！

3.8 技術的内容の変更

3.8.1 許可使用者の場合

1 許可使用者が 3.1.2 (p.378) で述べた使用の許可の申請書に記載した事項のうち
(2) 放射性同位元素の種類，密封の有無及び数量
(3) 使用の目的及び方法
(4) 使用の場所
(5) 使用施設の位置，構造及び設備
(6) 貯蔵施設の位置，構造，設備及び貯蔵能力
(7) 廃棄施設の位置，構造及び設備

を変更しようとするときは，変更の内容及びその理由等を記載した許可使用に係る変更の許可の申請書に許可証を添えて委員会に提出し，委員会の許可を受けなければならない．〔法10－2，令8，則9〕

上記申請書に次の書類を添えなければならない．

① 変更の予定時期を記載した書面,

② 3.1.3 (p.378) に示す (3) から (8) までの書類のうち変更に係るもの,

③ 工事を伴うときは,予定工事期間及びその間の放射線障害防止上の措置を記載した書面.

2 委員会はこの変更の許可をする場合にも 3.5 (p.385) で述べたような許可の基準に適合していると認めるときでなければ許可をしてはならず,また条件を付することができることも使用の許可の場合と同様である.〔法 10-3〕

3 ただし,次の 3.9 に述べる 2 つの場合には,許可を受ける必要がなく,あらかじめ委員会に届け出るだけで変更することができる.

3.8.2 届出使用者の場合 *

届出使用者が,3.2.1 (p.379) で述べた届出の際に届書に記載した事項のうち,

(2) 放射性同位元素の種類,密封の有無及び数量

(3) 使用の目的及び方法

(4) 使用の場所

(5) **貯蔵施設**の位置,構造,設備及び貯蔵能力

を変更しようとするときは,**あらかじめ**,その旨を委員会に届け出なければならない.この変更の届書には,次の書類を添えなければならない.

① 変更の予定時期を記載した書面

② 3.2.1 の②及び③に示す書面及び図面のうち変更に係るもの

〔法3の2-2,則4〕

★ 変更の結果,密封されたものであって一組又は一式として使用するものの総量が下限数量の1000倍を超えることとなる場合にはあらためて許可を受けることが必要

3.8.3 届出販売業者及び届出賃貸業者の場合

届出販売業者又は届出賃貸業者が,3.3 (p.381) で述べた届出の際に届書に記載した事項のうち,

(2) 放射性同位元素の種類

(3) 販売所又は賃貸事業所の所在地

を変更しようとするときは，**あらかじめ**，その旨を委員会に届け出なければならない．上記届書には，次の書類を添えなければならない．

　① 　変更の予定時期を記載した書面
　② 　3.3の届出の際に届書に添えた書面のうち変更に係るもの
〔法4-2，則6の2〕

3.9　許可使用者の変更の許可を要しない技術的内容の変更* 〔重要！〕

3.8で述べたように許可使用者が技術的内容を変更しようとするときは，原則として委員会の許可を受けなければ変更することはできないが，次の2つの場合だけは**例外的**に，**あらかじめ**届け出るだけで変更することができる．

3.9.1　**軽微な変更***〔法10-5，則9の2，平成17年文部科学省告示第81号〕

許可使用者が技術的内容の変更を行う場合に，その変更が次の(1)〜(3)に定める軽微なものであるときは，あらかじめ，許可証を添えてその旨を委員会に届け出るだけで変更することができる．

(1) 次の事項の**減少の変更**
　　① 　貯蔵施設の貯蔵能力
　　② 　放射性同位元素の数量
　　③ 　放射性同位元素の使用時間数
(2) 使用施設，貯蔵施設又は廃棄施設の**廃止**
(3) 管理区域の拡大及び当該拡大に伴う管理区域の境界に設ける柵その他の人が
　　みだりに立ち入らないようにするための施設の位置の変更（工事を伴わないものに限る．）
(1)〜(3)は安全な方向への変更という意味で共通しているということができる．

3.9.2　**使用の場所の一時的変更***〔法10-6，令9，則11，告3〕

1　許可使用者は，使用の目的，密封の有無等に応じて政令で定める数量以下の放射性同位元素を一時的に使用する場合において，使用の場所を変更するときに

は，あらかじめ，その旨を委員会に届け出なければならない．すなわち，許可使用者は，次の各条件にあった場合には，あらかじめ届け出るだけで使用の場所を変更することができる．

① 許可使用者が
② 放射性同位元素の種類に応じて委員会が定める数量（A_1値：6.4.3.1 (p.427) 参照）以下で，3テラベクレル以下の密封された放射性同位元素を
③ 次の目的のために〔イは法10-6，ロ～ヘは令9〕
　　イ　非破壊検査
　　ロ　地下検層
　　ハ　河床洗掘調査
　　ニ　展覧，展示又は講習のためにする実演
　　ホ　機械，装置等の校正検査
　　ヘ　物の密度，質量又は組成の調査で委員会が指定するもの
この指定するものとしては，現在次のように定められている．
　　(1) ガスクロマトグラフによる空気中の有害物質等の質量の調査
　　(2) 蛍光エックス線分析装置による物質の組成の調査
　　(3) ガンマ線密度計による物質の密度の調査
　　(4) 中性子水分計による土壌中の水分の質量の調査
　　　　　　（平成3年科学技術庁告示第9号）
④ 一時的に使用する場合で
⑤ 使用の場所のみを変更しようとするときは，
⑥ **あらかじめ届け出るだけで変更することができる．**
2　使用の場所の一時的変更の届書には次の書類を添えることとされている．
　　(1) 使用の場所及びその付近の状況を説明した書面
　　(2) 使用の場所を中心とし，管理区域及び標識を付ける箇所を示し，かつ，縮尺及び方位を付けた使用の場所及びその付近の平面図
　　(3) 放射線障害を防止するために講ずる措置を記載した書面

〔演 習 問 題〕

次の文章中，放射線障害防止法及びその関係法令に照らして正しいものには○印を，誤っているものには×印をつけ，誤っている場合にはその理由を簡単にしるせ．

3-1 放射性同位元素を使用しようとする者は，必ず原子力規制委員会の許可を受けなければならない．　　　　　　　　　　　　　　　　　　〔1種 11 回問 1 (1) 改〕

3-2 密封されていない放射性同位元素を使用している者は，常に許可使用者である．

3-3 放射線発生装置を使用している者は，常に許可使用者である．

3-4 放射性同位元素を診療のために用いるときは，この法律による規制を受けない．

3-5 放射線発生装置を業として販売しようとする者は，販売所ごとに，あらかじめ，原子力規制委員会に届け出なければならない．　　　　　　〔1種 56 回問 3B〕

3-6 コバルト 60 の下限数量は 100 キロベクレルである．100 キロベクレルの密封されたコバルト 60 を装備した校正用線源 1 個を使用しようとする者は，あらかじめ，原子力規制委員会に届け出なければならない．線源の濃度は，下限濃度を超えているものとする．　　　　　　　　　　　　　　　　　　〔1種 58 回問 3D 改〕

3-7 セシウム 137 の下限数量は 10 キロベクレルである．下限濃度を超えていて，1 個あたりの数量が 3.7 メガベクレルの密封されたセシウム 137 を 3 個で 1 組として装備し，通常その 1 組をもって照射する機構を有するレベル計のみ 1 台を使用しようとする者は，原子力規制委員会の許可を受けなければならない．

〔1種 55 回問 3D 改〕

3-8 陽電子放射断層撮影装置による画像診断に用いるための放射性同位元素を製造しようとする者は，工場又は事業所ごとに，原子力規制委員会の許可を受けなければならない．　　　　　　　　　　　　　　　　　　　〔1種 59 回問 1D〕

3-9 使用の届出を行い，一組が下限数量の 500 倍の密封された放射性同位元素を 2 組使用していた工場で，同じものを一組追加して使用する必要が生じたので，新たに使用の許可の申請をすることにした．

法　　令

3-10　一式が下限数量の700倍の密封された放射性同位元素を使用していた届出使用者が，新たに表示付認証機器を使用する必要を生じたので，届出使用に係る変更の届出をすることにした．

3-11　表示付認証機器の使用をする者は，工場又は事業所ごとに，かつ，認証番号が同じ表示付認証機器ごとに，使用の開始の日から30日以内に，氏名又は名称及び住所，法人の場合その代表者の氏名，表示付認証機器の認証番号及び台数，使用の目的及び方法並びに使用の場所を原子力規制委員会に届け出なければならない．

3-12　放射性同位元素の使用の許可の申請した者に対して許可したときに交付する許可証には，貯蔵施設の貯蔵能力が記載されている．

3-13　許可使用者が許可証に記載された事項を変更しようとするときは，全て変更の許可を受けなければならない．　　　　　　　　　　　〔1種23回問18の1〕

3-14　法人である許可使用者の代表者が交替した場合には，法人の代表者の氏名は許可証の記載事項ではないので，原子力規制委員会に届け出る必要はない．

3-15　届出販売業者が販売所の所在地を変更したので，変更した日から30日以内に原子力規制委員会に届け出た．

3-16　許可使用者は，使用の場所を変更しようとするときには，常に変更の許可を受けなければならない．

3-17　許可使用者は，使用の目的及び方法を変更するときは，あらかじめ，その旨を原子力規制委員会に届け出なければならない．　　　　〔2種10回問3（8）改〕

3-18　下限数量の1000倍以下の密封された放射性同位元素を装備した機器1台のみを使用している者が，同じ場所で，使用の目的を変更して使用する場合には，あらかじめ，その旨を原子力規制委員会に届け出なければならない．

3-19　届出使用者が届け出て使用している放射性同位元素の数量を変更したときには，変更した日から30日以内に，その旨を原子力規制委員会に届け出なければならない．

3-20　密封された放射性同位元素を2個使用していた許可使用者が，そのうちの1個の使用だけに変更する場合に，あらかじめ，許可証を添えて，原子力規制委員会に届け出て変更した．

3. 使用の許可及び届出並びに販売及び賃貸の業の届出

3−21　表示付認証機器届出使用者がその届出を行った表示付認証機器を 1 台追加して使用しようとするときは，あらかじめ，その旨を原子力規制委員会に届け出なければならない．

3−22　許可使用者が，その使用を許可されている 4 テラベクレルの密封された放射性同位元素を非破壊検査のため一時的に使用の場所を変更しようとするときには，あらかじめ，原子力規制委員会に届け出なければならない．

3−23　密封されたコバルト 60（下限数量 10 キロベクレル，A_1 値 0.4 テラベクレル）100 ギガベクレルを使用している許可使用者が，ある場所について地下検層するよう依頼されたので，このコバルト 60 を一時的に移動させて使用することとなり，原子力規制委員会に許可使用に係る変更の許可の申請をした．

3−24　表示付特定認証機器のみを業として賃貸しようとする者は，賃貸事業所ごとに，あらかじめ，原子力規制委員会に届け出なければならない．〔2 種 55 回問 3B 改〕

3−25　許可使用者が A_1 値以下の放射性同位元素を非破壊検査その他政令に定める目的のために，一時的に使用する場合で，使用の場所のみを変更しようとするときは，あらかじめ，その旨を原子力規制委員会に届け出なければならない．

3−26　法人であって，その業務を行う役員のうちに放射線取扱主任者の免状の返納を命じられた者のあるものについては，使用の許可を与えない．　〔1 種 49 回問 3A〕

3−27　法第 26 条（許可の取消し等）第 1 項の規定により許可を取り消され，取消しの日から 5 年を経過していない者には，使用の許可を与えない．

〔1 種 49 回問 3B 改〕

3−28　この法律又はこの法律に基づく命令の規定に違反し，罰金以上の刑に処せられ，その執行を終わり，又は執行を受けることのなくなった後，2 年を経過していない者には，使用の許可を与えない．　〔1 種 49 回問 3C 改〕

3−29　法人であって，その業務を行う役員のうちに重度知的障害者又は精神病者のあるものには，使用の許可を与えない．　〔1 種 49 回問 3D〕

3−30　1 個当たりの数量が下限数量未満の密封された放射性同位元素のみを輸入し，業として販売しようとする者は，あらかじめ，原子力規制委員会に届け出なければならない．　〔2 種 53 回問 4B 改〕

法　令

3-31　1個当たりの数量が7.4ギガベクレルの密封されたセシウム137を装備した密度計1台を使用している許可使用者が，同種，同型の装置で1個当たりの数量が3.7ギガベクレルの密封されたセシウム137を装備した密度計1台に更新しようとする場合，あらかじめ，原子力規制委員会の許可を受けなければならない．

〔2種54回問11C改〕

次の文章の（　）内に適切な語句を埋めて文章を完成せよ．

3-32　密封された放射性同位元素であって下限数量の（　A　）倍を超えるものを使用しようとする者は，申請書を提出して原子力規制委員会の（　B　）を受けなければならない．申請書には，（　C　）の位置，構造及び設備，貯蔵施設の位置，構造及び設備及び貯蔵能力，（　D　）の位置，構造及び設備，その他の事項を記載する．

3-33　届出使用者は，放射性同位元素の種類，密封の有無及び数量，使用の目的及び（　A　），使用の（　B　）並びに（　C　）の位置，構造，設備及び（　D　）を変更しようとするときは，あらかじめ，その旨を原子力規制委員会に届け出なければならない．

〔2種52回　問4改〕

3-34　許可使用者は，使用の目的，密封の有無等に応じて政令で定める数量以下の（　A　）を（　B　）その他の目的のため，一時的に使用する場合において，（　C　）を変更しようとするときは，（　D　），その旨を原子力規制委員会に届け出なければならない．

〔2種44回　問15改〕

3-35　原子力規制委員会は，（　A　）の許可を与える際に，条件を付することができる．この条件は（　B　）を防止するため必要最小限度のものに限り，（　C　）を受ける者に（　D　）を課することとならないものでなければならない．

〔2種51回問5改〕

4. 表示付認証機器等

4.1 放射性同位元素装備機器の設計認証等〔法12の2, 令11, 令12, 則14の2〕

1 放射性同位元素装備機器を製造し,又は輸入しようとする者は,当該放射性同位元素装備機器の放射線障害防止のための機能を有する部分の設計並びに当該放射性同位元素装備機器の年間使用時間その他の使用,保管及び運搬に関する条件について,委員会又は委員会の登録を受けた者(**登録認証機関**)の認証(**設計認証**)を受けることができる.

2 また,特にその構造,装備される放射性同位元素の数量等からみて放射線障害のおそれが極めて少ない放射性同位元素装備機器を製造し,又は輸入しようとする者は,当該放射性同位元素装備機器の放射線障害防止のための機能を有する部分の設計並びに当該放射性同位元素装備機器の使用,保管及び運搬に関する条件について,委員会又は登録認証機関の認証(**特定設計認証**)を受けることができる.

　上記の「放射線障害のおそれが極めて少ない放射性同位元素装備機器」とは以下のものである.

① 煙感知器

② レーダー受信部切替放電管

③ その他その表面から10センチメートル離れた位置における1センチメートル線量当量率が1マイクロシーベルト毎時以下の放射性同位元素装備機器であって委員会が指定するもの〔現在,「集電式電位測定器」と「熱粒子化式センサー」の2件が指定されている(平成17年文部科学省告示第93号)〕

3 設計認証又は特定設計認証を受けようとする者は,次の事項を記載した申請書を委員会又は登録認証機関に提出しなければならない.

(1) 氏名又は名称及び住所並びに法人にあっては,その代表者の氏名

(2) 放射性同位元素装備機器の名称及び用途

(3) 放射性同位元素装備機器に装備する放射性同位元素の種類及び数量

　この申請書には，①放射線障害防止のための機能を有する部分の設計並びに使用，保管及び運搬に関する条件（特定設計認証の申請の場合は，年間使用時間に係るものを除く．）を記載した書面，②放射性同位元素装備機器の構造図，③製造の方法の説明書，④次の 4.2 に記載する認証の基準に適合することを示す書面，を添付しなければならない．

4　設計認証を受け，その表示がなされた機器を**表示付認証機器**，特定設計認証を受け，その表示がなされた機器を**表示付特定認証機器**という．表示付認証機器及び表示付特定認証機器の設計認証の申請から製造，販売，使用，そして廃棄に至る過程の規制の概要を**図 4.1** 及び**図 4.2** に示す．

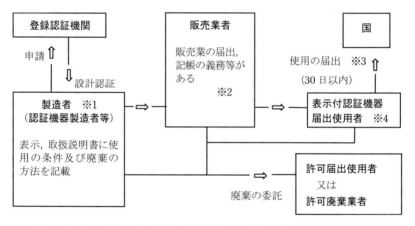

※1　輸入品の場合は輸入業者，機器製造者の場合は使用の許可を受け，又は，使用の届出をする

※2　実際に機器を取り扱う場合は使用の届出をする

※3　一般の密封線源の届出とは別の届出

※4　年間使用時間等取扱説明書に記載の使用の条件に従って使用し，廃棄の条件に従って廃棄する（販売業者又は製造者に引き渡す）

　　図 4.1　表示付認証機器（ガスクロマトグラフ用エレクトロンキャプチャディテクタ，校正用線源等）についての法規制の概要

4. 表示付認証機器等

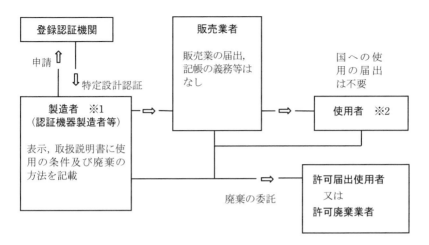

※1　輸入品の場合は輸入業者，機器製造者の場合は使用の許可を受け，又は，使用の届出をする
※2　取扱説明書に記載の使用の条件に従って使用し，廃棄の条件に従って廃棄する（販売業者又は製造者に引き渡す）

図 4.2　表示付特定認証機器（煙感知器等）についての法規制の概要

4.2　認証の基準〔法 12 の 3，則 14 の 3〕

委員会又は登録認証機関は，設計認証又は特定設計認証の申請があった場合において，申請に係る設計並びに使用，保管及び運搬に関する条件が，それぞれ放射線に係る安全性の確保のための次のような技術上の基準に適合していると認めるときは，設計認証又は特定設計認証をしなければならない．なお，設計認証又は特定設計認証のための審査に当たり，必要があると認めるときは，検査の実施に係る体制について実地の調査を行うものとする．

4.2.1　放射性同位元素装備機器の放射線障害防止のための機能を有する部分の設計に係る技術上の基準〔則 14 の 3-1〕

(1) 申請に係る放射性同位元素装備機器が次に掲げる基準に適合しているものであることが，試作品により確認されていること．

イ 放射性同位元素装備機器を，申請に係る使用，保管及び運搬に関する条件に従って取り扱うとき，外部被ばくによる線量が，実効線量について年1ミリシーベルト以下であること．なお，この線量の算定に用いる年間使用時間は委員会が放射性同位元素装備機器の種類ごとに定める時間を下回ってはならない．

ロ 特定設計認証申請に係る放射性同位元素装備機器にあっては，その表面から10センチメートル離れた位置における1センチメートル線量当量率が1マイクロシーベルト毎時以下であること．

ハ 申請に係る使用，保管及び運搬の条件に従って取り扱うとき，内部被ばくのおそれがないこと．

ニ 放射性同位元素装備機器に装備される放射性同位元素は，機器の種類ごとに委員会が定める規格に適合すること．

ホ 放射性同位元素が，放射性同位元素装備機器に固定されている容器に収納され，又は支持具により機器に固定されていること．

ヘ 放射性同位元素を収納する容器又は放射性同位元素を固定する支持具は，取扱いの際の温度，圧力，衝撃及び振動に耐え，かつ，容易に破損しないこと．

(2) 当該設計に合致することの確認の方法が以下の基準に適合していること．

イ 設計認証等に係る放射性同位元素装備機器を製造する場合において設計認証等に係る設計に合致させる義務（**設計合致義務**）を履行するために必要な業務を管理し，実行し，検証するための組織及び管理責任者が置かれていること．

ロ 次の①から③までの事項を記載した検査に関する規定が定められ，それに基づき検査が適切に行われると認められること．

① (1)のイ又はロに適合しているかどうかについての測定の方法

② (1)のニの規格に適合することの確認の方法

③ その他，設計合致義務を履行するために必要な検査の手順及び方法

ハ　検査に必要な測定器等の管理に関する規定が定められ，それに基づき測定器等の管理が適切に行われると認められること．
(3) 放射性同位元素装備機器を申請書に記載された使用，保管及び運搬の条件に従って取り扱うとき，外部被ばくによる実効線量が1年間に1ミリシーベルト以下にするための時間数など，設計認証をする際の技術上の基準が機器の種類毎に定められている．（平成17年文部科学省告示第94号）

4.2.2　放射性同位元素装備機器の使用，保管及び運搬に関する条件に係る技術上の基準〔則14の3－2〕

(1) 設計認証の場合，同一の者が，年間使用時間を超えて当該放射性同位元素装備機器の表面から50センチメートル以内に近づかない措置を講ずること．
(2) 放射性同位元素装備機器の放射線障害防止のための機能を有する部分の分解又は組立てを行わないこと．
(3) 放射性同位元素装備機器は，貯蔵室若しくは貯蔵箱において又は「放射性」若しくは「RADIOACTIVE」の表示を有する専用の容器に入れて保管すること．
(4) 放射性同位元素装備機器を保管する場合には，これをみだりに持ち運ぶことができないような措置を講ずること．
(5) 放射性同位元素装備機器を運搬する場合には，当該機器又は当該機器を収納した容器が，次に掲げる要件に適合すること．
イ　L型輸送物に該当するものであること．
ロ　容易に，かつ，安全に取り扱うことができること．
ハ　温度及び内圧の変化，振動等により，亀裂，破損等の生じるおそれのないこと．
ニ　表面に不要な突起物がなく，表面の汚染の除去が容易であること．
ホ　内容物相互間で，危険な物理的作用又は化学反応の生ずるおそれがないこと．
ヘ　弁が誤って操作されないような措置が講じられていること．
ト　見やすい位置に「放射性」又は「RADIOACTIVE」の表示及び「L型輸送物相当」

の表示を付すること．ただし，委員会の定める場合は，この限りではない．
　チ　表面における1センチメートル線量当量率が5マイクロシーベルト毎時を超えないこと．
　リ　表面の放射性同位元素の密度が輸送物表面密度を超えないこと．
(6) (5)までにあげるものの他，使用，保管及び運搬に関する条件が，放射線障害防止のために適正かつ合理的なものであること．

4.2.3　装備される放射性同位元素の数量が下限数量の1000倍を超える放射性同位元素装備機器に係る技術上の基準〔則14の3−3〕

4.2.1, 4.2.2のほか，以下の基準に適合すること．
(1) 放射性同位元素装備機器の放射線障害防止のための機能が損なわれた場合において，当該機能が損なわれたことを当該放射性同位元素装備機器を取扱う者が容易に認識できる設計であること．
(2) 放射性同位元素装備機器を製造した者又はこの者から委託を受けた者により，1年を超えない期間ごとに放射線障害防止のための機能が保持されていることについて点検を受けること．
(3) 放射性同位元素装備機器の種類ごとに委員会が定める基準に適合すること．

4.3　設計合致義務等〔法12の4，則14の4〕

　設計認証又は特定設計認証を受けた者（**認証機器製造者等**）は，当該設計認証又は特定設計認証に係る放射性同位元素装備機器を製造し，又は輸入する場合においては，設計認証又は特定設計認証に係る設計に合致するようにしなければならない．

　また，認証機器製造者等は，当該設計認証又は特定設計認証に係る確認の方法に従い，その製造又は輸入に係る前項の放射性同位元素装備機器について検査を行い，以下の検査記録を作成し，これを検査の日から10年間保存しなければならない．なお，この保存は電磁的記録に係る記録媒体により行うことができる．この場合においては，電磁的記録を必要に応じ電子計算機その他の機器を用いて直

4. 表示付認証機器等

ちに表示することができなければならない．
(1) 検査に係る認証番号
(2) 検査を行った年月日及び場所
(3) 検査を行った責任者の氏名
(4) 検査の方法
(5) 検査の結果

4.4　認証機器の表示等〔法 12 の 5，法 12 の 6，則 14 の 5，則 14 の 6〕

1　認証機器製造者等は，設計認証に係る設計に合致していることが確認された放射性同位元素装備機器（**認証機器**）又は特定設計認証に係る設計に合致していることが確認された放射性同位元素装備機器（**特定認証機器**）に，それぞれ図 4.3 に示されるような認証機器又は特定認証機器である旨の表示を付することができる．

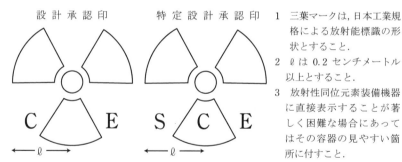

図 4.3　設計認証印及び特定設計認証印

この表示には，①設計承認印又は特定設計承認印，②「原子力規制委員会」の文字（又は登録認証機関の名称，記号等），③認証番号（設計認証又は特定設計認証の番号）が記されている．

これらの表示が付された認証機器（**表示付認証機器**）又は表示が付された特定認証機器（**表示付特定認証機器**）以外の放射性同位元素装備機器には，認証機器

又は特定認証機器である旨の表示を付したり，紛らわしい表示を付したりしてはならない．

2　表示付認証機器又は表示付特定認証機器を販売し，又は賃貸しようとする者は，表示付認証機器又は表示付特定認証機器に，①認証番号，②設計認証又は特定設計認証に係る使用，保管及び運搬に関する条件（**認証条件**），③これを廃棄しようとする場合にあっては許可届出使用者又は許可廃棄業者にその廃棄を委託しなければならないこと，④その機器には法の適用があること，⑤認証機器製造者等の連絡先，⑥認証機器又は特定認証機器に関係する事項を掲載した原子力規制委員会のホームページアドレス，を記載した文書を，放射性同位元素装備機器ごとに添付しなければならない．

4.5　認証の取消し等〔法12の7〕

委員会は，認証機器製造者等が次のいずれかに該当するときは，当該設計認証又は特定設計認証（**設計認証等**）を取り消すことができる．
(1)　不正の手段により設計認証等を受けたとき
(2)　4.3の設計合致義務等の規定に違反したとき
(3)　4.4の表示等の規定に違反したとき

また委員会は，これらの不正をした者又は規定に違反した者に対し，放射線障害を防止するため必要な限度において，その放射性同位元素装備機器の回収等の措置をとるべきことを命ずることができる．

4.6　みなし表示付認証機器〔平成17年文部科学省告示第75号〕

上記告示の公布・施行（平成17年6月1日）以前に，表示付放射性同位元素装備機器として承認及び確認がなされたガスクロマトグラフ用エレクトロン・キャプチャディテクタ（ディテクタ）は，新法令の設計認証を受けた表示付認証機器とみなされ，「みなし表示付認証機器」という．

4. 表示付認証機器等

4.6.1 設計に関する技術上の基準

みなし表示付認証機器は，次のような設計に関する技術上の基準に基づいて製作されている．

① ディテクタ容器は，ディテクタ線源を容易に取りはずすことができず，かつ，ディテクタ線源が脱落するおそれがないものであること．

② ディテクタ線源は，740 メガベクレル以下の数量の ^{63}Ni をめっきした金属とすること．

③ ディテクタの表面の 1 センチメートル線量当量率を 600 ナノシーベルト毎時以下とすること．

④ 所定の漏えい試験条件の下で測定されたキャリヤガス中の放射性同位元素の濃度を排気に係る濃度限度（3 月間についての平均濃度が告示の別表第 2 の第 5 欄に掲げる濃度限度）以下とすること．

⑤ 所定の耐熱及び耐衝撃条件の下に置いたとき，ディテクタが③の遮蔽基準に適合すること．

4.6.2 使用の条件

みなし表示付認証機器は，下記条件下で使用することが定められている．

(1) 同一の者が，年間 2000 時間を超えてディテクタから 50 センチメートル以内に接近しないこと．

(2) ディテクタをガスクロマトグラフからみだりに取りはずさないこと（ディテクタを交換する場合を除く）．

(3) ディテクタから放射性同位元素を取り出さないこと．

(4) ディテクタ及びキャリアガス（試料成分を展開溶出するガスをいう）の温度が 350℃を超えないこと．

(5) キャリアガスとして腐食性のガスを用いないこと．

(6) ディテクタにキャリアガス又は試料以外の物を入れないこと．

4.6.3 保管及び運搬の条件

みなし表示付認証機器は，下記条件下で保管及び運搬をしなければならない．

法　　令

(1) ガスクロマトグラフを設置する部屋に施錠するなど，ディテクタをみだりに持ち運ぶことができないような措置を講じて保管すること．
(2) ディテクタを運搬する場合は，開封されたときに見やすい位置に「放射性」又は「RADIOACTIVE」の表示を有している容器を用いること．

★　表示付認証機器及び表示付特定認証機器を製造又は輸入しようとする者は，設計認証又は特定設計認証の基準に適合するように，注意深く機器の製造又は輸入をしなければならない訳であるが，それらを使用する側は，高い安全性が保証された機器であることから，それらの機器をかなり楽に使用することができる．

　　表示付認証機器届出使用者の場合，3.2.2及び3.7.3で述べたように，使用の届出，及びその変更の届出が簡略化されている．

　　表示付特定認証機器使用者の場合，使用についての届出は不要である．

　　一般に，放射性同位元素を使用する場合，放射線取扱主任者の選任，放射線障害予防規程の作成，測定，教育訓練及び健康診断が義務づけられているが，表示付認証機器届出使用者及び表示付特定認証機器使用者の場合，それらの義務は免除されている．(6.6.7参照)

〔演 習 問 題〕

次の文章中,放射線障害防止法及びその関係法令に照らして正しいものには○印を,誤っているものには×印をつけ,誤っている場合にはその理由を簡単にしるせ.

4-1 許可届出使用者は,放射性同位元素装備機器の放射線障害防止機構のための機能を有する部分の設計について,原子力規制委員会又は登録認証機関の認証を受けることができる.　〔2種36回 問10改〕

4-2 放射性同位元素装備機器を輸入しようとする者は,当該放射性同位元素装備機器の放射線障害防止のための機能を有する部分の設計について,原子力規制委員会又は登録認証機関の認証を受けなければならない.

4-3 水分計を製造し,又は輸入しようとする者は,特定設計認証を受けることができる.

4-4 原子力規制委員会は,設計認証の申請があったとき,申請に係る設計並びに使用,保管及び廃棄に関する条件が技術上の基準に適合していると認めるときは設計認証をしなければならない.　〔1種56回 問10改〕

4-5 認証機器製造業者等は当該設計認証又は特定設計認証に係る放射性同位元素装備機器について検査を行い,検査記録を作成し,これを検査の日から5年間保存しなければならない.　〔1種54回 問15-3改〕

4-6 表示付認証機器には,その機器には法の適用があることを記載した文書を添付しなければならないが,表示付特定認証機器には,その種の文書の添付の必要がない.

4-7 表示付認証機器を販売又は賃貸しようとする者は,設計認証に係る設計に合致していることが確認された放射性同位元素装備機器に,認証機器である旨の表示を付することができる.　〔1種54回 問15-4改〕

4-8 表示付認証機器又は表示付特定認証機器を販売又は賃貸しようとする者は,当該表示付認証機器又は表示付特定認証機器に,認証番号,認証条件等を記載した文書を

法　令

添付しなければならない． 〔1種55回 問11改〕

4-9　表示付認証機器又は表示付特定認証機器を廃棄しようとする者は，許可届出使用者又は許可廃棄業者に委託しなければならない． 〔1種53回 問17B改〕

4-10　みなし表示付認証機器であるガスクロマトグラフ用エレクトロン・キャプチャ・ディテクタ及びキャリヤガスの温度を200度以下で使用しなければならない．

〔1種37回 問20〕

4-11　みなし表示付認証機器であるガスクロマトグラフ用エレクトロン・キャプチャ・ディテクタのキャリアガスとして可燃性のガスを用いないこと．

〔2種32回 問23〕

次の文章の（　）内に適切な語句を埋めて文章を完成せよ．

4-12　放射性同位元素装備機器を製造し，又は（　A　）しようとする者は，当該放射性同位元素装備機器の放射線障害防止のための機能を有する部分の（　B　）並びに当該放射性同位元素装備機器の年間使用時間その他の使用，保管及び（　C　）に関する（　D　）について，原子力規制委員会又は原子力規制委員会の登録を受けた者の認証を受けることができる． 〔2種49回 問13改〕

4-13　表示付認証機器又は表示付特定認証機器を（　A　）し，又は（　B　）しようとする者は，当該表示付認証機器又は表示付特定認証機器に，（　C　），表示付認証機器又は表示付特定認証機器に係る使用，保管及び運搬に関する条件，これを廃棄する場合にあっては（　D　）又は許可廃棄業者にその廃棄を委託しなければならない旨その他の事項を記載した文書を添付しなければならない．

〔2種51回 問9改〕

5. 放射線施設の基準

5.1 管理区域等の定義

5.1.1 管理区域＊ 〔則1(1)，告4〕

1 外部放射線に係る線量について，実効線量が3月間につき1.3ミリシーベルトを超えるおそれのある場所をいう．

　この場合の放射線には，1メガ電子ボルト未満のエネルギーを有する電子線及びエックス線を含めて考える．

2 管理区域の境界には，柵その他の人がみだりに立ち入らないようにするための施設を設け，かつ，それに標識を付することとされている．〔則14の7-1 (8) (9)〕

5.1.2 放射線施設 〔則1(9)〕

使用施設，貯蔵施設又は廃棄施設をいう．

5.2 使用施設の基準 〔法6(1)，則14の7〕

使用施設とは，**許可使用者**が放射性同位元素を使用する施設をいう．（届出使用者が放射性同位元素を使用する場所は，使用施設とはいわない．）

1 使用施設は，**地崩れ**及び**浸水**のおそれの少ない場所に設けること．
2 使用施設が建築物又は居室である場合には，その主要構造部等を**耐火構造**とするか，又は**不燃材料**で造ること＊．

ただし，下限数量の1000倍以下の密封された放射性同位元素を使用する場合には，適用しない．〔告13〕

　ここで用いた建築物，居室等のことばの定義は，次のとおりである．

法　　令

イ　建築物：土地に定着する工作物のうち，屋根及び柱若しくは壁を有するもの，並びにこれに附属する一定の施設等をいい，建築設備を含む．〔建築基準法2(1)〕

ロ　居室：居住，執務，作業，集会，娯楽その他これらに類する目的のために継続的に使用する室をいう．〔建築基準法2(4)〕

ハ　主要構造部＊：壁，柱，床，はり，屋根又は階段をいう．〔建築基準法2(5)〕
（建築物の構造上重要でない間仕切壁，間柱，付け柱，揚げ床，最下階の床，廻り舞台の床，小ばり，ひさし，局部的な小階段，屋外階段，その他これらに類する建築物の部分は除かれる．）

ニ　主要構造部等＊：図5.1に示されるように，主要構造部並びに主要構造部ではないが放射線施設を区画する間仕切壁及び付け柱をいう．

ホ　耐火構造：鉄筋コンクリート造，れんが造等の構造で，建築基準法施行令

上図のように建物の一部を主要構造部でない付け柱及び間仕切壁で仕切ってその一方を使用施設としたような場合，使用施設を区画する付け柱及び間仕切壁は主要構造部でなくても耐火構造とするか不燃材料で造らなくてはならない．（上図の斜線を施した部分：主要構造部ではないが，主要構造部等になる．）

図5.1　主要構造部等

5. 放射線施設の基準

第107条で定める一定の耐火性能を有するものをいう．〔建築基準法2(7)〕

ヘ 不燃材料：コンクリート，れんが，瓦，石綿スレート，鉄鋼，アルミニューム，ガラス，モルタル，しっくい，その他これらに類する建築材料で建築基準法施行令第108条の2で定める不燃性を有するものをいう．〔建築基準法2(9)〕

★ 主要構造部が耐火構造である建築物は，通常の火災において一定の時間燃えた後でも，主要構造部はそのままの形を残しているが，主要構造部を不燃材料で造った建築物では，一定の時間燃えた後は必ずしも形を保っていない．たとえば，鉄の柱やはりとガラスの壁でできた温室のような建築物は不燃材料で造ったものであるが，一定時間の火災にあった後は形を保たない．

3 使用施設には，次の**線量限度**以下とするために必要な遮蔽壁その他の**遮蔽物**を設けること＊．

イ 使用施設内の人が常時立ち入る場所において人が被ばくするおそれのある線量：実効線量が**1週間**につき**1ミリシーベルト以下**〔告10-1〕

ロ 工場又は事業所の境界（工場又は事業所の境界に隣接する区域に人がみだりに立ち入らないような措置を講じた場合には，その区域の境界）及び工場又は事業所内の人が居住する区域における線量：実効線量が**3月間**につき250マイクロシーベルト以下（ただし，介護老人保健施設を除く一般の病院又は診療所の病室の場合には，**3月間**につき1.3ミリシーベルト以下）〔告10-2〕各区域・境界における線量限度等の値を表5.1にまとめた．

表5.1 事業所の各区域・境界における線量限度及び密度限度

	使用施設内の人が常時立ち入る場所	管理区域の境界	工場又は事業所の境界及び工場又は事業所内の人が居住する区域
線量限度	1mSv/週	1.3mSv/3月	250μSv/3月（一般病室では1.3mSv/3月）
密度限度	表面密度限度 ※	表面密度限度の1/10	

※ a) α放射体：4Bq/cm^2, b) それ以外：40Bq/cm^2

法　　令

4　400ギガベクレル以上の密封された放射性同位元素〔告11〕を使用する室の出入口で人が通常出入りするものには，放射性同位元素を使用する場合にその旨を**自動的に表示する装置**を設けること．

　　ただし，搬入口，非常口等人が通常出入りしない出入口には，設けることを要しない．

5　管理区域の境界には，**柵その他**の人がみだりに立ち入らないようにするための施設を設けること．

6　放射性同位元素を使用する室及び管理区域の境界に設ける柵その他の人がみだりに立ち入らないようにするための施設には，所定の**標識**を付すること．

7　密封された放射性同位元素を**随時移動**させて使用をする場合には，上記のうち，3，5，6だけが適用される＊．

　　7のような放射性同位元素の使用の許可の申請をする場合には，その使用の方法の詳細及び放射線障害を防止するために講ずる措置を記載した書面を別に添えなければならない．〔則2-2(9)〕(3.1.3)

★　届出使用者の場合には，放射性同位元素を使用する施設は，使用施設としての規制は受けないが，使用施設の基準の3に相当する規定として，一定の線量を超えないようにするための一つの手段として遮蔽物を用いることが規定されており，また5に相当する規定として管理区域に人がみだりに立ち入らないような措置を講ずることが規定されている．さらに6に相当する規定として管理区域に標識を付けることが規定されている．〔則15〕

5.3　貯蔵施設の基準＊〔法6(2)，則14の9〕

貯蔵施設とは，許可使用者及び届出使用者が放射性同位元素を貯蔵する施設をいう．

1　貯蔵施設は，**地崩れ**及び**浸水**のおそれの少ない場所に設けること．
2　貯蔵施設には，次の①，②のいずれかを設けることが原則とされている＊．
　①　主要構造部等を**耐火構造**とし（不燃材料で造っただけでは不可→使用施設

と異なる．），かつ，その開口部に「特定防火設備に該当する防火戸」を設けた**貯蔵室**

★　「**特定防火設備に該当する防火戸**」とは次に例示するような一定の防火性能を有する構造の防火戸をいう．〔平成 12 年建設省告示第 1369 号〕
   (1)　骨組を鉄製とし，両面にそれぞれ厚さが 0.5 ミリメートル以上の鉄板を張ったもの
   (2)　鉄製で鉄板の厚さが 1.5 ミリメートル以上のもの
   (3)　鉄骨コンクリート製又は鉄筋コンクリート製で厚さが 3.5 センチメートル以上のもの
   (4)　土蔵造の戸で厚さが 15 センチメートル以上のもの

② 耐火性の構造の**貯蔵箱**

　なお，①又は②において放射性同位元素を保管する場合には，容器に入れることとされている．

　ただし，次の③の場合には，必ずしも上の①又は②を設ける必要はない．

③　密封された放射性同位元素を**耐火性の構造の容器**に入れて貯蔵施設において保管するとき＊

★　①〜③のいずれの場合でも，一定時間火災にあっても，中の放射性同位元素にまで火が及ばないことを主旨としている．貯蔵室を設けた場合には，貯蔵施設には，使用施設よりもかなり厳しい耐火性能を求められることになるが，多くの場合は耐火性の構造の貯蔵箱があればよく，さらに密封された放射性同位元素の場合には耐火性の構造の容器でよいことになる．

3　使用施設の場合と同じ基準の**遮蔽物**を設けること．

4　貯蔵施設の扉，蓋等外部に通ずる部分には，**鍵**その他の閉鎖のための設備又は器具を設けること．

5　管理区域の境界には，**柵**その他の人がみだりに立ち入らないようにするための施設を設けること．

6　貯蔵室又は貯蔵箱，容器及び管理区域の境界に設ける柵等の施設には，所定

の**標識**を付すること.

なお2の②の貯蔵箱及び③の容器は,放射性同位元素の保管中これをみだりに持ち運ぶことができないようにするための措置を講ずることとされている.〔則17－1(3)の2（6.3.2の3）〕

5.4 廃棄施設の基準〔法6(3),則14の11〕

廃棄施設とは,**許可使用者**が放射性同位元素又は放射性汚染物を廃棄する施設をいう.

1 廃棄施設の場合にも,(1)位置(**地崩れ**及び**浸水**のおそれの少ない場所),(2)主要構造部等の**耐火性**(耐火構造又は不燃材料),(3)**遮蔽物**,(4)管理区域の境界に設ける**柵その他**の施設,及び,(5)標識については,使用施設の場合と同様である.

2 放射性同位元素等を保管廃棄する場合には,次に定めるような**保管廃棄設備**＊を設けること.

  イ 保管廃棄設備は,外部と区画された構造とすること＊.

  ロ 保管廃棄設備の扉,蓋等外部に通ずる部分には,鍵その他の閉鎖のための設備又は器具を設けること.

  ハ 保管廃棄設備には,耐火性の構造の容器を備えること.ただし,放射性汚染物が大型機械等であってこれを容器に封入することが著しく困難な場合に,汚染の広がりを防止するための特別の措置を講ずるときは,この限りでない.

★ 密封された放射性同位元素(密封が開封,破壊,漏えい,浸透等により密封状態でなくなった場合及びそれによって汚染された物を含む.)を廃棄する場合とは,事実上,保管廃棄設備において(届出使用者の場合を除く.)保管廃棄する場合に限られる.

3 届出使用者が放射性同位元素等を廃棄する場所は,廃棄施設としての規制は受けない.届出使用者が放射性同位元素等を廃棄する場合は,容器に封入し,

5. 放射線施設の基準

一定の区画された場所内に放射線障害の発生を防止するための措置を講じて行う．この場合，その容器及び管理区域には所定の標識を付ける．また，一定の線量を超えないように遮蔽物を設けること等が規定されている．〔則 19－4〕

使用施設，貯蔵施設，廃棄施設，それぞれの放射線施設が備えるべき条件又は設備を対比して表 5.2 に纏めた．

表 5.2　それぞれの放射線施設が備えるべき基準（条件・設備）
……密封放射性同位元素のみを使用する場合

A　使用施設	B　貯蔵施設	C　廃棄施設
(1) 施設は，地崩れ及び浸水のおそれの少ない場所に設ける．		
(2) 施設内外の線量を限度以下とするために必要な遮蔽物を設ける．		
(3) 管理区域の境界には，柵その他の人がみだりに立ち入らないようにするための施設を設ける．		
(4) 人がみだりに立ち入らないようにするための施設には，標識を付ける．		
(5) 耐火構造又は不燃材料	(5) ①耐火構造で防火戸を設けた貯蔵室 ②耐火構造の貯蔵箱 ③耐火構造の容器	(5) 耐火構造又は不燃材料
(6) 自動表示装置	(6) 容器 (7) 鍵等の設備・器具	(6) 保管廃棄設備

5.5　標識〔則　別表〕

事業所等における施設，設備，各種容器につける放射能標識を表 5.3 及び図 5.2 に示す．

★　許可使用者が設置する放射線施設（使用施設，貯蔵施設及び廃棄施設）の管理区域の出入口又はその付近に付ける標識は，(4)－1，2 及び 3 である．(1) の「放射性同位元素使用室」は使用施設の中にあって，使用施設に立ち入りを許可された者であれば比較的自由に出入りする部屋なので，あらためて「許可なくして立ち入りを禁ず」の注意書きはない．それに対して，(2) の「貯蔵室」と (3) の「保管廃棄設備」は，それぞれ，貯蔵施設と廃棄施設の中にあって，特に立ち入りを制限すべき場所なので「許可なくして立ち入りを禁ず」の注意書きがある．

届出使用者が設置する放射線施設（貯蔵施設）並びに使用の場所及び廃棄の場

所の管理区域の出入口又はその付近に付ける標識は, (4) – 2 並びに (6) – 1 及び (6) – 2 である.

(7) の「貯蔵箱」の注意書きが「許可なくして触れることを禁ず」であることも覚えておくこと.

表 5.3 放射能標識

区分	放射能標識の			標識を付ける箇所
	上部に書く文字	下部に書く文字	半径の大きさ	
(1) 放射性同位元素を使用する室	「放射性同位元素使用室」	――	10cm以上	室の出入口又はその付近
(2) 貯蔵室	「貯蔵室」	「許可なくして立ち入りを禁ず」	同上	同上
(3) 保管廃棄設備	「保管廃棄設備」	同上	同上	設備の外部に通ずる部分又はその付近
(4) 管理区域（許可使用者が使用の場所の変更を届出て行う使用場所又は届出使用者が行う使用若しくは廃棄の場所に係るものを除く）	「管理区域」及びその真下に「（使用施設）」,「（貯蔵施設）」又は「（廃棄施設）」	同上	同上	管理区域の境界に設ける柵その他の人がみだりに立ち入らないようにするための施設の出入口又はその付近
(5) 管理区域（許可使用者が使用の場所の変更を届出て行う使用場所）	「管理区域」及びその真下に「（放射性同位元素使用場所）」又は「（放射線発生装置使用場所）」	同上	同上	同上
(6) 管理区域（届出使用者が行う使用若しくは廃棄の場所）	「管理区域」及びその真下に「（放射性同位元素使用場所）」又は「（放射性同位元素廃棄場所）」	同上	同上	同上
(7) 貯蔵箱	「貯蔵箱」	「許可なくして触れることを禁ず」	2.5cm以上	貯蔵箱の表面
(8) 貯蔵施設に備える容器	「放射性同位元素」並びに放射性同位元素の種類及び数量	――	同上	容器の表面
(9) 保管廃棄設備に備える容器	「放射性廃棄物」	――	同上	同上
(10) 届出使用者が廃棄を行う場所に備える容器	同上	――	同上	同上

5. 放射線施設の基準

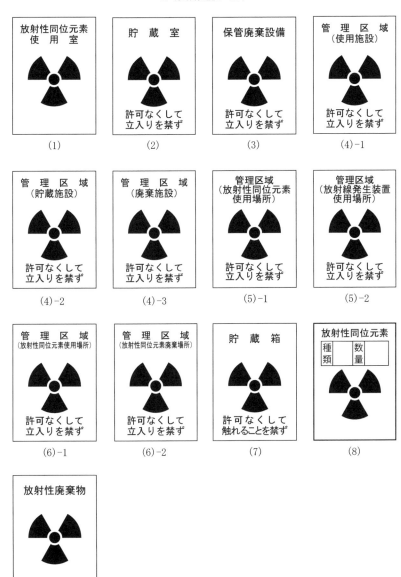

図 5.2 放射能標識

〔演 習 問 題〕

次の文章中,放射線障害防止法及びその関係法令に照らして正しいものには○印を,誤っているものには×印をつけ,誤っている場合にはその理由を簡単にしるせ.

5−1 管理区域とは,密封された放射性同位元素のみを使用している場合,外部放射線の線量については,実効線量が1週間につき300マイクロシーベルトを超えるおそれのある場所をいう. 〔1種59回問29A改〕

5−2 許可使用者が設置する放射線施設は,使用施設,貯蔵施設及び廃棄施設である.
〔1種58回問2A改〕

5−3 主要構造部とは,柱,床,はり,屋根をいい,壁や階段のような建築物の構造上重要でない部分は,これに含まれない.

5−4 1工場又は1事業所当たりの総量が下限数量の10万倍以下の密封された放射性同位元素を使用する場合は,使用施設の主要構造部等を耐火構造とし,又は不燃材料で造ることを要しない. 〔2種55回問8B改〕

5−5 使用施設内で人が常時立ち入る場所において人が被ばくする恐れのある線量は,1週間につき1ミリシーベルト以下とすること. 〔2種55回問8D改〕

5−6 工場又は事業所内の人が居住する区域における線量は,3月間につき1.3ミリシーベルト以下にすること. 〔2種54回問6C改〕

5−7 400ギガベクレル以上の密封された放射性同位元素を使用する室の出入口で人が通常出入りするものには,放射性同位元素を使用する場合にその旨を自動的に表示する装置を設けなければならない.

5−8 許可使用者が密封された放射性同位元素を随時移動させて使用する場合には,使用施設の基準は適用されない. 〔1種13回問3(7)〕

5−9 許可使用者がA_1値以下の密封された放射性同位元素を非破壊検査のため随時移動させて使用する場合には,管理区域の境界に柵その他の人がみだりに立ち入らないための施設を設ける必要はない.

5. 放射線施設の基準

5−10　貯蔵施設には，必ず貯蔵室か貯蔵箱のいずれかを設けなければならない．

5−11　貯蔵施設として貯蔵室を設けてある場合には，貯蔵室の主要構造部等は耐火構造とするか又は不燃材料で造らなければならない．

5−12　貯蔵施設として貯蔵室を設けてある場合であって，下限数量の1000倍以下の密封された放射性同位元素の届出使用者である場合には，貯蔵室の主要構造部等は木造でもよい．

5−13　密封された放射性同位元素を貯蔵する貯蔵室の主要構造部等は耐火構造とするか，又は不燃材料で造り，かつ，その開口部には特定防火設備に該当する防火戸を設けなければならない．　　　　　　　　　　　　　　　　　　　〔1種8回問2(2)改〕

5−14　密封された放射性同位元素を耐火性の構造の容器に入れて保管する場合には，この容器を貯蔵室又は貯蔵箱に保管しなければならない．　　〔2種6回問2(4)〕

5−15　貯蔵施設に備えるべき，放射性同位元素を入れる容器の表面における1センチメートル線量率は，2ミリシーベルト毎時以下とすること．　〔1種55回問7D〕

5−16　許可使用者が放射性汚染物を保管廃棄する場合には，保管廃棄設備を設けなければならないが，放射性汚染物が大型機械等の場合には，保管廃棄設備において廃棄することを要しない．　　　　　　　　　　　　　　　　〔1種22回問9の5改〕

次の文章の（　　）内に適切な語句を埋めて文章を完成せよ．

5−17　使用施設は（　A　）及び（　B　）のおそれの少ない場所に設けること．管理区域の境界には（　C　）人がみだりに立ち入らないようにするための（　D　）を設けること．

5−18　使用施設内の人が常時立ち入る場所において人が被ばくするおそれのある線量は，実効線量が1週間につき（　A　）以下とすること．工場又は事業所の境界及び工場又は事業所内の人が居住する区域における線量は，実効線量が3月間につき（　B　）以下とすること．ただし，介護老人保健施設を除く病院又は診療所の（　C　）における場合にあっては，実効線量が3月間につき（　D　）以下とすること．

5−19　放射性同位元素を使用する場合に，その旨を自動的に表示する装置を備えなければならないとされているのは，（　A　）放射性同位元素について（　B　）ベクレル

以上の数量のものを使用する場合である．

5-20 貯蔵施設には，貯蔵室又は貯蔵箱を設けること．ただし，（ A ）放射性同位元素を耐火性の構造の（ B ）に入れて保管する場合は，この限りでない．貯蔵室はその（ C ）を耐火構造とし，その開口部には，特定防火設備に該当する（ D ）を設けること．貯蔵箱は耐火性の構造とすること．　　〔1種49回 問8改〕

6. 許可届出使用者，届出販売業者，届出賃貸業者等の義務等

6.1 施設検査，定期検査及び定期確認

　許可使用者のうち，密封された放射性同位元素の使用者の場合 10 テラベクレル以上の放射性同位元素を使用及び貯蔵する者は，書面審査による使用の許可に加えて，（イ）使用開始前に使用前検査を，（ロ）その後は一定期間ごとに定期検査と定期確認を受けなければならない．使用前検査，定期検査及び定期確認を受ける必要のある許可使用者を総称して「特定許可使用者」という．特定許可使用者に関連する事項は，第 2 種放射線取扱主任者試験の出題の範囲外と考えられるので説明を省略する．

　〔法 12 の 8〜12 の 10，令 13〜15，則 14 の 13〜14 の 20，告 15〕

6.2 使用施設等の基準適合義務及び基準適合命令〔法 13，法 14〕

1　許可を受けた（又は届け出た）ときには施設の位置，構造及び設備は技術上の基準に適合しているはずであるが，年月が経過すると適合しなくなることも考えられる．許可使用者及び届出使用者は，その施設の位置，構造及び設備を技術上の基準に適合するように維持しなければならない．
　ここでいう施設とは，
（1）　許可使用者の場合には，使用施設等すなわち使用施設，貯蔵施設及び廃棄施設
（2）　届出使用者の場合には，貯蔵施設
　すなわち，「放射線施設」を意味する．（届出使用者の場合の放射線施設とは，

法　　令

貯蔵施設だけを意味することに注意せよ！）

　ここでいう技術上の基準とは，① 5.2で述べた「使用施設の基準」，② 5.3で述べた「貯蔵施設の基準」及び③ 5.4で述べた「廃棄施設の基準」のことである．
2　委員会がこれらの施設の位置，構造又は設備が技術上の基準に適合していないと認めるときは，技術上の基準に適合させるため，許可使用者又は届出使用者に対し，施設の移転，修理又は改造を命ずることができる．

6.3　使用及び保管の基準

6.3.1　使用の基準〔法15, 則15〕

　許可使用者及び届出使用者（以下「**許可届出使用者**」という．）が放射性同位元素を使用する場合には，次のような技術上の基準に従って，放射線障害の防止のために必要な措置を講じなければならない．

　委員会は，これらの使用に関する措置が技術上の基準に適合していないと認めるときは，許可届出使用者に対し，使用の方法の変更その他放射線障害の防止のために必要な措置を命ずることができる．

1　許可使用者が放射性同位元素を使用する場合には，使用施設において行う．
　　ただし，3.9.2の「使用の場所の一時的変更」の場合には，この規定は適用されない．
　　届出使用者が密封された放射性同位元素を使用する場合には，届け出た使用の場所で行うことになる．
2　密封された放射性同位元素を使用する場合には，その放射性同位元素を常に，
　イ　正常な使用状態では，**開封**又は**破壊**されるおそれがない．
　ロ　密封された放射性同位元素が**漏えい**，**浸透**等により**散逸**して**汚染**するおそれがない．
状態において使用することとされている．この法律では「密封」を特に定義し

6. 許可届出使用者，届出販売業者，届出賃貸業者等の義務等

ていないが，これが**密封**を間接的に規定したものといえよう．

3　放射線業務従事者の線量は，実効線量限度（①5年間につき100ミリシーベルト，②1年間につき50ミリシーベルト，③一般女子：3月間に5ミリシーベルト，④妊娠中の女子の内部被ばく：1ミリシーベルト 2.4.1）及び等価線量限度（①眼の水晶体：年150ミリシーベルト，②皮膚：年500ミリシーベルト，③妊娠中の女子の腹部表面：出産までの間に2ミリシーベルト2.4.2）を超えないようにする．

そのための措置としては，

イ　遮蔽壁その他の遮蔽物を用いることにより放射線の**遮蔽**を行うこと．

ロ　遠隔操作装置，かん子等を用いることにより放射性同位元素又は放射線発生装置と人体との間に適当な**距離**を設けること．

ハ　人体が放射線に被ばくする**時間**を短くすること．

の3つのいずれかを講ずる（又はこれらを併用する）ことがあげられる．この遮蔽，距離，時間の3つの要素を（外部）**放射線被ばく防止の3原則**＊という．

4　放射性汚染物で，その表面の放射性同位元素の密度が表面密度限度の10分の1〔告16〕を超えているものは，みだりに**管理区域**から持ち出さない＊．

5　使用の場所の一時的変更の届出をし，

イ　400ギガベクレル以上の放射性同位元素を装備する放射性同位元素装備機器を使用する場合には，当該機器に放射性同位元素の脱落を防止するための装置を備える．

ロ　放射性同位元素を使用する場合には，第1種放射線取扱主任者又は第2種放射線取扱主任者免状を有する者の指示の下に行う．

6　使用施設又は管理区域の目につきやすい場所に，放射線障害の防止に必要な注意事項を掲示する．

7　管理区域には，人がみだりに立ち入らないような措置を講じ，放射線業務従事者以外の者が立ち入るときは，放射線業務従事者の指示に従わせる＊．

8 届出使用者が放射性同位元素を使用する場合及び許可使用者が使用の場所の一時的変更の届出をし，放射性同位元素を使用する場合における管理区域には所定の標識を付ける．

9 密封された放射性同位元素を**移動**させて**使用**する場合には＊，

イ 使用後直ちに，その放射性同位元素について**紛失**，**漏えい**等**異常の有無**を**放射線測定器**により点検する．

ロ 異常が判明したときは，**探査**その他放射線障害を防止するために**必要な措置**を講ずる．

6.3.2 保管の基準〔法16，則17〕

許可届出使用者（許可取消使用者等(6.7.4)を含む）が放射性同位元素又は放射性汚染物を保管する場合には，次のような技術上の基準に従って，放射線障害の防止のために必要な措置を講じなければならない．その措置が技術上の基準に適合していないと認めるときは，委員会は，許可届出使用者に対し，保管の方法の変更その他放射線障害の防止のために必要な措置を命ずることができる．なお，届出販売業者又は届出賃貸業者は，放射性同位元素又は放射性汚染物の保管については，許可届出使用者に委託しなければならない．

1 放射性同位元素の保管は，次のいずれかの方法によって行う．

(1) 容器に入れて貯蔵室に保管する．

(2) 容器に入れて貯蔵箱に保管する．

(3) 密封された放射性同位元素を**耐火性の構造**の容器に入れて貯蔵施設に保管する．

(4) 3.9.2 の「使用の場所の一時的変更」の場合，耐火性の構造の容器に入れて使用の場所に保管する．

2 貯蔵施設には，その**貯蔵能力**を超えて放射性同位元素を貯蔵しない．

3 上記1の(2)の貯蔵箱及び(3)，(4)の容器は，放射性同位元素を保管中にみだりに持ち運ぶことができないようにするための措置を講ずる＊．

4 密封されていない放射性同位元素の保管にあたっての規定は，一般的には第2

種試験の対象外と考えてよいが，密封の開封，破壊，漏えい，浸透等による汚染の場合に備えて，次のイ，ロが定められていることを知っておくこと．

　イ　液体状の放射性同位元素は，液体がこぼれにくい構造であり，かつ，液体が浸透しにくい材料を用いた容器に入れる．

　ロ　液体状又は固体状の放射性同位元素を入れる容器で，亀裂，破損等の事故の生ずるおそれのあるものには，受皿，吸収材その他の施設又は器具を用いることにより，放射性同位元素による汚染の広がりを防止する．

5　その他 6.3.1 の使用の基準の場合と同じように次の(1)〜(4)が規定されている．

　(1)　被ばく防止の措置を講ずることにより，放射線業務従事者の線量が，実効線量限度及び等価線量限度を超えないようにする．

　(2)　放射性汚染物で，表面密度限度の 10 分の 1 を超えて表面が放射性同位元素によって汚染された物をみだりに管理区域から持ち出さない．

　(3)　放射線障害の防止に必要な注意事項を貯蔵施設に掲示する．

　(4)　管理区域への人の立入防止措置を講じ，立入者に対し放射線業務従事者の指示に従わせる．

6.4　運搬の基準

6.4.1　運搬に関する規制体系

　放射性同位元素又は放射性汚染物を運搬する場合の安全を確保するため，国際原子力機関の安全輸送規則に沿って，運搬の技術上の基準が工場又は事業所の内と外とに分けて定められている．また，工場又は事業所の外で運搬する場合で，放射線障害の防止のために特に必要がある場合には，委員会若しくはその登録を受けた者又は国土交通大臣若しくはその登録を受けた者の確認を受けなければならないとされている．

　放射性同位元素等の運搬に関する規制体系を図 6.1 に示す．

法　　令

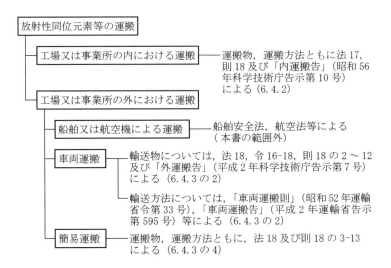

図 6.1　放射性同位元素等の運搬に関する規制体系

6.4.2　工場又は事業所の内における運搬〔法 17，則 18，「内運搬告」〕

1　工場又は事業所の定義は，許可届出使用者の場合：使用施設，貯蔵施設又は廃棄施設を設置した工場又は事業所をいう．

2　許可届出使用者（許可取消使用者等を含む）は，放射性同位元素又は放射性汚染物を工場又は事業所の内で運搬する場合には，次の 3 に示す技術上の基準に従って放射線障害の防止のために必要な措置を講じなければならない．

　委員会は，運搬に関する措置が技術上の基準に適合していないと認めるときは，許可届出使用者に対し，運搬の停止その他放射線障害の防止のために必要な措置を命ずることができる．

3　技術上の基準は，次に定めるとおりとする．ただし，放射性同位元素等を放射線施設内で運搬する場合その他これを運搬する時間が極めて短く，かつ，放射線障害のおそれのない場合には適用しない＊．

　(1)　放射性同位元素等を運搬する場合には，これを容器に封入すること．ただし，①放射性汚染物で，飛散，漏洩の防止その他の委員会が定める放射線障

6. 許可届出使用者，届出販売業者，届出賃貸業者等の義務等

害防止の措置を講じたものを運搬する場合，②放射性汚染物であって大型機械等容器に封入することが著しく困難なものを委員会が承認した措置を講じて運搬する場合，は容器への封入を必要としない．

(2) (1)の容器は，次に掲げる基準に適合するものであること．
　イ　外接する直方体の各辺が 10 センチメートル以上であること．
　ロ　容易に，かつ，安全に取り扱うことができること．
　ハ　運搬中に予想される温度及び内圧の変化，振動等により，亀裂，破損等の生ずるおそれがないこと．

(3)　放射性同位元素等を封入した容器（放射性汚染物を容器に封入しないで運搬する場合にはその汚染物．以下「**運搬物**」という．）及びこれを積載し又は収納した車両その他の運搬する機械又は器具（以下「**車両等**」という．）の①表面における線量当量率は，1 センチメートル線量当量率について 2 ミリシーベルト毎時及び ②表面から 1 メートル離れた位置における線量当量率は，1 センチメートル線量当量率について 100 マイクロシーベルト毎時を超えないようにし，かつ，③運搬物の表面の放射性同位元素の密度が表面密度限度の 10 分の 1 を超えないようにすること*．

(4)　運搬物の車両等への積付けは，運搬中において移動，転倒，転落等により運搬物の安全性が損なわれないように行うこと．

(5)　運搬物は，同一の車両等に委員会の定める危険物（火薬類，高圧ガス，引火性液体，強酸等）と混載しないこと．

(6)　運搬物の運搬経路においては，標識の設置，見張人の配置等の方法により，運搬に従事する者以外の者及び運搬に使用される車両以外の車両の立入りを制限すること．

(7)　車両により運搬物を運搬する場合は，当該車両を徐行させること．

(8)　放射性同位元素等の取扱いに関し，相当の知識及び経験を有する者を同行させ，放射線障害の防止のため必要な監督を行わせること．

(9)　運搬物（コンテナに収容された運搬物にあっては，そのコンテナ）及びこ

法　　令

れらを運搬する車両等の適当な箇所に所定の**標識**（事業所内運搬標識）を取り付けること．事業所内運搬標識を図 6.2 に示す．色は，三葉マーク，文字，線等は黒，地及びふちの部分は白とする．車両等に取り付ける標識については，その各辺は，15 センチメートル以上とする．

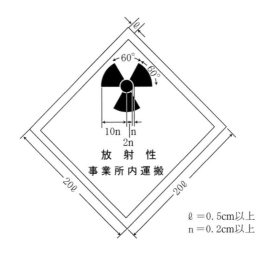

図 6.2　事業所内運搬標識

4　上記 3 の (2) 又は (3) に掲げる措置の全部又は一部を講ずることが著しく困難なときは，委員会の承認を受けた措置を講ずることによって代えることができる．この場合において運搬物の表面における線量当量率は，1 センチメートル線量当量率について 10 ミリシーベルト毎時を超えてはならない．

5　上記 3 のうち (1)～(3) 及び (6)～(9) は，管理区域内において行う運搬には適用しない．

6　許可届出使用者は，運搬物の運搬に関し，後述の 6.4.3 工場又は事業所の外における運搬のうち 6.4.3.1 の 1. 車両運搬における運搬する物に係る技術上の基準及び 6.4.3.2 の 1. 簡易運搬における運搬する物に係る技術上の基準に記載した事項に従って放射線障害の防止のために必要な措置を講じた場合は，上記 3 の

規定にかかわらず，運搬物を事業所等の区域内において運搬することができる．

6.4.3 工場又は事業所の外における運搬〔法18，令16〜18，則18の2〜18の20，「外運搬告」，「車両運搬則」，「車両運搬告」等〕

許可届出使用者，届出販売業者及び届出賃貸業者(許可取消使用者等を含む)並びにこれらの者から運搬を委託された者（以下，「**許可届出使用者等**」という．）は，放射性同位元素又は放射性汚染物を工場又は事業所の外で運搬する場合（船舶又は航空機により運搬する場合を除く．）には，委員会規則及び国土交通省令で定める技術上の基準に従って放射線障害の防止のために必要な措置を講じなければならない．

この場合，委員会又は国土交通大臣は，運搬に関する措置が技術上の基準に適合していないと認めるときは，許可届出使用者等に対し，運搬の停止その他放射線障害の防止のために必要な措置を命ずることができる．

6.4.3.1 車両運搬

1．車両運搬における運搬する物に係る技術上の基準〔則18の2〜18の12〕

許可届出使用者等は，放射性同位元素又は放射性汚染物（**放射性同位元素等**）を工場又は事業所の外において**車両運搬**により運搬する場合，運搬する物については，それぞれの危険性に応じて，次の7種類の**放射性輸送物**として運搬しなければならない．「放射性輸送物」とは，放射性同位元素等が容器に収納され，又は梱包されているものをいう．

これ以降，**特別形**（放射性同位元素等），**非特別形**（放射性同位元素等），A_1 **値**，A_2 **値**，といった用語が出てくる．特別形とは，容易に散逸しない固体状の放射性同位元素等又は放射性同位元素等を密封したカプセルであって，①外接する直方体の少なくとも一辺が0.5cm以上で，②衝撃試験，打撃試験及び曲げ試験で破損せず，③加熱試験で溶融又は分散せず，また，④浸漬試験で漏洩量が2kBqを超えないものをいう．非特別形とは，特別形以外の放射性同位元素等をいう．A_1値及びA_2値は，放射性同位元素等が散逸した場合の危険度を考慮して，個々の放射性同位元素の種類に応じて定められた数値である．A_1値は特別形に対して定め

られた数値，A_2 値は非特別形に対して定められた数値である．

① 放射性輸送物の区分

危険性の少ないほうから順に，L型，A型，BM型及びBU型の4種類並びにIP型の3種類（IP-1型 IP-2型及びIP-3型）の合計7種類に**分類**している．

L型：危険性が極めて少ないとして定められた放射性同位元素等．たとえば固体の ^{60}Co の場合，特別形・非特別形双方に対して400MBq，固体の ^{192}Ir の場合，特別形に対して1GBq・非特別形に対して600MBq等の数量を超えないものが該当する．一般的にいうと，その数量が，A_1 値又は A_2 値の 1000 分の 1，ただし**機器等**（時計等の機器又は装置）に含まれている固体の場合には 100 分の 1 を超えないものである．

A型：特別形放射性同位元素等の場合は A_1 値，非特別形放射性同位元素等の場合は A_2 値を超えない量の放射能を有する放射性同位元素等．たとえば固体の ^{60}Co の場合，特別形・非特別形双方に対して400GBq，固体の ^{192}Ir の場合，特別形に対して 1TBq・非特別形に対して 600GBq 等の数量を超えないものが該当する．

BM型及びBU型：A型で定められた量（A_1 又は A_2 値）を超える量の放射能を有する放射性同位元素等．BM型とは，国際輸送の際に，設計国，使用国，通過国等全ての関係国による安全性についての許可を受けなければならない輸送物をいい，BU型とは，設計国の許可を受けておけば，使用国，通過国は自動的にその使用，通過を承認することになる輸送物をいう．したがって，BU型は，BM型より厳しい技術上の基準を適用して設計され，BM型より厳しい条件での試験に合格しなければならない．

IP型：放射性濃度が低い放射性同位元素等であって危険性の少ないもの（**低比放射性同位元素**）及び放射性同位元素によって表面が汚染された物であって危険性の少ないもの（**表面汚染物**）は，委員会の定める区分に応じ，IP-1型輸送物，IP-2型輸送物又はIP-3型輸送物として運搬することができる．低比放射性同位元素としては鉱石，放射性廃棄物等が，表面汚染物としては内容

物を除去した輸送容器等がある．

② 放射性輸送物の基準

(1) 全ての放射性輸送物に共通した技術上の基準

イ 容易に，かつ，安全に取り扱うことができること．

ロ 運搬中に予想される温度及び内圧の変化，振動等により，亀裂，破損等の生じるおそれがないこと．

ハ 表面に不要な突起物がなく，かつ，表面の汚染の除去が容易であること．

ニ 材料相互の間及び材料と収納され，又は包装される放射性同位元素等との間で危険な物理的作用又は化学反応の生じるおそれがないこと．

ホ 弁が誤って操作されないような措置が講じられていること．

ヘ 表面の放射性同位元素（通常の取扱いにおいて，はく離するおそれのないものを除く．）の密度が「輸送物表面密度」を超えないこと．

　★**輸送物表面密度**とは表面密度限度の10分の1の値，すなわちα放射体の場合は0.4 Bq/cm^2，それ以外の場合は4 Bq/cm^2．

ト 放射性同位元素の使用等に必要な書類その他の物品（放射性輸送物の安全性を損なうおそれのないものに限る．）以外のものが収納され，又は包装されていないこと．

(2) L型輸送物の技術上の基準

　(1)のイ～ト及び次のイ・ロの基準

イ 容器又は包装の表面における1センチメートル線量当量率が5マイクロシーベルト毎時を超えないこと＊．

ロ 開封されたときに見やすい位置（当該位置に表示を有することが困難である場合は，放射性輸送物の表面）に「放射性」又は「RADIOACTIVE」の表示を有していること．ただし，委員会の定める場合（①機器等に含まれる放射性同位元素等及び②放射性同位元素等が収納されたことのある空の容器の内表面に付着している放射性同位元素等が一定の要件に適合するもの）は，この限りではない．

(3) A型輸送物の技術上の基準

(1)のイ〜ト及び次のイ〜チの基準

イ 外接する直方体の各辺が10センチメートル以上であること．

ロ みだりに開封されないように，かつ，開封された場合に開封されたことが明らかになるように，容易に破れないシールの貼付け等の措置が講じられていること．

ハ 構成部品は，−40℃〜70℃の温度の範囲において，亀裂，破損等の生じるおそれのないこと．ただし，運搬中に予想される温度の範囲が特定できる場合は，この限りでない．

ニ 周囲の圧力を60キロパスカル（60kPa）とした場合に，放射性同位元素の漏えいがないこと．

ホ 液体状の放射性同位元素等が収納されている場合には①2倍以上の液体を吸収できる吸収材又は2重の密封装置を備え，②温度変化並びに運搬時及び注入時の挙動に対処し得る適切な空間を有していること．

ヘ 表面における1センチメートル線量当量率が2ミリシーベルト毎時を超えないこと＊．（ただし，一定の条件の下で，安全上支障がない旨の委員会の承認を受けたものは，10ミリシーベルト毎時）

ト 表面から1メートル離れた位置における1センチメートル線量当量率が100マイクロシーベルト毎時を超えないこと（ただし，①放射性輸送物を専用積載として運搬する場合であって，安全上支障がない旨の委員会の承認を受けた場合，及び，②コンテナ又はタンクを容器として使用する放射性輸送物を専用積載としないで運搬するものの場合に特例がある．）

チ その他，A型輸送物に係る試験条件に適合していること．

L型輸送物及びA型輸送物に係る技術上の基準のうち主なものを比較して**表**6.1に示す．

6. 許可届出使用者，届出販売業者，届出賃貸業者等の義務等

表 6.1 放射性輸送物の技術上の基準のL型及びA型輸送物への適用(○)不適用(－)

基　　準	L型	A型
1. 容易に，かつ，安全に取り扱うことができる	○	○
2. 運搬中に亀裂，破損等の生じるおそれがない	○	○
3. 表面に不要な突起物がなく，除染が容易	○	○
4. 収納物間で危険な物理的作用又は化学的反応の生じるおそれがない	○	○
5. 弁が誤って操作されない措置	○	○
6. 表面汚染が輸送物表面密度 ※ 以下	○	○
7. 不必要な物品を収納・包装しない	○	○
8. 「放射性」又は「RADIOACTIVE」の表示	○	－
9. 線量当量率が基準値[mSv/h]以下　①表面　②表面から1m	0.005　　－	2　　0.1
10. 外装する直方体の各辺が10cm以上	－	○
11. シールの貼り付け等の措置	－	○
12. －40～70℃で，亀裂，破損等の生じるおそれがない	－	○
13. 周囲の圧力60kPaで漏えいがない	－	○
14. 液体状の放射性同位元素等の収納の場合　①2倍以上の液体を吸収できる吸収材等　②温度変化等に対応しうる適切な空間	－　　－	○　　○

※　「輸送物表面密度」は「表面密度限度」の10分の1の値．すなわち，
　　a) α放射体：0.4Bq/cm^2，b) それ以外：4Bq/cm^2．

(4) BM型輸送物，BU型輸送物及びIP型輸送物に係る技術上の基準は，第2種放射線取扱主任者試験の出題の範囲外と考えられるのでその説明を省略した．

2．車両運搬における運搬方法に係る技術上の基準

車両により運搬する場合の運搬方法に係る技術上の基準は，「車両運搬則」，「車両運搬告」等に定められている．「車両運搬則」各条に定められた放射性輸送物の運搬方法に係る技術上の基準の主要な部分を**表 6.2**に纏めた．

表 6.2 車両運搬則各条に定める放射性輸送物の運搬方法に係る技術上の基準のL型及びA型輸送物への適用(○)不適用(—)

条	基　準	L型	A型
3	(取扱場所) 関係者以外の者が通常立ち入る場所で積み込み，取卸し等の取扱をしてはならない．	—	○
4	(積載方法) 安全が損なわれないように積載する．関係者以外の者が通常立ち入る場所に積載してはならない．	○	○
5	(混載制限) 火薬，高圧ガス，引火性液体，強酸類等と混載してはならない．	○	○
8	(標識又は表示) 表面で $5\mu Sv/h$ 以下の輸送物には第1類白標識，表面で $500\mu Sv/h$ 以下の輸送物には第2類黄標識，それ以外の輸送物には第3類黄標識を付ける．荷送人若しくは荷受人の氏名又は名称，住所等を表示．	—	○
9	(積載限度) 非専用積載の場合，輸送指数(6.4.3.2の2参照)の合計を50以下にする．	○	○
10	(車両に係る線量当量率等) 車両表面で2mSv/h以下．表面から1mで $100\mu Sv/h$ 以下．運転席で $20\mu Sv/h$ 以下．車両表面で輸送物表面密度以下．	○	○
11	(車両に係る標識) 自動車の場合，その両側面及び後面に車両標識を付けなければならない．夜間は，前後部に赤色灯を付け，点灯しなければならない．	—	○
13	(取扱方法等を記載した書類の携行) が必要．	—	○
14	(交替運転者等) 長距離又は夜間の運搬の場合，必要．	—	○
15	(見張人) 一般公衆が容易に近づける場所に駐車する場合，見張人を配置しなければならない．	—	○
15の2	(同乗制限) 第2類又は第3類黄標識を付けた輸送物を運搬する場合には，関係者以外の者を同乗させてはならない．	—	○
15の3	(放射線防護計画) 許可届出使用者等は，輸送実施体制，放射線量の測定方法，表面汚染，緊急時の対応等を記載した放射線防護計画を定めなければならない．	○	○
15の4	(教育及び訓練) 許可届出使用者等は，運搬従事者に，放射性輸送物の取扱方法，放射線障害を想定した安全訓練等，必要な教育及び訓練を行わなければならない．	○	○

6.4.3.2 簡易運搬〔則18の13, 外運搬告22, 23〕

簡易運搬とは，運搬される放射性同位元素等（以下，「**運搬物**」という.）の事業所等の外における車両運搬以外の運搬（船舶又は航空機によるものを除く.）をいう.

1．簡易運搬における運搬物に係る技術上の基準

6.4.3.1 車両運搬の「1．車両運搬における輸送物に係る技術上の基準」に定めるところによる.

2．簡易運搬における運搬方法に係る技術上の基準

イ　運搬物を積載し，又は収納した運搬機械又は器具（以下「**運搬機器**」という.）の表面における1センチメートル線量当量率が2ミリシーベルト毎時を超えず，かつ，表面から1メートル離れた位置における1センチメートル線量当量率が100マイクロシーベルト毎時を超えないようにすること．

ロ　L型輸送物以外の運搬物の運搬機器への積付けは，運搬中移動，転倒，転落等により運搬物の安全性が損なわれないように行うこと．また，同一の運搬機器に，委員会の定める危険物（火薬類，高圧ガス，引火性液体，強酸類等）と混載しないこと．

ハ　その表面における1センチメートル線量当量率が5マイクロシーベルト毎時を超える2つ以上の運搬物を同一の運搬機器に積載し，若しくは収納して運搬する場合には，放射線障害の防止のため，各運搬物の**輸送指数**（運搬物の表面から1メートル離れた位置における1センチメートル線量当量率をミリシーベルト毎時で表した値の最大値の100倍をいう.）を合計した値又は，2個以上の運搬物の集合を直接測定して求めた輸送指数が50以下となるように積載し，又は，運搬物の個数を制限すること．

ニ　L型輸送物以外の運搬物を運搬する場合には，次の措置を講ずること．

　i) 運搬従事者は，運搬物の取扱方法，事故の際の措置その他の留意事項を記載した書面を携行し，運搬を終了した日から1年間これを保存すること．

　ii) 運搬従事者は，消火器，放射線測定器，保護具その他の事故の際に必要な器具，装置等を携行すること．

法　　令

　　iii) 人の通常立ち入る場所においては，運搬物又は運搬機器を置き，又は運搬物の積込み，取卸し等の取扱いを行わないこと．(ただし，縄張，標識の設置等の措置を講じたときは，この限りでない．)

ホ　運搬物には，所定の標識の取付け又は表示をすること．

ヘ　放射線業務従事者の線量が実効線量限度及び等価線量限度を超えないようにすること．

6.4.3.3　放射性輸送物の標識及び表示

放射性輸送物又は運搬物（以下「放射性輸送物」という．）には，標識の取付け又は表示をすることとされている（車両運搬の場合，「車両運搬則」第8条並びに「車両運搬告」第4条及び第14条．簡易運搬の場合，則第18条の13第7号及び「外運搬告」第24条）．

表面における1センチメートル線量当量率が

イ　5マイクロシーベルト毎時を超えないものには，第1類白標識を

ロ　5マイクロシーベルト毎時を超え500マイクロシーベルト毎時以下であり，かつ，その輸送指数が1を超えないものには，第2類黄標識を

ハ　イ，ロ以外のものには第3類黄標識を

それぞれ放射性輸送物の表面の2箇所に取り付けることとされている．（L型輸送物については，この規定は適用されない．）

また，放射性輸送物には，その表面の見やすい箇所に次の(1)～(3)の事項を表示しておくこと．(1)荷送人又は荷受人の氏名又は名称及び住所，(2)総重量が50kgを超える放射性輸送物の場合は総重量，(3)放射性輸送物の型(A型若しくはTYPE A，BM型若しくはTYPE B(M)，BU型若しくはTYPE B(U)，IP-1型若しくはTYPE IP-1，IP-2型若しくはTYPE IP-2又はIP-3型若しくはTYPE IP-3)．さらに，BM型及びBU型の輸送物には，その容器の耐火性及び耐水性を有する最も外側の表面に，耐火性及び耐水性を有する三葉マークを鮮明に表示することが定められている．

第1類白標識(1)，第2類黄標識(2)及び第3類黄標識(3)（**運搬標識**）並びにBM型

6. 許可届出使用者,届出販売業者,届出賃貸業者等の義務等

及びBU型輸送物に表示する三葉マーク(4)（**運搬表示**）を図6.3に示す．色は，三葉マーク，文字，線等は黒，「放射性」の文字の右の縦線（Ⅰ～Ⅲ）の部分は赤，下半部の地及びふちの部分は白で，上半部の地は(1)にあっては白，(2)及び(3)にあっては黄とする．また本邦内のみを運搬されるものにあっては，(1)～(3)の標識中の英語の部分を削ることができる．

放射性輸送物を積載した車両には「車両標識」を付することとされている（車両運搬則第11条）．図6.4に車両標識を示す．

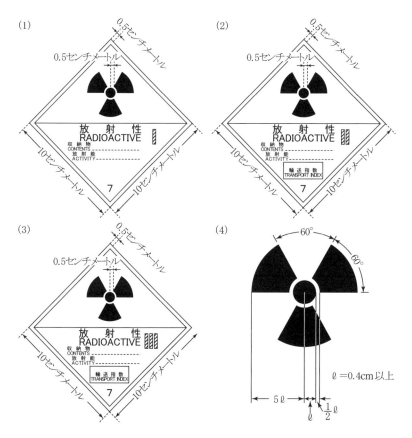

図6.3　運搬標識(1)～(3)及び運搬表示(4)

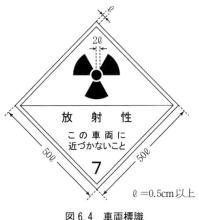

図 6.4 車両標識

以上のほかコンテナ標識の規定が「車両運搬則」に定められているが,本書では説明は省略する.

6.5 廃棄の基準等

6.5.1 廃棄の基準〔法 19-1〜3〕

許可届出使用者及び許可廃棄業者(許可取消使用者等を含む)は,放射性同位元素又は放射性汚染物を工場又は事業所の内又は外において廃棄する場合には,廃棄に関する技術上の基準に従って放射線障害の防止のために必要な措置を講じなければならない.

委員会は,廃棄に関する措置が技術上の基準に適合していないと認めるときは,許可届出使用者又は許可廃棄業者に対し,廃棄の停止その他放射線障害の防止のために必要な措置を命ずることができる.

6.5.1.1 許可使用者の工場又は事業所内における廃棄の場合の技術上の基準〔規 19-1(1)〜(16)〕

1 許可使用者が密封された放射性同位元素(密封が開封,破壊,漏えい,浸透等により汚染を起こした場合には,密封されていない放射性同位元素又は放射

性同位元素によって汚染された物であることもありうる．）を廃棄する場合には，容器に封入し，**保管廃棄設備**に保管廃棄する．この場合その容器及び管理区域の境界に設ける柵等の施設には，所定の標識を付ける＊．
2 ただし，放射性汚染物が大型機械等であって容器に封入することが著しく困難な場合においては，汚染の広がりを防止するための特別の措置を講ずるときは，容器に封入することを要しない．
3 このほか，次の①〜④の事項が規定されている．
  ① 被ばく防止の措置を講ずることにより，放射線業務従事者の線量が，実効線量限度及び等価線量限度を超えないようにすること．
  ② 表面密度限度の10分の1を超えて表面が放射性同位元素によって汚染された物を，みだりに管理区域から持ち出さないこと．
  ③ 放射線障害の防止に必要な注意事項を管理区域に掲示すること．
  ④ 管理区域への人の立入防止措置を講じ，立入者に対し放射線業務従事者の指示に従わせること．

なお，保管廃棄したものは一定期間経過後，許可廃棄業者等に引き渡すことが多い．

6.5.1.2 届出使用者の工場又は事業所内における廃棄の場合の技術上の基準
〔則19－4〕

届出使用者が密封された放射性同位元素（密封が開封，破壊，漏えい，浸透等により汚染を起こした場合には，密封されていない放射性同位元素又は放射性同位元素によって汚染された物であることもありうる．）を廃棄する場合には，容器に封入し，**一定の区画された場所**内に放射線障害の発生を防止するための措置を講じて廃棄する．この場合その容器及び管理区域には，所定の標識を付ける＊．
★届出使用者の場合には，廃棄施設に相当するような施設の規制がないので，「一定の区画された場所」という保管廃棄設備に相当したところに保管廃棄するように定められている．

なお，許可使用者の場合と同様に，6.5.1.1の3に記述した①〜④の事項が規定

されていて，保管廃棄したものは一定期間経過後，許可廃棄業者等に引き渡すことが多い．

6.5.1.3 許可届出使用者の工場又は事業所外における廃棄の場合の技術上の基準〔法19-2，則19-5〕

許可届出使用者は，放射性同位元素又は放射性汚染物を工場又は事業所の外において廃棄する場合は，次の措置を講じなければならない．

イ　放射性同位元素を廃棄する場合には，許可使用者に保管廃棄を委託し，又は許可廃棄業者若しくは廃棄事業者に廃棄を委託すること．

ロ　放射性汚染物を廃棄する場合には，当該放射性汚染物に含まれる放射性同位元素の種類が許可証に記載されている許可使用者に保管廃棄を委託し，又は許可廃棄業者若しくは廃棄事業者に廃棄を委託すること．

ハ　廃棄に従事する者の被ばくの防止については，放射線被ばく防止の措置（6.3.1の3）のいずれかを講ずることにより，放射線業務従事者及び放射線業務従事者以外の廃棄に従事する者の線量が実効線量限度（2.4.1）及び等価線量限度（2.4.2）を超えないようにすること＊．〔告17〕

6.5.1.4 届出販売業者又は届出賃貸業者からの廃棄の委託〔法19-4〕

届出販売業者又は届出賃貸業者は，放射性同位元素又は放射性汚染物の廃棄については，許可届出使用者又は許可廃棄業者に委託しなければならない．

6.5.1.5 表示付認証機器又は表示付特定認証機器の廃棄の委託〔法19-5〕

表示付認証機器又は表示付特定認証機器（以下，「**表示付認証機器等**」という．）を廃棄しようとする者は，許可届出使用者又は許可廃棄業者に委託しなければならない．

6.5.2 措置命令〔法15〜19〕

以上の6.3.1使用，6.3.2保管，6.4.2工場又は事業所内の運搬，6.4.3工場又は事業所外の運搬及び6.5廃棄の各項において，委員会（工場又は事業所外の運搬の場合は，運搬する物については委員会，運搬方法については国土交通大臣）は，放射性同位元素の使用又は放射性同位元素等の保管，運搬若しくは廃棄に関する

措置が技術上の基準に適合していないと認めるときは，許可届出使用者等に対し，放射線障害防止のために必要な措置を命ずることができる旨の規定が共通してある．

この場合，対象者としては 6.8.1 の(4)，(5)により放射性同位元素の所持を認められた者を含み，また工場又は事業所外の運搬の場合には，「これらの者から運搬を委託された者」も含まれる．

6.6　測定，放射線障害予防規程，教育訓練，健康診断，記帳等

6.6.1　測　　定

6.6.1.1　場所に関する測定＊〔法 20－1，則 20－1〕　〔重要！〕

1　許可届出使用者は，放射線障害のおそれのある場所について，放射線の量及び放射性同位元素等による汚染の状況を測定しなければならない．放射線の量の測定は，**1 センチメートル線量当量率**又は **1 センチメートル線量当量**について行うこと．

　　ただし，**70 マイクロメートル線量当量率**が 1 センチメートル線量当量率の 10 倍を超えるおそれのある場所又は **70 マイクロメートル線量当量**が 1 センチメートル線量当量の 10 倍を超えるおそれのある場所においては，それぞれ 70 マイクロメートル線量当量率又は 70 マイクロメートル線量当量について行うこと．

2　測定にあたっては，**放射線測定器**を用いて行う．ただし，放射線測定器を用いて測定することが著しく困難である場合には，計算によってこれらの値を算出することとする．

3　測定は，**表 6.3** に示す項目・各場所について，それを知るために最も適した箇所において行う．

4　測定の回数

　A　作業を開始する前に 1 回

　B　作業を開始した後は，次の(1)～(3)により行うこと．

(1)　表 6.3 の測定は 1 月を超えない期間ごとに 1 回．ただし，次の(2)及び(3)

法　　令

表 6.3　測定の場所

項目	①放射線の量の測定	②放射性同位元素による汚染の状況の測定
場所	イ　使用施設 ロ　貯蔵施設 ハ　廃棄施設 ニ　管理区域の境界 ホ　事業所等内において人が居住する区域 ヘ　事業所等の境界	イ　管理区域の境界

の場合を除く．

(2)　密封された放射性同位元素を固定して取り扱う場合であって，取扱いの方法及び遮蔽壁その他の遮蔽物の位置が一定しているときの放射線の量の測定は，**6月を超えない期間ごとに1回**

(3)　下限数量の1000倍以下の密封された放射性同位元素のみを取り扱うときの放射線の量の測定は，**6月を超えない期間ごとに1回**

5　測定結果の記録の作成と保存〔法20−3，則20−4(1)〕

　　測定の結果は，測定の都度，次の事項について記録し，**5年間保存すること**．

　イ　測定日時
　ロ　測定箇所
　ハ　測定をした者の氏名
　ニ　放射線測定器の種類及び型式
　ホ　測定方法
　ヘ　測定結果

6.6.1.2　人に関する測定＊〔法20−2，則20−2〕〔重要！〕

許可届出使用者は，使用施設，貯蔵施設又は廃棄施設に立ち入った者について，その者の受けた放射線の量及び放射性同位元素等による汚染の状況を測定しなければならない．

　放射線の量の測定は，**外部被ばく**による線量及び**内部被ばく**による線量につい

6. 許可届出使用者，届出販売業者，届出賃貸業者等の義務等

て，次に定めるところにより行うこと．
1　外部被ばくによる線量の測定
(1)　胸部（女子（注）にあっては腹部）について1センチメートル線量当量及び70マイクロメートル線量当量（中性子については，1センチメートル線量当量）を測定する．
注　妊娠不能と診断された者及び妊娠の意思のない旨を許可届出使用者又は許可廃棄業者に書面で申し出た者を除く（ただし，合理的理由があるときは，この限りでない）．以下，本書において「一般女子」という．
(2)　①頭部及びけい部から成る部分，②胸部及び上腕部から成る部分並びに③腹部及び大たい部から成る部分のうち，外部被ばくによる線量が最大となるおそれがある部分が②の胸部及び上腕部から成る部分（一般女子にあっては③の腹部及び大たい部から成る部分）以外の部分である場合には，(1)のほかその部分についても，(1)に記載した各線量を測定すること．
(3)　人体部位のうち外部被ばくによる線量が最大となるおそれがある部位が，頭部，けい部，胸部，上腕部，腹部及び大たい部以外の部位であるときは，(1)，(2)のほかその部位について70マイクロメートル線量当量を測定すること．ただし，中性子線については測定を要しない．
(4)　**放射線測定器**を用いて測定すること．ただし，放射線測定器を用いて測定することが著しく困難である場合には，計算によってこれらの値を算出することとする．
(5)　管理区域に立ち入る者について，管理区域に立ち入っている間継続して行うこと（この間継続して個人線量計を装着しておくとの意味）．
　　ただし，管理区域に一時的に立ち入る者であって放射線業務従事者でないものにあっては，その者の管理区域内における外部被ばくによる線量が実効線量について100マイクロシーベルトを超えるおそれのないときは，この限りでない．〔告18－1〕
2　内部被ばくによる線量の測定

法　令

① 放射性同位元素を誤って吸入摂取又は経口摂取したとき 及び
② 作業室その他放射性同位元素を吸入摂取又は経口摂取するおそれのある場所に立ち入る者に対して行う．

　測定の頻度，方法等については第 2 種放射線取扱主任者試験の出題の範囲外と考えられるので説明を省略する．

3　放射性同位元素による汚染の状況の測定
(1)　放射線測定器を用い，次に定めるところにより行うこと．ただし，放射線測定器を用いて測定することが著しく困難である場合には，計算によってこの値を算出することができる．（「測定を行わなくてよい」ではないから，間違えないように）
(2)　(イ)手, 足その他放射性同位元素によって汚染されるおそれのある人体部位の表面及び(ロ)作業衣，履物，保護具その他人体に着用している物の表面であって放射性同位元素によって汚染されるおそれのある部分について行うこと．
(3)　密封されていない放射性同位元素の使用その他を行う放射線施設に立ち入る者について，当該施設から退出するときに行うこと．

4　測定結果の記録の作成と保存〔法 20－3，則 20－4(2)～(8)〕
(1)　1 の外部被ばくによる線量の測定結果の記録
① 4 月 1 日，7 月 1 日，10 月 1 日及び 1 月 1 日を始期とする各 **3 月間**
② 4 月 1 日を始期とする **1 年間**
③ 本人の申出等により許可届出使用者又は許可廃棄業者が妊娠の事実を知ることとなった女子にあっては出産までの間毎月 1 日を始期とする **1 月間**

について，当該期間ごとに集計し，集計の都度次の事項について記録すること．
　イ　測定対象者の氏名
　ロ　測定をした者の氏名
　ハ　放射線測定器の種類及び型式
　ニ　測定方法
　ホ　測定部位及び測定結果

6. 許可届出使用者，届出販売業者，届出賃貸業者等の義務等

(2) 2の内部被ばくによる線量の測定結果の記録（記載省略）

(3) 3の放射性同位元素による汚染の状況の測定結果の記録

　　手，足等の人体部位の表面（人体に着用している物については，記録の対象としていないことに注意）が，表面密度限度を超えて放射性同位元素により汚染され，その汚染を容易に除去することができない場合に＊，次の事項について記録すること．

　イ　測定日時
　ロ　測定対象者の氏名
　ハ　測定をした者の氏名
　ニ　放射線測定器の種類及び型式
　ホ　汚染の状況
　ヘ　測定方法
　ト　測定部位及び測定結果

★　放射性同位元素による汚染の状況の測定のうち，①人体部位以外の物の表面の汚染に関しては，記録する必要がない．②人体部位についても表面密度限度以下の汚染の場合，及び，③表面密度限度を超えた汚染でも，その汚染を容易に除去できる場合は，いずれも記録する必要がない．

(4) 実効線量及び等価線量の算定と記録

　　(1)〜(3)の測定結果から，委員会の定めるところにより実効線量及び等価線量を

　①　4月1日，7月1日，10月1日及び1月1日を始期とする各3月間
　②　4月1日を始期とする1年間
　③　本人の申出等により許可届出使用者又は許可廃棄業者が妊娠の事実を知ることとなった女子にあっては出産までの間，毎月1日を始期とする1月間

について，当該期間ごとに算定し，算定の都度次の項目について記録すること．

　イ　算定年月日
　ロ　対象者の氏名

443

法　　令

　　ハ　算定した者の氏名
　　ニ　算定対象期間
　　ホ　実効線量
　　ヘ　等価線量及び組織名
(5)　実効線量及び等価線量の算定の方法〔告20-1, 2〕
A　実効線量
　1センチメートル線量当量を外部被ばくによる実効線量とし，これと内部被ばくによる実効線量との和を実効線量とする．ただし，線量が最大になる部分が胸部又は腹部以外の場合には，適切な方法により算出したものを外部被ばくによる実効線量とする．内部被ばくによる実効線量は，吸入摂取又は経口摂取した放射性同位元素の摂取量から算出するものとする．

B　等価線量
　　イ　皮膚の等価線量：70マイクロメートル線量当量
　　ロ　眼の水晶体の等価線量：1センチメートル線量当量又は70マイクロメートル線量当量のうち，適切な方
　　ハ　妊娠中である女子の腹部表面の等価線量：1センチメートル線量当量
(6)　1年についての実効線量が20ミリシーベルトを超えた場合は，累積実効線量を毎年度集計し，集計の都度次の項目について記録する．
　　イ　集計年月日
　　ロ　対象者の氏名
　　ハ　集計者の氏名
　　ニ　集計対象期間
　　ホ　累積実効線量（※）
（※　平成13年4月1日以降5年ごとに区分した各期間〔告20-3〕）
(7)　記録の写しの交付
　　当該測定の対象者に対し，(1)～(4)及び(6)の記録の写しを記録の都度交付すること．

(8) 記録の保存

(1)～(4)及び(6)の記録を**永年保存**すること．（人に関する記録は全て永年保存である．）ただし，①その記録の対象者が許可届出使用者若しくは許可廃棄業者の従業者でなくなった場合　又は　②当該記録を 5 年以上保存した場合において，これを委員会が指定する機関に引き渡すときは，永年保存の義務を免れる．この指定機関として公益財団法人放射線影響協会が指定されている．

「放射性同位元素等による放射線障害の防止に関する法律施行令の規定に基づき記録の引渡し機関を指示する告示」（平成 17 年文部科学省告示第 78 号）

6.6.2　放射線障害予防規程＊〔法 21，則 21〕

1　許可届出使用者，届出販売業者（表示付認証機器等のみを販売する者を除く）及び届出賃貸業者（表示付認証機器等のみを賃貸する者を除く）は，放射線障害を防止するため，放射性同位元素の使用，又は放射性同位元素の販売若しくは賃貸の業を**開始する前に**，放射線障害予防規程を作成し，委員会に届け出なければならない．

★　表示付認証機器届出使用者の場合は（もちろん，表示付特定認証機器使用者の場合も），放射線障害予防規程の作成・届出の必要はない．〔法 25 の 2-1〕

2　放射線障害予防規程は，次の事項について定めるものとされている．

(1)　放射線取扱主任者その他の放射性同位元素等の取扱いの安全管理に従事する者に関する職務及び組織に関すること．

(2)　放射線取扱主任者の代理者に関すること．

(3)　放射線施設の維持及び管理並びに放射線施設（届出使用者の使用，廃棄の場合には，管理区域）の点検に関すること．

(4)　放射性同位元素の使用に関すること．

(5)　放射性同位元素等の受入れ，払出し，保管（届出賃貸業者にあっては放射性同位元素を賃貸した許可届出使用者により適切な保管が行われないときの措置を含む），運搬又は廃棄に関すること．

(6)　放射線の量及び放射性同位元素による汚染の状況の測定並びにその測定の

結果についての記録，記録の写しの交付及び保存に関する措置に関すること．
- (7) 放射線障害を防止するために必要な教育及び訓練に関すること．
- (8) 健康診断に関すること．
- (9) 放射線障害を受けた者又は受けたおそれのある者に対する保健上必要な措置に関すること．
- (10) 記帳及びその保存に関すること．
- (11) 地震，火災その他の災害が起こった時の措置に関すること．
- (12) 危険時の措置に関すること．
- (13) 放射線障害のおそれがある場合又は放射線障害が発生した場合の情報提供に関すること．
- (14) 応急の措置を講ずるために必要な事項であって，次に掲げるものに関すること．
  - イ 応急の措置を講ずる者に関する職務及び組織に関すること．
  - ロ 応急の措置を講ずるために必要な設備又は資機材の整備に関すること．
  - ハ 応急の措置の実施に関する手順に関すること．
  - ニ 応急の措置に係る訓練の実施に関すること．
  - ホ 都道府県警察，消防機関及び医療機関その他の関係機関との連携に関すること．
- (15) 放射線障害の防止に関する業務の改善に関すること（特定許可使用者及び許可廃棄業者に限る．）．
- (16) 放射線管理の状況の報告に関すること．
- (17) その他放射線障害の防止に関し必要な事項

3 委員会は，放射線障害を防止するために必要があると認めるときは，許可届出使用者，届出販売業者又は届出賃貸業者に対し，放射線障害予防規程の変更を命ずることができる．

4 許可届出使用者，届出販売業者及び届出賃貸業者は，放射線障害予防規程を変更したときは，変更の日から **30 日以内**に，変更後の放射線障害予防規程を添

えて，委員会に届け出なければならない．

6.6.3 教 育 訓 練〔法22, 則21の2, 平成3年科学技術庁告示第10号〕

許可届出使用者は，使用施設，貯蔵施設又は廃棄施設に立ち入る者に対し，放射線障害予防規程の周知その他を図るほか，放射線障害を防止するために必要な教育及び訓練を施さなければならない．

管理区域に立ち入る者及び取扱等業務に従事する者に次の時期及び項目について教育及び訓練を行うこと．

1 教育及び訓練を行うとき
  A 放射線業務従事者：初めて管理区域に立ち入る前及び管理区域に立ち入った後にあっては前回の教育及び訓練を行った日の属する年度の翌年度の開始の日から**1年以内**
  B 取扱等業務に従事する者であって管理区域に立ち入らないもの：取扱等業務を開始する前及び取扱等業務を開始した後にあっては前回の教育及び訓練を行った日の属する年度の翌年度の開始の日から**1年以内**
2 教育及び訓練の項目
 (1) 1のA及びBに規定する者に対して行わなければならない教育及び訓練の項目並びに初めて管理区域に立ち入る前又は取扱等業務を開始する前に行わなければならない教育及び訓練の最少の時間数を**表6.4**に示す．

表6.4 教育及び訓練の項目と時間数

教育及び訓練の項目	最少の時間数
イ 放射線の人体に与える影響	30分
ロ 放射性同位元素等又は放射線発生装置の安全取扱い	1時間
ハ 放射線障害の防止に関する法令及び放射線障害予防規程	30分

 (2) (1)以外の者（実際には，施設の見学者等，取扱等業務に従事しないが管理区域に立ち入る者，その他が該当する．）に対しては，その立ち入る放射線

施設において放射線障害が発生することを防止するために必要な事項についての教育を随時行う．

ただし，上記(1)及び(2)の項目又は事項の全部又は一部に関し十分な知識及び技能を有していると認められる者に対しては，当該項目又は事項についての教育及び訓練を省略することができる．

6.6.4 健 康 診 断＊〔法23，則22〕

許可届出使用者は，使用施設，貯蔵施設又は廃棄施設に立ち入る者に対し，健康診断を行わなければならない．健康診断の対象者は放射線業務従事者（一時的に管理区域に立ち入る者を除く）．

1 健康診断を行うとき＊

A 通常の健康診断

(1) 初めて管理区域に立ち入る前

(2) 管理区域に立ち入った後：1年を超えない期間ごとに行うこと．

B 臨時の健康診断＊

A(2)の規定にかかわらず，放射線業務従事者が次のような場合に該当するときは，遅滞なく行うこと．

　イ 放射性同位元素を誤って吸入摂取し，又は経口摂取したとき

　ロ 皮膚が表面密度限度を超えて汚染され，その汚染を容易に除去することができないとき

　ハ 皮膚の創傷面が汚染され，又は汚染されたおそれのあるとき（この場合には，表面密度の数量的な規定はない．）

　ニ 実効線量限度又は等価線量限度を超えて被ばくし，又は被ばくしたおそれのあるとき

2 健康診断の方法

(1) 問診及び検査又は検診とする．

(2) 問診は，次の事項について行う．

　イ 放射線の**被ばく歴**の有無

ロ 被ばく歴を有する者については，作業の場所，内容，期間，被ばくした放射線の線量，放射線障害の有無その他放射線による被ばくの状況（ただし，このイ，ロの場合とも放射線としては，特に1メガ電子ボルト未満のエネルギーを有する電子線及びエックス線を含む．次の6.6.5の場合も同様）

★ 健康診断の内，問診は省くことができない．

(3) 検査又は検診を行う部位及び項目

　　イ 末しょう血液中の血色素量又はヘマトクリット値，赤血球数，白血球数及び白血球百分率

　　ロ 皮膚

　　ハ 眼

　　ニ その他委員会が定める部位及び項目

　イからハまでの部位又は項目については，医師が必要と認める場合に限って行われる．ただし，初めて管理区域に立ち入る前に行う健康診断にあっては，イ及びロの部位又は項目を除くことは出来ない＊．

3 健康診断の結果の記録と保存

(1) 健康診断の結果を，健康診断の都度，次の事項について記録すること．

　　イ 実施年月日

　　ロ 対象者の氏名

　　ハ 健康診断を行った医師名

　　ニ 健康診断の結果

　　ホ 健康診断の結果に基づいて講じた措置

(2) 受診者に健康診断の都度記録の写しを交付すること．

(3) 記録を**永年保存**すること（人に関する記録であるから永年保存）

　ただし，① 健康診断を受けた者が許可届出使用者，若しくは許可廃棄業者の従業者でなくなった場合　又は　② 当該記録を**5年以上**保存した場合　において，委員会が指定する機関に引き渡すときは，永年保存の義務を免れる．この指定機関として公益財団法人放射線影響協会が指定されている．

「放射性同位元素等による放射線障害の防止に関する法律施行令の規定に基づき記録の引渡し機関を指示する告示」（平成17年文部科学省告示第78号）

6.6.5 放射線障害を受けた者等に対する措置〔法24，則23〕

許可届出使用者（表示付認証機器使用者を含む），届出販売業者及び届出賃貸業者は，**放射線障害**を受けた者又は受けたおそれのある者に対し，保健上必要な措置を講じなければならない．

1 放射線業務従事者の場合：その程度に応じ

① 管理区域への立入時間の短縮

② 管理区域への立入りの禁止

③ 放射線に被ばくするおそれの少ない業務への配置転換

等の措置を講じ，必要な保健指導を行う．

2 放射線業務従事者以外の者の場合：遅滞なく，医師による診断，必要な保健指導等の適切な措置を講ずる．〔見学者等についても適用される．〕

6.6.6 記　帳〔法25，則24〕

1 許可届出使用者，届出販売業者及び届出賃貸業者は，帳簿を備え，**表6.5**に示される事項を記載しなければならない．

2 許可届出使用者，届出販売業者及び届出賃貸業者は，毎年3月31日又は廃止日等にこの帳簿を閉鎖し，閉鎖後**5年間**これを保存しなければならない．

6.6.7 表示付認証機器等の使用等に係る特例〔法25の2〕

1 6.3.1使用の基準，6.3.2保管の基準，6.4.2工場又は事業所の内における運搬，6.6.1測定，6.6.2放射線障害予防規程，6.6.3教育訓練及び6.6.4健康診断の規定は，表示付認証機器等の認証条件に従った使用，保管及び運搬については，適用しない．

2 許可届出使用者，届出販売業者及び届出賃貸業者並びにこれらの者から運搬を委託された者（許可届出使用者等）が，表示付認証機器等の認証条件に従った運搬を行う場合で，工場又は事業所の外において運搬するとき（鉄道，軌道，索道，無軌条電車，自動車及び軽車両により運搬する場合に限る．）は，国土交通省令で定

6. 許可届出使用者，届出販売業者，届出賃貸業者等の義務等

表6.5 帳簿に記載する事項

A 許可届出使用者の場合	B 届出販売業者，届出賃貸業者の場合
イ　受入れ又は払出しに係る放射性同位元素等の種類及び数量 ロ　放射性同位元素等の受入れ又は払出しの年月日及びその相手方の氏名又は名称 ハ　使用に係る放射性同位元素の種類及び数量 ニ　使用に係る放射線発生装置の種類　× ホ　使用の年月日，目的，方法及び場所 ヘ　使用に従事する者の氏名	イ　譲受け又は販売その他譲渡し若しくは賃貸に係る放射性同位元素の種類及び数量 ロ　譲受け又は販売その他譲渡し若しくは賃貸の年月日 ハ　その相手方の氏名又は名称
ト　貯蔵施設における保管に係る放射性同位元素の種類及び数量 チ　保管の期間，方法及び場所 リ　保管に従事する者の氏名	ニ　保管を委託した放射性同位元素の種類及び数量 ホ　保管の委託の年月日，期間 ヘ　保管委託先の氏名又は名称
ヌ　工場又は事業所の外における放射性同位元素等の運搬の①年月日，②方法，③荷受人又は荷送人の氏名又は名称，④運搬に従事する者の氏名又は運搬の委託先の氏名若しくは名称	ト　放射性同位元素等の運搬の①年月日，②方法，③荷受人又は荷送人の氏名又は名称，④運搬に従事する者の氏名又は運搬の委託先の氏名若しくは名称
ル　廃棄に係る放射性同位元素等の種類及び数量 ヲ　廃棄の年月日，方法及び場所 ワ　廃棄に従事する者の氏名 カ　海洋投棄（記載省略）　×	チ　廃棄を委託した放射性同位元素等の種類及び数量 リ　廃棄の委託の年月日及び委託先の氏名又は名称
ヨ　放射線施設（届出使用者の使用，廃棄の場合には，管理区域）の①点検の実施年月日，②点検の結果及びこれに伴う措置の内容，③点検を行った者の氏名 タ　放射線施設に立ち入る者に対する教育及び訓練の①実施年月日，②項目，③各項目の時間数，④当該教育及び訓練を受けた者の氏名 レ　放射線発生装置の特例により管理区域ではないものとみなされる区域の確認の方法，確認した者の氏名及び当該区域に立ち入った者の氏名　×	

める技術上の基準に従って放射線障害の防止のために必要な措置（運搬する物についての措置を除く．）を講じなければならない．これは許可届出使用者等以外の者が表示付認証機器等の認証条件に従った運搬を行う場合についても準用される．
3　また，許可届出使用者が，表示付認証機器等の認証条件に従った使用及び保管をする場合は記帳の義務が緩和され，帳簿には
　　イ　放射性同位元素の廃棄に関する事項
　　ロ　放射性汚染物の廃棄に関する事項
　のみを記載すればよい．
4　届出賃貸業者及び届出販売業者が表示付特定認証機器を賃貸又は販売する場合には帳簿を備える必要はない．

6.7　許可の取消し，合併，使用の廃止等

6.7.1　許可の取消し及び使用等の停止〔法26〕
委員会は，法令の規定に違反したような場合に，
①　許可使用者に対し，
　　イ　使用の許可の取消し　又は
　　ロ　1年以内の期間を定めて使用の停止
②　届出使用者，届出販売業者又は届出賃貸業者に対し，
　　1年以内の期間を定めて使用，販売又は賃貸の停止
を命ずることができる．〔法令のどのような規定に違反した場合に許可の取消等の処分を受けることになるかを覚える必要はない〕

6.7.2　合併等〔法26の2〕
許可使用者である法人の合併の場合（許可使用者である法人と許可使用者でない法人とが合併する場合において，許可使用者である法人が存続するときを除く．）又は分割の場合（当該許可に係る全ての放射性同位元素及び放射性汚染物並びに使用施設等を一体として承継させる場合に限る．）において，その合併又は分割について委員会の**認可**を受けたときは，合併後存続する法人若しくは合併

により設立された法人又は分割により当該放射性同位元素及び放射性汚染物並びに使用施設等を一体として承継した法人は，許可使用者の地位を承継する．

この規定は，届出使用者，表示付認証機器届出使用者，届出販売業者又は届出賃貸業者の合併又は分割についてもほぼ同様である．ただし，届出使用者，表示付認証機器届出使用者，届出販売業者又は届出賃貸業者の地位を承継した法人は，承継の日から30日以内に，その旨を委員会に**届け出**なければならない．

6.7.3 使用の廃止等の届出〔法27，則25−1〜4〕

1 使用等の廃止
 (1) 許可届出使用者(表示付認証機器届出使用者を含む)がその許可若しくは届出に係る放射性同位元素若しくは放射線発生装置の**全て**の使用を廃止したとき
 　　（一部の使用の廃止の場合には，3.8 技術的内容等の変更，又は，3.9.1 軽微な変更に該当し，使用の廃止には該当しない．）　又は
 (2) 届出販売業者若しくは届出賃貸業者がその業を廃止したとき
 は，その許可届出使用者，届出販売業者又は届出賃貸業者は，その旨を遅滞なく，（許可使用者の場合は許可証を添えて）委員会に届け出なければならない．この届出をしたときは，使用の許可は，その効力を失う．

2 死亡，解散又は分割
 (1) 許可届出使用者，届出販売業者又は届出賃貸業者が死亡したときで承継がなかった場合は，その相続人（又は相続人に代って相続財産を管理する者）は，
 (2) 法人である許可届出使用者，届出販売業者又は届出賃貸業者が解散，若しくは分割をしたときで承継がなかった場合は，その清算人，破産管財人，合併後存続し，若しくは合併により設立された法人若しくは分割により放射性同位元素，放射性汚染物，使用施設等を承継した法人は，
 　　その旨を遅滞なく，（許可使用者の場合は許可証を添えて）委員会に届け出なければならない．

6.7.4 許可の取消し，使用の廃止等に伴う措置〔法28，則26，則26の2〕

(1) 6.7.1 で述べた許可を取り消された許可使用者，及び，6.7.3 で述べた使用の

廃止等の届出をしなければならない者（以下,「**許可取消使用者等**」という．）は，**廃止措置**を講じなければならない．

(2) 許可取消使用者等は，廃止措置を講じようとするときは，あらかじめ，**廃止措置計画**を定め，委員会に届け出なければならない．廃止措置計画は，次の事項を定めるものとする．

　イ　放射性同位元素の輸出，譲渡し，返還又は廃棄の方法

　ロ　放射性同位元素による汚染の除去の方法

　ハ　放射性汚染物の譲渡し又は廃棄の方法

　ニ　汚染の広がりの防止その他の放射線障害の防止に関し講ずる措置

　ホ　計画期間

(3) 廃止措置計画を変更しようとするときは，あらかじめ，委員会に届け出なければならない．ただし，軽微な変更をしようとするときは，このかぎりでない．

(4) 許可取消使用者等は，廃止措置を，届け出た廃止措置計画に従って講じ，計画期間内に終了しなければならない．

(5) 許可取消使用者等は，廃止措置計画に記載した措置が終了したときは，遅滞なく，その旨及びその講じた措置の内容を委員会に報告しなければならない．

(6) 委員会は，講じた措置が適切でないと認めるときは，許可取消使用者等に対し，放射線障害を防止するために必要な措置を講ずることを命ずることができる．

　上記(1), (2)及び(4)の廃止措置は，次の①－⑩に示すとおりである．

① その所有する放射性同位元素を輸出し，許可届出使用者，届出販売業者，届出賃貸業者若しくは許可廃棄業者に譲り渡し，又は廃棄すること．

★　許可取消使用者等が，許可を取り消された日等において所持していた放射性同位元素等を所持し続けられる期間は，許可を取り消された日等から30日以内である．したがって，①の輸出，譲り渡し若しくは廃棄，又は，②の輸出若しくは返還は，廃止措置計画の計画期間にかかわらず，30日以内にしなければならない．〔6.8.1の(4)〕参照．

② その借り受けている放射性同位元素を輸出し，又は許可届出使用者，届出

6. 許可届出使用者，届出販売業者，届出賃貸業者等の義務等

販売業者，届出賃貸業者若しくは許可廃棄業者に返還すること．
③ 放射性同位元素による汚染を除去すること．ただし，廃止措置に係る事業所等を一体として許可使用者又は許可廃棄業者に譲り渡す場合は，この限りでない．
④ 埋設廃棄物による放射線障害のおそれがないようにするために必要な措置を講ずること．×
⑤ 放射性汚染物を許可使用者若しくは許可廃棄業者に譲り渡し，又は廃棄すること．
⑥ 場所に関する測定及び人に関する測定を行い，測定結果を記録すること．場所に関する測定は③の汚染除去の前後に行うこと．
⑦ 帳簿を備え，次の事項を記載すること．
　イ ①により輸出し，又は譲り渡した放射性同位元素の種類及び数量，その年月日，相手方の氏名又は名称
　ロ ①により廃棄した放射性同位元素の種類及び数量，その年月日，方法及び場所
　ハ ②により輸出し，又は返還した放射性同位元素の種類及び数量，その年月日，相手方の氏名又は名称
　ニ ③により発生した放射性汚染物の種類及び数量
　ホ ⑤により譲り渡した放射性汚染物の種類及び数量，その年月日，相手方の氏名又は名称
　ヘ ⑤により廃棄した放射性汚染物の種類及び数量，その年月日，方法及び場所
⑧ 廃止日等における放射線取扱主任者，又はそれと同等以上の知識及び経験を有する者に廃止措置の監督をさせること．
⑨ 6.6.1.2の4で述べた人についての測定の結果及び6.6.4の3で述べた健康診断の結果の記録を委員会が指定する機関に**引き渡すこと**（この指定機関としては，公益財団法人放射線影響協会が指定されている．）（平成17年文部科学省告示第78号）ただし，使用廃止の届出者が引き続き許可届出使用者又は許

法　　令

可廃棄業者として当該記録を保存する場合は，この限りでない．
⑩　その講じた措置を委員会に報告すること．

委員会はその講じた措置が適切でないと認めるときは，放射線障害を防止するために必要な措置を講ずることを命ずることができる．

事業者の名称とその事業者に適用される廃止措置の関係を次の**表6.6**に示す．

表6.6　それぞれの事業者等に適用される廃止措置

事業者の名称	適用される廃止措置
許可届出使用者 許可廃棄業者	①②③④⑤⑥⑦⑧⑨⑩
届出販売業者 届出賃貸業者	①②③④⑤　⑦⑧　⑩
表示付認証機器届出使用者	①②③④⑤　　⑩

6.8　譲渡し，譲受け，所持，海洋投棄等の制限＊〔法29，法30，則27，則28〕

6.8.1　譲渡し，譲受け，所持等の制限

放射性同位元素（表示付認証機器等に装備されているものを除く）は，次に掲げる一定の場合のほかは，譲り渡し，譲り受け，貸し付け若しくは借り受け，又は所持してはならない．

(1)　許可使用者が，その許可証に記載された種類の放射性同位元素を，輸出し，他の許可届出使用者，届出販売業者，届出賃貸業者若しくは許可廃棄業者に譲り渡し，若しくは貸し付け，又はその許可証に記載された貯蔵施設の**貯蔵能力の範囲内**で譲り受け，借り受け，若しくは所持する場合

(2)　届出使用者が，その届け出た種類の放射性同位元素を，輸出し，他の許可届出使用者，届出販売業者，届出賃貸業者若しくは許可廃棄業者に譲り渡し，若しくは貸し付け，又はその届け出た貯蔵施設の**貯蔵能力の範囲内**で譲り受け，借り受け，若しくは所持する場合

(3)　届出販売業者若しくは届出賃貸業者がその届け出た種類の放射性同位元素を，輸出し，許可届出使用者，他の届出販売業者，届出賃貸業者若しくは

6. 許可届出使用者，届出販売業者，届出賃貸業者等の義務等

許可廃棄業者に譲り渡し，若しくは貸し付け，又は譲り受け，若しくは借り受ける場合．また，その届け出た種類の放射性同位元素を運搬のため，又は，放射線障害を受けた者等に対する措置を講ずるため若しくは危険時の措置を講ずるために所持する場合

★ 以上の**要点**としては，「許可を受け又は届け出た種類の放射性同位元素は輸出したり，譲り渡したり，貸し付けたりしてよく，また，許可を受け又は届け出た種類の放射性同位元素をその貯蔵施設の**貯蔵能力の範囲内**で譲り受けること，借り受けること，所持することはよい．」ということになる＊．

(4) 6.7.4の(1)で定義した「許可取消使用者等」が，①許可を取り消された日，②使用又は販売，賃貸若しくは廃棄の業を廃止した日，③死亡，解散又は分割の日において所持していた放射性同位元素を30日以内の期間所持する場合及び30日以内に輸出し，又は許可届出使用者，届出販売業者，届出賃貸業者若しくは許可廃棄業者に譲り渡す場合

また，所持についてはこのほか，

(5) 表示付認証機器等について認証条件に従った使用，保管又は運搬をする場合

(6) 以上の(1)～(5)に述べた者から放射性同位元素の**運搬を委託された者**がその委託を受けた放射性同位元素を所持する場合

(7) 以上の(1)～(6)に述べた者の**従業者**がその**職務上**放射性同位元素を所持する場合

が認められている．これらの場合のほかは，譲渡し，譲受け，貸し付け，借り受け及び所持は禁止されている．

6.8.2 海洋投棄の制限〔法30の2〕

(放射線取扱主任者試験に出題されていない．)

放射性同位元素又は放射性汚染物は，

(1) 許可届出使用者又は許可廃棄業者（許可取消使用者等を含む）が工場又

は事業所等の外における廃棄に関する委員会の確認を受けた場合

又は

(2) 人命又は船舶，航空機若しくは人工海洋構築物の安全を確保するためやむを得ない場合

以外は，海洋投棄をしてはならない．

6.9 取扱いの制限〔法31〕

何人も，18歳未満の者又は精神の機能の障害により，放射線障害防止のために必要な措置を適切に講ずるに当たって必要な認知，判断及び意思疎通を適切に行うことができない者に放射性同位元素若しくは放射性汚染物の取扱い又は放射線発生装置の使用をさせてはならない．ただし，この規定は，**准看護師**その他の委員会規則で定める者については，適用しない．

この委員会規則は現在のところ制定されていないので，上のただし書は実施されていない．

★ この法令の義務の多くは許可届出使用者等に対するものであるが，この規定は「何人も」とあるように全ての人に対する義務であることに注意せよ！

6.10 事故及び危険時の措置

6.10.1 原子力規制委員会等への報告〔法31の2，則28の3〕

許可届出使用者（表示付認証機器使用者を含む．），届出販売業者，届出賃貸業者及び許可廃棄業者×は，次のいずれかに該当するときは，その旨を直ちに，その状況及びそれに対する処置を10日以内に原子力規制委員会に報告しなければならない．

(1) 放射性同位元素の盗取又は所在不明が生じたとき．

(2) 気体状の放射性同位元素等を排気設備において浄化し，又は排気することによって廃棄した場合において，濃度限度又は線量限度を超えたとき．

(3) 液体状の放射性同位元素等を排水設備において浄化し，又は排水すること

によって廃棄した場合において，濃度限度又は線量限度を超えたとき．
(4) 放射性同位元素等が管理区域外で漏えいしたとき．
(5) 放射性同位元素等が管理区域内で漏えいしたとき．ただし，次のいずれかに該当するときを除く．
　イ　漏えいした液体状の放射性同位元素等が当該漏えいに係る設備の周辺部に設置された漏えいの拡大を防止するための堰の外に拡大しなかったとき．
　ロ　気体状の放射性同位元素等が漏えいした場合において，漏えいした場所に係る排気設備の機能が適正に維持されているとき．
　ハ　漏えいした放射性同位元素等の放射能量が微量のときその他漏えいの程度が軽微なとき．
(6) 線量限度を超え，又は超えるおそれがあるとき．
(7) 計画外被ばくで，放射線業務従事者にあっては 5 mSv，放射線業務従事者以外の者にあっては 0.5 mSv を超え，又は超えるおそれがあるとき．
(8) 放射線業務従事者について実効線量限度若しくは等価線量限度を超え，又は超えるおそれのある被ばくがあったとき．
(9) 廃棄物埋設に係る線量限度を超えるおそれがあるとき．

6.10.2　警察官等への届出〔法32〕

許可届出使用者等（表示付認証機器使用者及び表示付認証機器使用者から運搬を委託された者を含む，次の6.10.3において同じ）は，その所持する放射性同位元素について盗取，所在不明その他の**事故**が生じたときは，遅滞なく，その旨を**警察官**又は**海上保安官**に届け出なければならない．

6.10.3　危険時の措置＊〔法33，則29-1，-2，-3，告22〕

1　許可届出使用者等は，その所持する放射性同位元素若しくは放射線発生装置又は放射性汚染物に関し，放射線障害のおそれがある場合又は放射線障害が発生した場合には，直ちに次のような応急の措置を講じなければならない．
　また，このような事態を発見した者は，直ちに，その旨を**警察官又は海上保安官**に通報しなければならない．

法　　令

(1)　放射線施設又は放射性輸送物に火災が起こり，又はこれらに延焼するおそれのある場合には，消火又は延焼の防止に努めるとともに直ちにその旨を**消防署等**（※）に通報すること．

　　（※　消防署又は消防法（昭和23年法律第186号）第24条の規定により市町村長の指定した場所）

(2)　放射線障害を防止するため**必要がある場合には**，放射線施設の内部にいる者，放射性輸送物の運搬に従事する者又はこれらの付近にいる者に避難するよう警告すること．

(3)　放射線障害を受けた者又は受けたおそれのある者がいる場合には，速やかに救出し，避難させる等緊急の措置を講ずること．

(4)　放射性同位元素による汚染が生じた場合には，速やかに，その広がりの防止及び除去を行うこと．

(5)　放射性同位元素等を他の場所に移す**余裕がある場合には**，**必要に応じて**これを安全な場所に移し，その場所の周囲には，縄を張り，又は標識等を設け，**かつ**，見張人を付けることにより，関係者以外の者が立ち入ることを禁止すること＊．

(6)　その他放射線障害を防止するために必要な措置を講ずること．

2　これらの緊急作業を行う場合には，

(1)　遮蔽具，かん子又は保護具を用いること，

(2)　放射線に被ばくする時間を短くすること，

等により，**緊急作業**に従事する者の線量を，できる限り少なくすることとされている．この場合において，放射線業務従事者（一般女子を除く．）に限り，実効線量限度及び等価線量限度の規定にかかわらず，

　　①　実効線量について100ミリシーベルト，

　　②　眼の水晶体の等価線量について300ミリシーベルト，

　　③　皮膚の等価線量について1シーベルト

まで放射線に被ばくすることが認められている＊．〔告22〕

6. 許可届出使用者, 届出販売業者, 届出賃貸業者等の義務等

(一般女子が緊急作業に従事することを禁止しているものではない.)
3　委員会(又は国土交通大臣)は, その場合, 放射線障害を防止するため緊急の必要があると認めるときは, 許可届出使用者等に対し, 放射性同位元素又は放射性汚染物の所在場所の変更, 放射性同位元素等による汚染の除去その他放射線障害を防止するために必要な措置を講ずることを命ずることができる.

★　平成27年8月31日に公布された「電離放射線障害防止規則の一部を改正する省令」(平成27年厚生労働省令第134号)(平成28年4月1日施行)によれば, 厚生労働大臣は,「緊急作業に従事する間に受ける実効線量の限度の値:100ミリシーベルト」の規定によることが困難であると認めるときは, 250ミリシーベルトを超えない範囲で**「特例緊急被ばく限度」**を別に定めることができるとしている.

〔演習問題〕

次の文章中，放射線障害防止法及びその関係法令に照らして正しいものには○印を，誤っているものには×印をつけ，誤っている場合にはその理由を簡単にしるせ．

6-1　許可届出使用者は，その使用施設，貯蔵施設及び廃棄施設の位置，構造及び設備を法に定める技術上の基準に適合するように維持しなければならない．
〔1種55回問13A改〕

6-2　届出使用者は，放射性同位元素を使用するときは，必ず使用施設で行わなければならない．　〔1種23回問9の1〕

6-3　放射性同位元素によって汚染された物を管理区域から持ち出す場合には，その表面の放射性同位元素の密度を表面密度限度以下としなければならない．
〔1種24回問13の4〕

6-4　届出使用者は，法令上は放射性同位元素を使用する場所の管理区域の境界に柵その他の人がみだりに立ち入らないようにするための施設を設けることを規定されていない．

6-5　密封された放射性同位元素を移動させて使用する場合には，移動後，使用開始前に，その放射性同位元素について紛失，漏えい等異常の有無を放射線測定器により点検しなければならない．　〔1種23回問13B〕

6-6　L型輸送物の表面の放射性同位元素の密度は，表面密度限度を超えてはならない．

6-7　A型輸送物の表面における1センチメートル線量当量率が20ミリシーベルト毎時を超えないこと．　〔2種52回問15C〕

6-8　届出使用者がその使用する放射性同位元素を廃棄するときは，保管廃棄設備において行わなければならない．　〔1種23回問9の5〕

6-9　放射線の量及び放射性同位元素による汚染の状況の測定は，放射線測定器を用いて行う．ただし，放射線測定器を用いて測定することが著しく困難である場合には，計算によって値を算出することができる．　〔1種49回問20A〕

6. 許可届出使用者，届出販売業者，届出賃貸業者等の義務等

6－10 管理区域に一時的に立ち入る者に対して行う放射線の量の測定は，実効線量について300マイクロシーベルトを超えて被ばくするおそれのあるときにだけ行えばよい．

6－11 許可届出使用者が放射線施設に立ち入った者に対して行うその者が受けた放射線の量の測定は，放射線に最も大量に被ばくするおそれのある人体部位について，常に1箇所行えばよい． 〔2種7回問2 (6)〕

6－12 放射線業務従事者の受けた放射線の量及び放射性同位元素による汚染の状況を測定したときは，その結果を必ず記録しなければならない．

6－13 放射線業務従事者の線量の測定結果の記録は，5年間保存しなければならない．
〔1種7回問1 (1)〕

6－14 放射線業務従事者の線量等の記録は保存しなければならないが，その者が事業所を退職した後は保存しなくともよい． 〔1種21回問20の5〕

6－15 許可届出使用者は放射性同位元素の使用を開始する前に，放射線障害予防規程を作成し，作成後30日以内に原子力規制委員会に届け出なければならない．

6－16 届出販売業者は，放射線障害予防規程を変更したときは，変更の日から3月以内に原子力規制委員会に届け出なければならない． 〔1種49回問22A改〕

6－17 放射線障害予防規程には，放射線障害を受けた者又は受けたおそれのある者に対する保健上必要な措置に関する事項が定められていなければならない．
〔1種58回問20C〕

6－18 放射線障害を防止するために必要な教育及び訓練は，管理区域に一時的に立ち入る者については，行わなくてもよい．

6－19 健康診断の方法としての問診は，管理区域に初めて立ち入る前に行うべきもので，それ以後の健康診断においては行わなくてよい． 〔1種22回問20の4〕

6－20 放射性同位元素により，皮膚の創傷面が汚染されても，表面密度限度以下であれば，健康診断を行わなくてもよい． 〔1種24回問20の1〕

6－21 健康診断の結果を記録した帳簿は，1年ごとに閉鎖し，閉鎖後5年間保存しなければならない．

6－22 放射性同位元素を使用する場合は，使用の年月日，目的，方法及び場所を記帳する．ただし，固定して使用する場合は省略することができる．〔1種49回問24D〕

法　　令

6－23　表示付認証機器を認証条件に従って使用する場合は，使用を開始する前に放射線障害予防規程を作成しなくてよいし，教育訓練を受ける必要もない．

6－24　原子力規制委員会は，許可届出使用者が使用の基準に違反した場合には，使用の許可を取り消すことができる．

6－25　放射性同位元素の使用の許可を受けていたある会社が，許可を受けていない他の会社に吸収合併された場合において，合併後の会社においてその放射性同位元素を継続して使用しようとするときは，改めて許可を受けることは必要ない．

6－26　届出使用者である会社が，届出使用者でない他の会社に吸収合併された場合において，合併後の会社においてその放射性同位元素を継続して使用しようとするときは，あらかじめ原子力規制委員会の認可を受けなければならない．

6－27　許可使用者が死亡し，承継がなかった場合，その相続人は死亡の日から30日以内にその旨を原子力規制委員会に届け出なければならない．

6－28　届出販売業者が放射性同位元素を外国に輸出する場合には，その外国の法律に適合する限り，いかなる種類の放射性同位元素でも輸出することができる．

〔1種22回問28の3〕

6－29　放射性同位元素の使用の許可を受けた者は，その許可証に記載された種類の放射性同位元素であっても，その許可証に記載された使用許可数量を超えて所持することはできない．〔1種3回問2（5）〕

6－30　コバルト60 111ギガベクレルの使用が許可され，コバルト60 185ギガベクレルの貯蔵能力を認められた使用者は，コバルト60 111ギガベクレルを現に使用している場合，変更許可を受ける前に新たにコバルト60 74ギガベクレルを追加購入し所持しても，それを使用さえしなければさしつかえない．

6－31　放射性同位元素を使用しようとする者は，使用の許可の申請をした後であれば，当該申請に係る放射性同位元素を購入しても使用をしなければさしつかえない．

〔1種6回問3（4）〕

6－32　密封された放射性同位元素を使用している届出使用者が放射性同位元素を所持できるのは，届け出た種類で，かつ，届け出た使用数量の範囲内に限られている．

〔2種10回問3（7）〕

6－33　許可届出使用者が死亡したとき，その所持していた放射性同位元素を，死亡の日

6. 許可届出使用者，届出販売業者，届出賃貸業者等の義務等

から 30 日以内の間その相続人が所持することはさしつかえない．

6－34　許可届出使用者の従業者が，その職務上放射性同位元素を所持することはさしつかえない． 〔1 種 1 回問 3 (4)〕

6－35　放射性同位元素は，満 18 歳未満のいかなる者に対しても取り扱わせることができない． 〔1 種 24 回問 24 の 1〕

6－36　許可届出使用者はその所持する放射性同位元素が盗取されたときは，遅滞なく，その旨を原子力規制委員会に届け出なければならない． 〔1 種 4 回問 4 (5) 改〕

6－37　放射性同位元素に関し，放射線障害のおそれがある場合又は放射線障害が発生した場合は，直ちに応急の措置を講じなければならない．又，この事態を発見した者は，直ちに，その旨を原子力規制委員会に通報しなければならない．

〔2 種 6 回問 2 (6) 改〕

6－38　放射線施設において火災が発生した．同施設内の放射性同位元素を他の安全な場所に移す余裕があったが，放射線取扱主任者が火災その他の状況からみてその必要がないと判断したため，同放射性同位元素を移すことはしなかった．なお，順調な消火により，同放射性同位元素に異常は生じなかった． 〔1 種 21 回問 23C〕

6－39　放射線施設で火災が起こった場合に放射性同位元素を他の安全な場所に移した．その場所の周囲には，関係者以外の者が立ち入ることを禁止するため縄を張り，又は標識を設け，かつ，見張人を付けたが，その標識は，放射能標識のついたものではなかった． 〔1 種 22 回問 22C 改〕

6－40　放射線施設で火災が起った場合に，特にその必要がないと判断されたので，放射線施設の付近にいる者に避難するよう警告することはしなかった．

〔1 種 22 回問 22D〕

6－41　危険時に放射線業務従事者を緊急作業に従事させた．実効線量限度を超えないよう努めたが，男子の放射線業務従事者が 100 ミリシーベルトの放射線による被ばくを受けた． 〔1 種 21 回問 23D〕

6－42　許可届出使用者は，放射線施設に火災が発生し，緊急作業を行わなければならない場合において，女子の放射線業務従事者を，実効線量限度及び等価線量限度を超えない限り，緊急作業に従事させることができる． 〔2 種 7 回問 2 (1)〕

465

法　　令

次の文章の（　　）内に適切な語句を埋めて文章を完成せよ．

6－43　原子力規制委員会は，使用施設，貯蔵施設又は廃棄施設の位置，構造又は（　A　）が技術上の基準に適合していないと認めるときは，その技術上の基準に適合させるため，（　B　）に対し，使用施設，貯蔵施設又は廃棄施設の移転，（　C　）又は（　D　）を命ずることができる．　　　　　　　　　　　　　　　　　　〔2 種 43 回問 11 改〕

6－44　密封された放射性同位元素を使用する場合には，その放射性同位元素を常に次に適合する状態において使用すること．
　イ　正常な使用状態においては（　A　）又は（　B　）されるおそれのないこと．
　ロ　密封された放射性同位元素が漏えい，（　C　）等により（　D　）して汚染するおそれのないこと．　　　　　　　　　　　　　　　　　〔2 種 46 回問 27 改〕

6－45　放射性同位元素によって汚染された物で，その表面の放射性同位元素の密度が表面密度限度の 10 分の 1 を超えているものは，みだりに（　A　）から持ち出さないこと．表面密度限度として，アルファ線を放出する放射性同位元素については（　B　）ベクレル毎平方センチメートル，アルファ線を放出しない放射性同位元素については（　C　）ベクレル毎平方センチメートル，が定められている．

〔1 種 49 回問 26 改〕

6－46　許可使用者が，使用の場所の一時的変更の届出をして，（　A　）ベクレル以上の放射性同位元素を装備する放射性同位元素装備機器の（　B　）をする場合には，当該機器に放射性同位元素の（　C　）を防止するための（　D　）が備えられていること．　　　　　　　　　　　　　　　　　　　　　　　　〔1 種 55 回問 14 改〕

6－47　密封された放射性同位元素を移動させて使用する場合には，（　A　），その放射性同位元素について（　B　），（　C　）等の異常の有無を（　D　）により点検し，異常が判明したときは，探査その他放射線障害を防止するために必要な措置を講じること．　　　　　　　　　　　　　　　　　　　　　　　　〔2 種 51 回問 10 改〕

6－48　許可届出使用者，届出販売業者，届出賃貸業者及び許可廃棄業者並びにこれらの者から運搬を委託された者（以下「許可届出使用者等」という．）は，放射性同位元素又は放射性汚染物を工場又は（　A　）において運搬する場合（船舶又は航空機

6. 許可届出使用者，届出販売業者，届出賃貸業者等の義務等

により運搬する場合を（　B　）.）においては，原子力規制委員会規則（鉄道，軌道，索道，無軌条電車，自動車及び軽車両による運搬については，運搬する（　C　）についての措置を除き，国土交通省令）で定める技術上の基準に従って放射線障害の防止のために必要な措置を講じなければならない．　　　　〔2種56回問13〕

6-49　許可届出使用者，届出販売業者（（　A　）のみを販売する者を除く．）及び届出賃貸業者（（　A　）のみを賃貸する者を除く．）は，放射線障害を（　B　）するため，放射性同位元素の使用又は放射性同位元素の販売若しくは賃貸の（　C　）を開始する前に，放射線障害予防規程を作成し，原子力規制委員会に届け出なければならない．これを変更したときは，変更の日から（　D　），原子力規制委員会に届け出なければならない．　　　　〔1種51回問19改〕

6-50　放射線業務従事者が放射線障害を受け，又は受けたおそれのある場合には，放射線障害又は放射線障害を受けたおそれの程度に応じて，（　A　）への立入りの制限，（　B　）の禁止，放射線に被ばくする（　C　）業務への配置転換等の措置を講じ，必要な（　D　）を行うこと．　　　　〔2種46回問20改〕

6-51　許可届出使用者等（表示付認証機器使用者及び（　A　）から運搬を委託された者を含む．）は，その所持する放射性同位元素について盗取，（　B　）その他の事故が生じたときは，遅滞なく，（　C　）又は（　D　）に届け出なければならない．
　　　　〔2種52回問26改〕

7. 放射線取扱主任者

7.1 放射線取扱主任者の選任 * 〔法34, 則30〕 〔重要!〕

1 許可届出使用者,届出販売業者及び届出賃貸業者は,放射線障害の防止について監督を行わせるため,**放射線取扱主任者免状**(以下「**免状**」と略称する.)を有する者のうちから,**放射線取扱主任者**(以下「**主任者**」と略称する.)を選任しなければならない.

★ 表示付認証機器届出使用者の場合は, (もちろん,表示付特定認証機器使用者の場合も),放射線取扱主任者を選任する必要がない.

2 免状は,次の3種類に区分される.
 イ 第1種放射線取扱主任者免状
 ロ 第2種放射線取扱主任者免状
 ハ 第3種放射線取扱主任者免状
 (以下本書では,それぞれ「第1種免状」,「第2種免状」及び「第3種免状」と略称する.)

3 第1種免状所有者は,特定許可使用者を含むあらゆる許可届出使用者,届出販売業者,届出賃貸業者又は許可廃棄業者が主任者として選任できる.

4 第2種免状所有者を主任者として選任することができるのは,
 (1) 1個(通常一組又は一式で使用するものではその一組又は一式)が下限数量の1000倍を超え,10テラベクレル未満の密封された放射性同位元素を使用する許可使用者,
 (2) 届出使用者,届出販売業者又は届出賃貸業者

5 第3種免状所有者を主任者として選任することができるのは,上記4(2)に記

載の者に限られる．

- ★ 非密封放射性同位元素，10 テラベクレル以上の密封放射性同位元素又は放射線発生装置を使用する許可使用者及び許可廃棄業者は，第 2 種又は第 3 種の免状所有者を主任者として選任することができない．

6 (1) 放射性同位元素を**診療のために**用いるときは医師又は歯科医師を，

(2) 放射性同位元素を医薬品，医薬部外品，化粧品，医療機器又は再生医療等製品（これらの定義については薬機法第 2 条に規定されている）の製造所において使用をするときは薬剤師を，

それぞれ主任者として選任することができる＊．

7 選任しなければならない主任者の数は，

(1) 許可届出使用者は，1 工場若しくは 1 事業所，又は 1 廃棄事業所につき，少なくとも 1 人，

(2) 届出販売業者又は届出賃貸業者は，少なくとも 1 人とする．

（届出販売業者又は届出賃貸業者の場合は，事業所が何ヶ所かあったとしても 1 人でよいことになる．）

8 選任は，①放射性同位元素を使用施設若しくは貯蔵施設に**運び入れ**，又は，②放射性同位元素の販売若しくは賃貸の業を**開始するまで**にしなければならない．

9 選任したときは，選任した日から **30 日以内**にその旨を委員会に届け出なければならない．（これは，解任したときも同様である．）

（理論的には，届け出るときには，すでに使用等を開始していることもありうることになる．）

- ★ 主任者を変更した場合は，変更した日から 30 日以内に，解任届（変更前の人の）と選任届（新しく選任した人の）を同時に「放射線取扱主任者選任・解任届」として提出することになる．

7.2 放射線取扱主任者試験〔法 35，則 31 の 2，則別表第 2〕

1 第 1 種免状及び第 2 種免状は，委員会又は**登録試験機関**の行う放射線取扱主

法　　令

任者試験（以下「**試験**」と略称する，）に合格し，かつ，委員会又は**登録資格講習機関**の行う**講習**を修了した者に対し，交付される．第 3 種免状は，委員会又は登録資格講習機関の行う講習を修了した者に対し，交付される．

2　免状は，既述のように区分されるが，試験も第 1 種試験と第 2 種試験とに区別される．それぞれの**試験課目**は平成 31 年 4 月 1 日から次の A，B に示されるとおりである．

A　第 1 種放射線取扱主任者試験　×

(1)　法に関する課目

(2)　第 1 種放射線取扱主任者としての実務に関する次に掲げる課目

　イ　放射性同位元素及び放射線発生装置並びに放射性汚染物の取扱い並びに使用施設等及び廃棄物詰替施設等の安全管理に関する課目

　ロ　放射線の量及び放射性同位元素又は放射線発生装置から発生した放射線により生じた放射線を放出する同位元素による汚染の状況の測定に関する課目

　ハ　放射性同位元素等又は放射線発生装置の取扱いに係る事故が発生した場合の対応に関する課目

(3)　物理学のうち放射線に関する課目

(4)　化学のうち放射線に関する課目

(5)　生物学のうち放射線に関する課目

B　第 2 種放射線取扱主任者試験

(1)　法に関する課目

(2)　第 2 種放射線取扱主任者としての実務に関する次に掲げる課目

　イ　放射性同位元素（密封されたものに限る．）の取扱い及び使用施設等（密封された放射性同位元素を取り扱うものに限る．）の安全管理に関する課目

　ロ　放射線の量の測定に関する課目

　ハ　放射性同位元素（密封されたものに限る．）又は放射性汚染物の取扱いに係る事故が発生した場合の対応に関する課目

(3)　物理学のうち放射線に関する課目
(4)　化学のうち放射線に関する課目
(5)　生物学のうち放射線に関する課目
3　試験の範囲及び程度

　試験は上の課目について，放射性同位元素又は放射線発生装置の取扱いに必要な専門的知識及び能力を有するかどうかを判定することを目的として行うこととされている．

★第1種試験と第2種試験との相違

　第2種試験は密封された放射性同位元素に関することに限られ，密封されていない放射性同位元素や放射線発生装置に関することは含まれない．廃棄の業に関する事項も含まれないと考えてよい．また当然のことであるが，汚染に関する事項（水や空気の汚染，表面汚染，空気中又は水中の濃度限度，内部被ばく）なども除かれる．ただし，密封された放射性同位元素の開封，破壊，漏えい，浸透等の事故による汚染及びその応急措置等は含まれるものと考えられる．

4　試験の回数，公告及び受験手続等

　試験の回数は，毎年少なくとも1回とし，試験を施行する日時，場所その他試験の施行に関し必要な事項は，委員会があらかじめ官報で公告する．

　試験を受けようとする者は，所定の受験申込書に写真（受験申込み前1年以内に帽子を付けないで撮影した正面上半身像のもので，裏面に撮影年月日及び氏名を記載したもの）を添えて委員会（登録試験機関が試験を行う場合には，登録試験機関）に提出する．受験資格は特に定められていない．

7.3　合格証，資格講習，免状の交付等

1　合格証の交付等〔則35の2〕

　委員会は，試験に合格した者に対し，放射線取扱主任者試験合格証（以下「**合格証**」という．）を交付するとともに，試験に合格した者の氏名を官報で公告する．

2　合格証の再交付〔則35の3〕

合格証を汚し，損じ，又は失った者でその再交付を受けようとするものは，所定の合格証再交付申請書を委員会に提出しなければならない．

（合格証を汚し，又は損じた者の場合には，その合格証を添えて申請する．また，合格証の再交付を受けた者が失った合格証を発見したときは，その発見した合格証を速やかに委員会に返納しなければならない．）

3 講習の内容等〔法35-8，則31の3，則別表第3〕
(1) 第1種試験に合格した者は，**第1種放射線取扱主任者講習**を受けることができる．

第1種放射線取扱主任者講習の課目は，平成31年4月1日から次のとおりとする．×

イ 放射線の基本的な安全管理に関する課目

ロ 放射性同位元素及び放射線発生装置並びに放射性汚染物の取扱い並びに使用施設等及び廃棄物詰替施設等の安全管理の実務に関する課目

ハ 放射線の量及び放射性同位元素又は放射線発生装置から発生した放射線により生じた放射線を放出する同位元素による汚染の状況の測定の実務に関する課目

ニ 放射性同位元素等又は放射線発生装置の取扱いに係る事故が発生した場合の対応の実務に関する課目

(2) 第2種試験に合格した者は，**第2種放射線取扱主任者講習**を受けることができる．

第2種放射線取扱主任者講習の課目は，平成31年4月1日から次のとおりとする．

イ 放射線の基本的な安全管理に関する課目

ロ 放射性同位元素（密封されたものに限る．）の取扱い及び使用施設等（密封された放射性同位元素を取り扱うものに限る．）の安全管理の実務に関する課目

ハ 放射線の量の測定の実務に関する課目

ニ　放射性同位元素（密封されたものに限る．）又は放射性汚染物の取扱いに係る事故が発生した場合の対応の実務に関する課目
(3)　**第3種放射線取扱主任者講習**の課目は，次のとおりとする．
　　イ　法に関する課目
　　ロ　放射線及び放射性同位元素の概論
　　ハ　放射線の人体に与える影響に関する課目
　　ニ　放射線の基本的な安全管理に関する課目
　　ホ　放射線の量の測定及びその実務に関する課目
4　受講手続〔則35の5〕

　第1種放射線取扱主任者講習，第2種放射線取扱主任者講習及び第3種放射線取扱主任者講習を総称して**資格講習**という．資格講習を受けようとする者は，所定の放射線取扱主任者講習受講申込書に合格証の写しを添えて委員会又は登録資格講習機関に提出しなければならない．ただし第3種放射線取扱主任者講習を受けようとする場合は，合格証の写しは不要とする．

5　講習修了証の交付〔則35の6〕

　委員会又は登録資格講習機関は，資格講習を修了した者に対し，放射線取扱主任者講習修了証（以下「**講習修了証**」という．）を交付する．

6　講習修了証の再交付〔則35の7〕

　前記2合格証の再交付の場合と同様の規定がある．（登録資格機関が行う資格講習の場合は，申請書の提出又は発見した講習修了証の返納は，当該登録資格講習機関に対して行う．）

7　免状の交付〔則36の2〕

　免状の交付を受けようとする者は，所定の放射線取扱主任者免状交付申請書に，合格証及び講習修了証（第3種免状の場合には，講習修了証）を添えて，これを委員会に提出しなければならない．この場合，住民基本台帳法に規定する本人確認情報を利用することができないときは，免状を受けようとするものに対し，住民票の写しを提出させることができる．

7.4 放射線取扱主任者免状〔法35-5，-6，則37，38〕

1　委員会は，次のいずれかに該当する者に対しては，免状の交付を行わないことができる．
(1)　免状の返納を命ぜられ，その命ぜられた日から起算して1年を経過しない者
(2)　この法律又はこの法律に基づく命令（政令や委員会規則など）の規定に違反して，罰金以上の刑に処せられ，その執行を終わり，又は執行を受けることがなくなった日（すなわちいわゆる執行猶予の期間が終了した日）から起算して2年を経過しない者
2　委員会は，免状の交付を受けた者がこの法律又はこの法律に基づく命令の規定に違反したときは，その免状の返納を命ずることができる．
3　免状の交付を受けた者は，免状の記載事項に変更を生じたとき（免状の記載事項の変更とは氏名の変更を生じた場合である．）は，遅滞なく，所定の免状訂正申請書に免状を添え，これを委員会に提出しなければならない．この場合，住民基本台帳の規定により本人確認情報を利用することができないときは，免状を受けた申請者に住民票の写しを提出させることができる．
4　免状を汚し，損じ，又は失った者でその再交付を受けようとするものは，所定の免状再交付申請書を委員会に提出しなければならない．
（免状を汚し，又は損じた者の場合には，その免状を添えて申請する．また免状の再交付を受けた者が失った免状を発見したときは，その発見した免状を速やかに委員会に返納しなければならない．）

7.5 放射線取扱主任者の義務等〔法36〕

1　放射線取扱主任者は，**誠実に**その職務を遂行しなければならない．
★　放射線障害防止法では，放射線障害の防止についての責任は，基本的に許可届出使用者，届出販売業者又は届出賃貸業者（ほとんどが法人）に課せられている．したがって，その責任は，その法人の代表者及びその権限を行使

する組織上の各部門の長が負うことになる．主任者には，放射線障害防止の監督者の立場で，誠実にその職務を遂行することが求められる．
2 使用施設，貯蔵施設，又は廃棄施設に立ち入る者は，主任者がこの法律若しくはこの法律に基づく命令又は放射線障害予防規程の実施を確保するためにする指示に従わなければならない．
3 許可届出使用者，届出販売業者及び届出賃貸業者は，放射線障害の防止に関し，主任者の**意見を尊重**しなければならない．

7.6 定期講習（法36の2，則32，則別表第4，平成17年文部科学省告示第95号）

1 許可届出使用者，届出販売業者及び届出賃貸業者（表示付認証機器のみを販売又は賃貸する者並びに放射性同位元素等の事業所の外における運搬及び運搬の委託を行わない者を除く．）は，主任者に対し，次の期間ごとに，**登録定期講習機関**が行う主任者の資質の向上を図るための講習（定期講習）を受けさせなければならない．
  ① 選任された後定期講習を受けていない主任者（選任前1年以内に定期講習を受けた者を除く）・・・選任された日から1年以内
  ② ①及び③を除く主任者・・・前回の定期講習を受けた日の属する年度の翌年度の開始の日から3年以内
  ③ 届出販売業者及び届出賃貸業者の選任する主任者・・・前回の定期講習を受けた日の属する年度の翌年度の開始の日から5年以内
  ★ 許可使用者，届出使用者及び許可廃棄業者は，主任者に対し，講習を受けさせる義務がある．届出販売業者及び届出賃貸業者も，原則として，主任者に対し，講習を受けさせる義務がある．ただし，届出販売業者及び届出賃貸業者であって，表示付認証機器のみを販売又は賃貸する場合，並びに放射性同位元素等の事業所外における運搬及び運搬委託を行わない場合は，主任者に対し，講習を受けさせる義務がない．表示付認証機器届出使用者の場合は，（もちろん，表示付特定認証機器使用者の場合も），そもそも主任者を選任

する義務がない．

2 定期講習の課目は次の通りとする．

イ 密封されていない放射性同位元素若しくは放射線発生装置を使用する許可使用者又は許可廃棄業者が選任した主任者が受講する定期講習

 (1) 法に関する課目　1時間以上

 (2) 放射性同位元素等又は放射線発生装置の取扱い及び使用施設等又は廃棄物詰替施設等の安全管理に関する課目　1時間以上

 (3) 放射性同位元素等又は放射線発生装置の取扱いに係る事故が発生した場合の対応に関する課目　30分以上

 ただし，総時間数は4時間以上とする．

ロ 放射性同位元素を使用する許可届出使用者が選任した主任者（イの主任者を除く）が受講する定期講習

 (1) 法に関する課目　1時間以上

 (2) 放射性同位元素（密封されたものに限る．）の取扱い及び使用施設等（密封された放射性同位元素を取り扱うものに限る．）の安全管理に関する課目　1時間以上

 (3) 放射性同位元素（密封されたものに限る．）又は放射性汚染物の取扱いに係る事故が発生した場合の対応に関する課目　30分以上

 ただし，総時間数は3時間以上とする．

ハ 届出販売業者又は届出賃貸業者が選任した主任者が受講する定期講習

 (1) 法に関する課目　1時間以上

 (2) 放射性同位元素等の取扱いの事故の事例に関する課目　1時間以上

 ただし，総時間数は2時間以上とする．

3 登録定期講習機関は，毎年少なくとも2回，定期講習を実施しなければならない．

7.7 研修の指示〔法36の3，則38の2,3〕

1 委員会は，放射線障害の防止のために必要があると認めるときは，許可届出

使用者,届出販売業者又は届出賃貸業者に対し,期間を定めて,主任者に委員会の行う**研修**を受けさせるよう指示することができる.

2 1の指示を受けた許可届出使用者,届出販売業者又は届出賃貸業者は,指示を受けた期間内に,その選任した主任者に研修を受けさせなければならない.

3 委員会は,上記の研修を修了した者に対し,**研修修了証**を交付する.

4 その他研修の課目,研修の時間数その他研修に関し必要な事項は,委員会が1に規定する指示の都度定める.

7.8 放射線取扱主任者の代理者＊〔法37,則33-1,-4〕

1 許可届出使用者,届出販売業者及び届出賃貸業者は,
 (1) 放射線取扱主任者が旅行,疾病その他の事故によりその職務を行うことができない場合において,
 (2) その職務を行うことができない期間中に①放射性同位元素を使用し,又は,②放射性同位元素若しくは放射性汚染物を廃棄しようとするときは＊,
その職務を代行させるため放射線取扱主任者の代理者(以下単に「**代理者**」と略称する.)を選任しなければならない.

2 この場合,代理者も主任者の場合と同じような
 (1) 選任事業所の区分,
 (2) 医師若しくは歯科医師又は薬剤師の選任の特例,
 (3) 選任しなければならない主任者の数,
 (4) 選任又は解任したときの届出期限(30日以内)
等の規定が適用される.

3 ただし,主任者が職務を行うことができない期間が **30日未満**の場合には,代理者の選任を行ったときでも,**代理者の選任届**を提出する必要はない＊.

 ★注意:主任者が職務を行うことができない期間が30日未満の場合でも,その期間中に放射性同位元素を使用し,又は放射性同位元素若しくは放射性汚染物を廃棄しようとするときは,必ず代理者を選任しなければならない.

ただその選任の届が必要ないだけである．またその期間中に，放射性同位元素を使用せず，廃棄も行わないで，放射性同位元素の貯蔵をしておくだけの場合には，もちろん代理者を選任する必要がない．

4　代理者が主任者の職務を代行する場合は，この法律及びこの法律に基づく命令の規定の適用については，これを主任者とみなすこととされている．

7.9　解任命令〔法 38〕

委員会は，主任者又は代理者が，この法律又はこの法律に基づく命令の規定に違反したときは，許可届出使用者，届出販売業者又は，届出賃貸業者に対し，主任者又は代理者の解任を命ずることができる．

〔演 習 問 題〕

次の文章中,放射線障害防止法及びその関係法令に照らして正しいものには○印を,誤っているものには×印をつけ,誤っている場合にはその理由を簡単にしるせ.

7−1　届出使用者である事業所には,常に第2種放射線取扱主任者免状を有する者を放射線取扱主任者として選任することができる.

7−2　放射性同位元素の販売所のうち,第3種放射線取扱主任者免状を持つ者を放射線取扱主任者に選任することができるのは,密封された放射性同位元素のみを販売する販売所のみである.

7−3　表示付認証機器のみを業として販売するときは,放射線取扱主任者の選任を要しない.　　　　　　　　　　　　　　　　　　　　　　　　〔1種58回問28A〕

7−4　新たに届出をして表示付認証機器のみを認証条件に従って使用しようとする者は,表示付認証機器の使用を開始するまでに放射線取扱主任者を選任しなければならない.　　　　　　　　　　　　　　　　　　　　　　　　〔1種54回問7A〕

7−5　密封された放射性同位元素のみの使用をする事業所等の放射線取扱主任者は,第2種放射線取扱主任者免状を有する者でよい.

7−6　放射性同位元素の種類ごとに下限数量の1000倍以下の密封された放射性同位元素のみを使用する工場又は事業所に限り,第2種放射線取扱主任者免状を有する者を,放射線取扱主任者として選任することができる.　　〔1種22回問30の2〕

7−7　放射性同位元素等を診療のために用いる場合には,放射線取扱主任者免状を有していない医師,歯科医師又は薬剤師を放射線取扱主任者として選任することができる.
　　　　　　　　　　　　　　　　　　　　　　　　　　　　〔1種22回問30の2〕

7−8　P病院は,研究のために使用している放射性同位元素による放射線障害の防止についても併せて監督させるため,医師(放射線取扱主任者免状は有していない.)を放射線取扱主任者に選任して届け出た.　　　　　　　　　〔1種21回問5の3〕

7−9　放射性同位元素の使用の許可を受けたので,第1種放射線取扱主任者免状を有する

法　　令

者を放射線取扱主任者に選任し，その後放射性同位元素を使用施設に運び入れ，使用を開始し，選任の日から 30 日以内に選任の届出をした．　　　〔1 種 23 回問 29 の 3〕

7-10　許可届出使用者は，放射線取扱主任者に対し，その者が選任前 1 年以内に定期講習を受けたことがなかった場合，選任されたときから 1 年以内及び前回の定期講習を受けた日の属する年度の翌年度の開始の日から 5 年以内の期間ごとに定期講習を受けさせなければならない．

7-11　表示付認証機器のみの販売を行う届出販売業者は，放射線取扱主任者に定期講習を受講させる必要がない．　　　〔2 種 52 回問 27C 改〕

7-12　放射性同位元素の使用の許可を受けた事業所において，放射線取扱主任者が 20 日間出張することになった場合で引き続き使用するときには，放射線取扱主任者の代理者を選任し，遅滞なく原子力規制委員会に届け出なければならない．

〔1 種 24 回問 26 の 4 改〕

7-13　S 工場は，放射線取扱主任者が出張で不在となったが，その期間が 30 日未満であったので，別にその代理者は選任せず，労働安全衛生法上の衛生管理者（放射線取扱主任者免状は有していない．）に監督を行わせて使用を行った．　　　〔1 種 21 回問 5 の 2〕

7-14　放射線取扱主任者が 1 ヵ月以上海外に出張する場合には，必ず代理者を選任しなければならない．　　　〔2 種 2 回問 3 (5)〕

7-15　主任者がその職務を行うことができない場合において，その期間中放射性同位元素を使用するときは，その期間が数日であっても，主任者の代理者を選任しなければならない．　　　〔1 種 20 回問 6B〕

7-16　放射線障害防止法又は同法に基づく命令の規定に違反したときに限り，原子力規制委員会は，放射線取扱主任者又はその代理者を直接解任することができる．

〔1 種 24 回問 26 の 2 改〕

次の文章の（　　）内に適切な語句を埋めて文章を完成せよ．

7-17　放射線取扱主任者の選任は，放射性同位元素を使用施設若しくは（　A　）に運び入れ，又は放射性同位元素の（　B　）若しくは（　C　）の業を開始するまでに

7. 放射線取扱主任者

しなければならない．また，選任した日から（ D ）日以内に，その旨を原子力規制委員会に届け出なければならない．　　　　　　　〔1種51回問28改〕

7−18　放射線取扱主任者は，（ A ）に職務を遂行しなければならない．使用施設，貯蔵施設又は廃棄施設に立ち入る者は，放射線取扱主任者がこの法律若しくはこの法律に基づく（ B ）又は放射線障害予防規定の実施を確保するためにする（ C ）に従わなければならない．許可届出使用者，届出販売業者，届出賃貸業者及び許可廃棄業者は，放射線障害の防止に関し，放射線取扱主任者の（ D ）を尊重しなければならない．　　　　　　　〔2種45回問8改〕

7−19　許可届出使用者，届出販売業者及び届出賃貸業者のうち原子力規制委員会規則で定めるものは，放射線取扱主任者に，原子力規制委員会規則で定める（ A ）ごとに，原子力規制委員会の登録を受けた者が行う放射線取扱主任者の（ B ）の（ C ）を図るための（ D ）を受けさせなければならない．
〔1種55回問29改〕

8. 登録認証機関等

放射線取扱主任者免状取得のための第1種及び第2種の放射線取扱主任者試験，第1種，第2種及び第3種の放射線取扱主任者講習，放射線取扱主任者の資質の向上を図るための定期講習，その他の業務を円滑に進めるために，国は，一定の要件を満たして登録をした機関に，国の監督の下に，これらの業務を実施させることにしている．

現在，法令で定められている登録機関及びそれぞれの機関の実施する業務は**表8.1**に示されるとおりである．登録運搬方法確認機関は，国土交通大臣の登録を受け，その他の機関は委員会の登録を受ける．

法令には，それぞれの認証機関の登録の要件等が定められているが，放射線取扱主任者試験に出題されることはないと考えられるのでそれらの詳細を学習する必要はない．

表 8.1 登録機関とその機関が実施する業務

登録機関の名称	登録機関が実施する業務〔関係する法律条名〕
(1) 登録認証機関	放射性同位元素装備機器の設計認証及び特定設計認証〔法 12 の 2, 39〕
(2) 登録検査機関	特定許可使用者及び許可廃棄業者の放射線施設の施設検査及び定期検査〔法 12 の 8, 9, 41 の 15〕
(3) 登録定期確認機関	特定許可使用者及び許可廃棄業者が受ける定期確認〔法 12 の 10, 41 の 17〕
(4) 登録運搬方法確認機関	運搬に関する措置が技術上の基準に適合していることの確認〔法 18, 41 の 19〕

8. 登録認証機関等

(5)	登録運搬物確認機関	承認容器を用いて運搬する物についての措置の確認〔法 18, 41 の 21〕
(6)	登録埋設確認機関	許可廃棄業者が埋設時に講ずる措置が技術上の基準に適合していることの確認〔法 19 の 2-2, 41 の 23〕
(7)	登録濃度確認機関	放射性汚染物中の放射能濃度が放射線障害防止のための措置を必要としないものであることの確認〔法 33 の 2, 41 の 25〕
(8)	登録試験機関	第 1 種放射線取扱主任者試験及び第 2 種放射線取扱主任者試験の実施〔法 35-2, 3, 41 の 27〕
(9)	登録資格講習機関	第 1 種放射線取扱主任者講習, 第 2 種放射線取扱主任者講習及び第 3 種放射線取扱主任者講習の実施〔法 35-2, 3, 4, 41 の 31〕
(10)	登録定期講習機関	放射線取扱主任者の資質の向上を図るための定期講習の実施〔法 36 の 2-1, 41 の 35〕

9. 報告の徴収，その他

9.1 報告の徴収〔法 42，則 39〕

委員会（場合によっては**国土交通大臣**）は，この法律の施行に必要な限度で，許可届出使用者，表示付認証機器届出使用者，届出販売業者若しくは届出賃貸業者は又はこれらの者から運搬を委託された者に対し，報告をさせることができる．

1. 許可届出使用者は，放射線施設を廃止したときは，放射性同位元素による汚染の除去その他の講じた措置を **30 日以内**に委員会に報告しなければならない．

★ この報告は，これまで利用してきた放射線施設の一部を廃止するような場合になされるものであって，6.7.3 で述べた「使用の廃止等の届出」とは異なるものである．「使用の廃止等の届出」の場合はその届出を遅滞なく行い，引き続いて 6.7.4 で述べた「使用の廃止等に伴う措置」を実施しなければならない．

2. 許可届出使用者，届出販売業者又は届出賃貸業者は，放射線の管理状況の報告書（**放射線管理状況報告書**）を毎年 4 月 1 日からその翌年の 3 月 31 日までの期間について作成し，当該期間の経過後 **3 月以内**に委員会に提出しなければならない．

この報告書には，

(1) 許可届出使用者の場合，①施設等の点検の実施状況，②放射性同位元素の保管の状況，③放射性同位元素等の保管・廃棄の状況，④放射線業務従事者の数，⑤放射線業務従事者の個人実効線量の分布，等を記載する．

(2) 届出販売業者の場合，放射性同位元素の販売等の状況を記載する．

(3) 届出賃貸業者の場合，放射性同位元素の賃貸等の状況を記載する．

★ 表示付認証機器届出使用者の場合は（もちろん，表示付特定認証機器使用者の場合も），放射線管理状況報告書の作成・届出の必要はない．〔法42‐1→則39‐3〕

3　密封された放射性同位元素であって人の健康に重大な影響を及ぼすおそれのあるものとして委員会が定めるものを「**特定放射性同位元素**」という．

特定放射性同位元素について，**表9.1**の左欄に示す事業者が右欄に示す行為を行ったときは，その旨及び当該特定放射性同位元素の内容を**15日以内**に委員会に報告しなければならない．

表9.1　特定放射性同位元素についての報告に関する事業者の名称と行為

事業者の名称	行　為
許可届出使用者	製造，輸入，受け入れ，輸出又は払い出し
表示付認証機器届出使用者	受け入れ又は払い出し
届出販売業者 届出賃貸業者	輸入，譲受け（回収，賃貸及び保管の委託の終了を含む），輸出又は譲渡し（返還，賃貸及び保管の委託を含む）

許可届出使用者は，報告を行った特定放射性同位元素の内容を変更したとき，また，その変更により特定放射性同位元素が特定放射性同位元素でなくなったときは，その旨及び当該特定放射性同位元素の内容を**15日以内**に委員会に報告しなければならない．

許可届出使用者又は表示付認証機器届出使用者は，毎年3月31日に所持している特定放射性同位元素について**3月以内**に委員会に報告しなければならない．

特定放射性同位元素の核種と数量は，平成21年文部科学省告示168号（密封された放射性同位元素であって人の健康に重大な影響を及ぼすおそれのあるものを定める告示）別表（p.509）の第1欄の種類（核種）に応じて，①　第2欄に掲げられている数量の10倍以上のもの，又は　②　第2欄に掲げられている数量以上のものであって次の放射性同位元素装備機器に装備できるもの，を

いう.
　　イ　透過写真撮影用ガンマ線照射装置
　　ロ　近接照射治療装置
　　「密封された放射性同位元素であって人の健康に重大な影響を及ぼすおそれがあるものを定める告示」（平成 21 年文部科学省告示第 168 号）
4　以上のほか，許可届出使用者，表示付認証機器届出使用者，届出販売業者若しくは届出賃貸業者又はこれらの者から運搬を委託された者は，委員会が次の事項について期日を定めて報告を求めたときは，当該事項を当該期間内に委員会に報告しなければならない．
(1) 放射線管理の状況
(2) 放射性同位元素の在庫及びその増減の状況
(3) 工場又は事業所の外において行われる放射性同位元素等の廃棄又は運搬の状況
5　この法律の施行に必要な限度で
(1) 委員会は登録認証機関，登録検査機関，登録定期確認機関，登録運搬物確認機関，登録埋設確認機関，登録濃度確認機関，登録試験機関，登録資格講習機関又は登録定期講習機関に対し，
(2) 国土交通大臣は登録運搬方法確認機関に対し，
報告をさせることができる．

9.2　その他

立入検査，聴聞の特例，不服申立て等，公示，協議，連絡，手数料の納付，罰則等については，放射線取扱主任者試験の受験者には必要ないと思われるので，説明は省略した．

〔演 習 問 題〕

次の文章中,放射線障害防止法及びその関係法令に照らして正しいものには○印を,誤っているものには×印をつけ,誤っている場合にはその理由を簡単にしるせ.

9−1 許可届出使用者は,放射線施設を廃止したときは,放射性同位元素による汚染の除去その他の講じた措置を,別記様式第54(放射線施設の廃止に伴う措置の報告書)により30日以内に原子力規制委員会に報告しなければならない.

〔1種49回問4A改〕

9−2 許可届出使用者は,毎年4月1日からその翌年の3月31日までの期間において,放射性同位元素を購入,譲受していなくても,当該期間の経過後3月以内に,事業所ごとに放射線管理状況報告書を,原子力規制委員会に提出しなければならない.

〔1種47回問23D改〕

9−3 使用又は販売,賃貸若しくは廃棄の業の廃止を届け出たならば,その年度の放射線管理状況報告書を提出する必要はない. 〔1種45回問3C〕

9−4 許可届出使用者が特定放射性同位元素を受け入れたときは,その旨及び当該特定放射性同位元素の内容を受け入れた日から30日以内に原子力規制委員会に報告しなければならない.

9−5 特定放射性同位元素を使用している許可使用者は,毎年3月31日に所持している特定放射性同位元素について,同日の翌日から起算して6月以内に原子力規制委員会に報告しなければならない. 〔1種59回問28D〕

10. 定義，略語及び主要な数値

10.1 おもな定義及び略語

10.1.1 法令で示されているおもな定義及び略語

法（令1，則2－1）放射性同位元素等による放射線障害の防止に関する法律（昭和32年法律第167号）（はじめに2.(1)）

令（則2－2，告1）放射性同位元素等による放射線障害の防止に関する法律施行令（昭和35年政令第259号）（はじめに2.(1)）

規則（告4）放射性同位元素等による放射線障害の防止に関する法律施行規則（昭和35年総理府令第56号）（はじめに2.(2)）

放射線＊（法2－1，原子力基本法3(5)，定義に関する政令4）電磁波又は粒子線のうち，直接又は間接に空気を電離する能力をもつもので，(1)アルファ線，重陽子線，陽子線その他の重荷電粒子線及びベータ線，(2)中性子線，(3)ガンマ線及び特性エックス線（軌道電子捕獲に伴って発生する特性エックス線に限る.），(4) 1メガ電子ボルト以上のエネルギーを有する電子線及びエックス線をいう．(2.1)

放射性同位元素＊（法2－2，令1，告1）りん32やコバルト60などのように，A ①放射線を放出する同位元素及び②その化合物並びに③これらの含有物（機器に装備されているこれらのものを含む.）で，B 放射線を放出する同位元素の数量及び濃度のいずれもがその種類ごとに原子力規制委員会が定める数量（下限数量）及び濃度を超えるものをいう．ただし，(1)核燃料物質及び核原料物質，(2)医薬品及びその原料又は材料，(3)治験対象薬物，(4)陽電子放射断層撮

影用薬物，(5) 指定医療用具，を除く．(2.2.1)

放射性同位元素装備機器（法2-3）放射性同位元素を装備している機器（2.2.2）

認証機器（法12の5）原子力規制委員会又は登録認証機関によって，設計認証に係る設計に合致していること（放射線障害のおそれが少ないこと）が確認された放射性同位元素装備機器．その表示が付された認証機器を「**表示付認証機器**」という．(4.4)

特定認証機器（法12の5）原子力規制委員会又は登録認証機関によって，特定設計認証に係る設計に合致していること（放射線障害のおそれが極めて少ないこと）が確認された放射性同位元素装備機器．その表示が付された特定認証機器を「**表示付特定認証機器**」という．(4.4)

認証条件（法12の6）　表示付認証機器又は表示付特定認証機器に係る使用，保管及び運搬に関する条件．(4.4)

放射線発生装置〔法2-4, 令2, 告2〕サイクロトロン，シンクロトロンなどのように荷電粒子を加速することにより放射線を発生させる装置．ただし，その表面から10センチメートル離れた位置における最大線量率が1センチメートル線量当量率について600ナノシーベルト毎時以下であるものを除く．(2.2.3)

放射化物（則14の7-1(7)の2）放射線発生装置から発生した放射線により生じた放射線を放出する同位元素によって汚染された物．(2.2.4)

放射性汚染物（法1）（則1(2)）放射性同位元素又は放射線発生装置から発生した放射線（により生じた放射線を放出する同位元素）によって汚染された物．要約すれば，放射性同位元素によって汚染された物又は放射化物．(2.2.5)

放射性同位元素等（則1(3)）放射性同位元素又は放射性汚染物．(2.3.1)

取扱等業務（則1(8)）放射性同位元素等又は放射線発生装置の取扱い，管理又はこれに付随する業務．(2.3.2)

放射線業務従事者＊（則1(8)）放射性同位元素等又は放射線発生装置の取扱い，管理又はこれに付随する業務（取扱等業務）に従事する者であって，管理区域に立ち入るものをいう．(2.3.3)

法　　令

許可使用者＊（法10-1）法第3条第1項の許可を受けた者．〔すなわち放射性同位元素（使用の届出に該当する物を除く．）又は放射線発生装置を使用しようとして原子力規制委員会の許可を受けた者〕（3.1.1）

特定許可使用者（法12の8-1）非密封放射性同位元素で下限数量の10万倍以上の数量の貯蔵施設を設置する許可使用者又は10TBq以上の密封放射性同位元素若しくは放射線発生装置を使用する許可使用者．施設検査，定期検査及び定期確認を受ける義務がある（6.1）

届出使用者＊（法3の2-2）法第3条の2第1項の届出をした者〔すなわち下限数量の1000倍以下の密封された放射性同位元素を使用しようとして，原子力規制委員会にあらかじめ届け出た者〕（3.2.1）

許可届出使用者＊（法15）許可使用者及び届出使用者（6.3.1）

許可届出使用者等（法18-1）許可届出使用者，届出販売業者，届出賃貸業者及び許可廃棄業者並びにこれらの者から運搬を委託された者（6.4.3）

表示付認証機器使用者（法3の3）表示付認証機器を使用する者（3.2.2）

表示付認証機器届出使用者（法3の3）表示付認証機器の使用の届出をした者（3.2.2）

届出販売業者（法4-2）法第4条第1項の規定により販売の業の届出をした者（3.3）

届出賃貸業者（法4-2）法第4条第1項の規定により賃貸の業の届出をした者（3.3）

許可廃棄業者（法11）法第4条の2第1項の許可を受けた者〔すなわち放射性同位元素又は放射性汚染物を業として廃棄しようとして原子力規制委員会の許可を受けた者．施設検査，定期検査及び定期確認を受ける義務がある．〕

廃棄事業者　原子炉等規制法51の5-1に規定する廃棄事業者．（6.5.1.3）

許可取消使用者等（法28-1）①許可を取り消された許可使用者又は許可廃棄業者，②使用を廃止した許可届出使用者（表示付認証機器届出使用者を含む），又は，販売，賃貸若しくは廃棄の業を廃止した届出販売業者，届出賃貸業者若しくは許可廃棄業者，③許可届出使用者，届出販売業者，届出賃貸業者若しくは許可廃棄業者が死亡し，又は，法人である許可届出使用者，届出販売業者，届出賃貸業者若しくは許可廃棄業者が解散，若しくは分割した場合にそれを届け出な

ければならない者．①②③に該当する者は，許可を取り消された日，使用を廃止し若しくは事業を廃止した日又は死亡，解散若しくは分割の日に所持していた放射性同位元素等をその後30日間所持することができる．(6.7.4)

実効線量限度 * （則1(10)，告5，24）放射線業務従事者の実効線量について，原子力規制委員会が定める一定期間内における線量限度と定義され，次のとおり定められている．(2.4.1)

(1) 平成13年4月1日以降5年ごとに区分した各期間につき100ミリシーベルト
(2) 4月1日を始期とする1年間につき50ミリシーベルト
(3) 女子については，(1)(2)に規定するほか，4月1日，7月1日，10月1日及び1月1日を始期とする各3月間につき5ミリシーベルト

　　ただし，妊娠不能と診断された者，妊娠の意思のない旨を許可届出使用者又は許可廃棄業者に書面で申し出た者及び(4)に規定する者を除く．

(4) 妊娠中の女子については，(1)(2)に規定するほか，本人の申出等により許可届出使用者又は許可廃棄業者が妊娠の事実を知ったときから出産までの間につき，内部被ばくについて1ミリシーベルト

　　ただし，これらを算出する場合に1メガ電子ボルト未満のエネルギーを有する電子線及びエックス線による被ばくを含め，かつ，診療を受けるための被ばく及び自然放射線による被ばくを除くものとする．

等価線量限度 * （則1(11)，告6，24）放射線業務従事者の各組織の等価線量について，原子力規制委員会が定める一定期間内における線量限度と定義され，次のとおり定められている．(2.4.2)

(1) 眼の水晶体については，4月1日を始期とする1年間につき150ミリシーベルト
(2) 皮膚については，4月1日を始期とする1年間につき500ミリシーベルト
(3) 妊娠中の女子の腹部表面については，本人の申出等により許可届出使用者又は許可廃棄業者が妊娠の事実を知ったときから出産までの間につき2ミリシーベルト

表面密度限度 （則1(13)，告8）放射線施設内の人が常時立ち入る場所において人

法　　令

が触れる物の表面の放射性同位元素の密度の限度．表面密度限度を超えているものは，みだりに作業室から持ち出さない．アルファ線を放出する放射性同位元素については 4 Bq/cm^2，アルファ線を放出しない放射性同位元素については 40 Bq/cm^2．（2.4.3）

使用施設（法 3−2(5)）（許可使用者が）放射性同位元素又は放射線発生装置を使用する施設（3.1，5.2）

貯蔵施設（法 3−2(6)）（許可使用者及び届出使用者が）放射性同位元素を貯蔵する施設（3.1，5.3）

廃棄施設（法 3−2(7)）（許可使用者が）放射性同位元素及び放射性同位元素によって汚染された物を廃棄する施設（3.1，5.4）

放射線施設＊（則 1(9)）使用施設，貯蔵施設又は廃棄施設をいう．（5.1.2）

使用施設等（法 12 の 8−1）使用施設，貯蔵施設又は廃棄施設．すなわち，許可使用者が備えるべき放射線施設（6.2）

使用の場所（法 3 の 2−1(4)，則 3−2(2)）届出使用者が放射性同位元素を使用する場所（3.2.1）

廃棄の場所（則 3−2(2)）届出使用者が放射性同位元素を廃棄する場所（3.2.1）

管理区域＊（則 1(1)，告 4，25）外部放射線に係る線量が，実効線量で 3 月間につき 1.3 ミリシーベルトを超えるおそれのある場所をいう．
　　この場合の放射線には，1 メガ電子ボルト未満のエネルギーを有する電子線及びエックス線を含めて考える．（5.1.1）

工場又は事業所（法 17）許可届出使用者にあっては使用施設，貯蔵施設又は廃棄施設を設置した工場又は事業所をいう．（6.4.2 の 1）

施設検査（法 12 の 8）　特定許可使用者又は許可廃棄業者が放射線施設を設置，増設又は変更したとき，原子力規制委員会又は登録検査機関の検査を受け，これに合格した後でなければ，当該施設等の使用をしてはならない．この検査を「施設検査」という．（6.1）

定期検査（法 12 の 9）特定許可使用者又は許可廃棄業者は，3 年ごと又は 5 年ごとに，

放射線施設が技術上の基準に適合しているかどうかについて，原子力規制委員会又は登録検査機関の行う検査を受けなければならない．この検査を「定期検査」という．(6.1)

定期確認（法12-10）特定許可使用者又は許可廃棄業者は，放射線の量及び放射性同位元素等による汚染の状況が測定され，その結果についての記録が作成され，保存されていることについて，3年又は5年ごとに委員会又は登録定期確認機関の行う確認を受けなければならない．この検査を定期確認という．(6.1)

廃止措置（法28-1）許可取消使用者等が使用又は事業の廃止に伴い放射線障害を防止するために講じなければならない措置．(6.7.4)

廃止措置計画（法28-2）許可取消使用者等が廃止措置を講じようとするとき，あらかじめ作成し，遅滞なく原子力規制委員会に届け出なければならないとされている計画．(6.7.4)

建築物（建築基準法2(1)）土地に定着する工作物のうち，屋根及び柱若しくは壁を有するもの．これに附属する一定の施設等（建築設備を含む．）をいう．(5.2の2イ)

居室（建築基準法2(4)）居住，執務，作業，集会，娯楽その他これらに類する目的のために継続的に使用する室をいう．(5.2の2ロ)

主要構造部* （建築基準法2(5)）壁，柱，床，はり，屋根又は階段をいう．（建築物の構造上重要でない間仕切壁，間柱，付け柱，揚げ床，最下階の床，廻り舞台の床，小ばり，ひさし，局部的な小階段，屋外階段，その他これらに類する建築物の部分は除かれる．）(5.2の2ハ)

主要構造部等* （則14の7-1(2)）主要構造部並びに当該施設を区画する壁及び柱をいう．(5.2の2ニ)

耐火構造（建築基準法2(7)，建築基準法施行令107）鉄筋コンクリート造，れんが造等の構造で，建築基準法施行令第107条で定める一定の耐火性能を有するものをいう．(5.2の2ホ)

不燃材料（建築基準法2(9)，建築基準法施行令108の2）コンクリート，れんが，

法　　令

瓦，石綿スレート，鉄鋼，アルミニューム，ガラス，モルタル，しっくい，その他これらに類する建築材料で建築基準法施行令第108条の2で定める不燃性を有するものをいう．(5.2の2ヘ)

特定防火設備に該当する防火戸　建築基準法施行令110条1項に規定する，一定の防火性能を有する構造の防火戸をいう．(5.3の2①)

車両運搬（則18の2）事業所等の外における鉄道，軌道，索道，無軌条電車，自動車又は軽車両による運搬をいう．(6.4.3.1)

放射性輸送物（則18の3-1）放射性同位元素等が容器に収納され，又は包装されているもので車両運搬するものをいう．(6.4.3.1)

特別形放射性同位元素等（外運搬告2）容易に散逸しない固体状の放射性同位元素又は放射性同位元素等を密封したカプセルであって，外運搬告第2条第1号の表に掲げるイ及びロの基準に適合するもの（6.4.3.1）

A_1値（外運搬告2）外運搬告別表第1から別表第3まで及び別表第6の第1欄に掲げる放射性同位元素の種類又は区分に応じ，それぞれ当該各表の第2欄に掲げる数量（6.4.3.1）

A_2値（外運搬告2）外運搬告別表第1から別表第3まで及び別表第6の第1欄に掲げる放射性同位元素の種類又は区分に応じ，それぞれ当該各表の第3欄に掲げる数量（6.4.3.1）

機器等（外運搬告2）時計その他の機器又は装置（6.4.3.1）

L型輸送物（則18の3-1(1)）危険性が極めて少ない放射性同位元素等として原子力規制委員会が定める放射性輸送物(6.4.3.1)

A型輸送物（則18の3-1(2)）原子力規制委員会が定める量を超えない量の放射能を有する放射性同位元素等を収納した放射性輸送物（L型輸送物を除く）(6.4.3.1)

BM型輸送物又はBU型輸送物（則18の3-1(3)）原子力規制委員会が定める量を超える量の放射能を有する放射性同位元素等を収納した放射性輸送物(6.4.3.1)

10. 定義，略語及び主要な数値

輸送物表面密度（則 18 の 4(8)）放射性輸送物の表面の放射性同位元素の密度の限度で，表面密度限度の 10 の 1 の値とされている（6.4.3.1）

低比放射性同位元素（則 18 の 3－2）放射能濃度が低い放射性同位元素等であって危険性が少ないものとして原子力規制委員会が定めるもの（6.4.3.1）

表面汚染物（則 18 の 3－2）放射性同位元素等によって表面が汚染されたものであって危険性が少ないものとして原子力規制委員会が定めるもの（6.4.3.1）

運搬物（則 18 の 13(1)）事業所内運搬又は事業所外運搬（簡易運搬）の規定により運搬される放射性同位元素等（6.4.2，6.4.3.2）

簡易運搬（則 18 の 13）事業所等の外における車両運搬以外の運搬（船舶又は航空機によるものを除く．）をいう．（6.4.3.2）

運搬機器（則 18 の 13(1)）運搬物を載積し，又は収納した運搬機械又は器具（簡易運搬に係るものに限る．）（6.4.3.2）

輸送指数（運搬告 23）運搬物の表面から 1 メートル離れた位置における 1 センチメートル線量当量率をミリシーベルト毎時単位で表した値の最大値の 100 倍をいう．（6.4.3.2）

試験（法 35－7）第 1 種放射線取扱主任者試験及び第 2 種放射線取扱主任者試験(7.2 の 1)

合格証（則 35 の 2）放射線取扱主任者試験合格証（7.3 の 1）

資格講習（法 35－8）第 1 種放射線取扱主任者講習及び第 2 種放射線取扱主任者講習(7.3 の 4)

講習修了証（則 35 の 6）放射線取扱主任者免状の取得のために受ける講習（放射線取扱主任者講習）を修了した者に交付される修了証（7.3 の 5）

研修修了証（則 38 の 2）原子力規制委員会の指示により放射線取扱主任者が受けた研修の修了証（7.7）

10.1.2 本書に限り用いられている略語

則：放射性同位元素等による放射線障害の防止に関する法律施行規則（昭和 35 年総理府令第 56 号）（はじめに 2.(1)）

法　　令

告：放射線を放出する同位元素の数量等を定める件（平成 12 年科学技術庁告示第 5 号）（はじめに　2.(1)）

内運搬告：放射性同位元素又は放射性同位元素によって汚染された物の工場又は事業所における運搬に関する技術上の基準に係る細目等を定める告示（昭和 56 年科学技術庁告示第 10 号）（はじめに　2.(1)）

外運搬告：放射性同位元素又は放射性同位元素によって汚染された物の工場又は事業所の外における運搬に関する技術上の基準に係る細目等を定める告示（平成 2 年科学技術庁告示第 7 号）（はじめに　2.(1)）

車両運搬則：放射性同位元素等車両運搬規則（昭和 52 年運輸省令第 33 号）（はじめに　2.(1)）

車両運搬告：放射性同位元素等車両運搬規則の細目を定める告示（平成 2 年運輸省告示第 595 号）（はじめに　2.(1)）

薬機法：医薬品，医療機器等の品質，有効性及び安全性の確保等に関する法律（昭和 35 年法律第 145 号）（はじめに　2.(1)）

薬機法施行令：医薬品，医療機器等の品質，有効性及び安全性の確保等に関する法律施行令（昭和 36 年政令第 11 号）（はじめに　2.(1)）

委員会：原子力規制委員会（はじめに　3.(4)）

委員会規則：原子力規制委員会規則（はじめに　3.(4)）

一般女子：妊娠可能な女子（6.6.1.2）

免　状：放射線取扱主任者免状（7.1 の 1）

主任者：放射線取扱主任者（7.1 の 1）

第 1 種免状：第 1 種放射線取扱主任者免状（7.1 の 2）

第 2 種免状：第 2 種放射線取扱主任者免状（7.1 の 2）

第 3 種免状：第 3 種放射線取扱主任者免状（7.1 の 2）

第 1 種試験：第 1 種放射線取扱主任者免状に係る試験（7.2 の 2）

第 2 種試験：第 2 種放射線取扱主任者免状に係る試験（7.2 の 2）

代理者：放射線取扱主任者の代理者（7.8 の 1）

10. 定義，略語及び主要な数値

10.2 記憶すべきおもな数値
（注：以上≦，以下≧，を超える＜，未満＞）

10.2.1 定義に関するもの

放射線　電子線，エックス線については，エネルギーが 1 メガ電子ボルト以上（≦）のもの

10.2.2 許可申請，届出等に関するもの

使用の届出　1 個，1 組又は 1 式が下限数量の 1000 倍≧　（密封のみ）

使用の場所の一時的変更（1 個が）A_1 値≧　（密封のみ）（ただし，3 TBq≧）

10.2.3 管理等に関するもの（期間に関するものは次の 10.2.4 に記載）

管理区域　外部放射線の線量　実効線量で 1.3 mSv/3 月＜

　　　　　空気中の濃度　3 月間についての平均濃度が告示の別表第 2 の第 4 欄等の値の 1/10＜

　　　　　表面密度　表面密度限度の 1/10＜

遮　蔽　人の常時立ち入る場所　1 mSv/週≧

　　　　工場又は事業所の境界及び居住区域　250 μSv/3 月≧

　　　　（一般病室　1.3 mSv/3 月≧）

自動表示装置　400 GBq≦　（密封）

使用の場所の一時的変更の場合の脱落防止装置の設置　400GBq≦

表面密度限度

　告示の別表第 4 の値

　　　α 線を放出する放射性同位元素については　　　4 Bq/cm²

　　　α 線を放出しない放射性同位元素については，　40 Bq/cm²

　　　　（この数値は常識としておぼえておいた方がよい）

管理区域から持ち出す物の表面の密度の限度，運搬物，車両等の表面の密度の限度，輸送物表面密度

　告示の別表第 4 の値（表面密度限度）の 1/10

法　令

実効線量限度

(1)　100 mSv/5 年（平成 13 年 4 月 1 日以降）

(2)　 50 mSv/1 年

(3)　 5 mSv/3 月（一般女子）

(4)　 1 mSv/妊娠中（内部被ばくについて）

等価線量限度

(1)　150 mSv/1 年（眼の水晶体）

(2)　500 mSv/1 年（皮膚）

(3)　 2 mSv/1 年（妊娠中の女子の腹部表面）

一時的立入者の測定免除　外部又は内部被ばくによる線量（実効線量線量について）　　$100\,\mu\mathrm{Sv} \geqq$

みなし表示付認証機器としてのガスクロマトグラフ用エレクトロン・キャプチャ・ディテクタのディテクタ及びキャリヤガスの制限温度：350℃

10.2.4　期間に関するもの

場所に関する放射線の量の測定の実施

　①原則として 1 月以内に 1 回，②密封された放射性同位元素を固定，取扱い方法及び遮蔽物の位置が一定しているとき，及び，③下限数量の 1000 倍以下の密封された放射性同位元素のみを取り扱うとき，は 6 月以内に 1 回．

教育訓練の実施（管理区域に立ち入った後又は取扱等業務を開始した後について）：

　前回の教育・訓練を行った日の属する年度の翌年度の開始日から 1 年以内

健康診断の実施（管理区域に立ち入ったものについて）

　放射線業務従事者に対する問診及び検査又は検診：原則として 1 年に 1 回

保存期間

　①　人に関するもの：永年（健康診断の結果，人に関する測定結果（実効線量，等価線量，人体部位に関する汚染の状況等））

　②　10 年間　認証機器製造者等が作成する検査記録

　③　その他のもの：5 年間（場所に関する測定結果，記帳事項等）

10. 定義，略語及び主要な数値

届出の期限（事後の届出に限る）

原則として 30 日以内（「直ちに」,「遅滞なく」を除く．)

許可届出使用者，表示付認証機器届出使用者，届出販売業者及び届出賃貸業者の事務的内容等の変更の届出（許可使用者の許可証の訂正を含む），放射線障害予防規程の変更の届出，主任者及びその代理者の選任及び解任の届出

その他の期間等

① 10 日以内　放射性同位元素の所在不明などが生じたときは，その旨を直ちに報告しなければならないが，さらに，その状況及びそれに対する措置を 10 日以内に報告しなければならない．

② 15 日以内　特定放射性同位元素の受け入れ，払い出し等があったときの原子力規制委員会への報告

③ 30 日以内　許可の取消し，使用の廃止等に伴う譲渡及び所持の期限，主任者の代理者の届出を要しない期間，放射線施設を廃止したときの措置の報告の期限（この報告（9.1 の 2）は，これまで利用してきた放射線施設の一部を廃止するような場合になされるものであって，使用の廃止等の届出（6.7.3）とは異なるものである）．

④ 3 月以内　放射線管理報告書の提出期限

⑤ 4 半期ごと　人に関する測定結果の記録とその記録の写しを対象者に対し交付すること．その他 1 年ごと及び一般女子の場合 1 月ごと

10.2.5　施設検査及び定期検査　（記載省略）

10.2.6　運搬関係

輸送物の大きさ：外接直方体の各辺 10cm≦ （L 型を除く）

表面（輸送物，コンテナ，車両等，運搬機器）　2 mSv/時≧（L 型は 5μSv/時≧），

　　1 メートルの位置：100μSv/時≧，密度：表面密度限度の 10 分の 1 ≧

特例（原子力規制委員会の承認）表面： 10 mSv/時≧

輸送指数（簡易運搬）　50≧

L 型： A_1 又は A_2 値 $\times 10^{-3}$ （又は $\times 10^{-2}$ （機器等））

法　　令

10.2.7　その　他

取扱の制限年齢：18歳＞

10.2.8　放射性同位元素の数量，実効線量限度等についてのまとめ

10.2.6までと重複することがあるが，放射性同位元素の数量に関する規制値を図10.1に，人についての実効線量限度及び等価線量限度と場所についての線量率に関する規制値の関係を図10.2に，物の表面又はその近傍における線量率に関する規制値を図10.3にまとめた．また，放射能（数量）及び放射能濃度に対するBSS免除レベルを付録に収録した．

10. 定義，略語及び主要な数値

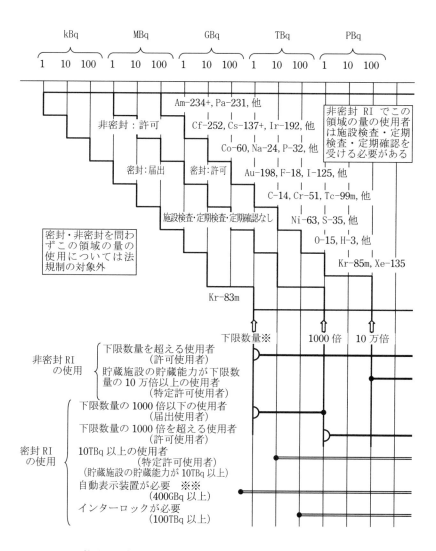

図 10.1　放射性同位元素の数量に関する規制値

法　令

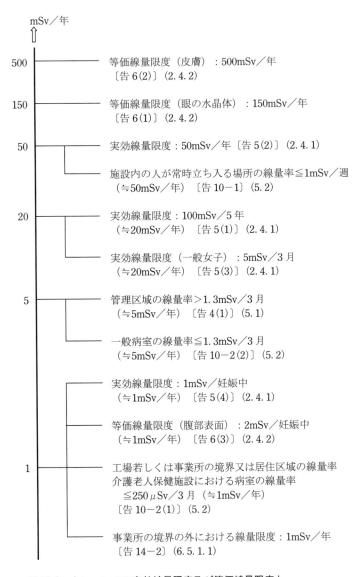

図10.2　人についての実効線量限度及び等価線量限度と
　　　　　場所についての線量率に関する規制値の関係

10. 定義，略語及び主要な数値

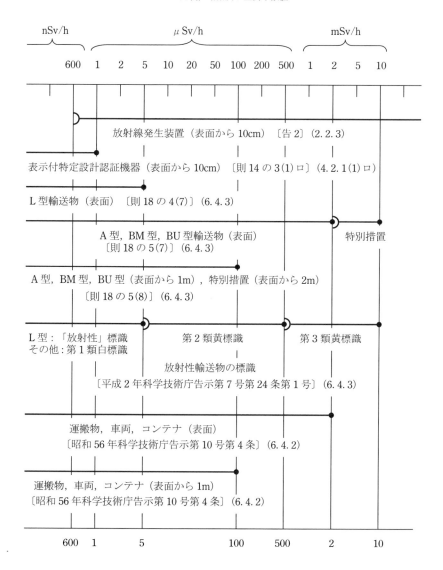

図 10.3 物の表面又はその近傍における線量率に関する規制値
（線量率は 1 cm 線量当量率）

11. 試験における法令の重要ポイント

1. 放射性同位元素の定義を明らかにしておくこと．特に数量及び濃度の両方ともが告示の数値を超えるものが定義に該当すること並びに密封されたものは1個，1組又は1式毎に考えることを銘記しておくこと．(2.2.1)
2. 単に「放射性同位元素」と書いてある場合には，一般には密封されたものと密封されていないものとの総称を意味するものであることに注意すること．
3. 線量限度等の数字を記憶する場合には，期間を正確に記憶すること．期間のないこれらの数字は意味がない．1週間についてか，3月間についてか，1年間についてか等を明らかにしておくこと．
4. 許可使用 (3.1) と届出使用 (3.2) との区別を明らかにしておくこと．特に届出使用の要件は重要であるから，よくマークしておくこと．
5. 単に「許可届出使用者」と書いてある場合には，「許可使用者」と「届出使用者」との総称であることに注意すること．(6.3.1)
6. 「許可使用者」と「届出使用者」の施設を対照しておぼえておくこと（表3.1），特に届出使用者の場合，「放射線施設」として法の規制の対象となる施設は貯蔵施設だけなので注意．
7. 放射線施設の耐火性能に注意すること．特に「使用施設」と「貯蔵施設」（特に「貯蔵室」の場合）とを対比させて理解すること．(5.2の2，5.3の2①)
8. 許可使用者に対してのみ認められている「許可使用者の変更の許可を要しない技術的内容の変更 (3.9)」は，特によく出題されているので，マークしておくこと．
9. 譲渡し，譲受け，所持等の制限 (6.8.1) の原則を明らかにしておくこと．
10. 第2種及び第3種免状の所有者を主任者として選任できる事業所の範囲（7.1

11. 試験における法令の重要ポイント

の 4，5）を明らかにしておくこと．

11. 代理者の選任及びその届出に関する事項（7.8）は，従来よく出題されているので，マークしておくこと．

12. （イ）常時立ち入る場所，（ロ）管理区域の境界，及び（ハ）事業所の境界又は居住区域，における外部放射線の線量を対比して記憶しておくこと．（表 5.1）

13. 記録の保存期間は，人に関するもの（健康診断の結果（6.6.4 の 3(3)，人に関する測定結果（6.6.1.2 の 4(8)）は，永年保存（法令の条文では，期間を特に書いてないが，これは永年保存を意味する．）．その他のものは原則として 5 年間である．

14. 届出等の期限の「あらかじめ」，「直ちに」，「遅滞なく」，「30 日以内に」等に注意すること，事後の届出又は報告は，原則として「30 日以内」である（事務的内容の変更の届出(3.7)，放射線取扱主任者の選任・解任の届出(7.1)）．例外は「10 日以内」（所在不明が生じたときなどの報告（6.10.1）），15 日以内（特定放射性同位元素に係る報告(9.1 の 3)），ほかに「3 月以内」（放射線管理状況の報告（9.1 の 2)）がある．

15. 「以上」，「以下」，「‥‥を超える」，「未満」を正確に記憶すること．（「はじめに」の 2.(5)）

16. 「ただし」，「‥‥する場合はこの限りでない．」等の例外的規定の項に特に注意すること．これらは，正誤の問題としてよく出題される．

　なお，「管理技術」の問題の解答に「法令」の知識が要求されるものがかなり多く出題されている．この「法令」の篇で得られた知識は，「管理技術」の解答にも応用することが求められていることを忘れてはならない．

参考　告示別表

1　放射線を放出する同位元素の数量等を定める告示
　　（平成12年科学技術庁告示第5号）〔告〕

別表第1　放射線を放出する同位元素の数量及び濃度
　　　　（下限数量及び下限濃度）（抜粋）

第1欄		第2欄	第3欄
放射線を放出する同位元素の種類		数量	濃度
核種	化学形等	(Bq)	(Bq／g)
^{3}H		1×10^9	1×10^6
^{7}Be		1×10^7	1×10^3
^{10}Be		1×10^6	1×10^4
^{11}C	一酸化物及び二酸化物	1×10^9	1×10^1
^{11}C	一酸化物及び二酸化物以外のもの	1×10^6	1×10^1
^{14}C	一酸化物	1×10^{11}	1×10^8
^{14}C	二酸化物	1×10^{11}	1×10^7
^{14}C	一酸化物及び二酸化物以外のもの	1×10^7	1×10^4
^{13}N		1×10^9	1×10^2
^{15}O		1×10^9	1×10^2
^{18}F		1×10^6	1×10^1
^{19}Ne		1×10^9	1×10^2
^{22}Na		1×10^6	1×10^1
^{24}Na		1×10^5	1×10^1
^{28}Mg	放射平衡中の子孫核種を含む	1×10^5	1×10^1
^{26}Al		1×10^5	1×10^1
^{31}Si		1×10^6	1×10^3
^{32}Si		1×10^6	1×10^3
^{32}P		1×10^5	1×10^3
^{33}P		1×10^8	1×10^5
^{35}S	蒸気	1×10^9	1×10^6
^{35}S	蒸気以外のもの	1×10^8	1×10^5

告 示 別 表

別表第2及び第3 省略

別表第4 表面密度限度

区　　分	密度（Bq/cm^2）
アルファ線を放出する　放射性同位元素	4
アルファ線を放出しない放射性同位元素	40

別表第5 自由空気中の空気カーマが1グレイである場合の実効線量

第一欄	第二欄
エックス線又はガンマ線のエネルギー（MeV）	実効線量（Sv）
0.010	0.00653
0.015	0.0402
0.020	0.122
0.030	0.416
0.040	0.788
0.050	1.106
0.060	1.308
0.070	1.407
0.080	1.433
0.100	1.394
0.150	1.256
0.200	1.173

第一欄	第二欄
エックス線又はガンマ線のエネルギー（MeV）	実効線量（Sv）
0.300	1.093
0.400	1.056
0.500	1.036
0.600	1.024
0.800	1.010
1.000	1.003
2.000	0.992
4.000	0.993
6.000	0.993
8.000	0.991
10.000	0.990

参考　該当値がないときは，補間法によって計算する．

別表第6 自由空気中の中性子フルエンスが1平方センチメートル当たり 10^{12} 個である場合の実効線量

第一欄 中性子のエネルギー (MeV)	第二欄 実効線量 (Sv)	第一欄 中性子のエネルギー (MeV)	第二欄 実効線量 (Sv)
1.0×10^{-9}	5.24	1.5×10^{-1}	80.2
1.0×10^{-8}	6.55	2.0×10^{-1}	99.0
2.5×10^{-8}	7.60	3.0×10^{-1}	133
1.0×10^{-7}	9.95	5.0×10^{-1}	188
2.0×10^{-7}	11.2	7.0×10^{-1}	231
5.0×10^{-7}	12.8	9.0×10^{-1}	267
1.0×10^{-6}	13.8	1.0×10^{0}	282
2.0×10^{-6}	14.5	1.2×10^{0}	310
5.0×10^{-6}	15.0	2.0×10^{0}	383
1.0×10^{-5}	15.1	3.0×10^{0}	432
2.0×10^{-5}	15.1	4.0×10^{0}	458
5.0×10^{-5}	14.8	5.0×10^{0}	474
1.0×10^{-4}	14.6	6.0×10^{0}	483
2.0×10^{-4}	14.4	7.0×10^{0}	490
5.0×10^{-4}	14.2	8.0×10^{0}	494
1.0×10^{-3}	14.2	9.0×10^{0}	497
2.0×10^{-3}	14.4	1.0×10^{1}	499
5.0×10^{-3}	15.7	1.2×10^{1}	499
1.0×10^{-2}	18.3	1.4×10^{1}	496
2.0×10^{-2}	23.8	1.5×10^{1}	494
3.0×10^{-2}	29.0	1.6×10^{1}	491
5.0×10^{-2}	38.5	1.8×10^{1}	486
7.0×10^{-2}	47.2	2.0×10^{1}	480
1.0×10^{-1}	59.8		

参考 該当値がないときは，補間法によって計算する．

告 示 別 表

2 密封された放射性同位元素であって人の健康に重大な影響を及ぼすおそれがあるものを定める告示（平成21年文部科学省告示第168号）別表（抜粋）

第1欄		第2欄	第1欄		第2欄
放射性同位元素の種類		数量	放射性同位元素の種類		数量
核種	物理的半減期等	(TBq)	核種	物理的半減期等	(TBq)
^{3}H		2000	^{51}Cr		2
^{7}Be		1	^{52}Mn		0.02
^{10}Be		30	^{54}Mn		0.08
^{11}C		0.06	^{56}Mn		0.04
^{14}C		50	^{52}Fe	放射平衡中の子孫核種を含む．	0.02
^{13}N		0.06	^{55}Fe		800
^{18}F		0.06	^{59}Fe		0.06
^{22}Na		0.03	^{60}Fe	放射平衡中の子孫核種を含む．	0.06
^{24}Na		0.02	^{55}Co	放射平衡中の子孫核種を含む．	0.03
^{28}Mg		0.02	^{56}Co		0.02
^{26}Al		0.03	^{57}Co		0.7
^{31}Si		10	^{58}Co		0.07
^{32}Si	放射平衡中の子孫核種を含む．	7	^{58m}Co	放射平衡中の子孫核種を含む．	0.07
^{32}P		10	^{60}Co		0.03
^{33}P		200	^{59}Ni		1000
^{35}S		60	^{63}Ni		60
^{36}Cl		20	^{65}Ni		0.1
^{38}Cl		0.05	^{64}Cu		0.3
^{39}Ar		300	^{67}Cu		0.7
^{41}Ar		0.05	^{65}Zn		0.1
^{42}K		0.2	^{69}Zn		30
^{43}K		0.07	^{69m}Zn	放射平衡中の子孫核種を含む．	0.2
^{45}Ca		100	^{67}Ga		0.5
^{47}Ca	放射平衡中の子孫核種を含む．	0.06	^{68}Ga		0.07
^{44}Sc		0.03	^{72}Ga		0.03
^{46}Sc		0.03	^{68}Ge	放射平衡中の子孫核種を含む．	0.07
^{47}Sc		0.7	^{71}Ge		1000
^{48}Sc		0.02	^{77}Ge	放射平衡中の子孫核種を含む．	0.06
^{44}Ti	放射平衡中の子孫核種を含む．	0.03	^{72}As		0.04
^{48}V		0.02	^{73}As		40
^{49}V		2000	^{74}As		0.09

演習問題の解答

第1章

1-1　×　原子力基本法第2条の一部を取り上げて作成したもの．(1.1)．
1-2　×　「労働者」の安全ではなく「公共」の安全．(1.2)法1.
1-3　×　「研究の推進」は特に取り上げられてはいない．(1.2)法1.
1-4　×　原子力基本法第1条の一部を取り上げて作成したもの．(1.1)．
1-5　○　(1.2)法1.
1-6　　A：原子力基本法　B：販売，賃貸　C：規制　D：放射線障害　(1.2)法1.
1-7　　A：放射性同位元素　B：放射性汚染物　C：防止　D：公共の安全　(1.2)法1.

演習問題の解答

第 2 章

2－1　×　「直接に」ではなく，「直接又は間接に」(2.1の1) 法 2－1　→　原子力基本法 3 (5)．

2－2　×　中性子線はエネルギーの大小にかかわりなく放射線になる．電子線及びエックス線は 1 メガ電子ボルト以上のエネルギーを有するものが放射線になる．(2.1の1) 定義に関する政令 4 (2) 及び (4)．

2－3　×　「数量又は濃度」ではなく「数量及び濃度」が正しい (2.2.1) 令 1．

2－4　×　放射性同位元素は機器に装備されていても規制され，とり出して使用するかどうかは関係ない．(2.2.1) 法 2－2 括弧書．

2－5　×　その原料又は材料として用いるものは，薬機法第 13 条第 1 項の規定により許可を受けた製造所に存在するもののみが放射性同位元素から除かれる．(2.2.1 の 2) 令 1 (2)．

2－6　○　数量及び濃度の両方が下限数量及び下限濃度を超えるものだけが放射性同位元素となる．H－3 (トリチウム) の下限濃度は 1×10^6 Bq/g, 下限数量は 1×10^9 Bq. したがって，この場合，濃度が下限濃度を超えていないからこの法律の規制を受けない．(2.2.1) 令 1　→　告 1．

2－7　×　70/100＋8/10＝0.7 ＋ 0.8＝1.5 ＞ 1, それぞれの放射性同位元素の数量の下限数量に対する割合の和が 1 を超えるから，この場合，A, B 両方とも数量に関しては放射性同位元素になる．もし，A, B が両方とも密封された放射性同位元素であれば，A, B ともに放射性同位元素にはならない．(2.2.1 の 1.A(2)) 告 1 (1) ロ．

2－8　○　(2.3.3) 則 1 (8)．

2－9　×　平成 15 年 4 月 1 日ではなく平成 13 年 4 月 1 日が正しい．(2.4.1(1)) 則 1 (10)　→　告 5．

2－10　×　「300」でなく「500」が正しい．(2.4.2 (2)) 則 1 (11)　→　告 6．

2－11　○　(2.1の2及び2.5.1) 告 24．

2－12　○　(2.1の2及び2.5.1) 告 24．

2－13　　A：含有物　B：を含む　C：種類　D：を超える (2.2.1), 法 2－2　→　令 1

2－14　　A：放射性同位元素等　B：管理区域　C：50 ミリシーベルト　D：100 ミリシーベルト (2.3 及び 2.4.1) 則 1　→　告 5．

2－15　　A：1 メガ電子ボルト未満の　B：診療　C：自然放射線　(2.5.1) 告 24．

法　　　令

第3章

3-1　×　密封された放射性同位元素であって下限数量の1000倍以下のものを使用する場合はあらかじめ届け出ることによって使用することができ，表示付認証機器を使用する場合は使用の開始の日から30日以内に届け出ることによって使用することができる．(3.2) 法3の2, 3の3.

3-2　○　(3.1.1) 法3-1 → 令3.

3-3　○　(3.1.1) 法3-1.

3-4　×　薬機法に規定する医薬品は，放射性同位元素の定義から除かれるが，放射性同位元素の定義に該当するものは，診療目的であってもこの法律の規制を受ける．（ただし，診療目的の場合は，医師又は歯科医師を放射線取扱主任者として選任することができる．(3.1, 3.2及び7.1の6(1)) 法3-1 → 令1 (2), 法34-1.

3-5　×　放射線発生装置は使用のみが規制される．その販売は法規制を受けない．届出販売業者は放射性同位元素を業として販売することを届け出た者をいう．(1.3及び3.3) 法1, 4.

3-6　×　下限数量以下のものは放射性同位元素ではないので，その使用にあたって，許可も届出も必要ない．(3.1.1) (3.2.1) 法3-1 → 令3-1, 法3の2-1

3-7　○　1個，1組又は1式あたりの数量が下限数量の1000倍を超える密封された放射性同位元素を使用しようとする者は，あらかじめ，使用の許可を受けなければならない．(3.1.1) 法3-1 → 令3-1

3-8　○　「製造」は「使用」に含まれる．下限数量を超える非密封放射性同位元素の使用にあたるので「許可」．(3.1.1) 法3-1 → 令3-1, 2

3-9　×　密封されたものであって下限数量の1000倍以下のものであれば何個使用しようとしても，許可を受ける必要はなく，届出でよい．また，密封されたものであって一組又は一式として使用するものの場合は一組又は一式の総量が下限数量の1000倍以下のものであれば，何組又は何式使用しようとしても，許可を受ける必要はなく，届出でよい．(3.2.1) 法3の2.

3-10　×　表示付認証機器を使用する者は，一般的な「使用の届出」とは別の届出が必要である．(3.2.1) (3.2.2) 法3の2, 3の3.

演習問題の解答

3−11　×　使用の場所は届出の対象外．(3.2.2) 法3の3．
3−12　○　(3.6の1，表3.3の(6)) 法9−2 (6)．
3−13　×　使用の許可を受けるに当たって申請書に記載した事項のうち事務的内容を変更したときは，変更した日から30日以内に原子力規制委員会に届け出る (3.7)．また，技術的内容であっても，軽微な変更及び使用の場所の一時的変更に該当するときは，あらかじめ届け出る．(3.9) 法10−1, 5, 6．
3−14　×　原子力規制委員会への届出が必要．(許可証の訂正は不要) (3.7.1) 法10−1．
3−15　×　あらかじめ届け出なければならない．(3.8.3) 法4−2．
3−16　×　使用の場所の一時的変更に該当する場合には，あらかじめ届け出ればよい (3.9.2) 法10−6．
3−17　×　原子力規制委員会の変更の許可を受けなければならない．(3.8.1) 法10−2．
3−18　○　(3.8.2) 法3の2−2．
3−19　×　変更しようとするときは，あらかじめ．(3.8.2) 法3の2−2．
3−20　○　軽微な変更に該当 (3.9.1) 法10−2 ただし書，法10−5．
3−21　×　変更した日から30日以内に原子力規制委員会に届け出る (3.7.3) 法3の3−2．
3−22　×　使用の場所の一時的変更は3テラベクレルを超えない範囲でA_1値以下の密封された放射性同位元素に限る．(3.9.2) 法10−6 → 令9−1．
3−23　×　「許可使用に係る変更の許可の申請」ではなく，「使用の場所の一時的変更」に該当する．原子力規制委員会には，あらかじめ届け出ればよい．(3.9.2) 法10−6 → 令9−1．
3−24　○　表示付特定認証機器のみの賃貸であれば届け出る必要はない．(3.3) 法4−1．
3−25　×　A_1値以下で，3テラベクレル以下の密封された放射性同位元素でなければならない．(3.9.2) 法10−6 → 令9−1 → 告3．
3−26　×　「放射線取扱主任者免状の返納」と「使用等の許可に関する欠格条項」は無関係．(3.4) (7.4) 法5, 法35−6．
3−27　×　5年ではなく2年．(3.4) 法5−1 (1)．
3−28　○　(3.4) 法5−1 (2)．
3−29　×　「重度知的障害者又は精神病者」でなく，「心身の障害により放射線障害の防

法　　令

　　　　　止のために必要な措置を適切に講ずることができない者として原子力規制委員
　　　　　会規則で定めるものに該当する者」である．(3.4) 法 5－2．

3－30　×　「1個当たりの数量が下限数量未満の密封された放射性同位元素」は法的には
　　　　　「放射性同位元素」ではない．したがって，輸入，販売を含めその取り扱いにつ
　　　　　いて法的な手続きを行う必要はない．　(2.2.1) 法 2 → 令 1 → 告 1．

3－31　×　「放射性同位元素の数量の減少」に該当するので，あらかじめ「軽微な変更」
　　　　　の届け出をすればよい．　(3.9.1) 法 10－2 → 則 9 の 2 (2)．

3－32　　　A：1000　B：許可　C：使用施設　D：廃棄施設　(3.1) 法 3－1 → 令 3－1．

3－33　　　A：方法　B：場所　C：貯蔵施設　D：貯蔵能力　(3.8.2) 法 3 の 2－2．

3－34　　　A：放射性同位元素　B：非破壊検査　C：使用の場所　D：あらかじめ　(3.9.2) 法 10－6．

3－35　　　A：使用　B：放射線障害　C：許可　D：不当な義務　(3.5) 法 8．

演習問題の解答

第4章

4－1　×　「許可届出使用者」でなく「放射性同位元素装備機器を製造し,又は輸入しようとする者」が正しい.(4.1) 法12の2－1.

4－2　×　「受けることができる」が正しい.(4.1) 法12の2－1.

4－3　×　特定設計認証を受けることができるのは煙感知器,レーダー受信部切替放電管及び表面から10センチメートル離れた位置の最大線量当量率が1マイクロシーベルト毎時以下のもので原子力規制委員会が指定するもの.(4.1) 令12.

4－4　×　「使用,保管及び廃棄」でなく,「使用,保管及び運搬」が正しい.(4.2) 法12の3－1.

4－5　×　10年間保存しなければならない.(4.3) 法12の4－2 → 則14の4－2.

4－6　×　表示付特定認証機器にも,その種の文書の添付が必要.(4.4) 法12の6 → 則14の6.

4－7　×　それを行うことができるのは認証機器製造者等.(4.4－1) 法12の5－1

4－8　○　(4.4－2) 法12の6

4－9　○　(4.4－2) 法12の6,(6.5.1.5)法19-5

4－10　×　350℃を超えないこと.(4.6.2) 平成17年文部科学省告示第75号1(4)

4－11　×　腐食性のガスを用いないこと.(4.6.2) 平成17年文部科学省告示第75号1(5)

4－12　　A：輸入　B：設計　C：運搬　D：条件　(4.1) 法12の2－1.

4－13　　A：販売　B：賃貸　C：認証番号　D：許可届出使用者　(4.4) 法12の6,19－5.

第5章

5-1　×　「1週間につき300マイクロシーベルト」でなく「3月間につき1.3ミリシーベルト」．(5.1.1の1) 則1 (1) → 告4 (1).

5-2　○　(5.1.2) 則1(9).

5-3　×　壁，柱，床，はり，屋根又は階段をいう．(最下階の床は除く.) (5.2の2ハ) 法6 → 則14の7-1 (2)，建築基準法2 (5).

5-4　×　耐火構造とし，又は不燃材料で造ることを要しないのは，密封された放射性同位元素の場合で，その数量が下限数量の1000倍以下の場合である．(5.2の2) 則14の7-4 → 告13.

5-5　○　(5.2の3) 則14の7-1(3)イ → 告10-1.

5-6　×　「1.3ミリシーベルト」でなく「250マイクロシーベルト」が正しい．(5.2の3) 則14の7-1(3)ロ → 告10-2.

5-7　○　(5.2の4) 則14の7-1 (6)，(7).

5-8　×　使用施設内の人が常時立ち入る場所及び工場又は事業所等の境界等における放射線の線量を法定量以下とするために必要な遮蔽壁等を設けることと管理区域の境界に柵等の施設を設け，それに標識を付けることについての基準は適用される．(5.2の7) 則14の7-3.

5-9　×　必要あり．(5.2の5及び7) 則14の7-3，則14の7-1 (8).

5-10　×　密封された放射性同位元素を耐火性の構造の容器に入れて，貯蔵施設において保管する場合は例外．(5.3の2②ただし書) 則14の9 (2).

5-11　×　主要構造部等を耐火構造とし，その開口部には，特定防火設備に該当する防火戸を設ける．〔不燃材料は不可．使用施設と間違えないように．〕 (5.3の2①) 則14の9 (2) イ.

5-12　×　届出使用者であっても，木造では不可，耐火構造にする．貯蔵室の主要構造部等の耐火性能に関する例外規定はない．(5.3の2①) 則14の9 (2) イ.

5-13　×　「又は不燃材料で造り」を削る．(5.3の2①) 則14の9 (2) イ.

5-14　×　耐火性の構造の容器に入れた場合には，貯蔵室又は貯蔵箱において行わなくてもよい．貯蔵施設において保管すればよい．(5.3の2③) 則14の9 (2).

演習問題の解答

5—15　×　該当する規定なし．（参考：事業所内運搬における運搬物（6.4.2の3(3)①），又は，事業所外運搬におけるA型輸送物（6.4.3.1の1②(3)ヘ）の表面の1センチメートル線量当量率は2ミリシーベルト毎時を超えないこと，という規定はある．）

5—16　×　容器に入れる必要はないが，保管廃棄設備に保管廃棄する．（5.4の2ハ）則14の9（2）．則14の11−1（8）ハただし書，則19−1（13）ハ．

5—17　　A：地崩れ　B：浸水　C：柵その他の　D：施設（5.2の1及び5）則14の7−1(1), (8)．

5—18　　A：1ミリシーベルト　B：250マイクロシーベルト　C：病室　D：1.3ミリシーベルト（5.2の3）則14の7−1(3) → 告10．

5—19　　A：密封された　B：400ギガ（5.2の4）則14の7−1(6), (7)．

5—20　　A：密封された　B：容器　C：主要構造部等　D：防火戸　（5.3）則14の9(2)．

517

第6章

6-1　×　「許可届出使用者」でなく「許可使用者」,（届出使用者の所持している放射線施設は, 貯蔵施設だけ。）（6.2）法 13-1, -2.

6-2　×　届出使用者に使用施設はない．(6.3.1 の 1) 則 15（1）ただし書.

6-3　×　管理区域から持ち出してよいのは，管理区域から持ち出す物に係る表面の放射性同位元素の密度限度，すなわち表面密度限度の 10 の 1 以下のものである．(6.3.1 の 4, 6.3.2 の 5, 6.5.1.1 及び 6.5.1.2) 則 15（10），17-1（7）→ 告 16.

6-4　○　使用施設の規定は許可使用者に対してのみ，届出使用者には人がみだりに立ち入らないような措置を講ずることは規定されているが，施設を設けることは規定されていない．(6.3.1 の 7 及び 5.2 の 5) 則 14 の 7-1（8），則 15（12）.

6-5　×　「移動後，使用開始前に」でなく「使用後直ちに」(6.3.1 の 9) 則 15（14）.

6-6　×　輸送物表面密度を超えてはならない．輸送物表面密度は，表面密度限度の 10 分の 1 の値．(6.4.3.1 の 1.②) 則 18 の 4 → 外運搬告 7.

6-7　×　2 ミリシーベルト毎時を超えないこと．(6.4.3.1 の 1.②) 則 18 の 5.

6-8　×　届出使用者には廃棄施設の規制はない．容器に封入し，一定の区画された場所内に放射線障害の発生を防止するための措置を講じて行う．(6.5.1.2) 則 19-4（1）.

6-9　○　(6.6.1.1 の 2) 則 20-1（2）.

6-10　×　「300 マイクロシーベルト」でなく「100 マイクロシーベルト」(6.6.1.2 の 1（5）ただし書) 則 20-2（1）ホただし書 → 告 18.

6-11　×　胸部又は腹部について測定することを原則とし，最も大量に被ばくするおそれのある部位が胸部又は腹部以外である場合には，その部位についても測定しなければならない．(6.6.1.2 の 1（1），(2) 及び (3)) 則 20-2（1）ロ, ハ.

6-12　×　汚染の状況の測定については，手，足等の人体部位の表面が表面密度限度を超えて汚染され，その汚染を容易に除去することができない場合に限り記録する．(6.6.1.2 の 4（3）) 法 20-3 → 則 20-4（4）.

6-13　×　永年保存．(6.6.1.2 の 4（8）) 則 20-4（7）．〔則 20-4（1）の場所についての測定結果の記録の保存期間 5 年間(6.6.1.1 の 5) と間違えないように〕

演習問題の解答

6−14　×　「永年保存」が正しい．ただし，指定機関への引渡しにより永年保存の義務を免れる．(6.6.1.2 の 4 (8))．則 20−4 (7)．

6−15　×　使用開始前に届け出る．(6.6.2 の 1) 法 21−1．

6−16　×　変更の日から 30 日以内に．(6.6.2 の 4) 法 21−3．

6−17　○　(6.6.2 の 2) 則 21−1 (7)．

6−18　×　一時的に立ち入る者も含めて，管理区域に立ち入るものは全て教育・訓練の対象としなければならない．(6.6.3) 法 22．

6−19　×　問診は管理区域に初めて立ち入る者に対してだけでなく，それ以後の健康診断においても行わなければならない．(6.6.4 の 1A (2) 及び 2 (1)) 則 22−1 (4)．

6−20　×　皮膚の創傷面が汚染されたときは，その程度によらず臨時の健康診断を行わなくてはならない．(6.6.4 の 1B ハ) 則 22−1 (3) ハ．

6−21　×　永年保存．(6.6.4 の 3 (3)) 則 22−2 (3)．〔則 24−3（記帳，6.6.6 の 2）の場合と間違えないように．〕

6−22　×　「固定して使用する場合は省略することができる」との例外規定はない．加えて，種類及び数量並びに使用従事者の氏名の記帳も必要．(6.6.6) 則 24−1 (1) ホ．

6−23　○　(6.6.7) 法 25 の 2−1．

6−24　×　「許可届出使用者」でなく「許可使用者」．(届出使用者に「許可の取消し」はありえない．) (6.7.1) 法 26−1．

6−25　○　合併について原子力規制委員会の認可を受ければ許可使用者の地位を承継する．(6.7.2) 法 26 の 2．

6−26　×　届出使用者の地位を承継した日から 30 日以内に届け出て，認可を受ければよい．(6.7.2) 法 26 の 2−8．

6−27　×　「死亡の日から 30 日以内に」ではなく「遅滞無く」．(6.7.3 の 2) 法 27−3 →則 25−2．

6−28　×　届け出た種類の放射性同位元素でなければならない．(6.8.1 (3)) 法 29 (3)．

6−29　×　貯蔵施設の貯蔵能力の範囲内であれば，許可証に記載された使用許可数量を超えて所持することはできる．ただし，使用はできない．(6.8.1 (1)) 法 30 (1)．

6−30　○　(6.8.1 (1)) 法 30 (1)．

法　　令

6-31　×　許可証の交付を受けた後でなければ，譲受け及び所持はできない．購入の手続を許可前にとることは違法ではないが，許可証の交付前に所持することは（現実に所持することはもちろん所有権を有することも）できない．(6.8.1 (1)) 法29 (1)，30 (1)．

6-32　×　所持できるのは，届出使用数量の範囲内でなく，届け出た貯蔵施設の貯蔵能力の範囲内である．(6.8.1 (2)) 法30 (2)．

6-33　○　(6.8.1 (4)) 法30 (7) → 則28．

6-34　○　(6.8.1 (7)) 法30 (10)．

6-35　○　准看護師その他の原子力規制委員会に定める者については，適用しないという原子力規制委員会は未制定．(6.9) 法31-1，-3．

6-36　×　届出は「原子力規制委員会に」でなく「警察官又は海上保安官に」．(6.10.1) 法32．（原子力規制委員会へは直ちに報告し，その状況・処置を10日以内に報告する．(9.1の1 (1))）則39-1 (1)．

6-37　×　通報は「原子力規制委員会に」でなく「警察官又は海上保安官」である．(6.10.2) 法32．（原子力規制委員会には，その旨を直ちに報告し，その状況・措置を10日以内に報告する．(6.10.1) 法31の2，則28の3）

6-38　○　「必要に応じて」行う (6.10.3の1 (5)) 法33，則29-1 (5)．

6-39　○　この場合の標識には様式の規定はない．(6.10.3の1 (5)) 法33，則29-1 (5)．

6-40　○　「必要がある場合」に行う．(6.10.3の1 (2)) 法33，則29-1 (2)．

6-41　○　「100ミリシーベルトまで受けることができる」(6.10.2の2(2)①) 則29-2 → 告22．

6-42　○　(6.10.2の2) 則29-2 → 告22．

6-43　　　A：設備　B：許可使用者　C：修理　D：改造　(6.2の2) 法14．

6-44　　　A：開封　B：破壊　C：浸透　D：散逸　(6.3.1の2) 則15-1 (2)．

6-45　　　A：管理区域　B：4　C：40　(6.3.1の4) 則1(13) → 告8，則15-1 (9)，(10) → 告16．

6-46　　　A：400ギガ　B：使用　C：脱落　D：装置 (6.3.1の5イ) 則15-1(10)の3．

6-47　　　A：使用後直ちに　B：紛失　C：漏えい　D：放射線測定器　(6.3.1の9)

演習問題の解答

則 15-1 (14).

6-48　A：事業所の外　B：除く　C：物　(6.4.3) 法 18-1

6-49　A：表示付認証機器等　B：防止　C：業　D：30日以内に　(6.6.2) 法 21-1, 3.

6-50　A：管理区域　B：立入り　C：おそれの少ない　D：保健指導　(6.6.5) 則 23 (1).

6-51　A：表示付認証機器使用者　B：所在不明　C：警察官　D：海上保安官　(6.10.1) 法 32.

第7章

7-1 ○ 第2種のほか，第1種，第3種の免状所有者を選任することができる．（7.1 の3, 4及び5）法34-1 (3).

7-2 × 非密封の放射性同位元素を販売する販売所も第3種の免状所有者を選任することができる．（7.1の5）法34-1 (3).

7-3 × 表示付認証機器のみを販売又は賃貸する届出販売業者又は届出賃貸業者であっても，放射線取扱主任者の選任は必要である．（7.1）の1, 法34-1.「表示付認証機器のみを販売又は賃貸する届出販売業者又は届出賃貸業者の場合は，その放射線取扱主任者に定期講習を受けさせる義務がない」という規定があるが，それと混同しないように．（7.6）の1, 法36の2-1 → 則32-1(2).

7-4 × 表示付認証機器届出使用者の場合は放射線取扱主任者の選任の必要がない．（7.1）の1, 法34-1.

7-5 × 密封された放射性同位元素のみの使用であっても，1個又は1台当たりの線量が10テラベクレル以上（特定許可使用者）の場合は第1種免状を有する者でなければならない．（7.1の3及び4）法34-1 (1).

7-6 × 密封で下限数量の1000倍以下であれば届出使用者である．届出使用者の場合は，第2種免状を有する者でも第3種免状を有する者でも（勿論，第1種免状を有する者でも）選任することができる．密封で下限数量の1000倍を超えると許可使用者となるが，10テラベクレル未満の場合は，第2種免状を有する者か第1種免状を有する者を選任することになる．（7.1の3, 4及び5）法34-1 (3).

7-7 × 使用の目的が診療の場合，薬剤師は不可（7.1の6 (1)）法34-1.

7-8 × 放射線取扱主任者免状を有していない医師を主任者に選任できるのは診療のために用いる場合だけで研究のための場合は不可（7.1の6 (1)）法34-1.

7-9 ○ （7.1の8及び9）法34-2 → 則30-2.

7-10 × 選任された日から1年以内並びに許可届出使用者及び許可廃棄業者の場合は前回の定期講習を受けた日の属する年度の翌年度の開始の日から3年以内に受けさせなければならない（7.6の1）法36の2 → 則32-2.

7-11 ○ 一般的に，届出販売業者及び届出賃貸業者は，（許可届出使用者及び許可廃棄

演習問題の解答

業者と同様に）選任した放射線取扱主任者に定期講習を受けさせる義務がある．ただし，表示付認証機器のみを販売する届出販売業者，又は，表示付認証機器のみを賃貸する届出賃貸業者は，選任した放射線取扱主任者に定期講習を受けさせる義務がない．また，放射性同位元素の事業所の外における運搬又は運搬の委託を行わない届出販売業者又は届出賃貸業者も，選任した放射線取扱主任者に定期講習を受けさせる義務がない．(7.6 の 1) 法 32－1(2)．

7－12　×　放射線取扱主任者が職務を行えない期間が 30 日以内であるから届け出る必要はない．(7.8 の 3) 則 33－4．

7－13　×　放射線取扱主任者が職務を行うことができない期間内に使用又は廃棄をする場合には，必ず代理者を選任しなければならない．ただし，その期間が 30 日に満たない場合には届出の必要がないだけである．(7.8 の 1 及び 3) 法 37－1，－3 → 則 32－4．

7－14　×　放射線取扱主任者が旅行，疾病その他の事故により職務を行うことができない期間中に，使用，廃棄を行う場合には，その期間にかかわらず代理者を選任しなければならない（貯蔵だけならば不要）．ただし，その不在期間が 30 日未満のときは代理者の選任届は不要．(7.8 の 1 及び 3) 法 37－1 → 則 33－4．

7－15　○　(7.8 の 1) 法 37－1．

7－16　×　直接解任することはできず，許可届出使用者，届出販売業者，届出賃貸業者又は許可廃棄業者に解任を命ずることができる．(7.9) 法 38

7－17　A：貯蔵施設　B：販売　C：賃貸　D：30　(7.1) 法 34－2 → 則 30－2

7－18　A：誠実　B：命令　C：指示　D：意見　(7.5) 法 36

7－19　A：期間　B：資質　C：向上　D：講習 (7.6) 法 36 の 2－1．

法　　令

第9章

9− 1　○　（9.1の1）法 42−1→則 39−1.

9− 2　○　（9.1の2）法 42−1→則 39−2.

9− 3　○　廃止措置計画期間内に，必要な処置を講じ，報告及び記録の引き渡しを完了しているので，その年度の「放射線管理報告書」を提出する必要はない．(6.7.4) 法 28−2 → 則 26−2.

9− 4　×　　30 日ではなく 15 日　（9.1の3）法 42−1→則 39−3

9− 5　×　3 月以内に報告しなければならない．（9.1の3）法 42−1→則 39−3.

付　　　録

1. 基本定数

名　称	記号	数　値	単位
真空中の光速度	c	2.99792458×10^8	m s^{-1}
真空中の透磁率	μ_0	$4\pi \times 10^{-7}$ $=1.2566370614 \times 10^{-6}$	N A^{-2}
真空中の誘電率	ε_0	$(4\pi)^{-1} c^{-2} \times 10^7$ $=8.854187817 \times 10^{-12}$	F m^{-1}
万有引力定数	G	6.673×10^{-11}	$\text{N m}^2 \text{ kg}^{-2}$
プランク定数	h	$6.62606872 \times 10^{-34}$	J s
素電荷	e	$1.602176462 \times 10^{-19}$	C
電子の質量	m_e	$9.10938188 \times 10^{-31}$	kg
陽子の質量	m_p	$1.67262158 \times 10^{-27}$	kg
中性子の質量	m_n	$1.67492716 \times 10^{-27}$	kg
原子質量単位	m_u	$1.66053873 \times 10^{-27}$	kg
アボガドロ定数	N_A	$6.02214199 \times 10^{23}$	mol^{-1}
ボルツマン定数	k	$1.3806503 \times 10^{-23}$	J K^{-1}
ファラデー定数	$F = N_A e$	9.64853415×10^4	C mol^{-1}
1モルの気体定数	$R = N_A k$	8.314472	$\text{J mol}^{-1} \text{ K}^{-1}$
完全気体の体積	V_0	2.2413996×10^{-2}	$\text{m}^3 \text{ mol}^{-1}$

2. 粒子の質量

	kg	u	MeV
電　子	$9.1093819 \times 10^{-31}$	5.4857991×10^{-4}	5.1099890×10^{-1}
陽　子	$1.6726216 \times 10^{-27}$	1.0072765	9.3827200×10^2
中性子	$1.6749272 \times 10^{-27}$	1.0086649	9.3956533×10^2
水素原子 H-1	$1.6735325 \times 10^{-27}$	1.0078250	9.3878298×10^2
α 粒子	$6.6446558 \times 10^{-27}$	4.0015061	3.7273790×10^3

3. 時　間

年	日	時	分	秒
1	365.26	8.766×10^3	5.260×10^5	3.156×10^7
2.738×10^{-3}	1	24	1.440×10^3	8.640×10^4
1.141×10^{-4}	0.04167	1	60	3.600×10^3
1.901×10^{-6}	6.944×10^{-4}	0.01667	1	60
3.169×10^{-8}	1.157×10^{-5}	2.778×10^{-4}	0.01667	1

4. 質量とエネルギー各々の単位の関係

kg	u	J	MeV
1	6.0221420×10^{26}	8.9875518×10^{16}	5.6095892×10^{29}
$1.6605387 \times 10^{-27}$	1	$1.4924178 \times 10^{-10}$	9.3149401×10^2
$1.1126501 \times 10^{-17}$	6.7005366×10^9	1	6.2415097×10^{12}
$1.7826617 \times 10^{-30}$	1.0735442×10^{-3}	$1.6021765 \times 10^{-13}$	1

5. 接頭語とその記号

倍数	接頭語	記号	倍数	接頭語	記号
10^{18}	エクサ	E	10^{-1}	デシ	d
10^{15}	ペタ	P	10^{-2}	センチ	c
10^{12}	テラ	T	10^{-3}	ミリ	m
10^9	ギガ	G	10^{-6}	マイクロ	μ
10^6	メガ	M	10^{-9}	ナノ	n
10^3	キロ	k	10^{-12}	ピコ	p
10^2	ヘクト	h	10^{-15}	フェムト	f
10^1	デカ	da	10^{-18}	アト	a

付　録

6. 放射能（数量）に対する BSS 免除レベル

放射能 (Bq)	核　種
1×10^3	Am-243+ Cf-249 Cf-251 Cf-254 Cm-245 Cm-246 Cm-248 Np-237+ Pa-231 Pu-240 Th-229+ Th-nat U-232+ U-nat
1×10^4	Am-241 Am-242m+ Cf-248 Cf-250 Cf-252 Cm-243 Cm-244 Cm-247 Cs-134 Cs-137+ Cs-138 Es-254 Ir-192 Kr-85 Pb-210+ Po-210 Pu-236 Pu-238 Pu-239 Pu-242 Pu-244 Ra-226+ Sb-122 Sr-90+ Ta-182 Th-227 Th228+ Th-230 Tl-204 U-233 U-234 U-235+ U-236 U-238+ Xe-131m Xe-133
1×10^5	As-76 Ba-140+ Bi-206 Bi-212+ Ce-144+ Cf-253 Cl-38 Cm-242 Co-56 Co-60 Co-62m Cs-129 Cs-132 Cs-134m Cs-136 Es-253 Ga-72 Hg-203 Ho-166 I-129 I-132 I-134 Ir-194 Kr-79 La-140 Mn-51 Mn-52 Mn-52m Mn-56 Na-24 Nb-98 P-32 Pb-212+ Pr-142 Pu-241 Ra-223+ Ra-224+ Ra-225 Ra-228+ Rb-86 Re-188 Ru-106+ Sc-48 Sn-125 Sr-91 Te-131 Te-133 Te-133m Th-234+ U-230+ V-48 Y-90 Y-92 Y-93 Zr-97+
1×10^6	Ac-228 Ag-105 Ag-110m Ag-111 Am-242 As-74 As-77 Au-198 Au-199 Ba-131 Bi-207 Bi-210 Bk-249 Br-82 Ca-47 Cd-109 Cd-115 Cd-115m Ce-139 Ce-143 Cf-246 Cl-36 Co-55 Co-57 Co-58 Co-60m Co-61 Cs-131 Cu-64 Dy-165 Dy-166 Er-171 Es-254m Eu-152 Eu-152m Eu-154 F-18 Fe-52 Fe-55 Fe-59 Fm-255 Gd-159 Hf-181 Hg-197m I-125 I-126 I-130 I-131 I-133 I-135 In-111 In-113m In-114m In-115m Ir-190 K-40 K-42 K-43 Mn-54 Mo-90 Mo-99 Mo-101 Na-22 Nb-94 Nb-95 Nb-97 Nd-147 Nd-149 Ni-65 Np-240 Os-185 Os-193 Pa-230 Pb-203 Pd-109 Pm-149 Po-203 Po-205 Po-207 Pr-143 Pt-191 Pt-197 Pt-197m Ra-227 Re-186 Ru-103 Ru-105 Sb-124 Sb-125 Sc-46 Sc-47 Se-75 Si-31 Sm-153 Sr-85 Sr-87m Sr-89 Sr-92 Tb-160 Tc-96 Te-127 Te-129 Te-129m Te-131m Te-134 Tl-200 Tl-201 Tl-202 Tm-170 U-237 U-239 U-240+ W-187 Y-91 Y-91m Zn-65 Zn-69 Zn-69m Zr-95
1×10^7	As-73 At-211 Be-7 C-14 Ca-45 Ce-141 Co-58m Cr-51 Cs-135 Er-169 Eu-155 Fm-254 Gd-153 Hg-197 I-123 Kr-81 Lu-177 Nb-93m Np-239 Os-191 Os-191m Pa-233 Pm-147 Pt-193m Pu-234 Pu-235 Pu-237 Pu-243 Rh-105 Rn-220+ Ru-97 Sn-113 Sr-85m Tc-96m Tc-97m Tc-99 Tc-99m Te-123m Te-125m Te-127m Te-132 Th-226+ Th-231 U-231 U-240 W-181 W185 Yb-175 Zr-93+
1×10^8	Ar-37 Ge-71 Mo-93 Ni-59 Ni-63 P-33 Pd-103 Rh-103m Rn-222+ S-35 Sm-151 Tc-97 Tm-171
1×10^9	Ar-41 Kr-74 Kr-76 Kr-77 Kr-87 Kr-88 Mn-53 O-15 H-3
1×10^{10}	Kr-85m Xe-135
1×10^{12}	Kr-83m

上記以外は文部科学省放射線審議会基本部会報告書「規制免除について」修正版参照

表に示される核種の右側にある「+」は，永続平衡中の短寿命娘核種を持つものでその娘核種を含めて評価した核種である．また「nat」は永続平衡になっている全ての核種について評価したもの．

付　録

7. 放射能濃度に対する BSS 免除レベル

放射能 (Bq/g)	核　種
1×10^0	Am-241 Am-242m+ Am-243+ Cf-249 Cf-251 Cf-254 Cm-243 Cm-245 Cm-246 Cm-247 Cm-248 Np-237+ Pa-231 Pu-238 Pu-239 Pu-240 Pu-242 Pu-244 Th-228+ Th-229+ Th-230 Th-nat U-232+ U-nat
1×10^1	Ac-228 Ag-110m As-74 Ba-140+ Bi-206 Bi-207 Bi-212+ Br-82 Ca-47 Cf-248 Cf-250 Cf-252 Cl-38 Cm-244 Co-55 Co-56 Co-58 Co-60 Co-62m Cs-132 Cs-134 Cs-136 Cs-137+ Cs-138 Es-254 Eu-152 Eu-154 F-18 Fe-52 Fe-59 Ga-72 Hf-181 I-130 I-132 I-133 I-134 I-135 Ir-190 Ir-192 K-43 La-140 Mn-51 Mn-52 Mn-52m Mn-54 Mn-56 Mo-90 Mo-101 Na-22 Na-24 Nb-94 Nb-95 Nb-97 Nb-98 Ni-65 Np-240 Os-185 Pa-230 Pb-210+ Pb-212+ Po-203 Po-205 Po-207 Po-210 Pu-236 Ra-224+ Ra-226+ Ra-228+ Rn-222+ Ru-105 Sb-124 Sc-46 Sc-48 Sr-91 Sr-92 Ta-182 Tb-160 Tc-96 Te-131m Te-133 Te-133m Te-134 Th-227 Tl-200 U-230+ U-233 U-234 U-235+ U-236 U-238+ U-240+ V-48 Zn-65 Zr-95 Zr-97
1×10^2	Ag-105 Ar-41 As-76 Au-198 Au-199 Ba-131 Cd-115 Ce-139 Ce-141 Ce-143 Ce-144+ Cf-253 Cm-242 Co-57 Co-61 Cs-129 Cu-64 Er-171 Es-253 Es-254n Eu-152m Eu-155 Gd-153 Hg-197 Hg-197m Hg-203 I-123 I-126 I-129 I-131 In-111 In-113m In-114m In-115m Ir-194 K-40 K-42 Kr-74 Kr-76 Kr-77 Kr-87 Kr-88 Mo-99 Nd-147 Nd-149 Np-239 O-15 Os-191 Os-193 Pa-233 Pb-203 Pr-142 Pt-191 Pt-197m Pu-234 Pu-235 Pu-241 Ra-223+ Ra-225 Ra-227 Rb-86 Re-188 Rh-105 Ru-97 Ru-103 Ru-106+ Sb-122 Sb-125 Sc-47 Se-75 Sm-153 Sn-125 Sr-85 Sr-85m Sr-87m Sr-90+ Tc-99m Te-123m Te-129 Te-131 Te-132 Tl-201 Tl-202 U-231 U-237 U-239 W-187 Y-91m Y-92 Y-93 Zn-69m
1×10^3	Ag-111 Am-242 As-73 As-77 At-211 Be-7 Bi-210 Bk-249 Cd-115m Cf-246 Co-60m Cr-51 Cs-131 Cs-134m Dy-165 Dy-166 Fm-255 Gd-159 Ho-166 I-125 Kr-79 Kr-85m Lu-177 Mo-93 Os-191m P-32 Pd-103 Pd-109 Pm-149 Pt-193m Pt-197 Pu-237 Pu-243 Re-186 Si-31 Sn-113 Sr-89 Tc-96m Tc-97 Tc-97m Te-125m Te-127 Te-127m Te-129m Th-226+ Th-231 Th-234+ Tm-170 U-240 W-181 Xe-133 Xe-135 Y-90 Y-91 Yb-175 Zr-93+
1×10^4	C-14 Ca-45 Cd-109 Cl-36 Co-58m Cs-135 Er-169 Fe-55 Fm-254 Ge-71 Kr-81 Mn-53 Nb-93m Ni-59 Pm-147 Pr-143 Rh-103m Rn-220+ Sm-151 Tc-99 Tl-204 Tm-171 W-185 Xe-131m Zn-69
1×10^5	Kr-83m Kr-85 Ni-63 P-33 S-35
1×10^6	Ar-37 H-3

上記以外は文部科学省放射線審議会基本部会報告書「規制免除について」修正版参照

表に示される核種の右側にある「+」は，永続平衡中の短寿命娘核種を持つものでその娘核種を含めて評価した核種である．また「nat」は永続平衡になっている全ての核種について評価したもの．

〔索　引〕

ア

- アイソトープ ………………… 22
- アクチニウム系列 …………… 42
- 亜致死損傷 …………………… 226
- 厚さ計 ………………………… 329
- 圧力 …………………………… 17
- アデニン ……………………… 218
- アトム ………………………… 21
- アニール ……………………… 163
- アボガドロ数 ………………… 26
- アポトーシス ………………… 223
- アメリシウム 241(^{241}Am) ……… 88, 311
- ^{241}Am-Be ……………………… 88, 318
- アラームメータ ………… 165, 189
- アリストテレス ……………… 21
- アルファ線 …………………… 15
- アルベド線量計 ……………… 163
- ^{124}Sb-Be ……………………… 318
- アンプ ………………………… 113

イ

- 委員会 ………………………… 359
- 委員会規則 …………………… 359
- 硫黄（分析）計 ……………… 331
- イオン注入型検出器 ………… 151
- 移植片対宿主病 ……………… 275
- 位置エネルギー ……………… 23
- 一次放射性核種 ……………… 42
- 1センチメートル線量当量 …… 439

- 1標的1ヒットモデル ………… 223
- 1cm 線量当量 …………… 103, 110, 287
- 1cm 線量当量率 ………… 109, 297
- ^{90}Y ……………………… 33, 40, 61
- 1本鎖切断 …………………… 218
- 遺伝子突然変異 ……………… 227
- 遺伝性影響 ………… 213, 215, 249
- 移動使用 ……………………… 422
- イメージングプレート ……… 152
- イリジウム 192(^{192}Ir) ……… 37, 311
- 色中心 ………………………… 160
- 印加電圧 ……………………… 111

ウ

- ^{235}U ……………………………… 42
- ^{238}U ……………………………… 42
- ウラン系列 …………………… 42
- 運搬機器 ……………………… 433
- 運搬表示 ……………………… 435
- 運搬標識 ………………… 434, 435
- 運搬物 …………………… 425, 433

エ

- 永続平衡 ……………………… 41
- 液体窒素 ……………………… 144
- 液面計 ………………………… 330
- エックス線 …………………… 15
- エッチピット ………………… 165
- エッチング …………………… 165
- エネルギー ………………… 17, 94

索　引

エネルギー依存性	110
エネルギー特性	110, 119
エネルギーフルエンス	72, 94
エネルギーフルエンス率	95
エネルギー分解能	139
エリアモニタ	188
eV	18
塩基除去修復	220
塩基損傷	218
塩基遊離	219

オ

オージェ電子	23, 34, 70
親核種	32
温度効果	259

カ

ガイガー・ミュラー(GM)計数管	116
ガイガー・ミュラー(GM)領域	115
開始電圧	113, 114, 116
外挿値	224
外部被ばく	440
壊変	32
壊変図式	38
壊変図表	38
壊変定数	36, 94
壊変率	36
化学線量計	176
架橋形成	218
核異性体	35
核異性体転移	35
核原料物質	371
核子	22
核種	22
核種同定	148
確定的影響	208, 212, 213
核燃料物質	371
核反応	24, 88
核分裂	24, 26
確率的影響	208, 212, 213
核力	22, 23
下限数量	369
下限濃度	369
化合物半導体	152
過剰相対リスク	247
ガス増幅	111, 112
ガスフロー型	112
ガスフロー型サーベイメータ	115
数え落とし	118
肩	223
活性化物質	135
合併等	452
価電子帯	143
カーマ	95, 104
ガラス線量計	159
^{40}K	42
カリホルニウム 252 (^{252}Cf)	35, 88, 318
顆粒球	235
簡易運搬	433
間期	221
間期死	222
幹細胞	232
環状染色体	228
間接作用	207
間接法	250, 270
乾燥性皮膚炎	238
がん治療	274
ガンマ線	15
ガンマナイフ	275
管理区域	407

索　引

キ

幾何学的効率	119
器官形成期	254
奇形	254
危険時の措置	459
希釈効果	262
基準適合義務	419
基準適合命令	419
輝尽性蛍光体	152
輝尽発光	160
記帳	450
基底細胞層	237
基底状態	23
軌道	22
軌道電子	23
軌道電子捕獲	32, 34
逆位	228
吸収線量	95, 101, 283
急性放射線症	240
吸入摂取	266
教育訓練	447
胸腺	233
許可証	385
許可使用者	378
許可届出使用者	420
許可届出使用者等	427, 459
許可取消使用者等	453
巨細胞	222
距離	294, 421
距離の逆2乗則	294
緊急作業	460
禁止帯	143

ク

グアニン	218
空気等価電離箱	108
空気等価物質	108
空乏層	143
空乏領域	143
クエンチングガス	116
クライオスタット	145
クリプト細胞	236
クリプトン85	314
グルタチオン	260
グレイ (Gy)	101
グローカーブ	162
クロマチンの凝縮	223
グローランプ	335
クーロン	17
クーロン障壁	88
クーロンの法則	17
クーロン力	17, 22, 23

ケ

蛍光X線分析装置	331
経口摂取	266
蛍光中心	159
警察官等への届出	459
軽水炉型	24
計数ガス	112
計数器	113
経皮吸収	267
軽微な変更	389
血液照射	276
欠格条項	384
血管	239
血球	233

531

索　引

結合エネルギー・・・・・・・・・・・・・・・・・・ 23, 25
欠失・・・・・・・・・・・・・・・・・・・・・・・・・・・・・・ 228
血小板・・・・・・・・・・・・・・・・・・・・・・・・・・・・ 235
煙感知器・・・・・・・・・・・・・・・・・・・・・・・・・・ 333
Ge 検出器・・・・・・・・・・・・・・・・・・・・・・・・ 144
健康診断・・・・・・・・・・・・・・・・・・・・・・・・・・ 448
原子・・・・・・・・・・・・・・・・・・・・・・・・・・・・・・・ 21
原子核・・・・・・・・・・・・・・・・・・・・・・・・ 21, 88
原子核の密度・・・・・・・・・・・・・・・・・・・・・・ 23
原子核反応・・・・・・・・・・・・・・・・・・・・・・・・ 88
原子質量単位・・・・・・・・・・・・・・・・・・・・・・ 26
原子説・・・・・・・・・・・・・・・・・・・・・・・・・・・・・ 21
原子断面積・・・・・・・・・・・・・・・・・・・・・・・・ 77
原子番号・・・・・・・・・・・・・・・・・・・・・・・・・・ 22
研修・・・・・・・・・・・・・・・・・・・・・・・・・・・・・・ 477
検出効率・・・・・・・・・・・・・・・・・・・・・・・・・・ 139
原子量・・・・・・・・・・・・・・・・・・・・・・・・・・・・・ 26
原子力規制委員会・・・・・・・・・・・・・・・・・ 359
原子力規制委員会規則・・・・・・・・・・・・・ 359
原子力基本法・・・・・・・・・・・・・・・ 350, 362
原子力三原則・・・・・・・・・・・・・・・・・・・・・ 362
原子力発電所・・・・・・・・・・・・・・・・・・・・・・ 24
原子論・・・・・・・・・・・・・・・・・・・・・・・・・・・・・ 21
元素・・・・・・・・・・・・・・・・・・・・・・・・・・・・・・・ 22
減速型検出器・・・・・・・・・・・・・・・・・・・・・ 175
減速型中性子線量当量計・・・・・・・・・・ 175
減速材・・・・・・・・・・・・・・・・・・・・・・・・ 89, 175

コ

合格証・・・・・・・・・・・・・・・・・・・・・・・・・・・ 471
光輝尽性発光・・・・・・・・・・・・・・・・・・・・・ 160
光輝尽発光・・・・・・・・・・・・・・・・・・・・・・・ 152
公共の安全・・・・・・・・・・・・・・・・・・・・・・・ 363
向骨性核種・・・・・・・・・・・・・・・・・・・・・・・ 268
光子・・・・・・・・・・・・・・・・・・・・・・・ 15, 18, 69
光子束・・・・・・・・・・・・・・・・・・・・・・・・ 72, 94

講習・・・・・・・・・・・・・・・・・・・・・・・・・・・・・・ 470
講習終了証・・・・・・・・・・・・・・・・・・・・・・・ 473
高純度 Ge 検出器・・・・・・・・・・・・・・・・・ 144
甲状腺・・・・・・・・・・・・・・・・・・・・・・・・・・・ 239
校正・・・・・・・・・・・・・・・・・・・・・・・・・・・・・・ 109
校正定数・・・・・・・・・・・・・・・・・・・・・・・・・ 109
高速中性子・・・・・・・・・・・・・・・・・・・ 88, 174
光電吸収ピーク・・・・・・・・・・・・・・・・・・・ 138
光電効果・・・・・・・・・・・・・・・・・・・・・・ 69, 74
光電子増倍管・・・・・・・・・・・・・・・・・・・・・ 135
紅斑・・・・・・・・・・・・・・・・・・・・・・・・・・・・・・ 238
後方散乱・・・・・・・・・・・・・・・・・・・・・・・・・・ 61
後方散乱係数・・・・・・・・・・・・・・・・・・・・・ 119
交絡因子・・・・・・・・・・・・・・・・・・・・・・・・・ 246
誤差・・・・・・・・・・・・・・・・・・・・・・・・・ 182, 184
固体飛跡検出器・・・・・・・・・・・・・・・・・・・ 165
骨塩定量分析装置・・・・・・・・・・・・・・・・・ 332
骨親和性・・・・・・・・・・・・・・・・・・・・・・・・・ 268
骨親和性核種・・・・・・・・・・・・・・・・・・・・・ 268
骨髄・・・・・・・・・・・・・・・・・・・・・・・・・・・・・・ 233
骨髄死・・・・・・・・・・・・・・・・・・・・・・・・・・・ 241
コバルト 57・・・・・・・・・・・・・・・・・・・・・・・ 312
コバルト 60 (^{60}Co)・・・・・・・・・・・・・・・・・ 35
コロニー形成法・・・・・・・・・・・・・・・・・・・ 222
コントロールフィルム・・・・・・・・・・・・・ 165
コンバータ・・・・・・・・・・・・・・・・・・・・・・・ 165
コンプトンエッジ・・・・・・・・・・・・ 139, 149
コンプトン効果・・・・・・・・・・・・・・・・ 70, 74
コンプトン散乱・・・・・・・・・・・・・・・・・・・・ 70

サ

再結合・・・・・・・・・・・・・・・・・・・・・・・・・・・ 107
最大エネルギー・・・・・・・・・・・・・・・・・・・・ 33
最大飛程・・・・・・・・・・・・・・・・・・・・・ 61, 295
サイバーナイフ・・・・・・・・・・・・・・・・・・・ 275
細胞再生系・・・・・・・・・・・・・・・・・・・・・・・ 232

索　引

細胞死 … 208
細胞周期 … 220
細胞周期チェックポイント … 221
細胞生存率曲線 … 223
サーベイメータ … 186
^{147}Sm … 42
サムピーク … 149
酸化アルミニウム … 160
三重水素 … 315
酸素効果 … 260
酸素増感比 … 261
3mm 線量当量 … 103, 287

シ

資格講習 … 473
時間 … 294, 421
しきい線量 … 212, 213
色素性乾皮症 … 220
色素排除試験 … 222
時期特異性 … 254
事業所内運搬標識 … 426
試験課目 … 470
事故 … 459
自己吸収係数 … 119
仕事率 … 17
自然放射線 … 289
実効線量 … 95, 284, 286, 444
実効線量限度 … 373
実効線量透過率 … 299
実効線量率定数 … 95, 297
実効半減期 … 269
湿性皮膚炎 … 238
実用量 … 288
質量エネルギー吸収係数 … 74, 95
質量減弱係数 … 73, 95, 296
質量減衰係数 … 73

質量数 … 22
質量阻止能 … 58, 94
時定数 … 185
自動表示装置 … 410
シトシン … 218
自発核分裂 … 35
シーベルト (Sv) … 103
遮蔽 … 294, 295, 421
遮蔽物 … 409, 411
車両運搬 … 427
車両標識 … 436
重水素 … 24
自由電子 … 23, 70, 143
集電式電位測定器 … 334
重篤度 … 212
周波数 … 17
1／10 価層 … 296
重陽子 … 25
主増幅器 … 146
主任者 … 468
寿命 … 36
主要構造部 … 408
主要構造部等 … 408
ジュール … 17
准看護師 … 458
消化管吸収率 … 266
消化管死 … 241
使用施設 … 378, 407
照射線量 … 95, 104
小線源治療 … 275
小腸 … 236
使用電圧 … 117
小頭症 … 255
衝突阻止能 … 61
使用の場所 … 379
使用の場所の一時的変更 … 389
消滅放射線 … 62, 72

533

索　引

所持 ················· 456
真空の誘電率 ············ 17
真空容器 ··············· 151
シングル・エスケープ・ピーク ··· 138, 149
人工放射線 ············· 289
真性 Ge 検出器 ··········· 144
身体的影響 ············· 214
シンチレーション ········· 135
振動数 ················· 17
真の値 ················· 183

ス

随時移動使用 ··········· 410
水晶体 ··············· 238
水素 3 (^{3}H) ········· 42, 61, 315
水素結合 ············· 218
水滴 ················· 23
水分計 ··············· 331
スケーラ ············· 113
ストロンチウム 90 (^{90}Sr) ······ 40, 313
スミア法 ············· 188

セ

正規分布 ············· 183
制限比例領域 ········· 115
正孔 ················· 143
静止質量 ············· 18
生殖腺 ··············· 235
精神発達遅滞 ········· 255
精巣 ················· 235
静電除去装置 ········· 332
制動放射線 ··········· 61
生物学的効果比 ······· 258
生物学的半減期 ······· 268
赤色骨髄 ············· 233

^{133}Cs ··············· 32
セシウム 137 (^{137}Cs) ······ 32, 35, 41, 311
設計合致義務 ··········· 398
設計認証 ··············· 395
設計認証等 ············· 402
赤血球 ················· 235
絶対リスク ············· 247
セリウム線量計 ········· 177
線エネルギー吸収係数 ······ 73, 95
線エネルギー付与 (LET) ·· 59, 94, 102, 258
腺窩細胞 ··············· 236
全吸収ピーク ········· 138, 149
前駆期 ··············· 240
線減弱係数 ··········· 73, 95, 296
全検出効率 ··········· 139
線減衰係数 ··········· 73
潜在的致死損傷 ······· 227
線質 ················· 258
線質係数 ············· 102
染色体異常 ··········· 227
染色体型異常 ········· 228
染色分体型異常 ······· 228
全身カウンタ法 ······· 270
線スペクトル ········· 32, 35
線阻止能 ············· 58, 94
前置増幅器 ··········· 146
潜伏期 ··············· 240
線量限度 ············· 409
線量‐線量率効果係数 ···· 248
線量当量 ············· 95, 102
線量不依存域 ········· 241
線量率効果 ··········· 226, 259

ソ

増感剤 ··············· 261
早期影響 ············· 214

造血幹細胞移植・・・・・・・・・・・・・・・・・・・・・ 275
造血死・・・・・・・・・・・・・・・・・・・・・・・・・・・・・・・・・ 241
造血臟器・・・・・・・・・・・・・・・・・・・・・・・・・・・・・・・ 233
増殖死・・・・・・・・・・・・・・・・・・・・・・・・・・・・・・・・・ 222
相対誤差・・・・・・・・・・・・・・・・・・・・・・・・・・・・・・・ 184
相対リスク・・・・・・・・・・・・・・・・・・・・・・・・・・・・・ 247
相同組換え修復・・・・・・・・・・・・・・・・・・・・・・・ 220
増幅器・・・・・・・・・・・・・・・・・・・・・・・・・・・・・・・・・ 113
束縛エネルギー・・・・・・・・・・・・・・・・・・・・・・・・ 23
束縛電子・・・・・・・・・・・・・・・・・・・・・・・・・・・・・・・ 23
組織加重係数・・・・・・・・・・・・・・・・・・・・ 284, 286
組織等価物質・・・・・・・・・・・・・・・・・・・・・・・・・ 108
阻止能・・・・・・・・・・・・・・・・・・・・・・・・・・・・・・・・・・ 58
措置命令・・・・・・・・・・・・・・・・・・・・・・・・・・・・・・・ 438
素電荷・・・・・・・・・・・・・・・・・・・・・・・・・・・・・・・・・・ 17

タ

耐火構造・・・・・・・・・・・・・・・・・・・・ 407, 408, 410
退行・・・・・・・・・・・・・・・・・・・・・・・・・・・・・・・・・・・ 159
胎児期・・・・・・・・・・・・・・・・・・・・・・・・・・・・・・・・・ 255
胎内被ばく・・・・・・・・・・・・・・・・・・・・・・・・・・・・ 254
ダイノード・・・・・・・・・・・・・・・・・・・・・・・・・・・・ 135
ダイヤルペインター・・・・・・・・・・・・・・・・・・・ 246
代理者・・・・・・・・・・・・・・・・・・・・・・・・・・・・・・・・・ 477
唾液腺・・・・・・・・・・・・・・・・・・・・・・・・・・・・・・・・・ 239
多重波高分析器・・・・・・・・・・・・・・・・・ 136, 146
脱塩基・・・・・・・・・・・・・・・・・・・・・・・・・・・・・・・・・ 219
脱毛・・・・・・・・・・・・・・・・・・・・・・・・・・・・・・・・・・・ 238
たばこ量目計・・・・・・・・・・・・・・・・・・・・・・・・・ 332
ダブル・エスケープ・ピーク・・・ 138, 149
タリウム 204・・・・・・・・・・・・・・・・・・・・・・・・・ 314
^{208}Tl ・・・・・・・・・・・・・・・・・・・・・・・・・・・・・・・・・・ 42
弾性散乱・・・・・・・・・・・・・・・・・・・・・・・・・・・・・・・ 88
炭素 14 (^{14}C) ・・・・・・・・・・・・・・・・・・・・・ 42, 316
炭素イオン・・・・・・・・・・・・・・・・・・・・・・・・・・・・ 275
断面積・・・・・・・・・・・・・・・・・・・・・・・・・・・・・・・・・・ 77

チ

チェルノブイリ原発事故・・・・・・・・・・・・・ 246
力・・・・・・・・・・・・・・・・・・・・・・・・・・・・・・・・・・・・・・・ 17
逐次壊変・・・・・・・・・・・・・・・・・・・・・・・・・・・・・・・ 40
窒息現象・・・・・・・・・・・・・・・・・・・・・・・・・・・・・・・ 118
チミン・・・・・・・・・・・・・・・・・・・・・・・・・・・・・・・・・ 218
着床前期・・・・・・・・・・・・・・・・・・・・・・・・・・・・・・・ 254
中間子・・・・・・・・・・・・・・・・・・・・・・・・・・・・・・・・・・ 22
中枢神経死・・・・・・・・・・・・・・・・・・・・・・・・・・・・ 242
中性子・・・・・・・・・・・・・・・・・・・・・・・・・ 22, 27, 88
中性子欠損核・・・・・・・・・・・・・・・・・・・・・・・・・・ 33
中性子検出器・・・・・・・・・・・・・・・・・・・・・・・・・ 173
中性子線・・・・・・・・・・・・・・・・・・・・・・・・・・・・・・・ 15
中性子線源・・・・・・・・・・・・・・・・・・・・・・・ 88, 317
中性子束・・・・・・・・・・・・・・・・・・・・・・・・・・・・・・・ 94
中性子捕獲反応・・・・・・・・・・・・・・・・・・・・・・ 174
中性子捕獲療法・・・・・・・・・・・・・・・・・・・・・・ 275
中性微子・・・・・・・・・・・・・・・・・・・・・・・・・・・・・・・ 33
潮解性・・・・・・・・・・・・・・・・・・・・・・・・・・・・・・・・・ 140
腸死・・・・・・・・・・・・・・・・・・・・・・・・・・・・・・・・・・・ 241
直接作用・・・・・・・・・・・・・・・・・・・・・・・・・・・・・・ 207
直接法・・・・・・・・・・・・・・・・・・・・・・・・・・・ 250, 270
貯蔵施設・・・・・・・・・・・・・・・・・・・・・・・・・ 378, 410
貯蔵施設の貯蔵能力・・・・・・・ 378, 422, 456
貯蔵室・・・・・・・・・・・・・・・・・・・・・・・・・・・・・・・・・ 411
貯蔵箱・・・・・・・・・・・・・・・・・・・・・・・・・・・・・・・・・ 411

ツ

強い力・・・・・・・・・・・・・・・・・・・・・・・・・・・・・・・・・・ 22

テ

定期講習・・・・・・・・・・・・・・・・・・・・・・・・・・・・・・ 475
ディスクリミネーション・レベル・・・ 113

索　引

ディスクリミネータ ･････････････ 113
低比放射性同位元素 ･････････････ 428
^{99m}Tc ･････････････････････････ 42
鉄55 ･････････････････････････ 312
鉄線量計 ･････････････････････ 177
デモクリトス ･･･････････････････ 21
デュワー ･････････････････････ 145
^{132}Te ･････････････････････････ 42
電圧 ･･･････････････････････････ 17
電荷 ･･･････････････････････････ 17
電気素量 ･･･････････････････････ 17
電気量 ･････････････････････････ 17
転座 ･････････････････････････ 228
電子 ･･･････････････････････････ 27
電子-イオン対 ･･････････････ 59, 61
電子式線量計 ･････････････････ 165
電子-正孔対 ･･････････････････ 144
電子線 ･････････････････････････ 60
電子対生成 ･････････････････ 71, 74
電子なだれ ････････････････ 111, 116
電磁波 ･････････････････････････ 18
電子ボルト ･････････････････････ 17
伝導帯 ･･･････････････････････ 143
天然放射性核種 ･･･････････････ 42
電離 ･････････････････････ 15, 23, 58
電離箱 ･･･････････････････････ 106
電離箱領域 ･･･････････････････ 111
電離放射線 ･････････････････････ 15
電離放射線障害防止規則 ･･････････ 352
電力 ･･･････････････････････････ 17

ト

同位元素 ･･･････････････････････ 22
同位体 ･････････････････････････ 22
同位体存在度 ･･･････････････････ 26
等価線量 ･･･････････ 95, 283, 284, 444

等価線量限度 ･････････････････ 374
等級 ･････････････････････････ 307
同重体 ･････････････････････････ 22
同中性子体 ･････････････････････ 22
同調体 ･････････････････････････ 22
登録資格講習機関 ･････････ 470, 483
登録試験機関 ･････････････ 469, 483
登録定期講習機関 ･････････ 475, 483
登録認証機関 ･････････････ 395, 482
登録濃度確認機関 ･････････････ 483
特性X線 ･･･････････････ 23, 34, 70
特定座位法 ･･･････････････････ 227
特定設計認証 ･････････････････ 395
特定認証機器 ･････････････････ 401
特定防火設備に該当する防火戸 ････ 411
特定放射性同位元素 ･･･････････ 485
特別形 ･･･････････････････････ 427
特例緊急被ばく限度 ･･･････････ 461
突然変異 ･････････････････ 208, 227
届出使用者 ･･･････････････････ 379
届出賃貸業者 ･････････････････ 381
届出販売業者 ･････････････････ 381
トムソン散乱 ･････････････････････ 71
ドライアイ ･･･････････････････ 239
取扱等業務 ･･･････････････････ 373
^{232}Th ･････････････････････････ 42
トリウム系列 ･････････････････ 42
トリチウム(^{3}H) ････････ 33, 42, 61, 315
ドルトン ･･･････････････････････ 21
トレーサビリティー ･････････････ 109
トロトラスト ･････････････････ 246

ナ

内部消滅ガス ･････････････････ 116
内部転換係数 ･････････････････ 35
内部転換電子 ･････････････････ 35

索　引

内部被ばく	374, 440
^{22}Na	33
^{23}Na	33
70μm 線量当量	103, 289, 439

ニ

2 次電子	69
2 次電子平衡	108
^{60}Ni	35
ニッケル 63（^{63}Ni）	33, 315
2 動原体染色体	228
2π ガスフロー型比例計数管	112
2 本鎖切断	218
ニュートリノ	33
ニュートン	17
認証機器	401
認証機器製造者等	396, 400
認証条件	402

ヌ

ヌクレオチド除去修復	220

ネ

ネクローシス	223
熱蛍光線量計	162
熱中性子	88, 174
熱粒子化式センサー	334
^{237}Np	32, 42
ネプツニウム系列	42
年代測定	43

ハ

肺	239

バイオアッセイ法	270
倍加線量法	250
廃棄施設	378, 412
廃棄の場所	380
胚死	254
廃止措置	453
廃止措置計画	453
バイスタンダー効果	226
肺線維症	239
パイ中間子	22
白内障	238
波高分析器	113
パスカル	17
発育遅延	255
発がん	213
バックグラウンド計数	184
白血球	234
発症期	241
発熱反応	174
鼻スメア法	270
パラフィン	89
^{137}Ba	35, 41
^{140}Ba	41
パルス	111
バーン	77
半価層	74, 296
半減期	36
半数致死線量	241
半値幅	139
反跳核	89
反跳陽子	165, 174
半導体	143
半導体検出器	143
バンド・ギャップ	143
反ニュートリノ	33
晩発影響	214

索　引

ヒ

光回復 ･･････････････････････････ 219
脾臓 ････････････････････････････ 233
非相同末端結合修復 ･･････････････ 220
非弾性散乱 ････････････････････････ 89
飛程 ･･･････････････････････････ 58, 59
比電離 ････････････････････････････ 59
非特別形 ････････････････････････ 427
非破壊検査 ･･････････････････････ 328
被ばく歴 ････････････････････････ 448
皮膚 ････････････････････････････ 237
比放射能 ･････････････････････ 37, 94
標識 ･･･････････････ 410, 412, 413, 426
表示付特定認証機器 ･････ 372, 396, 401
表示付認証機器 ･･････････ 372, 396, 401
表示付認証機器使用者 ･･････････････ 380
表示付認証機器等 ･･････････ 438, 450
表示付認証機器届出使用者 ･････････ 380
標準 ････････････････････････････ 109
標準偏差 ････････････････････････ 183
標的説 ･･････････････････････････ 223
表面汚染検査 ････････････････････ 188
表面汚染物 ･･････････････････････ 428
表面密度限度 ･･････････････････ 374, 409
ピリミジン塩基 ･･････････････････ 218
ピリミジンダイマー ･･････････････ 219
ビルドアップ係数 ････････････････ 296
比例計数管 ･･････････････････ 112, 174
比例領域 ････････････････････････ 111

フ

不安定 ････････････････････････････ 32
フィルタ ･･････････････････････ 160, 164
フィルム線量計 ･･････････････････ 163
フィルムバッジ ･･････････････････ 164
フェーディング ･･････ 153, 159, 161, 163
不感時間 ････････････････････････ 117
不感層 ･･････････････････････････ 145
ふき取り法 ･･････････････････････ 188
物理量 ･･････････････････････････ 288
不妊 ････････････････････････････ 236
不燃材料 ････････････････････ 407, 409
ブラキセラピー ･･････････････････ 275
プラスチックシンチレータ ･･････ 174
ブラッグ曲線 ･････････････････････ 60
ブラッグ・クレーマン則 ･････････････ 60
ブラッグピーク ･･････････････ 60, 274
プラトー ････････････････････････ 116
フリッケ線量計 ･･････････････････ 177
フリーラジカル ･･････････････････ 207
プリン塩基 ･･････････････････････ 218
フルエンス ････････････････････････ 72
フルエンス率 ･････････････････････ 72
プレドーズ ･･････････････････････ 159
プロメチウム 147 ････････････････ 315
プログラム死 ････････････････････ 223
分解時間 ････････････････････････ 117
分裂死 ･･････････････････････････ 222
分裂遅延 ････････････････････ 208, 221

ヘ

平均自由行程 ･････････････････････ 74
平均自由行路 ･････････････････････ 74
平均寿命 ･････････････････････････ 36
平均致死線量 ････････････････････ 224
ベクレル ･････････････････････････ 36
ベータ線 ･････････････････････････ 15
^{3}He ･･････････････････････････ 174
ベリリウム ･･････････････････ 145, 151
^{9}Be ･･･････････････････････････ 88

538

索　引

ベルゴニー・トリボンドーの法則 … 232
ヘルツ ……………………………… 17

ホ

崩壊 …………………………………… 32
膀胱 ………………………………… 239
方向依存性 ………………………… 188
方向特性 ……………………… 163, 188
報告の徴収 ………………………… 484
防護量 ……………………………… 287
放射化反応 ………………………… 174
放射化物 …………………………… 373
放射性汚染物 ……………………… 373
放射性壊変 ………………………… 32
放射性同位元素 …………… 15, 32, 369
放射性同位元素装備機器 …… 372, 395
放射性同位元素等 ………………… 373
放射性同位元素等車両運搬規則 … 352
放射性同位体 ……………………… 15
放射性輸送物 ……………………… 427
放射線 ………………………… 32, 368
放射線加重係数 …………… 283, 284
放射線感受性 ……………………… 233
放射線管理状況報告書 …………… 484
放射線キメラ ……………………… 276
放射線業務従事者 ………………… 373
放射線施設 ………………… 379, 380, 407
放射線宿酔 ………………………… 240
放射線障害 ………………………… 450
放射線障害防止法 ………… 350, 363
放射線障害予防規程 ……………… 445
放射線増感剤 ……………………… 261
放射線測定器 ……………… 422, 439, 441
放射線取扱主任者 ………………… 468
放射線取扱主任者試験 …………… 469
放射線取扱主任者の代理者 ……… 477

放射線取扱主任者免状 …………… 468
放射線肺炎 ………………………… 239
放射線発生装置 …………………… 372
放射線被ばく防止の3原則 ……… 421
放射線防護剤 ……………………… 261
放射阻止能 ………………………… 61
放射能 ………………………… 36, 94
放射能標識 ………………………… 414
放射平衡 …………………………… 40
飽和電流値 ………………………… 107
捕獲中心 …………………………… 162
捕獲反応 …………………………… 89
保管廃棄設備 ……………… 412, 437
ポケット線量計 …………………… 167
保護効果 …………………………… 261
ポテンシャルエネルギー ………… 23
ポリエチレン ……………………… 89
ポリカーボネート ………………… 165
ボルト ……………………………… 17
ホールボディカウンタ …………… 270
ポロニウム 210 …………………… 317
ボーンシーカー …………………… 268

マ

マルチチャンネル・アナライザ … 136

ミ

水 …………………………………… 89
密度計 ……………………………… 330
密封 ………………………… 370, 421
密封線源の等級 …………………… 307
みなし表示付認証機器 …………… 402

539

索　引

ム

娘核種 ･････････････････････････ 32
無担体 ･････････････････････････ 37

メ

メスバウアー効果測定装置 ･･･････ 332
滅菌 ･･･････････････････････････ 276
免状 ･･･････････････････････････ 468
面密度 ･････････････････････････ 295

モ

毛細血管拡張性運動失調症 ･･･････ 219
毛のう ･････････････････････････ 238
^{99}Mo ･････････････････････････ 42

ヤ

夜光塗料 ･････････････････ 246, 334

ユ

有機液体シンチレータ ･････ 142, 174
有機シンチレータ ････････････ 142
有効半減期 ････････････････････ 269
輸血用血液照射 ･････････････････ 276
譲受け ･････････････････････････ 456
譲渡し ･････････････････････････ 456
輸送指数 ･･･････････････････････ 433
輸送物表面密度 ･････････････････ 429

ヨ

陽イオン ･･･････････････････････ 23

陽子 ･･･････････････････････ 22, 27
陽子過剰核 ･････････････････････ 33
^{132}I ･････････････････････････ 42
陽電子 ･････････････････････ 15, 62
4n系列 ･････････････････････････ 42
4n＋1系列 ･････････････････････ 42
4n＋2系列 ･････････････････････ 42
4n＋3系列 ･････････････････････ 42

ラ

落屑 ･･･････････････････････････ 238
ラジウム 226 ･････････････････ 317
^{226}Ra-Be ･･･････････････････ 318
ラジオグラフィ ･････････････････ 328
ラジオクロミック線量計 ･･･････ 177
ラジオフォトルミネセンス ･････ 159
ラジカルスカベンジャー ･･･････ 261
卵巣 ･･･････････････････････････ 236
^{140}La ･････････････････････････ 41

リ

リスク係数 ････････････････････ 247
流産 ･･･････････････････････････ 254
粒子束 ･････････････････････････ 94
粒子フルエンス ･････････････････ 94
粒子フルエンス率 ･･･････････････ 94
緑内障 ･････････････････････････ 239
リン 32 ･･･････････････････････ 314
リングバッジ ･････････････ 163, 189
臨時の健康診断 ･････････････････ 448
リンパ球 ･･･････････････････････ 234

ル

^{87}Rb ･････････････････････････ 42

索　引

レ

- 励起 …………………………… 23, 58
- 励起状態 ……………………… 23, 35
- レイリー散乱 ………………… 71
- レウキッポス ………………… 21
- レーダー受信部切替放電管 … 333
- レベル計 ……………………… 330
- レムカウンタ ………………… 175
- 連鎖反応 ……………………… 24
- 連続スペクトル ……………… 33, 35, 61

ワ

- ワット ………………………… 17

〔欧 文 索 引〕

A 型 … 428
A_1 値 … 427
A_2 値 … 427
ADC … 165
^{241}Am … 88
^{241}Am-Be … 88, 318
AP 部位 … 219
ATM … 219
b … 77
^{137}Ba … 35, 41
^{140}Ba … 41
^{9}Be … 88
^{10}BF$_3$ … 174
BGO … 141
BM 型 … 428
Bq … 36
BU 型 … 428
BUdR … 261
^{14}C … 42
CdTe … 152
^{252}Cf … 35, 88
^{60}Co … 35
CR$_{39}$ … 165
^{133}Cs … 32
^{137}Cs … 32, 35, 41
CsI(Tl) … 141
CT … 273
CZT … 152
D_0 … 224
DDREF … 248
DIS 線量計 … 167
DNA … 207

DNA 損傷 … 218
D_q … 225
EC … 34
ECD ガスクロマトグラフ装置 … 332
Electron Capture … 34
Elkind 回復 … 226
eV … 18
F センター … 160
G 値 … 177
GaAs … 152
Ge 検出器 … 144
Ge(Li)検出器 … 147
GeV … 18
GM(ガイガーミュラー)計数管 … 116
GM(ガイガーミュラー)領域 … 115
GVHD … 275
Gy(グレイ) … 101
H_{1cm} … 103
^{3}H … 33, 42, 61
H_{3mm} … 103
$H_{70\mu m}$ … 103
^{3}He … 174
HgI$_2$ … 152
HP-Ge 検出器 … 144
^{132}I … 42
ICRU 球 … 288
IP … 152
IP 型 … 428
^{192}Ir … 37
Isomeric Transition … 35
IT … 35
K 殻 … 70

欧文索引

K 吸収端 ······ 75
^{40}K ······ 42
kerma ······ 104
keV ······ 18
L 型 ······ 428
L 吸収端 ······ 75
^{140}La ······ 41
LET ······ 59, 94, 102, 258
LiI(Eu) ······ 142
LiI(Eu) シンチレータ ······ 174
Linear Energy Transfer ······ 59
LQ モデル ······ 225, 248
L モデル ······ 248
mean free path ······ 74
MeV ······ 18
mfp ······ 74
^{99}Mo ······ 42
MOSFET ······ 167
^{22}Na ······ 33
^{23}Na ······ 33
NaI(Tl) シンチレーション・カウンタ ······ 135
NaI(Tl) シンチレータ ······ 135
^{60}Ni ······ 35
^{63}Ni ······ 33
^{237}Np ······ 32, 42
OER ······ 261
OSL 線量計 ······ 160
overkill ······ 259
PET ······ 273
PLD 回復 ······ 227
PMMA 線量計 ······ 177
PR ガス ······ 112
Q ガス ······ 116
^{226}Ra-Be ······ 318
Ra-DEF 線源 ······ 114
Radioisotope ······ 15
^{87}Rb ······ 42

RBE ······ 258
^{124}Sb-Be ······ 318
SF ······ 35
Si 表面障壁型検出器 ······ 151
Si(Li) 検出器 ······ 151
SLD 回復 ······ 226
^{147}Sm ······ 42
SPECT ······ 273
Spontaneous Fission ······ 35
^{90}Sr ······ 40
SSB ······ 151
Sv（シーベルト）······ 103
^{99m}Tc ······ 42
^{132}Te ······ 42
^{232}Th ······ 42
^{208}Tl ······ 42
TLD ······ 162
u ······ 26
^{235}U ······ 42
^{238}U ······ 42
W 値 ······ 95, 108
X 線 ······ 15, 61
^{90}Y ······ 33, 40, 61
ZnS(Ag) ······ 142
α/β 値 ······ 225
α 壊変 ······ 32
α 線 ······ 15, 32, 59, 89, 151
α 線源 ······ 316
α 粒子 ······ 25
β 壊変 ······ 32, 33
β^- 壊変 ······ 33
β^+ 壊変 ······ 33
β 線 ······ 15, 32
β 線源 ······ 313
γ 線 ······ 15
γ 線源 ······ 309
ε 値 ······ 144

543

〔執筆者紹介〕

上蓑義朋　　（物理学・測定技術）
　　昭和54年京都大学大学院工学研究科原子核工学専攻修士課程修了，現在理化学研究所仁科加速器科学研究センター（工学博士）

杉浦紳之　　（生物学・管理技術）
　　平成3年東京大学大学院医学系研究科社会医学専攻博士課程修了，現在(公財)原子力安全研究協会理事長（医学博士）

鈴木崇彦　　（生物学・管理技術）
　　昭和57年東北薬科大学大学院薬学研究科博士課程前期修了，現在帝京大学医療技術学部診療放射線学科教授（薬学博士）

鶴田隆雄　　（法　令）
　　昭和45年東京工業大学大学院理工学研究科原子核工学専攻博士課程修了，元近畿大学原子力研究所・大学院総合理工学研究科教授（工学博士）

飯塚裕幸　　（法　令）
　　平成7年埼玉医科大学短期大学臨床検査学科卒，現在東京大学工学系・情報理工学系等環境安全管理室特任専門員（医学博士）

初 級 放 射 線
－第2種放射線取扱主任者試験受験用テキスト－

1989年 4月25日　第 1 版第 1 刷発行
2018年12月15日　第10版第1刷発行　©2018

定価　本体3600円＋税

編著者　　鶴　田　隆　雄
発行所　　(株)通 商 産 業 研 究 社
　　　　　東京都港区北青山2丁目12番4号（坂本ビル）
　　　　　〒107-0061 TEL03(3401)6370 FAX03(3401)6320
　　　　　URL　http://www.tsken.com

（落丁・乱丁はおとりかえいたします）

ISBN978-4-86045-117-2 C3040 ¥3600E